フィン・オーセルー

科学の曲がり角

ニールス・ボーア研究所
ロックフェラー財団
核物理学の誕生

矢崎裕二訳

みすず書房

REDIRECTING SCIENCE

Niels Bohr, Philanthropy,
And the Rise of Nuclear Physics

by

Finn Aaserud

First Published by Cambridge University Press, 1990

科学の曲がり角――ニールス・ボーア研究所　ロックフェラー財団　核物理学の誕生　目次

日本語版への序

本書で論じるのは次のことである。これは広く近代科学の進展全般について言えることであるが、中でも特に、世に名高いニールス・ボーアのコペンハーゲン理論物理学研究所が両世界大戦の間に辿った経緯について考えるなら、視野を相当に広げて見ないと歴史的に正しい理解は得られない、ということである。この研究所には世界中のいろいろな国々から若手の物理学者がやって来てしばらく滞在し、その間に物理学の変革を果たそうと力を合わせていた。ところで、この人たちの多くが抱いた印象とは食い違うのであるが、一九三〇年代にボーアが研究の方向転換を図ってそれに成功した理由は、ただ単に彼が研究者として、また研究の推進役として抜群に優れた存在であった、ということのみにとどまらない。その上にボーアは、自分の研究所とそこで行なわれる研究活動のために必要な資金の確保に向けて、相当な実務的骨折りもいとわなかった、ということがあったのである。

また、ボーアの国際的に開けた姿勢についてはよく知られているが、この動機にしても、ただ科学の研究をより良く進めたいということだけではなく、世界中の人々が互いに気持が通じ合えるようになってほしいものだ、という純粋な願いもあったのである。これに関連してボーアは、特にデンマークと日本の異質な文化を比較検討すると大いに得るところがある、と考えた。次のちょっと異色なインタビューには、この点がはっきり表れているので特に注目したい。それはボーアが一九三五年、五十歳の誕生日を迎える際にデンマークの一有力紙の求めに応じて行なったインタビューであるが、ここで彼は日本人の科学者たちと一緒に仕事をした自分の具体的な経験から、ある一般的な文化論を引き出そうとしている。

私には、自分の仕事を通して、我々とは非常にかけ離れた国々の科学者たちと接触する機会がありました。中でも、何年もにわたって大勢の日本人が研究所にやって来たことを挙げます。何しろ行動様式にたいへんな違いがあるので、初めのうちは当然、この人たちと気心が通じ合うようになるのは難しく思われました。日本人が非常に丁寧であることはよく知られていますが、その丁寧さが初め我々の目には、どうしても不誠実の表れのように映ってしまいました。しかし、人のあらゆる振る舞いには昔から身についたやり方があり、それも所によって大きな違いがあるものです。やがてそれがよくわかってくるにつれて、たいへんゆっくりとですが、こういうことを感じるようになりました。すなわち我々とは非常に異なる行動様式の背後に、人生に対する心構えにおいて、我々に劣らず豊かな人間性と見事な調和を見て取ることができる、ということです。そして日本人は我々のような伝統をもつことがなく、また我々も日本人のような伝統をもつことがなかったというのは言わば単なる巡り合わせの問題である、ということを認識するようになったのです。(1)

ボーアの日本人科学者たちとの親密な関係が特によく現れているのは、仁科芳雄との間に取り交わした数多くの書簡である。これらは仁科が一九二三年から一九二八年まで、五年以上にわたってボーアの研究所で仕事をした後に交わされたものである。(2)一九三七年の世界を巡る旅の際にも、ボーアは日本への訪問に特別重きを置いていた。そしてここで仁科他、日本人の研究者仲間と再会を果たしたのである。特にこういった経緯があるので、このたび拙著が日本語で出版の価値ありと認められたことは、私にとってこの上ない喜びである。

この際、一九九〇年に出た英語の原本に見られる二、三の些細な誤りを訂正した。また、参考文献の箇所で、私が原稿を完成させた時点ではまだ出版されていなかった本や論文に関して、その後判明した情報を付け加えた。これ以上の原本の変更の必要はないものと思う。

二〇一一年七月十二日　コペンハーゲンにて

フィン・オーセルー

（1）Povl Vinding, "Conversation with Niels Bohr" in *Berlingske Aftenavis*, 2 October 1935. 英訳は次の文献に収録。pp.〔163〕-〔175〕in *Niels Bohr Collected Works*, Vol. 12, *Popularization and People (1911-1962)*, Finn Aaserud, ed.（Amsterdam, etc.: Elsevier, 2007）.

（2）The Niels Bohr Scientific Correspondence（BSC）は the Archive for the History of Quantum Physics（AHQP）project の一環としてマイクロフィルム化されている。このマイクロフィルムは世界にまたがる数ヶ所の拠点で閲覧できる。東京の国立国会図書館もその一つである。ＢＳＣの補遺の部分は the Niels Bohr Archive（ＮＢＡ）で閲覧できる。また、専門研究者にはＮＢＡのウェブサイト　archon.nbi.dk. で閲覧可能にするべく、現在取り組み中である。

感謝の言葉

本書が完成を見るまでの長い旅路の間には、まことに多くの方々のお力添えをいただいている。その方々のお名前を一々挙げることは到底できない。この企画は、私が一九七六年から一九八四年まで学びの場としたジョンズ・ホプキンズ大学の科学史学科の博士論文が発端となったものである。ここで私が特に感謝を捧げたいと思う方は、この博士論文の指導教官のお二人である。一人はラッセル・マコーマック、この人には一九八三年にホプキンズ大学を去られるまでご指導をいただいた。もう一人はロバート・カーゴン、この人には論文の完成にいたるまで終始お世話になった。ラッス（ラッセル）とは長時間にわたり落ち着いて充実した討論を重ねた。またボブ（ロバート）には完成に漕ぎつけるべく温かい叱咤激励をいただいた。この二人のご助力がなかったら、この仕事の完成はあり得なかったと思われる。また、ホプキンズ大学の多くの学生諸氏からも、私が想を練る上で貴重なご助力をいただいた。中でもマイケル・フリードマンには特別にお礼を申し上げたい。この人には私の学位論文の構成や内容を把握するためにとてつもなく長い時間を割いていただいた。この人のご尽力のおかげで私には、自分の仕事がそもそもどういうものであるのか、そしてこれを人に伝えるにはどうすればよいのか、ということがはっきりと見えてきたのである。(1)

一九八〇年にコペンハーゲンに行った折にはすぐにヒルデ・レヴィと知り合いになった。この人は一九三四年にドイツから亡命してボーアの研究所にやって来た人である。そして一九三〇年代の中頃から第二次世界大戦まで、ジョージ・ヘヴェシーの助手となって仕事をした。私が行った頃レヴィ女史はヘヴェシーの伝記の執筆にとりかかっていた。女史から私の仕事に対して遠慮なく率直な批判をいろいろとしていただいたおかげで、女史とは言わば現地顧問かつ親友といった間柄となった。また女史を通してアマチュア科学史家のクヌズ・マクス・メラーとも知り合いになった。この人は種類を問わず現地資料全般についての並外れた知識の持ち主である。私はお二人に大きなお力添えをいただきながら、しかも何らかの報いを当てにしているような感じはまったく受けることがなかった。このことは、このお二人を知る人ならどなたも同様だと思う。この歴史の仕事に取り掛かっている間、始終、私はお二人のご助力を頼りにさせていただいた。ここに感謝の気持ちを込めて本書をお二人に捧げることにしたい。

また、エリク・リューディンガーにも同じく謝意を表したい。この人からは、ニールス・ボーア・アーカイヴの所長として、またニールス・ボーア全集の編集主幹として絶えず惜しみなく援助や助言をいただいた。原稿の初期の草案を丁寧に読んでいただいたこともある。この方の、ボーア関係の資料についての博識は他に並ぶ者がない。そしてこの人もヒルデやクヌズと同じく、私が一九八五年にコペンハーゲンを去ってからもおびただしい手紙を書いて支援を続けて下さった。

ニールス・ボーアの子息、オーエ・ボーアにも特に感謝を申し述べたい。この人はこの地の物理学の優れた伝統を受け継いで守り続けた人である。多忙なスケジュールの合間にオーエからは絶えず私の仕事への信頼の意を表明していただいた。またいろいろな折に思い出話も聞かせていただき、さらに本書の初期の草稿に対して詳細な点にわたる批評もしていただいた。本書がオーエの信頼にある程度でも応えうるものであることを願っている。

さてまた、NBA所属のエリクの同僚の方々や、ニールス・ボーア研究所で友人となった人勢の方々には、人間関係面と知の面の両方にわたって私の生涯を豊かにしていただいたことに感謝申し上げたい。とりわけ物理学者諸氏、滞在中もしくは訪問の折に二度の世界大戦にはさまる時期における研究所での体験を聞かせてくださり、またいろいろな段階で建設的な批評をして下さった物理学者諸氏に謝意を表したい。

私的な事情で、私は一九八一―八二年にわたる学年度をオスロで過ごした。ここで、ノルウェイ科学・人間関係学術審議会の研究部門に所属するハンス・スコイエに感謝申し上げたい。氏には、私の研究の山場にあたるこの時期に必要な設備を備えた仕事用の部屋を用意していただいた。おかげで私はここで楽しく仕事をすることができた。

一九八五年にはニューヨーク市に行き、アメリカ物理学協会（ＡＩＰ）の物理学史センターで働くことになった。このセンターのニールス・ボーア資料館はまことに豊富な内容を備えている。中でもインタビューの聞き取り資料は特筆に値する。私はこのすぐ隣で仕事をしたので、いつも本書のための基本資料の近くに身を置くことになった。このセンターでの私の業務は歴史に関するものと管理運営に関するもので、いずれも本書の著作には関わりのない事柄であったが、雇用主のスペンサー・ワートとジョアン・ウォーナウからはいつも本書を仕上げる骨折りに励ましの言葉をかけていただいた。このことにお礼を申し上げると共に、また、スペンサーより原稿の後期の草案にコメントを寄せていただいたことにも謝意を表したい。さらに、このセンターからいろいろな形でご支援をいただいたことに関して、ここのスタッフの方々にお礼を申し述べたい。

本書の大部分は資料研究に基づくものであるが、それにはＮＢＡ以外の資料も含まれる。この関係で特にお礼を申し上げたいのは、ニューヨーク、ポカンティコ・ヒルズにあるロックフェラー資料センターの故ウォーレン・ホービスとトマス・ローゼンバウム、コペンハーゲンにあるカールスベリ財団資料室のニールス・ペトリ、そして再度ＡＩＰのスペンサー・ワートとジョアン・ウォーナウの諸氏である。この方々からいただいたご助力の大きさには測り知れないものがある。

両世界大戦の間の時期の、ニールス・ボーア自身およびボーア研究所にまつわる体験を文通を通して、またじかにお会いして語って下さった方々にはあまねく大きな感謝の意を表したい。この方々のおかげで歴史が生きたものになったし、また私の仕事の完成に向けて大いなる励ましもいただいた。というわけで、この方々のご支援の大きさもやはり測り知れないのである。このうち一部の方々の名を挙げたリストが巻末の「資料についてのノート」にある。

さて、完成に近づいた頃に本書は二人の方の慧眼に浴し、きわめて有難い批評をしていただいた。このお二人にも謝意を表したい。まずトム・コーネル、かつての学友で今はロチェスター工科大学所属の科学史家である。この人には原稿を読んだ上、おびただしい注でその原稿を埋め尽くしていただいた。それらの注は大部分考慮に入れてある。次に本書の編集を担当していただいたロナルド・コーエンである。この方にも同じく多くの注や変更、訂正案を出していただき、おかげで最終結果に一層の改善を見ることができた。もしもこのトムとロナルドのご助力がなかったら、本書はどんなものになったかと思うと冷汗が出る思いがする。

校正の段階ではNBAのセクレタリー、ヘレ・ボナパルトからきわめて重要な批評をいただいた。

以上に挙げた方々の他にも、大勢の方から原稿の一部もしくは全部にわたって長短さまざまなご意見を寄せていただいた。特にここで次の方々に謝意を表したい。プニナ・アビル–アム、ステフェン・クロス、シャノン・デイヴィース、デイヴィッド・ファールホルト、ポール・フォーマン、ロバート・フリードマン、カーステン・イェンセン、ヨーエン・カルカー、ロバート・コーラー、シャロン・キングスランド、ヘルエ・クラウ、イェンス・リンハー、アブラハム・パイス、フィリプ・ポーリー、モーエンス・ピール、ロイ・ポーター、ニルス・ロルーハンセン、シュテファン・ローゼンタール、ヤン・トイバー、ヤン・ヴォーエン、チャールズ・ワイナー、シーリア・ワイス、ヴィクトール・ヴァイスコプフ、オーエ・ヴィンターの諸氏である。また、ケンブリッジ大学出版に出した原稿に対して三人の匿名の方からご意見をいただき、これも大いに役に立った。さらに、ケンブリッジで編集を担当していただいたヘレン・ホィーラーには、この仕事に積極的に取り組んでいただいたことに感謝申し上げたい。この人と一緒に仕事をするのはいつも楽しいことであった。

コンピューターがどんどん発展を遂げつつある時代であるから、本書の原稿は改稿のたびに新しいワープロソフトを用いることになった。個々のソフトの使い方やソフト間の変換の仕方について大勢の方々にお世話になった。この点では特に、ニールス・ボーア研究所のビテン・ブロヌムとビョーン・ニルソンに、また元ジョンズ・ホプキンズ計算センター所員のキャロル・ワインライヒ、そしてＡＩＰのロマン・チュイコに謝意を表したい。

いろいろな資料からの引用を許可していただいた方々および諸機関にも謝意を表したい。中でも次の方々に特にお礼を申し上げる。オーエ・ボーアには、父君の論文からの引用を許可していただいた。スペンサー・ワート、トマス・ローゼンバウム、Ａ・Ｅ・Ｂ・オゥエン、ニールス・ペトリ、サウンドラ・テイラー、エフド・ベナミー、アニタ・カークマンの諸氏からは、それぞれ、アメリカ物理学協会、ロックフェラー資料センター、ケンブリッジ大学図書館、カールスベリ財団資料室、インディアナ大学のリリー図書館、エルサレムのヘブライ大学、西ベルリンのプロイセン文化財国立図書館所有の資料からの引用の許可をいただいた。ヒルデ・レヴィとヴィクトール・ヴァイスコプフからは未公刊の私との対談記録からの引用の許可をいただいた。すでに故人となったフェリックス・ブロッホ、マックス・デルブリュック、サミュエル・ハウシュミットのご夫人方からは、各夫君の未刊の論文からの引用を許可していただいた。また、ジェニー・アレニウス、エリザベス・リスコ、ボディル・シュミット－ニールセン、ルイーズ・スレーター・ハンティントン――それぞれジョージ・ヘヴェシー、ジェイムズ・フランク、アウゴスト・クロウ、ジョン・スレイターの息女――からは父君の未公刊の資料からの引用を許可していただいた。Ｄ・Ｋ・ヒルからは父君の生理学者Ａ・Ｖ・ヒルの引用を許していただいた。

写真の掲載については、ＮＢＡ所蔵の写真を用いることの許可をヒルデ・レヴィからいただいた。写真の説明に提供元が書いていない場合はＮＢＡのものである。他の写真の提供元で特筆しておきたいのはジョン・ホィーラーである。氏には、一九三〇年代に氏が撮った写真でこれまで使われたことがないもののうち二枚の掲載を許可していただいた。その上それが本書の出版に間に合うように自ら骨折っていただいた。

始めの段階でこの仕事はノルウェイ科学・人間関係学術研究審議会からの援助を受けた。また、デンマーク教育省とU・S・'76財団からの援助も受けている。後者はアメリカ独立宣言二〇〇年祭にデンマークが参加して得られた収益金により、デンマークに臨時に設立された財団である。ロックフェラー資料センターからの奨学金は、ここで研究を行なう際に役立った。以上のところよりの資金援助のおかげで私の研究が進められたことに感謝したい。ニールス・ボーア研究所のオーエ・ヴィンター教授には、仕事に必要な設備を供与していただき、また当地での生活費を確保する上でもお世話になった。

最後に、我が生涯の伴侶にして最良の友であるグロ・シノーヴェ・ネスと我が家のちび君アンドレアスに謝意を表する。グロはどこにいる時にも、文脈全般の組み立てから一語一語のタイプにいたるまで全段階にわたって大きな力添えをしてくれた。その大きな骨折りと共に、この長い旅路の間に絶えず私を励ましてくれたことにも感謝したい。アンドレアスは生まれて二年の間のことであるが、この子がいつも行儀がよくまたぐずらないたちだったおかげで、私はこの仕事をそれなりに意味のあるものとして完成させることができたのである。

ニールス・ボーア，1885-1962

まえがき

今日、自然科学というものが政治、経済、文化にとって欠くことのできない重要な要素となっていることは誰もが認めるところである。科学は、ここ数十年に進められた莫大な技術革新を支える主力をなすものと見られている。そして先進国社会ではどこでも、その予算の少なからざる部分を占めるに至っている。時代は今や「巨大科学」の時代となっており、科学活動については国家的、また国際的なものとして大規模な計画が立てられるようになった。そして、これまでにも増して自然科学は経済、社会、倫理の諸面にわたって重大な問題を投げかけ、広く一般的な文化論議の種となっているのである(1)。

こういう自然科学の重大性が認識されるようになったのはそれほど古いことではない。その認識は第二次大戦後に急速に育ってきた。第二次大戦では原子爆弾やレーダーなどのプロジェクトにおいて他に並ぶもののない大規模な取り組みが行なわれた。かくして科学者にとっても歴史家にとっても同じく、第二次大戦はまさに科学が純真性を失ってしまったその転回点となったのである。しかしながら科学が今日の様相を帯びるに至る歴史的な起源はもっと前の時代にさかのぼって探さなければならない。本書がこういう起源を探る試みの一歩ともなれば幸いである(2)。

二十世紀よりはるか昔には、物理学、天文学、化学といった分野はごく少数の選良だけが理解し携わることのできる深遠な業ということになっていた。とは言っても、他の人間の業と同じくそれもまた人間の歴史の一部である。ではどうやって歴史家は、科学の入り組んだ詳細な内容を見失うことなく、それを大きな歴史絵巻の中に取り込むのであろうか(3)?

科学に変化が起こるところに目をつけるのが、こういう歴史におけるつながりを検出する一つの手だと言う人も多い。変化の時期には科学における前提概念自体が流動的になり、一般的な歴史の動きと関わり合いをもちやすくなる。とは言え、果たして一般的な歴史の動きが科学の成長速度やそれが進む方向に対して、さらには科学の内容に対してまでも関わり合いがあるのかどうか、という問題については、歴史家や社会学者や科学哲学の研究者の間で依然として議論が続いているところである(4)。

さて、資金援助というものも、明らかに基礎科学の研究に影響を及ぼす一つの要因となる。今日の基準から見ると第二次大戦前の科学への資金援助はまことに乏しいものであった。と言っても援助主がなかったわけではない。本書が狙いを定めた二つの世界大戦の間にはさまれる時期は、私的な慈善団体が基礎科学への援助を行なう事業の全盛期であった。中でもロックフェラー家は科学の研究に相当な額をつぎ込んだ。これは組織的な研究と個人の研究の両方にわたっている。大戦間の時期における科学への資金援助について書かれたものは多いが、それが実際に科学の研究に与えた効果という点になると、あまり注目されていないのが現状である(5)。

後から振り返れば、両大戦の間に起こった物理学の研究におけるある一つの変化が、その後の歴史の展開に対して特別重要な意味をもっていたことがわかる。それは、一九三〇年代に、原子核に関する理論-実験的研究に向けて、軌を一にして非常に活発な取り組みが行なわれるようになったことである。そしてこれが、次の一〇年間に原子爆弾を作るための科学的な土台を与えることになった。この時期の科学に対する資金援助の趨勢については歴史の分野でかなりの注目を集めてきた。それはまた、一九三〇年代の原子核物理学の興隆に関連する学問上の問題点や技術上の問題点についても同様である。しかしながら、原子核物理学の出現と外の世界の動きとの関係、たとえば資金援助の財源との関係などという面については、まだ解明されていない点が多いのである(6)。

本書の狙いはこういう溝に橋を架けることにある。ここでは一九三〇年代の原子核物理学の進展とその学問上の起源に関する知見、そしてさらに、これに併行して起こった国際的な基礎科学への民間の援助の変化——中でもロックフェラー社会貢献事業のそれ——とを同一の視野内に入れて考える。こうして本書は原子核物理学の進展をより大きな歴史の文脈の中に置いてみるわけである。

私は核物理学の全体が科学支援全体とどう関わり合っていたか、ということを究めようとするわけではない。そうする代わりに、一つの科学研究所を慎重に選んで、それに注意を集中することにした。そこで得られた詳細にわたる結果は、基礎科学とそれへの資金援助の出どころとの間の入り組んだ相互関係を理解する上できわめて重要な意味をもつものである。

両大戦間の科学研究所で取り上げるべきものとしては、行政の注目をひくだけの規模の大きさをもちながら、なおかつそこの所長が科学に関する事柄でも運営政策に関する事柄においても個人として責任をもてる程度に小さいものである必要がある。そういう研究所では、あらゆる活動に所長の目が届くものである。したがって研究所という領域内における科学と財政援助との間の相互関係は、つまるところその所長が科学と運営政策に振るう采配にかかっているわけである。

しかし一つの研究所だけに目をつけるというやり方には、それなりの限界もある。いつの時代でも物理学の進展というものは、いろいろな研究所における何人かの個々人の力を合わせた取り組みのおかげで起こるのである。両大戦の間の時期に起こった量子力学の発展についてはこのことが特によくあてはまる。そう言えばここでの大立者、ニールス・ボーアも自分自身や自分の研究所がこの発展に果たした役割については控えめな言い方をして、むしろ科学における取り組みが本来集団的なものであることを強調している[7]。

さて、私が選んだ研究所は、コペンハーゲン大学理論物理学研究所である。ここはニールス・ボーアが率いる研究所で、一九六五年にニールス・ボーア研究所と名を改めた。ボーアの研究所が両大戦の間の時期に理論物理学のメッカであったことは衆目の一致するところである。一九二〇年代の中期に量子力学の定式化を成し遂げるという発展があり、物理学に革命をもたらしたが、この研究所はボーアの指導の下にその発展の中心地となった。これに引き続いてボーアは、共同研究者と力を合わせて新物理学の「コペンハーゲン解釈」を練り上げ、これは大多数の物理学者が受け入れるところとなった。

次いで一九三〇年代中期、すなわち一九三二年のいわゆる奇跡の年が原子核の実験的発見に大転機をもたらした後、この研究所の関心と研究は核物理学に向けられるようになる。一九三六年にボーアは原子核の「複合核モデル」を提案した。これは大きな影響力をもつ有力なモデルであった。続く数年の間、ボーアは理論面でますます原子核に注意を向けると共に、原子核研究用の高価な新装置を据え付けることにも目配りを怠らなかった。第二次世界大戦の勃発寸前に、この研究所にいたオットー・フリッシュと当時スウェーデンにいたその伯母リーゼ・マイトナーが原子核分裂という過程の解釈を世に示した。ほぼその頃に新装置が首尾よく使えるようになった。この研究所は、二〇年代には量子力学の発展の中心地であったが、今度は核物理学という新分野の中心地となった。こういうわけで、本書で行なう研究の対象としてここを採るのは、まことに適切な選択なのである。本書はこの研究所が理論－実験核物理学に向けて転向していく成り行きを、視野を一周り拡げてここの所長の政策立案者および資金調達者としての役割という観点から見ていこうとするものである(8)。

この研究所についても、他所についても、物理学と資金援助との関わりについて書かれたものは滅多にないが、基本的な歴史資料をちょっと覗いただけでも、この点について歴史の観点から興味ある問題がいろいろ浮かび上がってくる。これから、この研究所の論文刊行目録を用いて、こういう問題をいくつか提起してみよう。これによって、本書で考察する問題がどういうものかについてのおよその見当がつくと思われる。

発表論文数は一九二七年に四七篇のピークに達した後、徐々に減っていき、一九三三年には一七篇という最低値に達した。当時発表された論文には、まだ原子核研究への一致協力した取り組みの反映は見られない。一九三四年になると発表論文数は二四篇に増え、原子核の比重も増してくる。二六篇が発表された一九三六年には、核物理学はこの研究所の主要研究分野となっている。その後引き続き核物理学に力点が置かれ、一九三七年には発表論文数は四〇篇という新たなピークに達した。次いで活動はだんだん下火になり、ついに第二次大戦の勃発とドイツのデンマーク占領の後になるとほとんど止まってしまうのである。(9)

上に挙げた数字が何らかの趨勢というものを示しているとすると、その趨勢は物理学内部の動きから説明すべきものか、それとも外部の動きからであろうか？　とりわけ、一九二七年以後の論文数の減少は、然るべき科学上の問題意識が低調になったせいか、それとも資金援助が減ったせいだろうか？　この活動低調期の、当研究所における主要な研究テーマは何であったか？　奇跡の年のすぐ後では原子核の問題への関心は薄かったように見えるのに、その後突如として理論も実験も原子核に向かっていくという動きの引き金となったのは何であろうか？　この転向に必要な資金をボーアはどうやって調達したのだろう？　ボーアの資金調達の骨折りは核物理学をここに持ち込もうというはっきりした政策上の決断がもとになっているのか、それとも、この新分野への転向はまた別の要因に基づく資金調達活動の副産物として現れたのであろうか？

この研究所の論文刊行目録を見ると、この時期に生物学でも相当な研究活動が行なわれたことが明らかになる。この研究活動は物理化学者のジョージ・ヘヴェシーが率いており、代表的なものを挙げれば「植物生長における原子の動力学」とか「体内のリンの循環」といったものがある。一九三六年から第二次大戦までの期間に生物関係の研究はこの研究所から出た論文刊行総数の四分の一にもなる。残りは核の問題に向けたものである。一九三〇年代にはこの研究所が原子核の研究の主要なセンターとなったのは周知のことであるが、ここでそれと並行して生物学の研究も行なわれていたことには、歴史家も、また当時の思い出を語る研究者もこれまでほとんど注意を払っていない。この研究活動はいかにして、また何故に始まったのか、そして時を同じくして起こっている核物理学への転向という事柄とこれとは、もし何らかの関係があるとして、それは一体どういう関係なのだろうか？　こういった問題への最終的な解答がどういうものであろうと、とにかくこの研究所で生物学の研究が実施されていたという事実は、ここでの研究活動の様相を摑みにくいものにしており、そして一九三〇年代のこの研究所の歴史の研究にもっと広い視野から取り組むことを促すのである。[10]

次の序章で、この研究所で仕事をした人たちの後日の回想をとおしてこの研究所の独特の雰囲気を描く。この序章の役割は二つあり、その二つはそれぞれ相補い合うものである。一つは、核物理学研究という特定の場面に目を向ける前に、まずこの研究所の生活の大まかな特徴を摑むのに役立つということである。しかしまた一面、物理学の研究者たちの話は、はっきりと確立した事実を語っているわけではなく、研究の当事者の目から見て感じたことを語っているわけである。本書の論調全般とは違って、ここでの物理学者たちの回想は、自分たちの仕事に影響を与えたはずの科学外の動きにはほとんど、もしくはまったく触れていない。とは言っても、後に論ずるとおり、こういうずれがあるからと言って私自身の解釈が間違いになるわけではない。実を言えば、これらの物理学者たちの回想に対して新しい見方を持ち込むことが本書の副産物の一つなのである。では、いよいよこれから、この研究所の雰囲気の思い出話に移ることにしよう。

序章　コペンハーゲン精神

両大戦にはさまれる時期にこの研究所で過ごした物理学者たちの体験談を聞く時、よく出てくるのが彼らのいわゆる「コペンハーゲン精神」という言葉である。この呼び名のドイツ語版「コペンハーゲナー・ガイスト」を活字ではじめて使ったのはヴェルナー・ハイゼンベルクである。彼は一九二九年の春、シカゴ大学で行なった連続講義を基にして、一九三〇年に量子論の教科書を出したが、ここで「量子論のコペンハーゲン精神」という言葉を持ち込んだ。それは物理学の基本概念に関わる問題に取り組むための、ある独特の考え方というほどの意味である。やがてこの言葉は、特定のアイデアよりもむしろ研究の進め方とか、雰囲気の類を指すものとなっていった。私がここで考察したいのは、この、後の意味のほうである[1]。

コペンハーゲン精神というものが、問題に対するとらわれない考え方とか、各自が研究を進める自由などを意味するということは誰もが同意するところである。オーストリアの物理学者で、一九三〇年代の数年間をこの研究所で過ごしたヴィクトール・ヴァイスコプフは、ボーアの個々の仕事よりもむしろ人の独立心を育てるたぐい稀な能力に注目している。ボーアはコペンハーゲンで博士の学位を取った後、マンチェスターのラザフォードの下で仕事をしたのであるが、ヴァイスコプフによれば、このラザフォードだけが今言った点でボーアに匹敵する唯一の人物である。さて、その結果として、個々人がそれぞれ独立した研究を推進する自由が生まれてくるが、ポーランド出身のシュテファン・ローゼンタールは、この自由こそ、およそ物理学の研究所が成功を収めるにはなくてならないものである、とみなしている（このローゼンタールという人は一九三八年にこの研究所にやって来て、以来、第二次大戦末期の一時期だけは別として、ずっとここに腰を据えている人である）。ローゼンタールに言わせると、物理学の研究というものは誰かに指導されて進むものではなく、環境を整えればおのずと進展するものなのである。(2)

この研究所で仕事をした物理学者たちの言うところによると、こういう知の独立性を養うには、仕事においても遊びにおいても型に囚われない自由な空気を作り出すことが必要であった。ドイツの実験物理学者オットー・ロベルト・フリッシュは一九三〇年代にこの研究所で数年を過ごした人であるが、ある時自分があっけに取られる思いをした経験談を語っている。それは彼が研究所に到着して間もない頃で、コロキウムに出た時のことである。ボーアがロシアの物理学者レフ・ダヴィドヴィッチ・ランダウと熱心に討論を交わしているところであった。ランダウはテーブルの上に仰向けに寝転んでいた。そしてボーアはランダウのそんな格好を一向に気にする様子もなかった。フリッシュには、こんな尋常ならざる振る舞いはハンブルクやロンドン滞在中の経験とはまったくかけ離れたものに思えた。後にフリッシュはこのランダウ事件を取り上げてこう書いている。「コペンハーゲンの理論物理学研究所における型破りの流儀に慣れるには少々手間取った。ここでは人はもっぱら明瞭でまっすぐな考え方をする能力によって評価されるのである」。このまったく型破りで自由な雰囲気こそコペンハーゲン精神の中核をなす要素だというのが、多くの人たちの回想するところである。(3)

この自由な空気は物理学の討論の場を越えて拡がった。物理学者の中にはたとえばこんな話をする人がいる。ボーアはアメリカの西部劇の映画が好きで、この人たちもよく一緒に見に行った。それについて少なくとも二人の研究者が次のような一つ話を語っている。数人の滞在物理学者たちと西部劇を見た後、ボーアは、どうして悪漢が仕掛けた銃による決闘に、いつもヒーローが勝つのかを説明する理論を持ち出した。ボーアによると、自由意思による決定は常に機械的な反応よりも長い時間がかかる。だから冷酷に相手を殺そうとする悪漢は自動的に

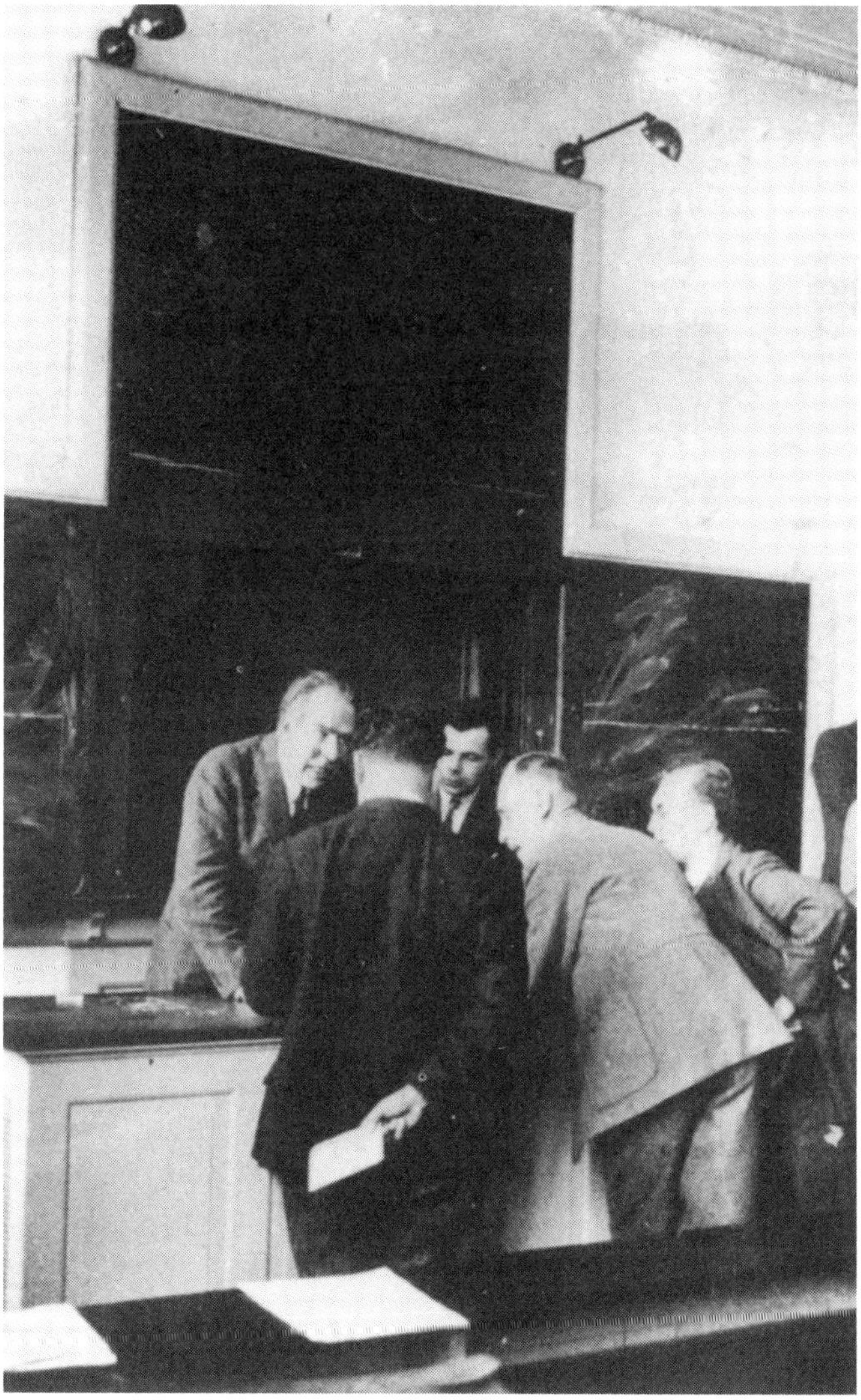

理論物理学研究所における，黒板を前にした活発な討論，1930 年．左から右に：ボーア，パウリ，ロタール・ノルトハイム，他［AIP，ニールス・ボーア資料館：ランデ・コレクション提供］

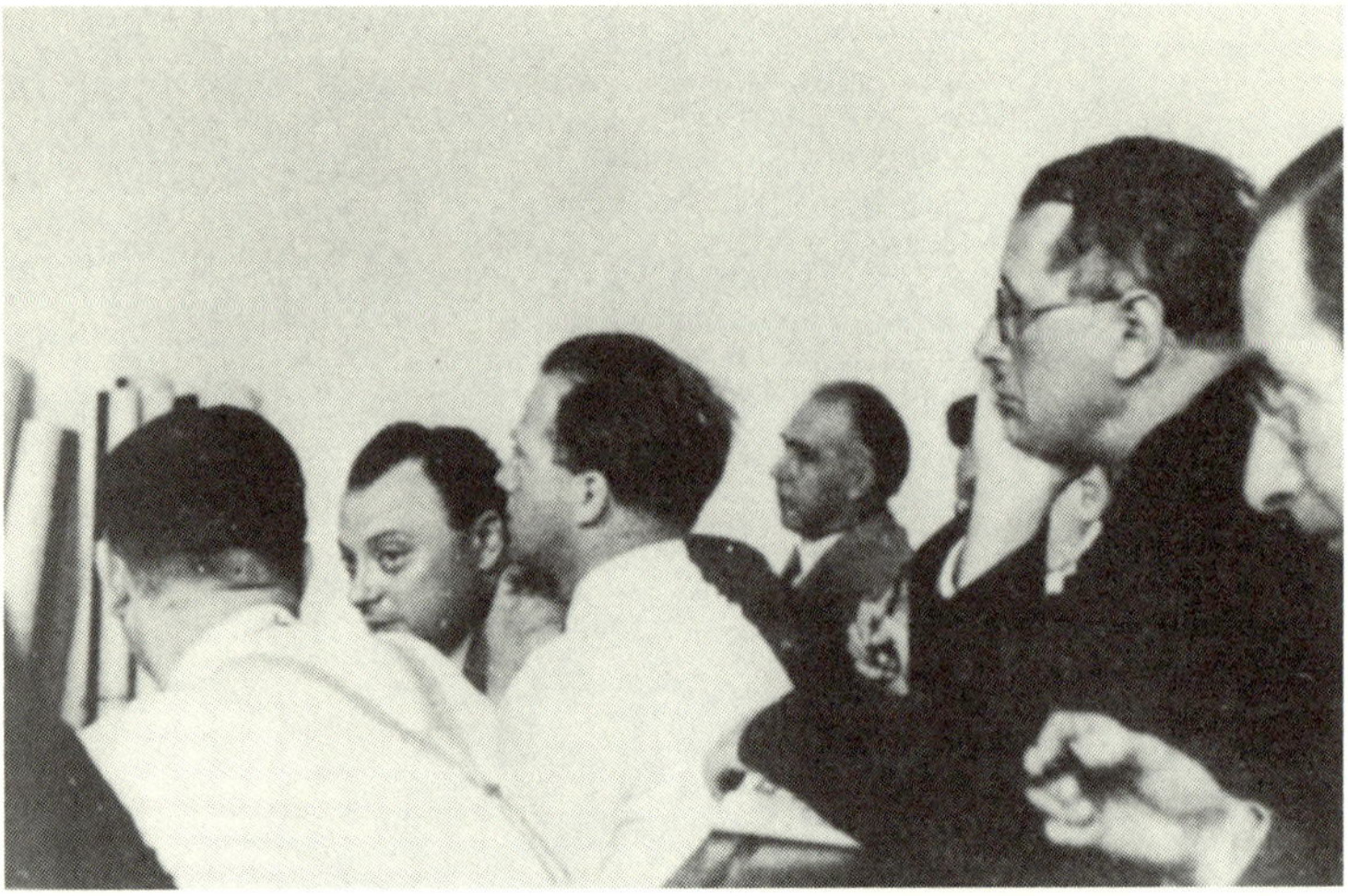

研究所で，夢中で講演に聴き入る聴衆，1930年．左から右：ヨルダン，パウリ，ハイゼンベルク，ボーア，他

反応するヒーローよりも動きが遅くなるのだ、というのである。ボーアの理論を科学的に検証するために一同はおもちゃの拳銃を二丁買ってきた。そして理論は適切なやり方で検証され、正しいと認められた。ここでロシア人のジョージ・ガモフが悪漢の役を務め、対するヒーローはニールス・ボーアであった。(4)

とは言っても、ボーアが若手の物理学者たちのいたずらを全部容認したわけではない。たとえば、デンマーク人の物理学者クリスチャン・メラーの言うところによると、ボーアは研究所の図書館で卓球のゲームをすることに反対はしなかったが、ガモフが本をラケット代わりに使おうと言い張ることには異を唱えたのであった。同じくフリッシュも、ヘンドリク・ブルフト・カシミールが完全着衣のままコペンハーゲンの湖を泳いで渡ろうとした時のことを回想して、こういう行ないはボーアの人柄やボーアの研究所の運営方針に合わないと思う、と言っている。そしていささか弁解じみた口調でこんな憶測を述べる。物理学者たちのこういう「子供っぽい」行ないは彼らの人間性の特徴の一端として解釈するのがよい。つまり「科学者というものは子供のように好奇心旺盛に

マルガレーテとニールス・ボーア，カールスベリ邸の外で

ならざるを得ないのだ。おそらく人は彼らにその他にも成長し切っていない子供っぽい面があることを認めるだろう」。ボーアが若手の物理学者たちを扱う特殊能力をもっていたのは確かだが、それはこういう子供っぽい行ないを奨励したということとは違う、とフリッシュは言いたいらしい。むしろ、こういう行ないは物理学者の探究心の必然的な現れだということを認めて、ボーアは賢明にもそれを抑えなかったのである。こういう話ではボーアはいつも子供たちを一歩離れて楽しげに見守っている優しい慈父として現れる。ただし遊びがあまり行き過ぎると若手の仲間たちに自分の不賛成の意をやんわりと伝えることも忘れない父親である[5]。

　ボーアが若手の研究仲間と知的な面で意思疎通を図ったそのやり方についても、たくさんの言い伝えがあるが、実はボーアの父親としての人物像はこちらのほうにもっとよく現れている。これこそ、大勢の物理学者にとってコペンハーゲン精神の最も価値ある一面であった。コペンハーゲンでは、科学に関する考え（また、その他の考えも同様）を伝え合うための普通行なわれるやり方、また最大の効力を発揮するやり方は正規の講義やセミナーではなかった。ボーアとの出会いの場面の思い出で一番生き生きとしたものと言えば、差し向かいでする議論の機会である。それが起こるのは研究所の場合もあれば、またボーアの夏の別荘やデンマークの海岸に沿う帆走旅行の場合もある。(6)

こういう出会いの中でも、ボーアの家での気の置けない集まり、それもとりわけボーアが研究所内の住まいからカールスベリの邸宅に移った一九三二年以後の集まりは、格別良い思い出として皆の記憶にとどめられている。この十九世紀の邸宅は、カールスベリ酒造の経営主、ヤーコブ・クリスチャン・ヤコブセンが一九一四年に死去した際、その遺言によって「科学、文学、芸術その他の分野の活動で、社会に多大な貢献をなした男性、もしくは女性に住んでもらう」ことになったのである。さて、たとえばフリッシュの場合、カールスベリでの経験の思い出はまさに古代ギリシャのイメージにぴたりと重なるものであった。フリッシュは書いている。「私はこんな風に感じた。ここにはソクラテスがよみがえって一つ一つの議論の次元を高め、我々の中から知恵を引き出してくれる。その知恵は、我々には自分の中にあるとは知らなかったもの（そしてもちろん本当はなかったもの）である。……そして、時にはライラックの香りに満ち、また時には雨にぬれたコペンハーゲンの街を自転車に乗って家路につきながら、私はプラトンの対話のもつ不思議な魅力に引き込まれて酔ったような気分になっていた」。同じく若者が受けた印象を、一九三〇年代にボーア側近の共同研究者になったベルギー人のレオン・ローゼンフェルトはこう記している。「……［その若い物理学者が］優しく微笑みかけている師を囲む使徒の一団に加わる時にはいつも、まさしく自分が精神的な意味での一つの家族に受け入れられたという思いがする。その家族はニールス・ボーアの父親としての保護の下に固い絆で結ばれているのである」。ボーアをソクラテスやイエスに例えているところは、ボーアに対する並々ならぬ尊敬の念を窺がわせるし、またボーアを囲む若手の物理学者のグループ内の結束の強さを証し立ててもいる。(7)

共同研究者たちに言わせると、ボーア独特の意思疎通の仕方は科学の創造的な仕事を引き出すものということになるのであるが、ボーアにしてみれば、それは弟子たちを惹きつけ励ますために意図的に取った戦略というわけではなく、むしろボーアの人間性のある本源的な特色に根ざすものであった。ボーアは声も非常に聞き取りにくく、どう見ても一流の演説家とは言えないという定評があったが、そもそもボーアは自分の物理学の推論を完璧なモノローグの形で表現することが苦手なのであった。一緒に仕事をした人たちの多くが語るところによると、物理学に関するものであろうと他のことであろうと、とにかく何か知的な問題をうまく解決するためには、ボーアは常に人間の反響板を必要としたのである。ローゼンフェルトは一九三一年から一九四〇年に至る研究所滞在期間中、終始この役目を果たした。その前にはオランダ人のヘンドリク・アントニー・クラマース、スウェーデン人のオスカー・クライン、ドイツ人のヴェルナー・ハイゼンベルク、オーストリア人のヴォルフガング・パウリらが同じくボーアの「手伝い役」を務めている。ヴァイスコプフはローゼンフェルトが一時ここを離れた期間、一九三六年の秋から一九三七年の初めまでこの役を務め、一九四〇年二月にいよいよローゼンフェルトがここを去った後はシュテファン・ローゼンタールが後を継いだ(8)。

ローゼンフェルト、ヴァイスコプフ、ローゼンタールが口をそろえて語るところによると、自分たちの主な役目は、ボーアが原稿を出版できるようにもっていくことだった、という。このためにはほとんどいつでもボーアの用を務める態勢が必要であった。仕事の時間は不定期で長くかかる上に、またこの仕事そのものがまことに骨が折れた。ボーアの考えを書き留めることは最低限の要請に過ぎない。その上にボーアが言うことにいつも有意義な応答をすることが求められていたので、手伝い役は一瞬たりともボーアの思考から注意をそらすわけにはいかなかった。なにしろボーアの思考能力は並外れだったから、ボーアよりずっと若い共同者といえどもこれは一苦労であった。また、ボーアは一夜明けると前の日にでき上がった原稿に満足したためしがない、ということがますますストレスをつのらせるもとになった。「一晩寝て考えたところ」――これがボーアの口癖だった――問題になっている事柄はまったく別の角度から追究する必要がある、などと言い出しかねないのであった。一つの原稿は、ボーアが活字にしようと考えるまでに、おびただしい数の改稿案を経るのが常であった。それは物理学の論文にとどまらず、もっと一般向けのものや哲学的なものの場合も変わりはなかった。

多くの物理学者の回想によれば、この出版を渋る傾向は完結した思考の道筋を表現することに対するボーアの完全主義の現れ、というよりもむしろ書かれた言葉の形式と内容の間に完全な統一があるべきだ、というボーアの信念の現れというほうがよい。一つ一つの新しい記述は、単なる表現の仕方の改良ではなく、まさに考える過程がまだ続いていることの現れなのである。一つの文章ごとにこだわって知恵を絞るうちに、ボーアと手伝い役は精神上お互い裸の付き合いをすることになった。ボーアとがっちり組んで共同の仕事をするなら、まったく偽りなく開け広げた姿勢が必要になる。こうして弱点をさらけ出したために不信感が生まれたり、ぎくしゃくした関係になるようなことはそれこそ滅多になかったが、それはボーアと手伝い役の間の結びつきの強さを証し立てるものである。(9)

ボーアとの共同の仕事には、もっと直接肉体的な意味でも辛い面があったらしい。コペンハーゲン周辺から聞こえてくるいろいろな噂話の一つに、ローゼンフェルトの奥さんが医者に頼んで、夫が仕事の時間をもっと制限するように勧告する証明書を出してもらった、という話がある。この出来事をめぐって研究所内でいろいろと面白い噂が流れたが、とにかくこれは、学問上の父のための仕事が、普通考えられる以上に深刻な家庭問題を引き起こす恐れもあったことを物語っている。たしかに、敢然と進むボーアのエネルギーは強大で、物理学の問題に取り組む場合でも共同研究者の多くが、たいていボーアより年が若かったのに、ついていくのに難儀をしたことも多いと語っているのである。このボーアのエネルギーは仕事への熱中ぶりにも現れている。彼は物理学の最も大事な問題を果てしなくいつまでも論じ続けられたようである。(10)

そのしわ寄せはボーアの手伝い役に回ってきて、彼らは自分独自の学問上の仕事をするのが困難になってしまったのであるが、そのことを彼らは進んで受け入れたのであった。誰にしてもボーアに、人使いが荒すぎると文句を言おうなどとは夢にも思わなかったであろう。それどころかボーアの手伝いを頼まれることは大変な特典とみなされており、後になってみるとその仕事は生涯最大の経験に数えられるものになった。取り組む問題は普通ボーアが指定したが、手伝い役は押し付けられたという感じなどは少しももつことがなかった。むしろ自分がまさに親方の思考の過程に参入している、そして時にはそれを助けてもいる、と感じた。このように彼らが自分に割り振られた日課を心底進んで受け入れていたということは、ボーアと若手の研究仲間との間に強い結びつきがあったことを示すもう一つの証である。

これはたいていの家族で見られることであるが、子供の父親への服従にも限度はある。それは父親への敬意がどんなに大きなものであろうとやはり変わりはない。時には、自身の独立性を失うことを恐れる気持ちのほうが、ボーアと一緒に仕事をすることの刺激にまさる場合もあったかもしれない。私とのインタビューの中でヴァイスコプフは、そういう仕事がいつも純粋にプラスの経験と言えたかどうかに疑義を表明している。冗談まじりに、聞こえのよい「手伝い役」という言葉に代えて「犠牲者」という言葉や、はては「奴隷」という言葉まで使って、彼はこんな意味に取れることを言った。長期にわたってボーアと仕事をすると、若い物理学者は一人の独立した「考える人」としての存在を消失することになりかねなかった。(11)

一九二〇年代と一九三〇年代にこの研究所にいた人たちには、ここ独特の有意義な経験ができたのであるが、私の知る限り、その例外というべきものが二つだけある。つとに知られた第一の例はアメリカの物理学者、ジョン・クラーク・スレイターの回想である。この人は光の粒子－波動二重性に関する自分のアイデアの仕上げの仕事をしようとして一九二三年十二月にコペンハーゲンにやって来たのであるが、同じ年のこれより前にハーヴァード大学で学位を取っていた。そしてコペンハーゲンに来る前にケンブリッジ大学で秋の学期を過ごした。

スレイター滞在の成果はボーアやその助手のクラマースとの有名な共著論文である。この論文では、ミクロな過程においてはエネルギー保存の概念が成立しないとしたのであるが、間もなくこれに対する実験的な反証が現れたためにこの主張は見捨てられることになった。その上、この論文の出版の時点でもなお、ボーアは依然として光の粒子、すなわち光子という考え方を受け容れていなかった。つまりボーア－クラマース－スレイターの論文は程なくして物理学の歴史における一つの時代錯誤になってしまったのである。

スレイター自身の回想によれば、スレイターはエネルギー保存の考えを放棄することに一度も同意しなかったという。真相は、ボーアとクラマースがスレイターのアイデアの一つを取り上げた後、腰を据えて論文の執筆にかかり、その間スレイターには一切関わりをもたせなかった、ということである。二人は論文が完成した後ではじめてスレイターを呼び寄せ署名だけをさせたのである。ボーアと弟子との関係についてスレイターはこう述べている。

［クラマースは］賢い父親が幼い息子に向かって、その偉人をどう扱えばよいか、というよりその人に対してどう振る舞えばよいかを教え諭す、という風であった。それはまさに偉人と（隅っこにいる）幼子と言うべき光景であった。私はこれには馴染んでいなかった。ハーヴァードでは誰にしてもこんなことはなかったのである。

スレイターはコペンハーゲンで過ごした時のことを「恐怖の時」と呼び、こんなことも述べている。論文投稿の後しばらくして、察しのよい下宿のおばさんがスレイターに自分の夏の別荘を隠れ家として貸してくれた。彼はデンマーク滞在期間の残りをそこで一人きりで勉強しながら過ごした。そして滞在中二度とボーアには会わなかったという[12]。

この研究所で芳しくない経験をしたもう一つの例として、アメリカの有名な分子化学者で二度ノーベル賞を受賞したライナス・ポーリングの場合がある。ポーリングは物理学者として仕事を始め、その立場で一九二七年の春、一ヶ月をコペンハーゲンで過ごした。ポーリングの言うところによると、滞在中ボーアはポーリングの仕事にまったく関心を示さず、ポーリングにはここでのセミナーの記憶は何一つ残っていない、という。また一方、同じ年、コペンハーゲンに行く前の期間をポーリングはミュンヘンのアルノルト・ゾンマーフェルトの下で過ごしたのだが、ゾンマーフェルトはまことに優れた師で、常に弟子の仕事にはまともな関心をもって応じた。ポーリングも認める通り、たしかに一ヶ月という期間は、コペンハーゲンという場について最終的な判定を下すには短すぎる。実は、ポーリングとスレイターがボーアの取り巻きに対して自分の立場を確立することができなかったということは、前からここにできていたグループの閉鎖性の証しとも言えるかもしれない。たとえばヴァイスコプフはコペンハーゲンの物理学者たちにそういうエリート意識があったことを認めている。またヴァイスコプフは、ある種の反米感情というものがあったことも記憶にとどめていると言う。ただしこれは断じてボーアに由来するものではない、と彼は釘をさしている。(13)

スレイターとポーリングの回想は特殊な例外として除くことにすると、物理学者たちのこの研究所に対する評価はきわめてよく一致している。私が、両大戦の間にはさまれる時期にボーアやその研究所と関わりのあった人たちと文通やインタビューをした際には、ほとんどの人がいろいろな文献に記されている類の経験を熱意をこめて語ったものだ。教える仕事や管理、運営の仕事などにまったく煩わされることなく、物理学者は自分の全部の時間とエネルギーを物理学に捧げることができた。ここで、知的な刺激の源泉であり、知の中心的存在でもあったボーアは、皆のガイド役となり、また皆が寄って来る集結点ともなっていたのである。(14)

この後では、コペンハーゲン学派の物理学者たちの回想に出てくる経験を、ボーアの活動のうちでももっと俗な、研究所の政策立案とか資金調達といった活動と関連させて論じるつもりである。コペンハーゲン精神の観点からすると、一九三〇年代にここの理論と実験の両者を巻き込んで一斉に行なわれた核物理学への方向転換は、そもそもどうしてそんなことが起こり得たのかということすら理解し難くなる。物理学者たちの思い出話から受け取る印象では、ここでは引き続いて自然発生的な議論が行なわれており、実験的、理論的研究プログラムの変更計画を練り上げるような動きはなかったようである。とは言っても所長のボーアには、物理学者たちが述べている理論的な議論とはまた別の関心事もあったのである。これは後で述べることであるが、ボーアが物理学の問題に熱中したことが、この研究所を主宰していくという仕事の妨げになったような時もあったかもしれない。しかしボーアには、必要とあればいつでもこういった雑用を引き受ける覚悟ができていた。核物理学への方向転換が行なわれたことは、基礎科学に対する資金援助の流れが変わり、また同時にそれに対するボーアの反応にも変化が生じた、という背景を視野に入れてはじめてよく理解できるのだ、ということを後に示すつもりである。

しかし本書は決して物理学者たちの見方を単純に否定するものではない。これから論ずるのは、ボーアのもっと幅の広い活動とその背景を考慮すれば、物理学者たちのコペンハーゲン精神についての回想の意味を本当に理解する道が開けるということである。また同時に、コペンハーゲン精神というものの存在そのものについても、これによってかなり有意義な裏づけが得られることになろう。

第1章　一九三四年までの科学政策と資金調達

第二次世界大戦前には、基礎科学分野は経済的に窮乏状態に置かれていたが、大方の人はこのことを特に気に留めてはいなかった。そう言えば、この研究所で仕事をした多くの物理学者の話の中には、ボーアの政策作りや資金集めなどの活動は滅多に出てこないし、研究所の経済の実態とここで行なわれた科学研究との関係には一言も触れていないのであるが、これも上に述べた趨勢の一つの現われと言えよう。実のところ、この科学者たちは、自分たちはそういう関係のことは知らなかったと言うにとどまらず、むしろ往々にして、そんな関係は存在しなかった、純粋科学と経済面の考慮が共存することは実り豊かな無私無欲の研究にとって有害である、とでも言いたげに見える。この人たちは、一九二〇年代と一九三〇年代にこの研究所が独特の高い格付けを受けていたというのも、一つにはそんな関係がなかったおかげだと考える。つまりこの研究所は、運営政策や資金集めなどの雑念から解放されてひたすら科学そのもののために科学の研究が行なわれる至高の地であった、というわけである。

実はこれら物理学者たちの回想とは裏腹に、ボーアは資金や設備や人材を確保することに関わらざるを得なかった。これはどこの物理学の研究所の所長にしても同じことで、つまり、現実の経済条件の制約内で仕事をする他なかったのである。事実、ボーアはかなりの時間とエネルギーを割いて研究所の運営政策をまとめ、それを実行に移したのであった。さてそうなると、上の話で、物理学者たちはボーアがそういう事柄に関わらなかったと言っている、という解釈は間違いなのだろうか？　いや、実はそうではなく、この人たちの話は——話し手にそのつもりはなくても――ボーアが研究仲間に対して、自分とこれら諸々との関わりを巧みに隠しおおせたことを証し立てているのである。他所から来た研究者が運営政策関係の事柄に首を突っ込むことは、ボーアにとっては何の役にも立たず、研究所の仕事の効率の上から見ても何の利点もなかったということであろう。

この章ではボーアが運営政策や資金調達に強く関わっていたことを確かめる。またそれは同時に、どうしてこういう面のボーアの活動がここで仕事をした物理学者たちの回想では触れられることがないのか、ということに説明をつける長い道程に踏み出すことにもなるのである。

実験の重視

一九一七年四月、ボーアは最近決まった自分のコペンハーゲン大学理学部の教授職に絡めて新たな研究所の創設を申請した。その際彼は、この研究所創設の理由づけのうち、重要なものの一つとして実験装置の必要を掲げ、こう述べている。これまで古典物理学は物理現象に対する堅固な理論的土台を与えるものと信じられてきたが、その古典物理学の正当性について今や深刻な問題が持ち上がっている。このため理論家たちはものを考える際、かつてないほど強く実験で得られるデータに頼らなければならない。そして理論物理学者は「理論的な研究に直接結びついた実験を自ら行なったり指導したりする機会をもつ」ことが必要だ、と結んだ。(1)

その四年近く後、新研究所の開設記念のスピーチでもボーアは繰り返して、物理学においては理論家と実験家の間の密接な共同がどうしても必要だと述べた。そして理論家の最も切迫した問いかけに答えられるような実験設備をこの研究所に建設してほしいと強く要望した。それは当時は、原子核のまわりを回る電子についての研究のための装置を意味していた。特にボーアに必要だったのは、原子があるエネルギー状態から別の状態に移るときに、電子が放出もしくは吸収する電磁波を測定するための分光装置であった。(2)

理論物理学研究所，1921年

この実験装置を入手するためにボーアはせっせと資金集めに励んだ。彼が念を入れて書き上げた申請書――これも学問関係の書き物と同じく何度も校正を重ねた上で出された――では、デンマーク政府とカールスベリ財団に対して実験装置を懇請しているが、その費用は研究所そのものを建設するための費用の総額の半分を上回っている。このカールスベリ財団は一八七六年にデンマークの醸造業者ヤーコブ・クリスチャン・ヤコブセンの財産を元にして「科学が目指す進展のために」設立されたデンマークの私的機関であり、ボーアはすでに学生時代にもこの財団から援助を受けている[3]。

装置の資金に加えて常勤職員の給料も確保する必要があった。その内訳は研究助手一名、秘書一名、熟練した職工一名である。ボーアはまたもカールスベリ財団を口説いて首尾よく自分の年俸を四倍にしてもらった。これは装置や私費雇いの研究助手の費用を賄うためである。研究所設立の資金獲得に向けたボーアの苦労はデンマークの経済情勢のためにますます大変なものになった。一九一五年から一九二〇年にかけて卸売物価指数が五〇パーセント以上上がり、中でも一九一九年から一九二〇年にかけては一年間に二二パーセントも上がったのである[4]。

当初からボーアは、実験的研究の場がもてるということを、研究所設立の基本的な論拠としていた。その後の経過の中で彼は、自分の目論見に沿った研究所の建設に必要な資金を集める経験を積んでいった。

威信の増大

ボーアは未開拓の支援元に手を伸ばす努力を怠らなかった。それと同時に、ボーアの学問上の名声もどんどん上がっていった。そしてこのこともボーアが運営政策と資金獲得の面でしっかりした成功を収める上で大いに役に立った。一九二〇年代には、ボーアは世界的な名声を勝ち得るようになり、同僚たちからは原子についての量子物理学的基礎づけを作り上げた開拓者とみなされていた。方々の国々から結構な職の申し出もいろいろあったが、それも驚くには当たらない。たとえば早くも第一次世界大戦の頃に、英国の高名な実験物理学者アーネスト・ラザフォードはボーアをマンチェスターに引っ張ろうとした。これ以前ボーアはラザフォードの下で二年間仕事をしていたことがある。また、一九二〇年にはドイツ物理学のリーダーの一人、マックス・プランクがベルリン科学アカデミーの有給会員の地位をボーアに申し出た。これは一九一四年にアルベルト・アインシュタインが承諾したのと同様の地位であり、自分の時間をすべて研究に当てられるものであった。しかしこのどちらの申し出もボーアは断った。その際、自分はデンマークに属しており、デンマークの科学に対して責任がある、ということをきっぱりと述べている。一九二二年には三十七歳という若さで、最高の栄誉と憧憬の科学賞——ノーベル賞——を授与された[5]。

ボーアをコペンハーゲンから誘い出す試みは続く。一九二三年の夏にはロンドン王立協会が新たに設けた教授職の一つへの誘いがかかった。この地位は、最高の能力をもつ科学者に十分な個人収入を提供し、同時にあらゆる管理運営面の業務から解放する意図をもって設置されたものである。年に一四〇〇ポンド（六四〇〇ドル）という報酬――コペンハーゲン大学から受けていた額のほぼ三倍――はとりわけ魅力のあるものであった。その上、王立協会の教授として英国のどの大学や研究機関にも思いのままに所属することができるはずであった(6)。

この委員会の有力メンバーの物理学者、ジェイムズ・ジーンズがこの新たな教授職の申し出を候補者たちに伝える役を任され、七月中旬ボーアに、あなたが本委員会からの筆頭指名者だと告げた。この申し出を受ければケンブリッジに自分の研究室をもてる見込みもあった。そうすればすでにケンブリッジの教授に任命されていたラザフォードと密接な関わりをもって研究ができる。また、ラザフォードが私信で、しっかり連携して研究したいという希望を伝えてきたが、これもさらにボーアの気をそそることであった(7)。

ボーアはこの申し出を真剣に考えたが、コペンハーゲンとのつながりは残しておきたいと思った。そしてこれが難しいと知ってこういう提案をした。コペンハーゲンの研究所長は続けながら教授職のほうだけを辞める、というのである。一九二三年八月の終わりにかけて、問題の新しい地位は十中八九コペンハーゲンと完全につながりを断つことを要求してくるだろう、と聞いてようやくボーアは応募を取り下げることになった(8)。

この王立協会教授職への見込みが出てきたことは、直ちにボーアの自国での経済状態をかなり改善することにつながった。九月の初めに二人のデンマークアカデミー会員とカールスベリ財団の理事数人が財団宛てに書簡を出した。その二人のうち一人は生理学者のヴァルデマー・ヘンリクで、ニールス・ボーアの父、クリスチャン・ボーアが一九一一年に亡くなった時にその教授職を継いだ人、もう一人は数学者のヨハネス・イェルムスレウである。書簡では王立協会の優遇条件をはっきり引用した上で、次のような提案が述べられていた。すなわちボーアは学生に教える義務も含めてコペンハーゲン大学のあらゆる管理運営的業務を免除されるべきこと、また財団から一万デンマーク・クローネ（一八〇〇ドル）が毎年支給されるべきことで、これは事実上ボーアの給料を倍増することに当たる。一個人に研究に専念するための完全な自由を与えるという案については次のように述べられている。

本提案にまさる完全にして充分な提案というものはどこにも見出し難いと思われる。本提案はC・F（カールスベリ財団）がデンマーク政府と共同で、我が国の最も傑出せる子孫の一人のために、自由科学者として真に理想的な地位を創出しようとするものである。当人は目下若い力の絶頂期にあり、世界に最高の名をとどろかせている人物の一人である。こういうやり方で、この国家的な重大事において我が国が面目を施す上で少なからざる貢献をすることにより、C・Fもまた大きな利を得ることになろう。その重大事とは、さる富める強力な国が企てた壮大な計画、すなわち世界中から最高の才能人を旗下に呼び寄せて自国の科学研究を改善強化しようという計画と競い合うことである。

ヘンリクとイェルムスレウは、強力な相手国が自国のぴか一の科学者をさらっていくのを阻止するために国民感情に訴えた。またそうする過程でボーアのかけがえのない才能を巧みに引き立たせた。山はみごとに当たった。この後の機会にカールスベリ財団はボーアの給料のうち財団の負担分をかなり増額したのである[9]。

ボーアは一九二三年の初めの頃に研究所の新たなポストを申請したが、これに対するデンマーク教育省の姿勢にも王立協会から出された気前のよい申し出が影響を及ぼした様子が見える。すなわち教育省は七月にはボーアと深く繋がる共同研究者、ヘンドリク・アントニー・クラマースが就いていた常勤助手の職に講師職の諸権利を付随させることには不承知の意向を表明していたが、九月末になってボーアのこの申請を受け入れたのである。その結果としてクラマースはボーアの教育職務を正式に引き継ぐことになった。またボーアはこれと同時に研究所の実験的研究を助ける毎年度更新の助手職も申請していたが、これも受け入れられ、一九二四年五月にデンマーク人のスヴェン・ウェルナーが任命された。ボーアの名声はますます高まっていったが、これが研究所に当てる資金を増やすのに大いに役に立ったのは明らかである。[10]

一九二四年二月のこと、ボーアにフィラデルフィアのフランクリン研究所からの申し出が届いた。これに添えて事務局長のロバート・ボウイー・オーウェンズは「この国で最高の優遇条件を備えた研究ポストと信じます」と述べていた。研究用の設備や助手等の備えも充分で、一切余計なことに煩わされず自分の研究に没頭できる自由も保証されている上に、年俸一万ドルの報酬を受け、住居や旅行の費用は無料、そして高額の退職金も付くという条件である。[11]

ボーアはこれすらも、またその後に出てきたどんな申し出も考慮に入れることはなかった。王立協会の申し出の後では常に、ボーアの母国への帰属意識や責任感が、より高い報酬やより好い研究条件の誘惑に打ち勝った。コペンハーゲンに留まるときっぱり決心してからは、ボーアは自分の威光をもっぱら自分の研究所の状況の改善のために用いることができた。これは後で見ることになるが、当時の資金援助をめぐる情勢はこの戦略を実行するのに打ってつけの状態であった。

国際教育委員会

ロックフェラーの資産を後ろ盾にアメリカを本拠として設立された国際教育委員会（ＩＥＢ）という組織があった。ここは科学者のうち誰を、またどの研究所を支援するかを決定するに当たって、ボーア等の威光というものを特に重く見る傾向があった。一九二三年のＩＥＢの創立以来、ここはボーアとその研究所の主要な支援元となった。その経済的支援は、一九二〇年代に基礎科学に向けた資金援助を受けるには、科学上の名声というものがどれほどものを言ったかを証し立てる格好の例となっている。

一九二三年になると、デンマーク政府と私立資金援助機関がこの研究所を支援するやり方は、はっきりと別の形を取るようになった。そしてこの負担の分担の仕方は両大戦の間にまたがる期間中続くことになる。政府のほうは常勤の職員の給料と日常の運営費を出し、諸財団側は設備の拡張や新しい装置の入手の支援と、拡張のために生じた研究用の運営費の一部を負担した。また、一、二年間この研究所を訪れる若手の外国人研究者の支援も行なった。こういうわけで、私立の財団は、特にボーアが研究所の拡張や、ここの研究の再検討を図る時などには欠くことのできない存在になった。中でもIEBは、その資金援助の規模が大きく、またここは私立諸財団のうちで支援の方針が最も明確になっていたために、ボーアの研究所を支援する上で独特の役割を果たした。(12)

ロックフェラーの社会貢献事業が国際的な基礎科学の支援に乗り出したのは、まさにボーアがIEBにはじめて触手を伸ばした年、一九二三年のことである。IEBはこの年にウィクリフ・ローズが音頭を取って創設された。一八六二年生まれのローズは一九〇七年まで哲学の教授を務めていたが、この年に支援事業の管理運営の仕事に手を初めた。一九一〇年にはロックフェラー社会貢献事業に加わり、米国南部の十二指腸虫症撲滅を達成する責務を引き受けた。この後、新たに設立されたロックフェラー財団の国際保健委員会の委員長の地位に就き、保健関係の仕事を国際的な場面にまで拡張できるようになった。また一九一〇年以来もう一つのロックフェラー社会貢献事業である一般教育委員会の一員にも加わっていたが、一九二二年にはこの委員長の役も頼まれることになった。一般教育委員会の仕事はその綱領に従って米国内に限定されていたが、ローズはこの長の役を引き受けるに当たって国際的な教育委員会の創設を条件として出した。ローズの条件は受け容れられ、ローズが委員長となってその実現を見た。これは彼の影響力の大きさの証しである。(13)

ローズはIEBが支援する教育関係の活動を自然科学と農学の分野に限定した。彼は、一国の科学の発展が「教育の全システムに作用を及ぼして文明の改造をもたらす」ものと堅く信じていた。高等教育の支援のためにローズが取った方策は、自然科学研究の最高の国際的なセンターを見つけ出して――これはヨーロッパにあると彼は考えていた――将来最も有望な学生だけを一定期間そこに送り込む、というものであった。これが特別奨学金制度の根底にある考えで、ローズはこの制度を自分の高等教育支援策の頂点をなすものとみなしていた。後に彼がヨーロッパの学生のための特別奨学金制度の創設に取り組む際には、一九一九年にアメリカの有望な若手科学者のために創設した同様の制度が参考になったのではなかろうか。この計画のための費用はロックフェラー財団が引き受け、管理運営は米国学術研究会議（NRC）が当たることになった。と言ってもローズの構想の中では、特別奨学金というものはあくまで高等教育制度全体の一部を成すものと捉えられていた。この奨学制度は一九二四年から一九二九年までの五年間にピークに達したが一九三三年には廃止された。自然科学の分野で全部で五〇九件の奨学金を出したが、そのうち物理学の部門が一六三件を占め、他のいかなる分野をも凌駕している。[14]

さて、この奨学制度はローズの政策の頂点をなすものではあったが、IEBの支出全体のうちではほんの小さな部分に過ぎない。奨学制度のより良い受け皿となるべき最良の研究センターをいくつか作ろうとして、IEBは基礎研究センターの拡張や、時には新たな創設にまで資金を出した——ここにはローズがはっきりと打ち出した指針「ピークを高める」の反映が見られる。パリにあるヨーロッパ支部で、IEBは支援に応募している奨学生や研究機関の能力を見積もるための独自の評価方法を開発した。事実上、また理論上も、高等教育への資金援助は、こうして結局最良の研究機関における最良の基礎科学研究を促進する、という問題に帰着する。ローズはその最良の研究機関を大体いつも大学に的を絞って探したのであった。[15]

もっぱら質のみに重きを置くIEBのやり方は、一〇年前にロックフェラー財団が掲げたやり方とは根本的に違っていた。後者が目指したのは「人類全体の福利の増進」である。ロックフェラー財団が特定の保健問題の解決に向けて力を注いだのは、ここの具体的な問題に的を絞る運営方針の現れである。一方IEBが支援したのは数学、物理学、化学、生物学における諸々の価値ある取り組みで、個々の研究機関における研究でもできる限り広い基盤に立つものが望ましいとされた。ボーアはIEBに、一般的な問題として理論と実験の密接な結びつきが必要であることを訴えて新しい装置の申請を出したが、この時ボーアはIEBの上に述べた条件を利用したのである。[16]

装備への支援

もう、これ以上研究所を拡張するのにデンマークの支援は得られないとわかって、一九二三年の初頭にボーアははじめてアメリカの資金援助に目を向けた。この時までに、ここを訪れる研究者の数は、この小さな研究所の収容能力を超えるところまでふくれ上がっていた。その上ボーアは分光学的研究を一歩進める装置も手に入れたかった。それは原子が放出する電磁波を測定する際の波長領域を、これまで可能な範囲よりも長短両方向に拡げるものである。これに加えてデンマークの財政事情がある。デンマークの物価は、研究所設立の頃に記録的な高値を記して以後幾分下がってきてはいたが、財政状態は依然として先行き不透明であった。[17]

ボーアはデンマークの有力な友人たちからアメリカの財源に手を伸ばすよう励ましを受けた。その後この友人たちはロックフェラー支援の社会貢献事業に対して、必要な渉りをつけて行く。たとえば、研究所でボーアの同僚である物理学者のハンス・マリウス・ハンセンは、当時ニューヨークのロックフェラー医学研究所で働いていたデンマークの医学者クリステン・ルンスゴーと会った。一九〇一年設立のこの研究所はロックフェラーの資金を財源とする研究所の第一号である。ボーアの高等学校時代の学友で金融業者のオーエ・ベアレメとコペンハーゲン大学の医学教授クヌズ・ファーバはかつて研究所創立の際にボーアの力になった。ここで二人は再度大事な助力と助言を供することになる。ルンスゴーはアメリカの資金援助を受ける件で、一般教育委員会の常任監事アブラハム・フレクスナーに働きかけた。IEBの教育調査部門の長を務めていたフレクスナーは、この話をローズのところに持ち込んだ。その結果有望な感触を得て、ボーアは申請書を整えルンスゴーの許に送った。そこにはいかにもボーアらしい慎重さで、当研究所では二万ドルが必要ではないかと思う、と述べられていた。ルンスゴーはこの申請額を二倍にしてローズに送った[18]。

一九二三年十一月、世に名高いシリマン講演を行なうためにエール大学を訪れたボーアは、その機会にＩＥＢの本部で面談をした後申請した全額——四万ドルを授与された。ＩＥＢが物理学の研究機関を援助するのはこれがはじめてのことであり、それはボーアの傑出した位置を証し立てるものである。しかもボーアの申請は、一九二三年十二月、ローズがおよそ五〇の大学、その他教育研究機関の視察のために五ヶ月にわたるヨーロッパ旅行に出発する前にすでに承認を受けたのである[19]。

ところで、建物や装置への援助を行なうのは、別のところから追加の支援が得られる場合に限る、というのがＩＥＢの一般的な方針であった。この要請を満たすために、予定の拡張に必要な土地はコペンハーゲン市から贈呈された。またデンマーク政府は維持費の年額を増額し、さらに二つ目の毎年度更新の助手のポストも設けた。そしてこのポストには、一九二五年一月よりデンマークの実験家、クリスチャン・ゲオルグ・ヤコブセンが就任した[20]。

デンマークにおける卸売物価指数と消費者物価指数双方の好転によって研究所の経済事情が助かったことは疑う余地がない。研究所の創立当時には異常な高騰を示していた卸売物価は一九二五年から一九二六年にかけて二二パーセントも下がった。だがそれにしても、新たに獲得した資金だけでは不充分であることは明らかであった。一九二五年一月、ボーアはカールスベリ財団にもちかけて首尾よく話をまとめ、さらにこの年の秋にはＩＥＢにまったく新たな申請を提出して追加額を手にした。翌年の暮れあたりにボーアは再度カールスベリ財団に申請を出し、研究所の拡張を完了するために最終的に必要な額を獲得した。ボーアはＩＥＢに手を伸ばして実りある結果を得たおかげで、デンマーク側からの支援も獲得することができた。もし前者の成果がなければ後者を得ることは難しかったはずである。ボーアの資金集めの努力が実を結んだ結果、研究所の拡張は一九二六年の暮れまでに完了を見た[21]。

特別奨学金

ボーアが実験装置を入手しようと動いたのは、彼の、理論と実験は一体であるべしという信念によるものであったのに対して、外国から若い物理学者を引っ張ろうと骨折ったのは、国際協力が大事だという彼の信念に基づくものであった。初めからこの研究所は若い外国人の留学研究生に対する支援をデンマークのラスク－エルステド財団から受けていた。大学院教育が仕上がりかけているか、あるいは仕上がったばかりという段階の留学生である。この財団は一九一九年暮れに「デンマーク国による、国際的な研究に関連するデンマーク科学の支援を目指して」創設されたのである。一九二〇年代の間、ここの支援を受けて、平均して一年当たり三人の留学生がこの研究所にやって来た。またラスク－エルステド財団は、一九二九年以来この研究所で毎年行なわれた非公式の物理学国際会議にも援助の手を差し伸べた。この物理学会議は一九三〇年代の理論物理学に対して重要な役割を果たしており、本書でもこの後の章のさまざまな場面にこの会議が登場することになる[22]。

しかし、この研究所への留学研究者の数が実質的な伸びを見せるのは、一九二四年にＩＥＢの特別奨学制度が始まってからである。その数は一九二七年に二四人というピークに達したが、その後急激に落ちて一九三〇年には七人に減ってしまった。そしてこの頃にはＩＥＢの特別奨学制度も廃止の途上にあった。これまでに、相当の期間滞在した若手の留学者は六〇人以上に上るが、そのうち一五人はＩＥＢから、また一三人がラスク－エルステド財団からの支援を受けている。この二つの機関が支援した人数を合わせると、それ以外のどの機関が支援した人数を考えても、その四倍以上になる。ＩＥＢの奨学生の中には、ドイツからヴェルナー・ハイゼンベルクとパスカル・ヨルダン、オランダからサミュエル・ハウシュミット、ソ連からジョージ・ガモフといった面々がおり、ラスクエルステド財団のほうにはオーストリアからヴォルフガング・パウリ、日本から仁科芳雄らがいる[23]。

主としてＩＥＢとラスク＝エルステド財団の支援を受けてボーアの協力者となった人たちは、自分たちの分野で誰もが巨匠と認めるニールス・ボーアの下で全力を尽くして仕事をするつもりでコペンハーゲンにやって来た。これら新来の研究者たちは、デンマークにおける地位を得ることには何らの見通しもなく、またその野心もなかったので、研究所の管理運営や資金繰りの問題に首を突っ込む気はさらさらなかった。またボーアとしても、若手の共同者たちをそんな雑事に巻き込まないことによってより多くの成果を挙げたのである。それなら物理学者たちにとっては、ボーアとの共同の仕事が純粋に基礎物理学に捧げたものとして記憶に残っているのも不思議はない。しかし実は、この人たちの回想が真に意味するところは、ボーアが管理運営関係の事柄には手を出さなかったということではない。その反対にここからは、ボーアが政策立案者としても成功を収めた、ということが読み取れるのである。ボーアが資金獲得の機会を抜け目なく逃さなかったことは、コペンハーゲン精神を培う上で大いに重要な役割を果たしたのであった。

他の基礎物理学研究所もやはり一九二〇年代にＩＥＢの潤沢な資金援助のおかげで利を得ることができた。この一〇年間にゲッチンゲン大学——ここは理論物理学と量子力学の開拓のためのもう一つの主力を成していた——は物理学の研究に対して八万ドル以上、そして数学研究所の建物と設備に二七万五〇〇〇ドルを受け取った。また、一〇万ドル近い額がオランダ、ライデン大学にあるハイケ・カマリン・オネスの低温研究所と、ノルウェイのトロムソに宇宙物理学研究所を設立するために提供された。物理学への公共的援助として断然最高の額——四三万ドル——がスペインの研究・学術調査拡大会議に対して支払われた。しかしこれはスペイン市民戦争の間に壊滅してしまった。ＩＥＢの援助の中でも全分野にわたって断然最高の額——六〇〇万ドル——がカリフォルニア、パロマ山の二〇〇インチ望遠鏡の建造に当てられた。この援助は一九二八年に行なわれたが、望遠鏡が実際に使えるようになるのは二〇年余り後のことである(24)。

ＩＥＢが支援した全研究機関の中で、ボーアの研究所だけには、そこをはっきり特徴づける一種の研究の「精神」というものが備わっていた。そうなると、IEBの支援政策のみにコペンハーゲン精神の由来を求めるのは妥当とは言えない。しかしボーアがそれを作り出す上において、この支援政策が相当役に立ったのは確かである。

科学上の業績

一九二〇年代の中頃までにボーアは、自分が設定した、理論と実験の一体化という目標に向けて大幅な前進を遂げた。この時期に研究所には、次々と増えていく装置を使いこなすために大勢の実験物理学者がやって来て理論家に加わった。外国から来た人たちの中で、ドイツのジェイムズ・フランクとオランダのディルク・コスターは初めの数年間の分光学的研究において特に有意義な成果を挙げた。ボーアのデンマーク人の同僚ではハンス・マリウス・ハンセン（この人は一九二〇年代の中期以後、生物物理に転じた）、またスヴェン・ウェルナーも分光学において重要な実験を行なった。ヤコブセンは終生この研究所の実験物理学者として残った人であるが、この人は分光学と放射能両方の実験の仕事で成果を挙げた。もっとも放射能の仕事のほうはこの研究所においては理論の仕事に対して直接の刺激を与えるものとはならなかった。一九二二年の化学元素ハフニウムの発見は、ボーアがノーベル賞講演でそれを発表するのにちょうど間に合う時点で行なわれて、ボーアの原子理論の劇的な裏づけとなった。おそらくこれは、この研究所における理論と実験との密接な連携の最もよく知られた事例であろうが、このような理論の仕事を補強する実験活動はこの一つの事例にとどまらずはるかに広く行なわれたのである[25]。

とは言っても、最も傑出した仕事と言えばやはり理論のほうであった。この研究所の初期数年の間に、ボーアは自分の原子についての量子論を用いて化学元素の周期表に説明をつけることができた。それに続いて一九二〇年代中期に、おそらく今世紀の物理学最大の躍進と呼ぶべきことが起こったのである。そしてボーアとその共同研究者たちはこの革命的な発展の土台固めをする上でかけがえのない役割を演じたのであった。一九二五年、この時すでに研究所を訪れる常連でボーアの緊密な協力者となっていたヴェルナー・ハイゼンベルクが原子についての本格的な理論――量子力学――の定式を作り上げた。この新しい理論は古典物理学の概念とはっきり袂を分かつものであり、またそれと同時に強力な予言能力を示すものであった。一つの新しい理論を完成させる過程では地固めの時間が必要になる。これに続く数年の間、研究所はこの新理論の解釈と十全な理解、またこれを最大限広範な領域に適用することを目指す一つの中心地となった(26)。

国際教育委員会とコペンハーゲン大学のその他の機関

最高の科学に何の条件も付けずに金を出し、研究所の人員と設備の充当のための費用を支援することにより、IEBが新しい物理学を発展、強化させる上でのこの研究所の役割を高めたのは確かである。一九二〇年代にIEBはさらに二つ、コペンハーゲン大学から出された建物と装備の申請を受け入れた。それは生理学の研究施設で、その中には名高い生理学者アウゴスト・クロウに対する支援と、ヨハネス・ブレンステズが率いる物理化学研究所に対する支援も含まれていた。これは後の章で述べることであるが、クロウは一九三〇年代の初期、ロックフェラー支援の社会貢献事業の基礎科学に対する政策が変わり、ボーアがこれに対応して行動する際に大事な役割を果たすことになる。一方、ブレンステズの新しい研究所はボーアの研究所の近くに建てられたが、この二つの研究所の間で協同研究が行なわれる見通しがあったことは、IEBがブレンステズへの支援を決定する上での重要な考慮点となった。また、これも後の章で述べることであるが、ロックフェラー財団は一九三〇年代中期にボーアの研究所が原子核物理学に向けて方向転換をする際にきわめて重要な役割を果たすことになる。こういう事情があるので、ここでボーア並びにその研究所の当面の活動からちょっと離れて、コペンハーゲン大学の他

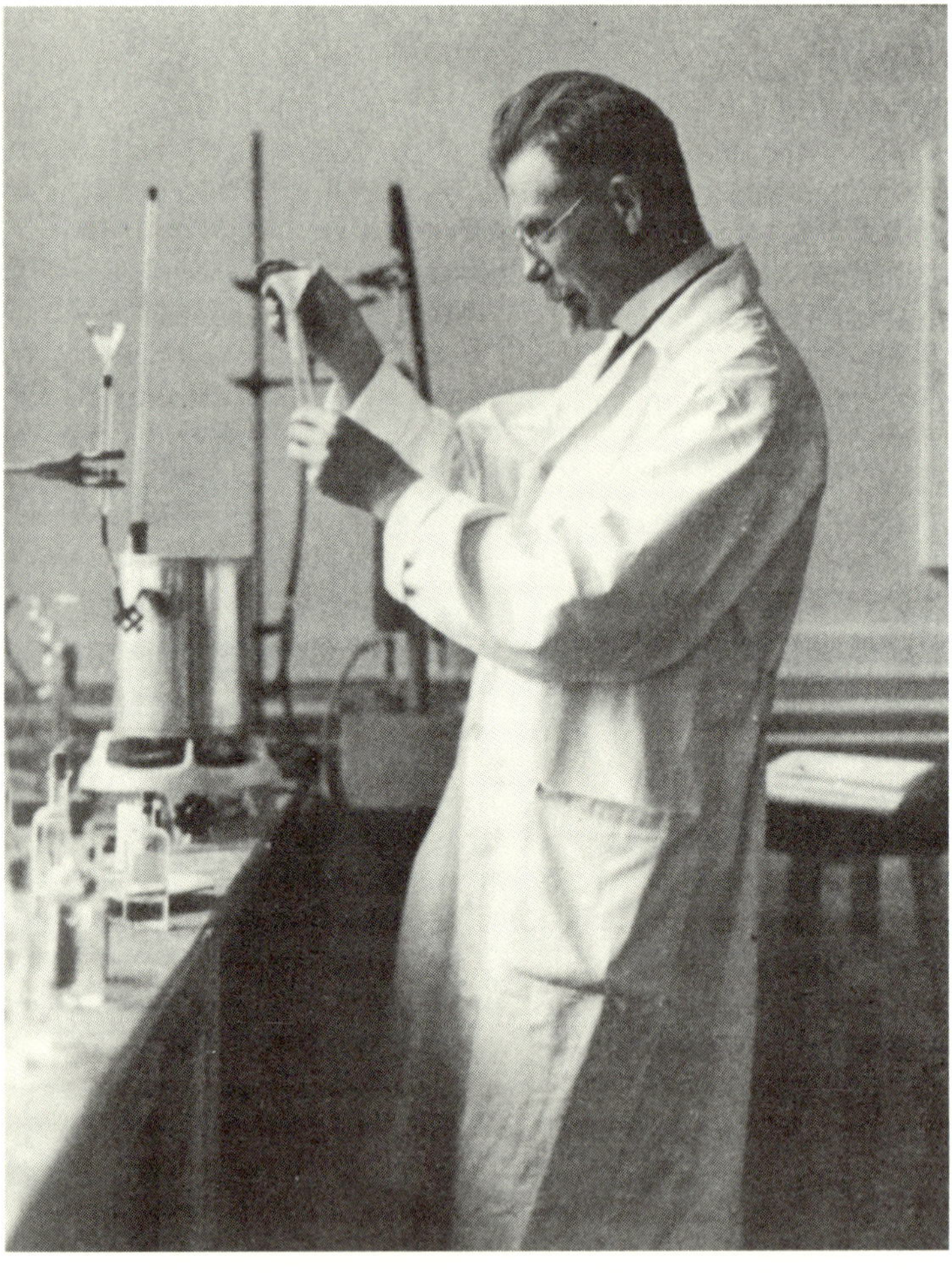

アウゴスト・クロウ，自分の新研究所にて．1930 年頃

の部門へのＩＥＢの資金援助について述べておくのも無駄ではあるまい。それによってボーアの威信の重要性が一層よく見えてくるし、またどうしてその威信がボーアに、ロックフェラーが支えるＩＥＢに対する独特の地歩を築かせることになったかもわかってくるからである。

生理学

シャック・アウゴスト・ステーンベア・クロウはデンマークの生理学者で「ニールス・ボーアと科学において双対をなす人物」と言われている。クロウはボーアより十一歳年上であったが、頭角を現すのは遅れて、事実上二人の年齢の差を埋め合わせる形となった。ニールス・ボーアの父親クリスチャン・ボーアに学生として、また助手として仕えた後、一九〇八年にコペンハーゲン大学理学部の動物生理学講座に終身の地位を得た。そして二年後にはささやかながら自分の実験室をもつことができた。しかしクロウが正教授になるのは一九一六年――ボーアが教授の職に就いた年――になってからである。一九二〇年にはノーベル医学・生理学賞を受けた。これはボーアが物理学賞を受ける二年前である。そしてエール大学で名高いシリマン講演をするのは一九二二年で、これもボーアの一年前である。この頃にはもう二人はそれぞれの分野で国際的なリーダーとなっており、その研究室で研究をしたいと望んで外国からやって来る留学生たちを受け入れていた。しかしこの二人の間に接触はほとんどなかったようである(27)。

一九二三年の春、ボーア側からＩＥＢにはじめての働きかけが行なわれてからほんの数日後のことであるが、クロウはロックフェラー財団宛てに手紙を書いて、自分の研究所の拡張のための資金援助をしてもらえる可能性があるかどうかを訊ねた。ボーアの申請とは違って、クロウの一〇万ドルの要請はＩＥＢに向けたものではなく、ロックフェラー財団が自ら新たに設立し、リチャード・Ｍ・ピアスが長を務める医学教育部門に渡された。そして十月前にはＩＥＢもクロウの申請に関わりをもつようになり、一九二四年の三月、これはボーアが資金援助を獲得してから数ヶ月後のことになるが、ピアスはローズにクロウ一人に金を出すのは当を得たこととは思えないと話した。その代わりとしてピアスは、コペンハーゲン大学の生理学部門のあちこちに分散している活動拠点を一つ屋根の下にまとめる、という計画を持ち出した。この計画はこの後同年内にまとまった。ロックフェラー財団とＩＥＢがそれぞれ三〇万ドルと一〇万ドルを出して、生理学の研究に当たる五つの研究室を一箇所に移すための建物を作ることになったのである。クロウの研究所と、ボーアの共同研究者ハンス・マリウス・ハンセンのために設けられた生物物理研究室が自然科学学部に属する三つの研究室のうちの二つである。他の二つは医学部に属していた(28)。

クロウの申請を取り上げるに当たっては、ロックフェラー社会貢献事業のほうではボーアの場合に比べてはるかに込み入った手続きを踏んだ。実のところクロウの研究所を支援するとなると、伝統的な支援方針が対照的に異なる二つの支援機関が共同してそれに当たることになる。一つはロックフェラー財団で、こちらはコペンハーゲン大学の生理学の組織化を図るに当たって管理的な直接介入方式を取った。もう一つのＩＥＢのほうは、もっぱら学術的な水準の高さを尊重する放任的な「最高科学」推進政策を取っていた。後で述べることであるが、この両者の違いは、一九三〇年代に、これまでＩＥＢが担っていた基礎科学支援の責務をロックフェラー財団が引き継ぐ時点でも依然として残っていた。そしてここにはボーアの研究所への資金援助も含まれている。

物理化学

一九二〇年代のコペンハーゲンの自然科学部門に対するＩＥＢの大規模な資金援助事業で第三番目に来るのは物理化学の研究所の新設であった。ヨハネス・ニコラウス・ブレンステズは一九〇八年にその分野でコペンハー

ロックフェラー財団とIEBの資金援助により，1928年，コペンハーゲン大学に作られた生理学研究用の建物

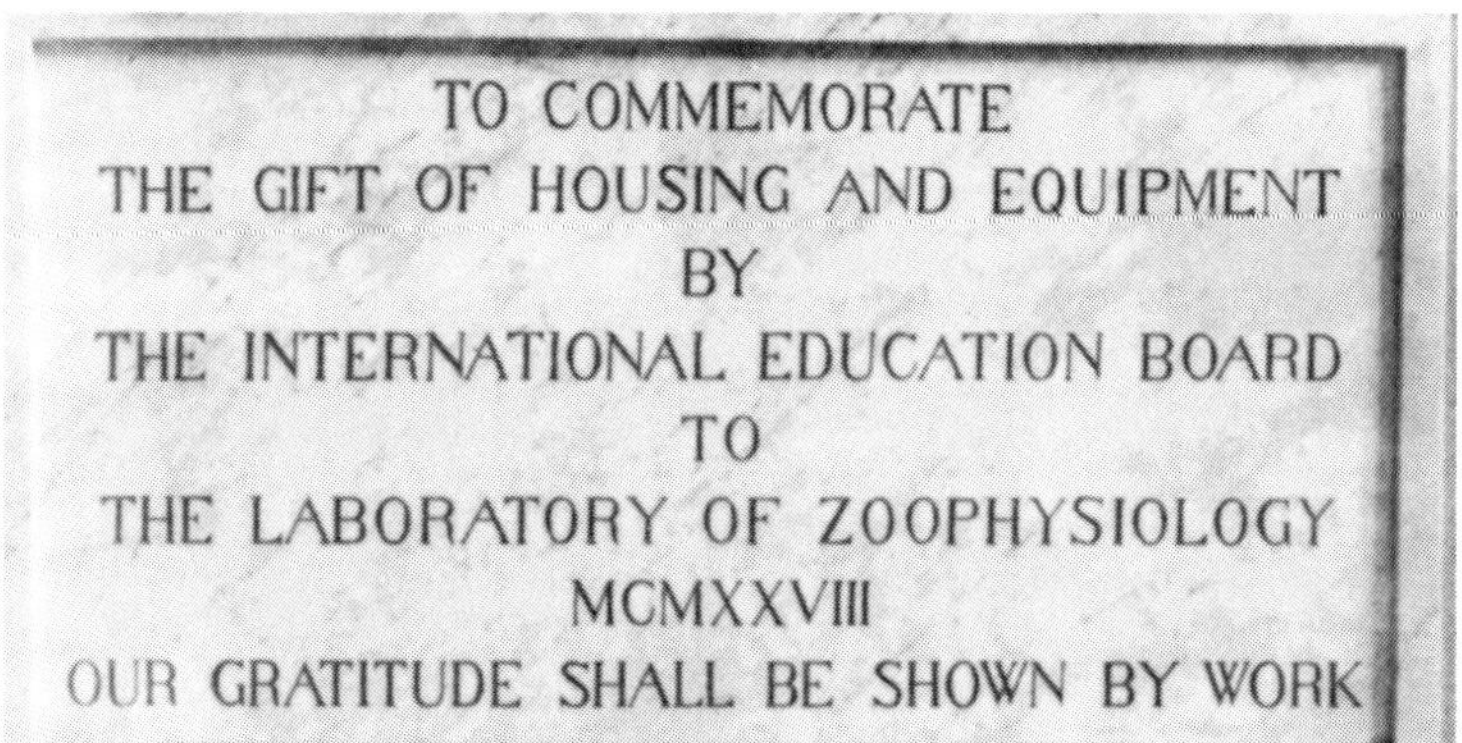

ロックフェラー財団の支援への謝意を記したクロウの研究所入り口の銘板

ゲン大学の最初の教授になった人であるが、この人が一九二五年の初めに資金援助を受ける見込みについて探りを入れ始めた。一九二六―二七年にわたる学年期にブレンステズはアメリカを訪れたが、この時には彼の出した申請はまだ懸案事項にとどまっていた。一月にローズに会った後、ブレンステズはボーアに手紙を書いて、デンマーク側の財源から補足の資金援助を受ける見込みはないものか、と訊ねた。ボーアは直ちにブレンステズに対して、カールスベリ財団が機械器具を対象に三万デンマーク・クローネ（八〇〇〇ドル）の援助をするのはほぼ確実と請け合った。これもボーアがデンマークの有力筋に対して大きな影響力をもっていた証しである。また、ブレンステズへの手紙の続きでボーアは、もしIEBの援助額からしてそれが必要になるなら政府の資金援助もあり得る、とも書いている[29]。

一九二五年二月、プリンストン大学の物理学教授を二〇年務めたオーガスタス・トラウブリッジがIEBパリ支部の初代の所長になった。一九二七年三月、ローズはオーガスタスに「コペンハーゲンの有力な科学者のリスト」を送ってくれるよう頼んだ。それは「ブレンステズの提案を学術的な背景の観点から検討するため」である。トラウブリッジはタイプで一〇ページの返事をしたためたのであるが、その冒頭、ブレンステズの件は名高い国際センター（コペンハーゲン）に対する支援と考えるべきものか、それとも並外れて優れた科学者個人（ブレンステズ）に対するものなのか、という疑問を呈している。そしてコペンハーゲンは国際的な自然科学の前線における現在の地位をこの先も維持することは望めないと結論して、トラウブリッジは並外れた科学者のほうの選択肢しか推奨できない、と述べた。しかしこれについてもある程度の疑念を表明しており、ローズに宛ててこう書いている。ブレンステズは、

大人物というわけではなく、ニールス・ボーアが自分の分野で誰の目にも明らかに成し遂げたような学問熱中の場を自ら作り出せるような人物ではありません。とは言っても、この人の分野では世界で筆頭の半ダースの

中に加えるべき人物であることも確かです。[30]

ローズ宛ての次の手紙ではトラウブリッジは、ブレンステズの申請は「個人への援助として扱うべき」とする立場からさらに後退を見せる。その理由としてトラウブリッジはこう述べている、「この件は、優れた人物が、地域の財源からの充分な支援が長い間得られずにいるセンターに所属している場合に当財団が取る方針に則って考えるのが妥当と思われます」。さて、シモン・フレクスナーはアブラハムの兄弟に当たり、当時ロックフェラー研究所の所長を務めた有力な人物であるが、この人は一九二七年四月、ローズと面談した際にこうほのめかした。ブレンステズの能力はボーアに及ばない、彼に金を出す主な理由は、計画に盛り込まれた通りブレンステズの研究所がボーアの研究所のすぐ近くにあることだ、と。両研究所の接近、両者の協同の計画、そしてブレンステズの件に対するボーアの推挙——これらはいずれも、IEB内部での長時間にわたって行なわれた審議において特に考慮に上った事柄であった、と思われる。一九二七年六月、最初の打診が行なわれてから二年半後に、IEBは新しい研究所の設立に向けて一〇万ドル出す決定を下した。この研究所がフル稼働を始めるのは一九三〇年の秋のことである。[31]

IEBがエリート主義的な資金援助政策を実行するために少なからぬ努力を払っていたことは、このブレンステズの件でひときわ明らかになる。ブレンステズの学術上の位置づけに少々不足があるとみなされたために資金援助の決定は数年遅れたのだが、最終決定が下される上で決め手となったのはボーアの信望であった。こうしてブレンステズの一件は、IEBがその資金援助政策を実行する上でボーアの名声がいかに重要な役割を果たしたかということの特別有力な裏づけとなるのである。

一九三四年までの活動

一九二五年から一九三〇年代中頃まで、国際的な基礎科学に対する支援政策は最初にIEBが定めたところと変わりはなかった。とりわけボーアの研究所においては、IEBは外国からやって来る若手科学者の支援を続け、またデンマークの財団も、自分たちがどういう類の科学を支援したいかという点についての要望を変えることはなかった。と言っても、IEBが主導したこの研究所支援のブームは続いてはいなかった。一九二五年以後、ボーアは実のある新たな支援を探すことはなくなり、研究所への資金援助は沈滞を来たした。

一九三二年と一九三三年にボーアが探り当てた支援もこの事態を変えるものではなかった。一九三二年、ボーアとコペンハーゲン大学の数学の教官たちがカールスベリ財団に対して、ボーアの研究所に隣接して新たに数学の研究所を建てたいという含みをもたせた提案を出した。そのような研究所の建設に向けたカールスベリ財団からの寄贈の件は、一九二九年の大学四五〇周年記念祭以来未決定のままになっていたのである。(32)

この提案はすぐにカールスベリ財団から是認を受けた。一九三三年に新しい数学研究所が建造され、一九三四年二月八日に開所式が行なわれた。この研究所の所長はニールス・ボーアの弟ハラルが務めた。二つの研究所はデンマーク政府が賄う科学外の運営経費を分け合って使うことになり、両者の密接な関係のおかげで場所や設備の使い方はずっと融通が利くものとなった。しかしコペンハーゲン大学の数学者たちのための新しい建物ができたことで、ボーアの研究所の経済状態がそれほど潤ったわけではない。(33)

一九三三年四月、ボーアはカールスベリ財団に研究所の経年予算のわずかな増額を申請した。ボーアの言うところによると「原子理論の領域」では目下、新たな数学的技法が必要とされるようになり、「それに関連した数理物理の領域に特に素養のある共同研究者」に来てもらうために援助の増額が必要である、ということであった。

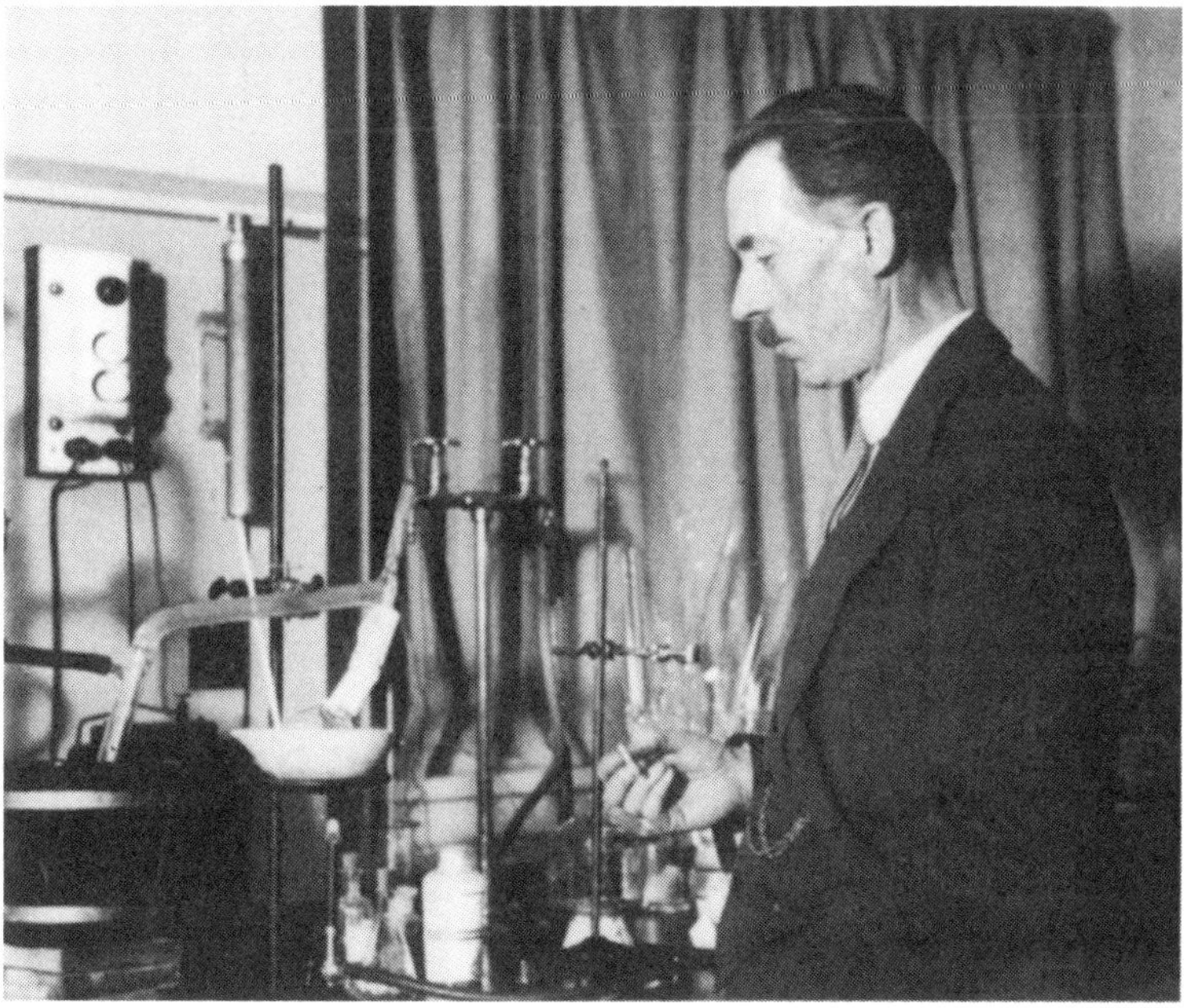

J. N. ブレンステズ，自分の新研究所にて，1930年［カールスベリ財団資料室提供］

この言からするとボーアは依然として原子理論に向けた研究計画を進めることに関心があったようである。これまでの資金援助の申請とは違って今回は、主な論点が新しい実験装置の必要ではなく、数学の役割の変化に置かれている。この論議は、ちょうどこの時期に持ち上がった、ボーアの研究所に隣接して新たに数学の研究所を作る、という計画とうまく符合している。ボーアの申請は認められて、一九三四年六月より、支援は年額一万八〇〇〇デンマーク・クローネ（三九〇〇ドル）から二万四〇〇〇デンマーク・クローネ（五二〇〇ドル）に増額された[34]。

一九二六年から一九三二年までの間にデンマークの卸売物価はさらに三〇パーセント下がり、その後少し上昇の兆しを見せ始めた。この展開は明らかに研究所の財政にとって好都合なものであったが、この時期のボーアの資金調達活動は目立って消極的なものとなった。研究所の初めの数年間に比べると、一九二〇年代中期から一九三〇年代中期にかけてのここの経済状態は沈滞の様相を見せていた[35]。

研究所の長期滞在研究者の数や、ここで行なわれた研究に基づく論文の数にも同じ傾向が見られる。前に述べたとおり、訪問研究者の数は研究所の歴史の最初の数年間着実に増え続け、一九二七年には二四人というピークに達した。しかしその後急落して、もう次の年には一〇人に減った。そして一九三〇年になると七人という最低値に達している。この数は一九三六年より前には一四人を超えることはなかった。また論文の数も一九二七年までほぼ一定の割合で増え続け、この年に四七という頂点に達した。そして次の年には二一にまで下落し、一九三三年に至るまでほぼその水準にとどまった。人員の数と論文の数で測ると、一九二〇年代中期に経済支援が横ばいになってから、ここの研究活動は落ち込みを見せている。次章では、こういった傾向がこの期間における研究活動そのものにどのように関連しているか、ということを検討したい[36]。

結び

最初の一五年間というもの、ボーアは研究所の運営政策を定め、資金を調達することに積極的に関わった。特に初めの五年間はきわめて活発に行動した。ボーアのこの面の活動のことは、物理学者たちがここで行なった自分の研究を回想する場面には出てこないが、実はこの研究所の活動と成功にとって決定的な役割を果たしたのである。

とりわけ一九二〇年代の中期には、ボーアはロックフェラーの資金を後ろ盾とするＩＥＢに相当な額の支援の申請を出し、それは首尾よく認められた。ここは基礎科学に向けたエリート主義的な支援政策を取っており、最高の研究機関並びに科学者に対して資金援助をしながら、どういう類の研究をするかという点については何も特別な条件を付けなかった。当代の最も名高い物理学者の一人であったボーアは、この政策のおかげで少なからざる利益を受けた。研究所の拡張と新しい実験装置の入手のための資金を獲得することにより、ボーアは初めに研究所設立の主旨とした、原子物理学における理論と実験の一体化という路線を維持していくことができた。まずＩＥＢがはっきりと関心を示すと、デンマークにある他の支援機関もこれに倣い、こうしてボーアは研究所の拡張を完了することができたのである。

その上ＩＥＢの支援は、ボーアが立てた、研究所における物理学者たちの間の国際協力という目標を実現する上で欠くことのできない役割を果たした――この支援のおかげで諸外国から一流の若手の物理学者が一年ないし二年という期間ここに滞在することができたのである。この点において、ＩＥＢの目標とするところとボーアのそれとがぴたりと一致していた。その他の機関――とりわけデンマークのラスク－エルステド財団――も同様の支援を行なったのであるが、間もなくＩＥＢが主導的な位置を占め、他所はここの例に倣おうとするようになった。

以上に、ボーアは政策立案や資金調達の役割も果たしたことを明らかにしたが、これで、一九三〇年代中期に行なわれたボーアの研究所の方向転換を理解するための第一ステップは完了した。これに劣らず大事な次のステップは、その方向転換に先立つ時期のボーア並びに研究所の科学研究活動を、特にそれに続く転換にまつわる事柄と関連づけて説明することである。これが次の章の目標となる。

第2章　コペンハーゲン精神の発現、一九二〇年代末から一九三〇年代中期

一九二七年までの研究所における理論的並びに実験的研究は原子の中でもその外側の部分の理解を目指していた。そしてこの年に研究所は学問面でもまた経済面でも一つの頂点に到達したのであった。この年、ボーアは「相補性論」を発表した。これは、その後広い支持を受ける「コペンハーゲン解釈」の観点に立って量子力学の考え方の土台を確立したもの、とみなされるようになった。また、第1章で述べたように、ボーアの資金集めの努力が実を結んで、この時、滞在研究者と論文の数もピークに達した。それに続く数年というもの、ボーアは実質的な研究所の拡張や装備の補充に向けて新たな申請を出さずにいた。それと軌を一にして、研究に携わる人員や論文の数で測った研究活動の勢いにも劇的な凋落が見られた[1]。

量子力学の地固めを行なった後のボーアと研究所の学問上の関心は何にあり、そしてそれはどのように追究されたのだろう。この面の発展は経済面の沈滞や活性の衰えとどう結びつくのだろう。たしかにボーアは一九三四年に至るまで、研究所のための実質的な資金援助の要請を出していないが、ここで行なわれた研究活動には、そのすぐ後で始まる研究の方向転換を窺わせるようなものが何か見られるだろうか。特に、後に転換の主な要素となる原子核や生物関係の事柄に結びつくような議論なり研究なりといったものはあったのだろうか。もしあるとすれば、それはどの程度、これに続く方向転換に導く役割を果したと言えるだろうか。

この章ではこういう問題について考えていきたい。これから見るとおり、この時期のボーアは原子核の物理学

と生物学の諸面の両方に関心を示していた。そのため、この章は大きく二つの部——それぞれの関心に当てた——に分かれている。しかし、これらとの関わりはいずれもボーアが全面的な研究の方向転換というものを考えるきっかけにはならなかった、と言いたい。その反対にボーアと若手の仲間たちは際限なしの自由討論とでも言うべき雰囲気の中でこれらの関心事を追究していったのであり、これは、明確に規定された理論－実験研究プログラムを全体的な規模で計画することの対極をなすものである。このような討論はまさに、コペンハーゲン精神が発現する場面についての事例研究の種を提供してくれる。討論というものが深い理論的な洞察を生みだすことは明らかであるが、ここから全体的な研究の変化は生じない。事実この時期には、研究所の初期数年間にボーアが説きかつ実践した理論と実験の一体化という方針に代わって、理論的な問題をただそれ自身のために際限なく追究するという方向が見られるようになっていた。

一九三四年までにおける原子核への関心

一九三〇年代の前半と言えば、科学史家の間では、理論物理学の一分野をなす核物理学が出現した時期として広く知られている。一九三二年には新しい発見が続出したために、特にこの年は核物理学の「奇跡の年」と呼ばれている。この章の第一部では、ボーアがこれらの発見に遅滞なくついて行った様子を見届ける。しかし一九三四年の初期に至るまでを見る限り、そのことは研究所における研究の方向転換の理由づけを与えるものとはなっていない。それどころか、討論のやり方にも内容にも前を引き継ぐ一種の連続性があり、そこからは原子核の理論－実験的研究を意図した全体的な転換の兆しは見えないのである(2)。

原子の構成物のうち内側のものと外側のものとの研究の分離が始まったのは、もう今世紀の初め頃のことである。一九一一年、後にボーアが「原子核科学の創立者」と呼ぶことになるアーネスト・ラザフォードは実験的な根拠の上に立って、原子は小さな重い原子核と、比較的遠距離にあってそれを囲む軽い電子たちより成る、という説を唱えた。その後間もなく、ボーアがラザフォードのマンチェスター研究室に勉強に来た。ラザフォードの実験的洞察を手がかりにしてボーアは、核のまわりを軌道を描いて回る電子の系に対して成り立つ量子論を作り上げた。ただし、ここで核そのものの構造の問題には触れなかった。そもそもの初めからボーアには、たとえば放射能のように核から生じる現象と、自分の原子モデルから生じる現象との間に区別がついていた。事実、一九一三年にボーアは、ベータ崩壊という放射能現象は核より起こるものだという結論を他に先駆けて活字で公にしたのである(3)。

ボーアが作り上げた原子の外側の部分に関する量子論はきわめて上首尾の研究成果であることが明らかとなり、間もなく大部分の理論物理学者たちの関心を引き付けるようになった。一例を挙げると、一九二〇年までにボーアは苦心して作り上げた化学元素の分類法（もっともこれは他の人の理解はあまり得られなかったが）に自分の原子理論に基づく説明をつけ、こうして物理学を基本的な自然科学として確立する方向に向けて大事な一歩を進めたのであった。その上、第1章で手短かに述べたように、ボーアは一九二〇年代初期、新しくできた研究所において理論と実験の一体化ということを企てたのであるが、それに向けての取り組みは結局、原子の外側の部分を理解するための研究計画を継続して進めることを通して行なわれたのである。一九二〇年代の中期にこの研究は、ボーアの若手の研究仲間、ヴェルナー・ハイゼンベルクやエルヴィン・シュレーディンガー他による量子力学の定式化に至ってクライマックスを迎えたのであるが、これはまさに物理学における本当の革命であった(4)。

ボーアとラザフォード．1933年，ブリュッセルで行なわれたソルヴェイ会議の折

新しい量子力学から出てきた重要な結果の一つに、いわゆる不確定性原理がある。これはハイゼンベルクがある程度はボーアとの徹底的な討論と共同研究の結果、作り上げたものである。この原理が述べているのは次のことである。すなわち、プランク定数、これは量子物理学における一つの基本量であるが、これが、たとえば位置と運動量のような二つのいわゆる共役量を一回の実験でどれだけ正確に測れるか、ということの限界を定める、というのである。たとえば、もしもある粒子の位置を厳密な精確さで測りたいと思えば、その粒子の運動量についての情報は一切断念しなければならなくなる、ということである。ハイゼンベルクがその原理を作り上げた後も、ボーアはこの人独特の流儀に従って、この年若い同僚を自分がものを考えるための反響板のように使うのを止めなかった。ボーアの「相補性論」の上に立つ量子力学の画期的な解釈が実を結んだのは、これらの、時として緊張を孕む討論を経た上のことである(5)。

ボーアがはじめて相補性論を発表したのは一九二七年九月、イタリアのコモで行なった講演であった。ここでボーアはハイゼンベルクの不確定性原理より、何らかの物理的な観測において、測定する量とその測定に用いる装置は分離することのできない一体をなす、と結論した。この観点からすると、光がある時は粒子として、またある時は波として観測されるのは矛盾ではないことになる。光の異なる局面の現れはそれを観測する異なる実験装置の配置に関連しているので、光を過不足なく記述しようとするなら、その記述は相補的な二つの局面、すなわち片方の観測が他方を同時に観測することを排除するような二つの局面の両方から構成されるはずである。同じく、任意の時刻に原子の中の個々の電子の位置を精密に測ると、その原子のエネルギー状態についての知見を同時に得ることはできなくなる。こうして、原子の構成要素である粒子の位置についての完全な知識を得ることと、エネルギー保存の観点から原子についての動力学的な記述をすることとは、互いに相補的な関係にあることになる。そして相補性を考えると従来の因果性は放棄しなければならない。この断念をボーアはプランク定数の存在からの必然的な帰結と考えた。そこから彼は、相補性というものは古典論から出てくる次のような無意味な帰結を取り除いてくれるもの、とみなした。その帰結とはすなわち、原子というものは安定な存在物ではなく、自分自身で自然につぶれてしまう、というものである。後で見るとおり、これはボーアの断念を用いた説明の典型的な例である[6]。

最初からボーアは自分の相補性論を、量子力学を超えた、もっと広い範囲に適用できるものと考えていた。つまり科学の別の分野や、さらには人間的な問題にまでも用いられる「考え方の指針（lesson）」を与えるものと考えたのである。ボーアのコモ講演を活字にしたものにはいくつかの版があり、最初に出版されたのは一九二八年の初めのことである。それらのうちの一つで、ボーアは上に述べたような姿勢をはっきり表明している。彼はこう予言した。相対論を量子論に適合させるためには、

ここで考えている量子論の法則の定式化の場合よりもさらに徹底して、通常の意味における視覚化の断念に向

き合う覚悟

が必要である、と。こうして相補性論は量子物理学の一般化に対してまた別の関わりをもつ可能性を孕んでいた。(7)

ボーアはこういう難点を「言うなれば言語における一つ一つの言葉は我々の通常の知覚に呼応している、という事実」と結びつけて考え、次のような希望を述べた。

> 人が考えを形成する際に広く認められる困難、すなわち主体と客体の分離に内在している困難と深い類似性をもつ状況、相補性という考えはこの状況を描き出すのにふさわしいものである。

すでにこの段階でボーアは自分の相補性理論を量子力学より、いやさらに物理学よりもかなり広い範疇において考えていたのである。(8)

一九二〇年代中期に首尾よく量子力学の定式化をし終えた後、理論物理学者たちは直ちに特定の研究領域として原子核に向かっていったわけではない。その代わりに彼らは、少なくとも近似的にはすでに古典物理学で扱われていた領域に広く量子力学を適用することに努めたのであった。この線に沿って、ボーアの研究所などにいた理論物理学者たちは相対論領域の速度をもつ粒子や電磁場や場と物質の相互作用に対して量子論を作り上げることに力を注いだ。後で見るとおり、一九二〇年代後期と一九三〇年代初期のこの研究所における核への関心のあり方は、こういう一般的な理論の状況を頭に置いてはじめて理解できるものとなる。(9)

たとえば一九二七年のポール・アドリアン・モーリス・ディラックの仕事がある。この人はイギリスの若い理論物理学者で、これまでもこの研究所で仕事をしながら量子力学の定式化に重要な働きをしてきたのであるが、一九二七年に古典的な電磁場中を任意の速度で走る一個の電子の振る舞いを記述する方程式を提案した。この方程式はその後ディラック方程式と呼ばれるようになる。さて、そのディラック方程式の解は、ある正の値を超えるエネルギーをもつ粒子だけを含むわけではなく、負の質量とエネルギーをもつ無限個の粒子の存在も予言していた。こういう二重の解はディラック方程式に対応する古典論の方程式でも出てくるものである。しかし古典論の場合なら負エネルギーの解——これには物理的に明瞭な意味がない——は無視してもよい。古典論では、エネルギーが正の値から負の値にひとりでに変わることはあり得ないからである。だが量子物理学ではそういう遷移も起こり得る。したがってディラック方程式ではすべての解が相互依存の関係にあり、理論全体の構造を損なわないためにはどの解も無視することはできない。こうしてディラック方程式の物理的な解釈には難点があることが明らかになった[10]。

一九二九年、ディラックはこの自作の体系に、電子とともに正の電荷をもつ陽子も組み込む解釈を提案した。これより前、これまたボーアの若い同僚、ヴォルフガング・パウリが排他原理というものを打ち立てていた。これは、二つの電子が同じエネルギー状態を占めることはできない、ということを述べたものである。この原理に則ってディラックは、自分の方程式が予言する負エネルギー状態はすべて電子によって満たされており、こうして観測にかからない存在から成る一様な「海」ができているのではないか、という提案をしたのである。しかしそうなると、その観測にかからない粒子の一つが量子遷移により、正エネルギーをもつ、観測にかかる電子になるということも起こってよいことになる。それが起こると負エネルギー電子の観測できない海に「空孔」が現れるはずである。そして電荷保存の法則によれば、この空孔は正の電気素量をもつ粒子として観測されるはずである。これをディラックは論文で陽子と同定したのであった。要請される特性をもつ粒子で、これまで実際に知られていたのは陽子しかなかったからである。

ディラックは、自分の理論が電子と陽子の質量の違いを説明できるかという疑問に対する試行的な答えとして、電子間の相互作用が正負の粒子の記述に非対称性を持ち込むと述べた。そして、この非対称性で質量の違いが説明できるかもしれない、という希望を表明した。ディラックの解釈に従うと、電子と陽子との関係は「実は自然界には一種類の基本粒子だけがある」ということから出てくる類のものだ、ということになる。他の物理学者と同じくディラックも、自然界の基本的な構成要素の数を減らすことを目指していた。[11]

さて、一九二七年、電子論に到達する前に、ディラックは電磁輻射場の量子論的な扱いにも成果を挙げていた。しかしながら、この場と物質の相互作用の記述からも、間もなく問題点が生じてきた。古典的な電気力学においても、電子に対して物理的に意味のない無限大の自己エネルギーを与えないためには、ある最小の半径を割り振らなければならない。その結果、点電荷という考え方から離れることになるが、そうなると適切な相対論的扱いができなくなる。これらの問題点が今や量子力学的な場合にまで引き継がれてきた。ハイゼンベルクとパウリは物質との相互作用を取り込んだ精巧な場の量子論を作り上げることにとりわけ熱心に取り組んだ。しかし、この二人の仕事も――他の人たちの仕事も同じく――深刻な難点に出くわしたのである。[12]

粒子が非相対論的な速度をもつ場合に使える量子力学を作り上げた時点では、理論物理学者たちの間には高揚感があった。しかし上のような難点が出てきた結果、深刻な危機意識がそれに代わった。早くも一九二八年の夏、ハイゼンベルクはボーアに「絶望のあまり」物理の何か他の仕事に転向するつもりだと知らせてきた。そしてその二年後には、本当に一八ヶ月にわたってこの仕事を投げ出したのであった。また、一九三一年の初めに、パウリは事態を大いに悲観して、研究所で毎年開かれる非公式の物理学国際会議には参加しても無意味だと考えるに至った。この会議は一九二九年に始まって以来、恒例となったものである。[13]

前にも触れた一九二八年のボーアの推測、すなわち解決はボーアの相補正論を一般化したところを土台にして得られる可能性があるが、その一般化はさらに徹底して古典論を断念することを要求するだろうという推測の背景には、この、相対論的な量子物理学の確立という問題があったのである。しかしボーアは大方の同僚たちとは違って、この事態に絶望はしていなかった。それどころかボーアの見解は科学史家のジョン・ハイルブロンがいみじくも名づけた「やる気満々の断念（enthusiastic resignation）」という心情を表すものであった。[14]

さて、全般的に理論物理学者たちは、直接、核構造の問題に取り組むことには気乗り薄であったが、一九二〇年代の終わり頃、一つだけ、核に量子力学を適用する試みとして特別成功を収めた例があった。一九二八年に、プリンストンのロナルド・ガーネイとエドワード・コンドン、またそれとは独立にゲッチンゲンのジョージ・ガモフがこういうことを成し遂げた。どうして放射性核が、ポテンシャル障壁より小さいエネルギーをもつα粒子——ヘリウム核——を放出できるのか、を量子力学を用いて説明することである。ガモフはロシア人の物理学者で、特別奨学金を得てヨーロッパを渡り歩いた後、一九二八—二九年の学年期をこの研究所で過ごした。そしてここで核のアルファ崩壊やガンマ崩壊の量子力学的な扱いに関する重要な仕事を続けた。このガンマ崩壊は、(アルファとベータ崩壊に加えて)三番目に出てきた放射能で、その正体は高周波の電磁波である。コペンハーゲンを去る前にガモフは、原子核の液滴モデルの着想も得た。これは広く核物理学全体の発展にきわめて重要な役割を果たすことになるが、特にボーアのそれに関する仕事に対しても欠くことのできないものとなった。ガモフの仕事は、早くも一九三〇年代に入る前の時点で、原子の外側の部分の追究から生じた理論的な概念が、最終的には核にも適用できそうだという希望をもたらすものであった[15]。

とは言っても、これはガモフにもわかっていたことであるが、その進歩はごくわずかなものに過ぎなかった。特に、原子核の中に電子を取り込むという基本的な問題がうまくいかなかった。核の基本的な特性に説明をつけるには、当時知られていた物理学における基本的な実在——陽子と電子——の両方が必要とされた。すなわち重い粒子である陽子は核の質量の説明に必要となり、一方、比較的軽く負の電荷をもつ電子は観測される全電荷を説明するために取り入れる必要があった。そして一九二〇年代の末には、この核内への電子の取り込みということがますます深刻な理論的問題を持ち出したのである[16]。

一つの問題はベータ崩壊にからむものであった。ベータ崩壊では、原子はある最大値に至る連続的な領域のエネルギー値の電子を放出する。この現象はもう一九一四年以来知られていたが、一九二七年になってはじめて、英国の実験物理学者チャールズ・ドゥルモンド・エリスとその同僚ウィリアム・アルフレッド・ウースターが、エネルギーの連続的な分布は電子が核から放出される段階で与えられる、ということをはっきりと確立したのである。この結果を出す前に、エリスは長い間ドイツのリーゼ・マイトナーと論争を交わしていた。マイトナーは、電子が、放出された後になってはじめて一様ならざる減速を受けると主張して譲らなかった。エネルギー保存則という基本法則を合わせ考えると、エリスとウースターの結果は、放射性核そのものが連続的な領域にわたるエネルギーをもつこと、したがって崩壊の前もしくは後で、それらの核は互いに同じものではないことを意味している。しかしこの結論はとても擁護できない、というのが大方の見方であった。というのは、それは初歩的かつ充分に確立された経験則、すなわちある一つの放射性核種について、放射能の半減期——一つの試料中の半分の核が崩壊するのに要する時間——ははっきり決まった値をもつ、という経験則と矛盾するからである。連続的なエネルギースペクトルの問題はベータ崩壊に特有のもので、すでにガモフが従来の量子力学を用いて説明をつけていた残り二つの放射能現象——アルファ崩壊とガンマ崩壊——には該当しなかった(17)。

次いで第二の問題が、ハイゼンベルクの不確定性原理から生じてきた。それは、電子が核のような小領域に閉じ込められれば、通常の核の結合エネルギーよりはるかに大きなエネルギーをもつことになる、ということである。こういうわけで、そもそも電子が核の中に入っていられるということ自体が、矛盾を孕むことと思われた(18)。

核の中に電子を取り込むことに関連した第三の問題は、その場合に量子力学が予言する核スピンの値が実験と一致しないものになるということであった。一九二八年にラルフ・ド・ラエル・クローニッヒが窒素14核についての実験の精密な解析の結果を公表し、またそれに続いて他の核についても実験が行なわれたが、それらの結果は、電子は核の外側ではスピンをもつことが知られているのに、核スピンにはまったく寄与していないことを示していた。これらのスピン測定の結果は、実は核は電子を含んでいないことを示していたのである。核の磁気モーメントと核の統計に関連する事柄からも同様の問題が生じた(19)。

ガモフはこれらの問題に取り組んで奮闘を続けていた。コペンハーゲンからラザフォードが率いるケンブリッジのキャベンディッシュ研究所に行って一年滞在した。その後またコペンハーゲンに戻り、本を一冊書き上げた。この本は理論物理学者が原子核に的を絞って書いた本の第一号に当たり、格別明快に核内電子が持ち出したいろいろな問題を説き明かしている。ひょうきん者のガモフは、原稿で、いくつかの節に頭蓋骨の下にX字型の大腿骨を交叉させたマークを入れた。それは、核内電子についての記述を文字通りに受け取ることの危険性を警告するためである。イギリスの出版社はガモフの描いたマークをもっと控えめなSの字で置き換えた。それは「核内電子についてのかなり怪しい（speculative）くだり」ということを示す記号である。ドイツの出版社となるとさらに融通が利かず、そもそもガモフの本のかなり怪しい部分に何か目印を付けること自体を拒否したのであった。ガモフには自分の本の限界がよくわかっていた。つまり理論核物理学の不確実な現状というものをよく弁えていたのである。実際一年のうちにこの本はほとんど時代遅れになってしまった。しかし一九三一年に出版された時点では、それは原子の外側部分に関する上首尾の物理学と、内側部分に関する不充分な理解との間に依然として溝があることを証言するものであった。[20]

核内電子というものにはいろいろな問題があることがますますはっきりしてくるにつれて、理論物理学者たちは、これらの問題が相対論的量子物理学の確立の課題と密接に結びついていることを日増しに強く感じるようになった。この相対論的な量子物理学もやはり深刻な難問にぶつかっており、またここにも電子の問題がからんでいた。こういうわけでハイゼンベルクとパウリは場の量子論に関する二つの共著論文のうち、初めの一つでこう嘆いたのである。ディラック理論の正エネルギーと負エネルギーの間の飛び移りが「原子核の構成をもっと詳しく取り扱う邪魔」をしているらしい、と。これからしばらくして、ボーアはハイゼンベルクを説いて、相対論的量子物理学の定式化に向けた彼の最新の取り組みは誤りであると納得させることを得た。ハイゼンベルクは腹立ち紛れにこう答えた。「この問題で少しでも先に進むには、まず核物理学の完全な展開を待たなきゃならない」[21]。

原子核が提起していた問題をだんだん強く意識するようにはなったが、ボーア他の理論物理学者たちは相変わらず、量子力学を相対論的な領域にまで一般化することが自分たちの最大の課題だ、と考えていた。核物理学をそれだけ分離して考えることはせず、核内電子という特定の問題は、一般化した量子物理学の確立というもっと広い課題の一部をなすものという観方をしていた。したがって、一九三〇年頃のこの人たちの新たな取り組みは、自立した核物理学の始まりとはならなかったのである。むしろこの人たちは、核内電子の問題はまさしく、これから定式化が行なわれるべき包括的な相対論的量子論によって解決されるはずの問題の一つだ、と考えていた。一九三〇年頃ボーアが原子核に関して行なった、初期の仮説的な発言の背景には、こういう全般的な理論の状況があった。[22]

一九三二年までの核物理学関連事項

一九二九年の夏、ボーアは直接原子核の問題を論じたものとしては最初の論評を書いた。これは『ネイチュア』誌のレターを意図して書いたもので、ベータ崩壊の問題への一つの理論的な取り組み方を提案していた。そこでボーアは「核を構成する粒子間の接近した相互作用」においては、エネルギー保存則は破れているのではないか、ということをほのめかした。ボーアがこの種の破れをほのめかしたのはこれが二度目である。一度目は、一九二四年に原子に関連した出来事についてこれを言ったが、間もなく量子力学が出来上がって、それを考える必要はなくなったのであった。このボーアの提案には前例があったとは言え、それはまことに急進的なものであった。なにしろもう一世紀以上にわたって、エネルギー保存は最も堅固にそびえ立つ物理学の尖塔の一つ、とみなされてきたのである。ボーアの提案はコペンハーゲン精神が要請する、とらわれない姿勢の典型をなすものであった。このレターの終わりでボーアは、自分が提案した解決策の応用例にも触れている。それは、エネルギー保存の破れが天体物理学の諸現象、特に太陽のエネルギー源の説明にも役立つのではないか、というものである。[23]

これはボーアが度々したことであるが、この時もボーアは、批評してほしいと言って原稿を若手の同僚たちに送った。例によって彼らはためらうことなく自分の意見をはっきり述べた。そのうちの一人、パウリは、ボーアの議論は出版に値するだけの建設的なものとは思えず、ボーアに、そのノートは引っ込めて「星たちを安らかに輝かせてあげなさい」と進言した。果たしてこのパウリの批評のせいかどうかはわからないが、とにかくボーアはこのレターを『ネイチュア』誌に投稿することはなかった。[24]

ディラックも同じくボーアのエネルギー非保存の提案には否定的で、こう書いている。

私は何を措いてもエネルギーの厳密な保存を保持するほうを選びたいと思います。エネルギー保存を捨てるくらいならむしろ、物質が個々に分かれた原子や電子から成り立っている、という考え方のほうを棄てることを望みます。

ボーアはディラックと何度も手紙のやり取りを交わして、ディラックが新たに作り上げた「空孔」解釈に対抗する自分の考えを主張したが、右のディラックの言もこのやり取りの中で書かれたものである。この往復書簡はいとも活気に満ちたものであるが、そこでボーアは、ディラックの発見を認めるには相対論的な領域における量子物理学へのまったく新たな取り組みが必要になる、と論じてこう書いている。

あなたの前の理論の難点を前にして、私はやはり、これまで原子理論の土台となってきた基本概念の限界のほうを感じてしまい勝ちです。これらの概念を用いて実験的な証しに何とか適切な説明をつける、という問題を考えるよりも、です。実を言うと、私の見解によるなら、正エネルギーから負エネルギーへの遷移という致命的な点は、ある条件の下で実際に起こり得る事柄を示すものとみなすべきではなく、むしろエネルギー概念の

> 適用の限界を示すものとみなすべきなのです。

一九二七年にコモで行なった講演にも見られるように、ボーアは根本的なパラドックスを解決するためには、従来の物理的な考え方を棄てることが肝心である、と考えていた[25]。

このディラックとの往復書簡からは、コペンハーゲン精神という言葉で言い表される、一般的な概念上の問題についての討論の内実がみごとに浮かび上がってくる。細かい点にまでは及ばないにしても、二人とも、原子核についての理論的な理解を手にすることにまつわるいろいろな難点を利用して、より広く量子物理学全体に関わる問題に光を当てようと努めている。また同時に、核物理学を相対論的量子論と結びつけた二人の討論は、当時の理論物理学の討論の典型をなすものでもあった。

これに続く公開の講演の場でも、ボーアは原子核を、もっぱら理論物理学のもっと一般的な問題に関連づけて論じ続けた。これらの講演は概ね、量子物理学の現況を概観して、そこに含まれる問題点の一例としてベータ崩壊を手短に論じてしめくくる、という形を取っている。このうち代表的なものとして、ケンブリッジ大学で行なったスコット講演と、それに続いて一九三〇年五月にロンドン化学会で行なわれたファラデー講演がある[26]。

一九三一年に核物理学をめぐって行なわれたある国際会議でボーアが述べたことは、特に興味深い。この年十月、優れたイタリアの物理学者エンリコ・フェルミがローマで、特に「核物理学」をテーマにした先駆的な国際会議を開催した。科学史家はこの催しを、原子核の問題に的を絞ったものとしては初の理論物理学国際会議と目している。しかしここでも、ボーアの講演はそれ以前のものと同じ構造である。核に関わる現象におけるエネルギー非保存の提案に触れて、ボーアはこう締めくくった。

> 私たちは、物質の通常の物理的、並びに化学的な特性を原子論の観点から解釈するに当たって、因果性という

最高規範を放棄せざるを得なくなりました。まさしくそれと同じく、今度は原子の構成物そのものの安定性を説明するために、私たちはさらなる断念に導かれる可能性があります。

ここでボーアはその提案を、明らかに自分の相補性論と結びつけていた。すなわち以前に、原子の安定性を説明するためには伝統ある因果性を放棄することが必要であることを示したのと同じく、今彼は、核の安定性を説明するためには伝統あるエネルギー保存を放棄することが必要になろう、と予想しているのである。言い換えれば、ボーアのディラックとの不一致も、ボーアの原子核についての見解も、その根は、相補性論が相対論的な量子物理学の提起する問題を解決する導き手となるであろう、という彼の信念にあった。ボーアにとっては、相補性というものは、もともとそれを生み出した量子力学よりももっと広い適用範囲をもつものであった[27]。

大体、ディラックも含めた英国人物理学者たちは、ボーアの相補性論の受け入れに対して気乗り薄な態度を示したが、科学史家のハイルブロンはかねてよりこれを、物理学における哲学的見解一般に対するプラグマティズム的反発と結びつけて考えている。いずれ本章の第二部で見ることになるが、ボーアの場合、ちょうどこの時期に出てきた生物学関連の問題に対する関心も、自分の相補性論を新たな領域に拡張したいという欲求に基づいていた。ディラックは組しなかったにしても、こういう一般的な論じ方はまさに、コペンハーゲン精神という言葉が表す研究スタイルそのものと言ってよい[28]。

「奇跡の年」一九三二年に対する反応

一九三二年という年を物理学における *annus mirabilis* すなわち「奇跡の年」として持ち出した筆頭は、おそらく英国の物理学者アーサー・エディントンが一九三四年十月に書いた小冊子で、これはラザフォードのキャベン

1931年10月の核物理学ローマ会議．左端からの5人は，ハイゼンベルク，オットー・シュテルン，ボーア，ペーター・デバイ，フェルミ

ディッシュ研究所の大拡張の資金を集めるために書かれたものである。エディントンにとってはその年は、原子物理学に対する核物理学の勝利というよりもむしろ、ずいぶん遅れて訪れた理論に対する実験の勝利を意味する年であった。彼はこう書いている。

> かれこれ何年間というもの、進歩の中心は理論物理学にあり、実験物理学は殻に閉じこもってじっと我慢の子であった。次いで、実験的な成果が矢継ぎ早に続々と現れた。これは、そのこと自体が驚きであるばかりではなく、さらなる進歩に向けての莫大な可能性をもたらしたのである。今や全世界の研究所が過熱状態で実験に突き進んでおり、一方理論物理学者は気息奄々——まったくの音無し状態ではないにしても——といった状態に置かれている。

しかしもっと後になって歴史家が記すところでは、この動きは核物理学の奇跡の年をもたらしたものと言うべきで、核物理学の研究が理論物理学の一分野として自立するための土台をなすものと見るべきだ、ということになる。(29)

後に見るとおり、ボーアはこの進展にじっと注意を払ってはいたが、それが研究の大方向転換の前兆になるとは思っていなかった。むしろ彼は、その進展が広く量子物理学全体に対して意味するところを探っており、相変わらず若手の同僚たちとの自由な討論をとおして理論物理学の問題点を追究することを続けていた。この点からすると、ボーアの反応は理論物理学者たちの中で独特と言うには当たらない。その当時の理論物理学者たちは、この新たな実験的進展について、それはここしばらく自分たちが取り組んできた問題の解決に役立つもの、という見解を取っていた。こういうわけで奇跡の年は、ボーアの研究所においても、また他所の大部分においても、核物理学を理論物理学の独立した一分野として、直ちに舞台に担ぎ上げたわけではないのである。

中性子

物理学者たちも歴史家たちも、奇跡の年の最初の出来事——中性子の発見——を特別重大なものと考える立場を取ってきた。彼らは、電子と陽子に加えて一つ新たな基本粒子が存在するとなると、原子核というものは悩みの種の電子を含まないものとして考えられる、という点を指摘している。そのおかげで原子核は、ちょっと克服できそうもない相対論的量子物理学の諸問題とは切り離して研究できるようになった、という結論である。しかしながら、最近の歴史研究で明らかになったところによると、この結論は、直ちにボーアもしくは他の高名な物理学者たちが引き出したものではない。この人たちはしばらくの間、中性子を基本粒子ではなく、むしろ電子と陽子が結合したものと考えていたのである。前に見たとおり、ディラックは空孔理論を出すに当たって、既知の二つの実体——電子と陽子——を一つの概念枠にまとめるような理論形式を作り上げることに力を注いだ。この取り組みには、基本的な実体の数を最小限に抑えたいという物理学者たちに共通の望みが表れている。したがって、中性子の発見の後になっても、核内電子は相変わらず問題を孕む存在とみなされていた、というのも驚くに当たらない。なおしばらくの間、ボーア他の物理学者たちは、核というものは、相対論的な量子物理学というもっと一般的な問題の片がついてはじめて理解が可能になるもの、と考えていた。[30]

早くも一九二〇年に、ロンドン王立協会で行なわれたベイカー講演において、ラザフォードは、核には1陽子と1電子から成る原子がつぶれてできた複合的中性成分が含まれているのではないか、という予想を述べていた。それに続いてラザフォードの弟子J・L・グラッソンとJ・K・ロバーツが、この中性の実体（これをグラッソンは「中性子（neutron）」と呼んだ）を観測するための実験を行なったが不成功に終わった。その後一〇年以上たった一九三二年二月末、ジェイムズ・チャドウィックが中性子の実験による発見を発表したのであった。チャドウィックが自ら言うとおり、この新たな実体を提案した元祖に当たる人物の研究仲間の中からこの発見が出てきたのは決して偶然ではない。事実、チャドウィックの発見の時点に至るまでにベルリンのヴァルター・ボーテとヘルベルト・ベッカー、またそれに続いてパリのイレーヌ・キュリーとフレデリック・ジョリオがすでに同様な実験を行なっていたが、この新しい粒子を観測することはできなかった。その上、チャドウィックもラザフォードと同じくこの新粒子を一つの素実体とは見ておらず、二つの基本的な荷電粒子が結合したものとみなしていた。[31]

チャドウィックが自分の発見を論文出版に先立ってボーアに伝えたのは、ラザフォードのキャベンディッシュ研究所とこの研究所の間に密接な関係が築かれていた証しである。一週間もたたないうちに、キャベンディッシュの理論家のベテラン、ラルフ・ファウラーがボーアにこう書いている、「目下チャドウィックの中性子がすべてを圧倒している感じです」。ボーアもファウラーと同じくこの発見の重要性を感じ取っていた。そしてハイゼンベルクに、中性子は、この研究所で恒例となっている非公式の物理学国際会議の討論のテーマとして最重要事項となるだろうと語り、その発見の説明をしてもらうためにチャドウィックをこの会議に招待したのであった。[32]

チャドウィックは、一九三二年四月の第二週に行なわれたこのコペンハーゲン会議には来ることができなかった。しかしボーアは熱中のあまり、自ら中性子についての講演を行なった。その講演でボーアは、どうして中性子がかくも長いあいだ実験家の注意を惹かずにいたのかを論証しようと努めた。ボーアの見るところでは、この捕らえにくさは、中性子と、その中性子が通り抜ける物質中の原子に属する軌道電子との間の反応率が低いことによる。こうして今度は、ボーアはその低い反応率の説明を始めた。こういうわけで、ボーアの講演の骨子は、物質中への粒子の侵入というすでに確立したテーマであり、中性子自身の内部構造や、それの核構造における役割といったものではなかった。実際、ボーアは中性子の内部構造について前から感じている戸惑いを表明している。彼の言うところを聞こう。

もちろん……その質量と電荷からすると、中性子は陽子と電子が結合してできていると考えられます。しかし我々は、どうしてこれらの粒子がこういうやり方で結合するのかを説明できません。同じく、どうして4個の陽子と2個の電子が結合してヘリウム原子核すなわちアルファ粒子を形成することになるのかも説明できていません。

明らかにボーアも、ラザフォードの元々の見解、すなわち中性子も、アルファ粒子や他のどの原子核とも同じく電子と陽子から成る複合体だ、という見解に組していた。したがって核内電子の問題は依然として残り、原子核の理解はその問題の解明と密接に結びついていた。(33)

一方、ボーアとは対照的に、ハイゼンベルクは直ちに中性子を核構造の新理論に組み込む方向に進んだ。一九三二年六月後半、ハイゼンベルクはボーアに自分の三部作のうちの第一論文の校正刷りを送った。この三部作が理論核物理学という一つの独立した分野の発展に新生面を開くことになる。しかし、その論文に添えた手紙を見ると、ハイゼンベルクもやはり中性子というものを本質的に複合体と見ていたことがわかる。「基本的なアイデアは、主な難点をみな中性子にしわ寄せすること、そして核内に量子力学を適用すること、です」。一九三三年二月に公刊された三つのうちの最後の論文で、ハイゼンベルクは慎重に、自分の取った方針の限界について述べている。そしてボーアと同じくベータ崩壊はエネルギー保存の反証であり、かつまったく新しい相対論的量子物理学の必要性の証しだと指摘している。そうして見ると、ハイゼンベルクの今や古典と目されるこの論文においてもなお、核の最も基本的な問題は、相変わらず、さらに広い新たな相対論的量子物理学の探究という目標の一部をなすものであった。理論核物理学はまだ、一人前の研究分野ではなかったのである[34]。

ボーア直近のサークルの外側でも、しばらくのあいだ中性子を複合体とみなす見解が行き渡っていた。たとえば、一九三二年九月初めにヨークで行なわれた大英科学振興協会の年会において、物理学者たちは「核現象とエネルギー保存」と「中性子」の両方を討論の題目に選んでいる。そして後者の討論の中で、ロンドン王立協会教授、兼ロンドン大学学長のオウエン・ウィランス・リチャードソンは「チャドウィック博士が、中性子を陽子と電子のある種の結合体とみなしている、と聞いて喜ばしく思った」と述べた。もっとも、仮に中性子が「まったく新種の細分化不可能な究極構造をもつもの」だとすれば、それ以外では不可能な窒素の核スピンの説明ができる、ということには気づいていたが、リチャードソンは「これは、わざわざ、まったく新しい物質的実体を引っ張り出してまで説明を付けるほど大きなことではない」と感じていた。新たな基本的実体というものは、容易には物理学者たちに受け入れてもらえないものであった。その会議では、リチャードソンもやはりベータ崩壊の説明として、エネルギー非保存に対する共感を表明している[35]。

もう一つ、一九三二年十一月初めにボーアと若手の同僚との間に交わされた書簡にも、ボーアの中性子に関する見解がまだ変わっていない様子が現れている。この少し前にオランダから米国に移ったサミュエル・ハウシュミットはボーアに宛てて、ハイゼンベルクがこの年の夏、ミシガン大学で行なった自分の核理論についての講義に触れてこう書いている。

中性子の発見が、前に進むための何かもっと実りのある手がかりを与えてくれなかったということは、不思議でもあり、また残念なことです。多くの点で、事態は一年前のローマ会議の時とあまり変わっていません。ただし、今は難点がもっとはっきりした形を取っている、という点は別として。

これに対してボーアは、核の問題をめぐる研究所の関心事について、特に「相対論的量子力学の根本的な難点」に触れながら報告した後、こう書いている。

依然として、次の点で私はあなたに賛成です。こういう線に沿って［すなわち中性子を持ち込んで核の問題を説明しようとする道筋に沿って］問題に取り組もうとしてこれまでに行なわれた試みは、まだきわめて予備的な性格のものだと考える点について、です。

ボーア他の理論物理学者は相変わらず中性子を複合体だと考えていた。そして電子についてのまともな相対論的量子物理学が出来上がってはじめて、原子核や他の物理現象について完全な理解に達する望みがもてる、と考えていた。後で見るとおり、核内電子の問題は少なくとも一九三四年まで、すなわちフェルミがもう一つの新粒子——ニュートリノ——に関する理論的な土台を確立する時まで残ることになる。その間ボーアらは、いかにして電子を原子核の中に持ち込めるかという点の理解に達するべく奮闘を続けたのであった。(36)

加速器が起こす人工壊変

一九三二年四月二十一日付けのボーア宛ての手紙でラザフォードはこんな大声を上げた、「降るとなったら土砂降り、と来た」。それはこの奇跡の年のもう一つの出来事を指しているのである。最近、彼の高電圧実験室で行なわれた実験で、ラザフォードの共同研究者ジョン・ダグラス・コッククロフトとアーネスト・トマス・シントン・ウォルトンの二人が、はじめて人工加速器による原子核反応を起こすことを得た。コッククロフトとウォルトンは二人が新たに開発した電圧増倍回路（これはやがてコッククロフト－ウォルトン高電圧発生装置と呼ばれるようになる）によって生じた高電圧を用いて陽子を加速し、その陽子をぶつけて軽い核に壊変を起こさせたのであった。持ち前の本質を見抜く慧眼を発揮して、ラザフォードはボーアにこう書いている。「この成果が、核変換の研究全般に対してド広い道を開くだろう、ということは貴殿もよくお察しですな[37]」。

ボーアのほうも意気が上がってこう答えた。

> 核構成の分野は目下すごい速さで進歩しているので、次の郵便では一体何が出てくるかといつもわくわくしています。あなたの手紙の一行一行から伝わってくる熱狂の思いは全物理学者に共通のものに違いありません。

そして、とりわけ今のような刺激満載の時代には、ぜひラザフォードの研究所とますます密接な関係をもちたいものだ、と付け加えている[38]。

とは言っても、この新たな展開に対してボーアが示した関心の背景にあるものは前と変わってはいない。ボーアはこの手紙に、出版されたばかりの自分のファラデー講演のリプリント版を同封した上、ローマでの講演のテキストも印刷ができしだい送ると約束している。そして、これらの出版物で論じた核内電子の問題が、今度の新たな実験の結果、解明に至ることを望む、と表明してこう記した。

> もしも最近発見された強力な装置を用いて核からの電子放出が引き起こせることになれば、おそらくこの根本的な問題にも決着がつけられるでしょう。

言い換えれば、ボーアがこの新発見に興味をもった第一の理由は、それの核現象との関わりのためではなく、それが核内電子に光を注ぐこと、さらに広く相対論的量子物理学の確立に役立つことのためであった[39]。

陽電子

普通、奇跡の年に関連して皆が挙げる第三の重大事件は、さらにまた別の基本粒子——陽電子——の発見である。今から見ると、電子と反対の電荷と、同じ質量をもつこの粒子の出現は、粒子創生という現象を証し立てるものであった。その意味でこの新粒子は、ベータ崩壊において電子は核から離れるその瞬間に創り出されると考えることを可能にした。その結果、もはや電子を核自体の領域内に残しておく必要はなくなった。かくして核内電子は退場し、核物理学はもう、やっかいな相対論的量子物理学に抱き込まれなくなった。相対論的量子論とは独立の、自立した理論核物理学への道が開いたのであった。[40]

いや、これではまたしても、新粒子の歴史的な影響をあまりに簡単化して扱うことになる。陽電子の発見に関する従来の通説とは裏腹に、ボーア他の物理学者たちはすぐに最終的な結論を引き出したわけではなく、相変わらず、核の問題と相対論的量子物理学の間の密接な関係のほうを視野に置いていたのである。

アメリカ人の物理学者、カール・デイヴィッド・アンダーソンはパサデナのカリフォルニア工科大学（カルテック）にあるロバート・アンドリュース・ミリカンの研究室で仕事をしていた。このアンダーソンが一九三二年の夏の終わりに新粒子の発見を報じた。彼はこれを、磁場をかけたウィルソン霧箱中を通る宇宙線の研究をしている間に偶然に発見したのであった。これは中性子の発見の前にも同じことが起こっていたのであるが、他の科学者たちもアンダーソンと同様の観測をしながら、それを新粒子の存在には帰さなかったのである。そして、ここにもまたパリのジョリオ－キュリー夫妻が顔を連ねているのが目を惹くところである。[41]

一九三三年の初め、キャベンディッシュ研究所で仕事をしていたパトリック・メイナード・スチュワート・ブラッケットとジュゼッペ・パウロ・S・オッキャリーニは、改良した実験技術を用いてアンダーソンの結果を確かめた上で、この新粒子についての精巧な理論的構想を作り上げた。この粒子はディラックの負エネルギー電子の海に生じた抜け穴であるとして、ブラッケットとオッキャリーニはこの発見をディラックの電子論の重要な検証に当たると考えた。一方、やがて、空孔は電子と同じ質量をもつはずだから、陽子であると考えることはできないと確信するようになっていたディラックは、すぐにブラッケットとオッキャリーニの説を是認したのであった。(42)

アンダーソン、ブラッケットとオッキャリーニの発見は、直ちにボーアにその新粒子の存在を確信させることにはならなかった。またこの三人の仕事で、ボーアのディラック電子論に対する懐疑的な意見が変わることもなかった。さて、ボーアのスウェーデン人の同僚で親しい友人でもあったオスカー・クラインは、一九三三年の初めにはもうストックホルムで定職に就いていた。クラインがブラッケットとオッキャリーニの結論に対する熱中振りを表明すると、ボーアはこう答えた。

しかしながら正電荷の電子について言うと、私はあなたのように夢中にはなれません。私は、少なくとも今のところは、ブラッケットの写真の解釈については甚だ懐疑的で、正の電子の存在、もしくは不在について何らかの確実な知識をもてるまでには、まだ長い時間を要するだろうと思っています。同じくディラックの理論のこの問題への適用可能性についても、少なくとも今のところ私は不確かだと感じており、もっと正確に言えば疑っているのです。(43)

それから一ヶ月半後のこと、米国での長旅を続けていたボーアはカルテックで行なわれた二週間のシンポジュームでメインスピーカーを務めた。地元の理論物理学者ルドルフ・メイヤー・ランガーが『アメリカ科学時報』に書いた通信記事によると、ボーアは「その証拠を耳にした後では、陽電子の存在を疑うことはほとんど不可能です、と言った」という。とは言えボーアは、個人としては相変わらず半信半疑の気持ちを表明している。上記の通信記事の翌日、ボーアはパサデナからハイゼンベルクに宛ててこう書いた。

私だって物理は充分学んでいるのですが、正の電子については、やはり私はレイリー卿にならってこう言いたくなります「私を一番よく知っている人の中には、私がもっとしっかりした信念をもつべきだと考える人もいますが、おそらくそれが正しいのです」。

この発見を最初に報じた当の研究所の訪問もしたが、それすらボーアにその発見の正しさを信じさせることにはならなかった。(44)

しかし、間もなくボーアの意見は変わることになる。帰路、ちょっとイギリスに立ち寄ってからコペンハーゲンに戻ると、ボーアはハイゼンベルクに宛ててこう書いた。

アメリカで主な疑問点について自分でよく考える機会がたっぷりあり、今、正の電子の発見のために開けた研究の可能性を前にして胸を躍らせています。正の電子については、それが、実験的に完全に制御可能な条件の下でガンマ線によって生成され得ることが明らかになれば、たちまち、いかなる疑念も静まらざるを得ないのはもちろんのことです。

これは前にも起こったことであるが――たとえば一九二〇年代の初期に、ボーアは原子に関連する現象を説明するために出した、エネルギー保存を放棄すべしという提案を引っ込めている――今度もボーアは着々と積み重なっていく実験的な証拠を前にして、ついに納得したのだった。(45)

こうして、研究所で毎年行なわれる非公式の物理学国際会議が、一九三三年、春の予定が延びて九月中頃に開催された時には、もうボーアは陽電子の存在を確信していた。ハイゼンベルクに陽電子を受け入れる手紙を送ってから一三日後、ボーアはキャベンディッシュ研究所のエリスに宛てて、イギリスで以下のことについてエリスと話せなかったのを残念に思う、と書いている。

核物理学における最近のすばらしい進歩について、とりわけ、正の電子の発見によって開かれた理論の発展の新たな可能性について。

そしてボーアは「正の電子の問題が討論の主な話題となる」今度の会議にエリスを招いた[46]。

ただし、この新たな確信に目覚めたとは言っても、べつにボーアが本来の原子核の研究に歩み寄ったというわけではない。事実、一九三三年十月ブリュッセルで世に名高いソルヴェイ会議が、この年は特に核物理学に向けて開催されたが、そこでボーアが果たした主な役割はと言うと、相対論的量子物理学の創造に対する陽電子の関わりについて熱弁を振るうことであった。二年前のローマの核物理学国際会議での講演と同様、ボーアは核物理学の問題には一三ページのうち最後の二ページを当てたに過ぎない[47]。

また、新たな発展によってボーアは、ディラックの電子論にも熱中するようになった。一九三三年十一月末に行なったコペンハーゲンでの物理学会の講演では、これは避けて通れない問題だ、と述べている。そして翌月、クラインにこう書いた「まったくのところ、今や空孔理論はひとまず調和の取れた結論に達したと言えるかと思います」。しかし、やはりボーアは新たな相対論的量子物理学の展開こそ理論物理学の主要課題だと感じていた。相変わらず核物理学については、それを、研究所の総力を挙げて取り組む理論‐実験的研究計画に相応しい一つの自立した分野と見る立場からは程遠いところにいた。次節では、ボーアが考えた、物理学における、また研究所にとっての優先事項は、少なくとももう一年の間変わらなかったことを見ることになる[48]。

一九三二年以後の物理学の関心事

一九三一年夏のこと、ボーアの年若い同僚で研究所訪問の常連でもあったレフ・ダヴィドヴィッチ・ランダウとルドルフ・エルンスト・パイエルスの書いた論文が、ボーアに発破をかけていた。その論文はチューリヒのパウリの研究室で仕上げたものであるが、元々の考え方の土台はコペンハーゲンでの討論が起源になっていた。ランダウとパイエルスはその論文の中で、間もなくボーアが二人の見解についての所見を『ネイチュア』誌に発表するだろう、と報じた。実は、ボーアの最初の批評が公刊されるのは二年以上後のことになる。いつもの流儀でボーアは、手伝い役のレオン・ローゼンフェルトとの緊密な共同の下に、骨折りを重ねながら自分の見解を練り上げた。でき上がった論文はローゼンフェルトとの共著となっている(49)。

ランダウとパイエルスは先の論文で、相対論的量子物理学に対して正しく成り立つ不確定性関係を導き出し、相対観測可能性についての理論的な考察を基にして大まかにこう論じた。「波動力学に現れる物理量はすべて、相対論的な領域内では、もはや一般的に定義不可能である」。ランダウとパイエルスによると、この結論で相対論的量子物理学を創り上げるのに伴う難点の説明がつくことになる。特に二人は、それをベータ崩壊と核内電子の問題の説明に用いた(50)。

ボーアはランダウとパイエルスの結論、すなわち量子論では電場と磁場の「強さは、全然、測定し得る量には当たらない」という結論に対して特に異議を唱えた。実は、後でボーア自身、パウリに対して認めているとおり、当時ボーアは量子論の限界を充分に弁えていなかったのであるが、とにかくランダウとパイエルスの述べるところは対応原理に反している、と感じた。対応原理は、量子数が大きくなると古典物理学と量子物理学は同等になる、と述べている。そしてこれは、ボーアが長年たゆまず続けてきた新しい物理学の探究において主たる案内役を務めてきたのである。そしてボーアが観じたとおり、この原理は核内電子には適用できないであろうが、電磁場の一般的な記述に対しては適用不可能ではない(51)。

一九三二年十月までに、ボーアとローゼンフェルトは次のような結果に到達した、とボーアはハイゼンベルクに書いている。

研究所の非公式国際会議，1933 年 9 月

第 1 列：ニールス・ボーア，P. A. M. ディラック，ヴェルナー・ハイゼンベルク，パウル・エーレンフェスト，マックス・デルブリュック，リーゼ・マイトナー．**第 2 列**：ホロヴィッツ，カール・フリードリヒ・フォン・ヴァイツゼッカー，エドワード・テラー，ハンス・イェンセン，ヴァルター・ハイトラー，オットー・ロベルト・フリッシュ，ミルトン・S. プレセット，一人置いて，エヴァン・ジェイムズ・ウィリアムズ，ルドルフ・パイエルス．**第 3 列**：ユージン・ラビノヴィッチ，三人置いて，ノルトハイム夫人，ロタール・ノルトハイム，イヴァール・ワラー，H. B. G. カシミール，クリスチャン・メラー，フェリックス・ブロッホ，ハンス・コプファーマン．**第 4 列**：ハラル・ボーア，ヴァルター・ゴルドン，フリッツ・カルカー，ザロモン・ローゼンブルム，サヴァール，チャールズ・マンネバック，一人置いて，ジョージ・プラツェク，ヴィクトール・ヴァイスコプフ．**第 5 列**：グィド・ベック，ヨハン・ホルツマーク，ニールス・アーレイ，ラメ・チャンドラ・マジュムダール，オスカー・クライン，ホミ・ジャハーンギー・バーバー，レオン・ローゼンフェルト．**最後列**：J. C. ヤコブセン，スヴェン・ホファー＝イェンセン，ソアンセン，エギル・ヒュレラウス，ビョーン・トルンビー，アレクス・ラングセト

これはもちろん、私があらかじめ、そうあるはずと信じていたところですが、測定の可能性は量子力学の公式と完全に対応しています。

また、ボーアは、論文はもう数日のうちにでき上がると請け合っている。ところが、原稿の中の細かい点に関して予想外の問題点が出てきて完成は遅れた。どうやらボーアは一九三四年に至るまで、これにかかり切りだったことを窺わせる充分な証拠がある。このようなわけで、少なくとも核物理学の奇跡の年に続く翌年の間は、ボーアの主な創造的努力は、相対論的量子物理学における観測の限界を一般的に理解することに向けられていたのである。(52)

ボーアが一九三三年十月のソルヴェイ会議に向けて出した主寄稿の一部に、ランダウとパイエルスが一九三一年の論文で主張した一般的な要請に対する批判を述べたものがある。その点では、それはボーアとローゼンフェルトの共著論文を越えるものであった。共著論文は議論の範囲が電磁場の諸量の観測可能性に限られていたのである。ソルヴェイ会議報告集のための原稿を提出した後、一九三四年三月、ボーアはパウリに宛ててこう書いている。それは単なる予備的な議論とみなすべきもので、今の形で提出したのは、ただ「ソルヴェイ報告書の印刷をこれ以上遅らせないため」に過ぎない、と。すでに一月半ばに、ボーアは数人の同僚に向けて、これらの問題に関連した「小論文」を書いているところだ、と知らせているが、二月十五日にはパウリ宛ての手紙の中で「偽りのない気持ちを披露する」と言って相対論的量子物理学に対する現在の自分の立場を説明している。そして、この自分の見解に対するパウリの意見を聞かせてほしい、と言うのは、今、ローゼンフェルトと一緒に新しい論文にとりかかっているところなので、と書いた。これについてのボーアの関心の深さをますます際立たせるのは、ボーアがこの手紙の写しを年下の同僚、フェリックス・ブロッホとヴェルナー・ハイゼンベルクに送り意見を求めた、という事実である。一九三四年の三月になっても、ボーアは研究所における研究を一斉に核物理学に向け

日光浴を楽しむボーアと「手伝い役」のローゼンフェルト，1931年

て方向転換することを図ったわけではなく、むしろ、一九二〇年代の末以来力を入れてきた理論的討論の類にますます没頭するようになっていた[53]。

ボーアの関心事は一九三四年になっても変わらずにいたことを見たが、特に一九三三年の暮れにフェルミがベータ崩壊の理論を提出していることを考えれば、これは驚くべきことである。今になって見れば、フェルミの理論は、ボーアのエネルギー非保存の提案と、そこから生ずる全面的に新たな理論の土台の必要性を無用のものとしてしまったのであった。この理論は核内電子に関連した実験的な異常事態を説明するに当たって、由緒あるエネルギー保存の原理の否定に訴える代わりに、もう一つの新粒子を持ち込んだのである[54]。

さて、話は大分さかのぼって一九三〇年暮れのこと、自分が参加できなかった会議の出席者宛てのレターで、ボーアの親しい友人かつ同僚であったヴォルフガング・パウリが、ベータ崩壊におけるエネルギー保存を救うために、まったく新しい粒子を提案していた。そしてパウリは特にドイツ人の実験家ハンス・ガイガーとリーゼ・マイトナーに対して、ベータ崩壊の際に、電子とともにこれまで検出されていない、電気的に中性の粒子が放射性核から放出されていないかどうか、を確かめるように勧めていた。そういう粒子があるなら、それがベータ粒子の担わないエネルギーをもつことができる、したがって、この崩壊過程でエネルギーは保存するであろう、とパウリは論じた。一九三二年のチャドウィックの中性子の発見よりずっと前にこの提案をした際、パウリはこの新粒子を「ニュートロン」と名づけた。その頃パウリはこれを核の恒久的な構成要素と考えていた。そうすれば核スピンの異常現象もこれで説明がつく可能性がある。この提案をパウリは、一九三一年夏にアメリカで行なった講演の中でも繰り返して述べた。[55]

同年十月、ローマで行なわれたエンリコ・フェルミの核物理学をめぐる国際会議の場で、パウリは自分の提案についてボーアと、またフェルミとも議論を交わした。フェルミはそのアイデアに乗り気だったが、ボーアはエネルギー保存に疑問を呈する自身のやり方のほうを取りたいという意向だった。サミュエル・ハウシュミットはアメリカでパウリの講義を一度聞いており、フェルミの依頼に応えてこの会議でパウリのアイデアを公開した。それは自分の講演の途中で、ただついでに触れた形である。ハウシュミットの講演は原子スペクトルのいわゆる超微細構造に関するものであった。パウリ自身はまだ自信がなく、そのアイデアを出版につながるような形で持ち出すことは控えていた。[56]

一九三三年のソルヴェイ会議の前には、パウリが自分の提案にもっと確信がもてるような実験面の進展が起こっていた。こうして、パウリ自身による自分のアイデアの発表も、またそれに対するボーアの反論も共にこの会議の報告集に載ることになった。チャドウィックの発見後にフェルミはパウリの粒子を「ニュートリノ」と名づけたが、以来この粒子はその名前で知られるようになった。もはやパウリはそれを、核を構成する成分とは見ておらず、ただベータ崩壊において電子と一緒に放出される粒子と見ていた。ボーアはパウリのアイデアへの反論の中で、依然としてエネルギー非保存の可能性を捨てていない。この会議の初めのほうで、ボーアは前に研究所に来ていたグイド・ベックの仕事に賛意を表しながら言及した。そのベックの仕事は、ベータ崩壊の理論を新粒子を持ち込まずに展開したものである。核に関する問題では、相変わらず相補性論を一般化したいという欲求がボーアを動かしていたのである(57)。

このソルヴェイ会議の後、フェルミはベータ崩壊の理論の労作を作り上げ、その暫定版がこの年が暮れる前に出版された。その新理論ではエネルギー保存を仮定しており、ベータ崩壊では電子とニュートリノが創成されることを予言していた。翌年の初めにフェリックス・ブロッホ、この人はフェルミの研究室にいる亡命科学者で、かつてはボーアと緊密な共同研究もした人であるが、そのブロッホがかつての師にフェルミの理論を肯定的な立場で報せてきた。ブロッホは「実験が定量的な比較に充分なものとすれば、ベータ線スペクトルがいとも見事に出てくるように見えます」と書いている。しかし、これにもまだボーアは動かされず、こう答えた。

当然、私たちも皆、フェルミの新しい仕事に大きな関心を抱いています。これは電子のからんだ核の問題の研究に対して、大いに刺激的な効果をもたらすものに違いありません。とは言っても、私はまだ、すっかり納得できる感じがしていません。

このボーアの否定的な反応からも、ボーアが相変わらず、問題をそういう風に核に絞らず、相対論的量子物理学の新たな土台を確立するほうに重きを置いていたことがわかる。実を言えば、ボーアはおそらくまだ、核内電子という概念は、エネルギー非保存も組み込んだまったく新しい種類の相対論的量子論の登場を要請するパラドックスだとみなしていたのである。もっとも、それから二年半も経たないうちにボーアは、フェルミの理論をベータ崩壊を説明するものとして支持して、エネルギーの非保存を放棄することを公表するのであるが。ボーアの物理学関係の仕事から判断すると、ボーアには、一九三四年の初めまでは、理論‐実験核物理学に向けて研究所を挙げての方向転換をする用意などはまるでなかったようである(58)。

ボーア自身の科学を論じた往復書簡や出版物と同じく、研究所で行なわれた研究にも、一九二〇年代の終わりから一九三四年の初めに至るまで実質的な変化は見られない。物理学の理論関係の論文は引き続き、量子物理学の一般化をめぐる、ボーアと共同研究者たちとの間の果てのない討論を窺わせるものに終始しているが、そればかりではなく、ここで行なわれた実験のほうは、主として原子核のスケールではなく原子のスケールの現象の分光学的研究に向けられていた。つまり実験は、原子現象を対象にした、理論と実験の研究の統合という研究所元来の伝統に沿って行なわれていたのである。とは言っても、だんだんに理論的な活動が実験的な研究に明確な指針を与える役を果たさなくなり、実験はその代わりに研究所に在った実験の伝統に導かれるようになっていく。要するに、研究所の発足に当たってボーアが強力に推進した理論と実験の統合という方針は力を失い、今や両者は次第に分断されつつあったのである(59)。

この見方はもう公然周知のものであるが、それに対する例外があったのも確かである。すなわち、理論の論文のすべてが相対論的量子物理学を論じていたわけではないし、実験のすべてが原子の量子力学に踏み込む分光学的研究であったわけでもない。一九二二年以来、専属の実験家J・C・ヤコブセンはずっと放射能に関する実験を行なっており、一九二八年にはこの仕事で博士の学位を得た。また、これについては第3章でもっと詳しく述べるつもりであるが、ジョージ・ヘヴェシーは一九二〇年から一九二六年まで研究所に滞在する間に、放射能に関わる実験の結果を論文として出している。しかしながら、一九二八年、これはジョージ・ガモフが核に量子力学を適用する取り組みの結果を公にし始めた時であるが、この時までは、ヤコブセンとヘヴェシーが原子現象の向こうを張って行なった核現象についての実験的研究は、研究所ではまったく異色のものだったのである(60)。

一九三〇年には、コペンハーゲンから出た二三篇の論文のうち、原子核を扱ったものが一〇篇を数え、理論側ではガモフが自分の取り組みを続けていたし、ヤコブセンもますます多くの核関係の実験の論文を出すようになっていた。しかし、それに続く二年間というもの、核に関する研究は減っていき、一九三二年には極小点に達する。そして、その翌年になると再び活気が出てくる。特筆すべきはロックフェラー財団から特別奨学金を受けて研究所に来ていた若手のドイツ人物理学者ハンス・コプファーマンで、この人は核磁気モーメントに関する論文を四篇も出している。しかしこれらの論文は、研究所全体から出た総数に比べれば、まだほんの一部に過ぎなかった。その上、コプファーマンの実験は、研究所の分光学の実験の伝統を受け継ぐものであった。したがって、彼が核に関わる結論を引き出せたのも、何か新しい実験技術を導入したおかげというより、むしろ伝統的な分光学の精度が上がったおかげなのである[61]。

一九三四年にも、研究所から出る論文で原子核を扱ったものの数は増え続けた。と言ってもこの増加は、別に新たな取り組みが行なわれたことを示すものではなく、それはヤコブセン、ガモフ、コプファーマンの、前から続いている取り組みから生じたものである。一九三四年までは、たとえば、ボーアがこの仕事にしろ他にしろ、とにかく何かを研究所の重点を変える一つの道を示すもの、とみなす気配などはなかったようである[62]。

というわけで、一九三四年の初期までは、研究所での核物理学への取り組みは理論、実験ともに主流ではなく、ここでの主要分野として核物理学を導入しようという全体的な動きを窺わせるようなものでもなかった。それどころか、それは、無制限討論のコペンハーゲン精神がもたらした、特定の研究方向の欠落という事態の一つの反映とも言える。要するにここでは、ただ、研究所の発足に当たってボーアが高らかに宣言した理論と実験の統合という方向が、物理学研究における一種の自由放任主義に置き換わってしまったことを確認すればよい。ボーア自身の仕事もそうであるが、一九三四年初期に研究所から出た論文全体を見ても、それらは、その後間もなくここで起こる、理論および実験核物理学の研究に向かっての完全な転向という事態を何ら予期させるものではない。

ところでこの期間に、少なくとも一度、ボーアが次の点に対する自覚を表に出したことがある。それは自分の関心が理論に偏りすぎており、研究所の研究活動は理論と実験の一体化という元々の理念に沿っていない、という点である。一九三一年十二月半ばに、ボーアは、研究というものはもっとうまく組織化し得るはずだと述べて、研究所の科学活動における自分の役割について異例の率直な批判を行なった。ボーアがこの批評を述べたのは、デンマーク王立科学人文アカデミーでのショート・スピーチの際である。それは最近亡くなったハラル・ヘフディングが生前住んでいた誉れのカールスベリ邸を、今度はボーアに提供しようというアカデミーの決定に謝意を表すものであった。

ボーアは、研究所の中にある自分の住まいから移ることは、自分自身の仕事に対する条件も、また研究所の研究活動全体に対する条件も改良することになろう、と述べた。まず第一に、理論の討論が絶え間なく行なわれると、そこから生まれたアイデアを詳細に練り上げるための時間も心のゆとりもなくなってしまう、ということがある。第二に、このように理論の問題にがっちりと集中するために、ボーアはますます実験的な研究に積極的に参加することが難しくなってしまう。ここでボーアは実験的な研究も「当研究所における仕事の大事な一部分」であると力説した。これに絡めてボーアは、誰か若手の実験家が自分のこれまでの住まいに移れるようにしてほしい、という希望を表明した。ボーアの所見は自己批判という形を取りながら、実は更なる計画性と更なる実験を求めているように見える(63)。

第一部のまとめ

ボーアがカールスベリ邸に移った後、実験家のエッベ・ラスムッセンが研究所内のボーアの旧居に移った。これはボーアの自己批判から生じた、直接目に見える結果として唯一のものである。実際、すでに見たとおり、少なくとも一九三四年の初めまで、ボーアは自分自身と錚々たる同僚たちが理論物理学の最も根本的な概念に関わる問題だと考える事柄について、熱のこもった討論にふける傾向から脱け出すことができずにいた。原子核理解の取り組みは、この理論物理学全般の理解の取り組みの一部として行なわれた。この仕事を特徴づけるのが、相対論的量子物理学の基本的な問題をめぐって、若手の同僚たちと交わした遠慮のない討論であった。この、万年進行中の討論――ボーアはよくこういう言い方をした――にはまったく制限がなく、研究所の将来計画などには何の関わりももつことはなかった。これはボーアも認めていることであるが、特に、研究所における理論的な研究と実験的研究の並行という当初の目論見が後ろに追いやられてしまっていた。コペンハーゲン精神は、まさしくそれにぴったりの物理学の問題を扱う研究様式というべきものに変貌していた。それは事実上、自身の生命を得た観があり、研究所の物理学関係の仕事に君臨していた。この時期を特徴づけるのは、はっきり設定された理論および実験的な研究プログラムに従う仕事ではなく、一般的な概念上の問題に関して、空回りの如く続く討論であった。したがって一九三四年の初めまでは、研究所で行なわれた物理学関係の仕事で、理論-実験核物理学への方向転換が差し迫っていることを窺わせるようなものは何もなかった(64)。

生物学への関心、一九二九年から一九三六年まで

一九三〇年代中頃から研究所における研究には一斉に変化が起こるのであるが、その生物学方面の背景として第2章の第二部では、研究の方向転換に至るまでの期間におけるボーアの生物学との関わりを辿ってみる。後で述べるが、一九二九年の終わりに、ボーアは実際にこういう問題を出版物や手紙のやりとりの中で論じ始めたのである。たしかにボーアが生物学関係の問題に費やした時間や労力は、原子核についての熟考に費やしたそれに比べてかなり少ないのであるが、それにしても彼の生物学への関心は、物理学の議論と同様、多分に自分の相補性論を拡張したいという欲求に根ざしていたのは間違いない。ボーアの生物学との関わりは、若手の同僚物理学

者と交わした熱のこもった討論の中に姿を現しており、これまたコペンハーゲン精神の発現の一つの実例となっている。これも後で見るとおり、ボーアの生物学に対する哲学志向の関心は、原子核についての討論と同じく、間もなく起こる研究所の方向転換に通じるものではなかった。

背景

ボーアは一九五八年に唯一の自伝的解説を書いたが、その中で、自分の生物学への関心の起源は、世紀の変わり目頃に生家で行なわれた議論を小さいうちから耳にしていたところにある、と述べている。その家では、当時のデンマーク最高の知識人に属する四人――ボーアの父で生理学者のクリスチャン・ボーア、哲学者のハラル・ヘフディング、物理学者のクリスチャン・クリスチャンセン、言語学者のヴィルヘルム・トムセン――が定期的に集まって、広くいろいろな話題について討論を重ねていた[65]。

クリスチャン・ボーアと同じく、ヘフディングも生物学関係の問題に積極的な関心をもっていた。ヘフディングはコペンハーゲン生物学会の創立会員の一人で、創立の二年後に当たる一八九八年に、ここで「生気論について」という題目の講演を行なった。この学会は生物学の専門家たちの間の協力を一層推進するために創られたもので、ヘフディングはこの分野で専門家として仕事をしていない数少ない会員の一人であった[66]。

充分な年頃になると直ちに、ニールスと弟のハラルはボーア家での討論の場に加わって、討論にじっと耳を傾けるようになった。もっとも、ニールスが生物学の問題についての書き物を公にし始めるのは一九二九年、四十三歳になってからである。この関心の回復の直接のきっかけは一九一一年に亡くなった父親による知的環境の影響ではなく、当時ボーアが自分の相補性論を明確にしようとして行なっていた奮闘にあった。とは言え世紀の変わり目に論じられた概念や見解と、ボーアがその三〇年後に始めた生物学の問題の議論との間には明らかな並行関係がある。したがって、一般的な生物学の進展を視野に入れながら、父親の仕事やアイデアの成り行きを手短に論じておくことは無駄ではない。それは、一九二九年に始まるボーアの生物学関係の出版物の背景を成すものとして役に立つのである。[67]

コペンハーゲン大学でボーアに哲学を教えたヘフディングは、ボーアの哲学的な思考に強い影響を与えたらしい。事実、父親のグループの見解と、ずっと後のその息子の論述との間にある類似点の一つとして、ニールス・ボーアが一九三〇年あたりに「心身並行性（psycho-physical parallelism）」という術語を使ったことが挙げられる。この概念についてボーアが理解しているところは、ヘフディングが一八八〇年代からいろいろなところで論じた「心身一体性（psycho-physical identity）」というアイデアに驚くほどよく似ている。実はヘフディングは心身の並行性と自分の一体性仮説とを区別しており、前者の用語は自分の考え方に合わないと思っていたのである。ボーアの語彙においてはこの二つの用語がごっちゃになっていることについては、その起源をボーアのかつての学友で高名な心理学者エドガー・ルビンとの親交に求められるかもしれない。ルビンは一九二五年より刊行が始まった百科事典の一つの記事の中で、この二つの概念を同じものとして紹介しているからである。[68]

いくつかの可能性が考えられる中で、ヘフディングはこう結論を出した。「心と身体、意識と脳は同一の存在の表現が相異なる形をとったものとして進化してきた」。しかしながら、この存在の本性は「我々の知識の領域を超えたところにある。心と物質はまさに主体と客体と同様、まとめようのない二重性として我々の目に映る」。ヘフディングは物理化学的な過程の決定論に信を置く立場より、自由意志というものを単なる主観的な幻想と考えていた。物理化学の法則によって決定される生理的な過程と変わるところはないので、心的な過程もやはり、前もって決定されているのである。後で見るとおり、こういう見解が出てからほぼ半世紀後に、ボーアとその弟子たちは相補性というものを、心身の同一性を棄てることなく自由意志の可能性を保持するための手段とみなしたのである。[69]

若きニールス・ボーアと母親，1900 年頃

一般向けに書いたものにおいては、ボーアはめったに他人の著作を引用しなかった。だからボーアが生物学で用いた哲学的な概念や議論の出典としてヘフディングを一度もはっきり名指ししていないのは驚くに当たらない。しかし一九五八年に書いた自伝的な記事の中で、ボーアは父親の著作の中からある特定のくだりを引用している。それはクリスチャン・ボーアが一九一〇年に書いた一般向けのものであるが、その中でクリスチャンは、実用的な生理学の仕事において、生き物のいろいろな組織の機能を、その生き物全体の生存を保つという目的に関連づけて説明することの重要性を強調した。たしかに彼は、古典論の決定論的な物理学や化学の法則を、生理学において欠くことのできないものとみなしてはいたが、しかしまた、生き物に起こる過程の研究は、生命の維持のためにその過程が果たす役割と切り離して行なわれることはあり得ない、とも考えていた。こういう次第で、ニールスの父親にとって生理学は原理的に物理学や化学とは異なるものであった。これについてはヘフディングも友人のクリスチャン・ボーアの追悼記にこう書いている。

学校の制服に身を包んで誇らしげなハラル，ニールス・ボーア兄弟，1900年頃

生き物の生命の最中心部に生命と無機的な自然力との間の境界線を探すこと――すなわち、果たしてはっきりした境界線があるかどうか、もしあるとしたら、それはどこにあるのかを究めること、これがこの人の果たすべき務めであった。[70]

生涯の終わり近くに至ってクリスチャン・ボーアは、自分は生理学の研究を行なう中で、生命科学の独自性の確証を見出した、と述べている。彼の師で「近代生理学の創立者」カール・ルートヴィヒは、一八七〇年代以来、ボンの生理学者エドウアルト・フリードリヒ・ヴィルヘルム・プリューガーの学派と、肺における酸素と二酸化炭素のガス交換は単純な拡散過程と考えられるか否かをめぐって論争をたたかわせていた。ボーアは、自分の弟子で助手のアウゴスト・クロウが改良した実験装置を用いて、長きにわたる一連の実験を念入りに行なった後、自分の師の見解に一致する主張を確かなものにした。すなわち肺の組織はたしかに肺でのガス交換において積極的な役割を果たすこと、そしてこの交換は単純な拡散過程ではないということである。これに続いてクリスチャン・ボーアは、一九〇九年に公刊された詳しい総合報告の中で、幾人かの研究者による実験的研究を基にして、「肺でのガス交換における特定の細胞の機能が疑いなく確立された」という結論を出した。ボーアはこの発見を、肺の組織の挙動はその生き物全体としての必要性に従って統制されている、という意味に解釈している。つまり、肺組織の挙動は、その生き物の生命を維持するための肺の働きと関連づけてはじめて理解できる、ということである。(71)

しかしアウゴスト・クロウはクリスチャン・ボーアの結果に満足せず、独自に一連の実験を徹底して行なった。クリスチャン・ボーアの死の少し前に、クロウは師の見解への反論を公刊して、はっきりとこう結論を下した。

肺での酸素の吸収と二酸化炭素の排出は拡散によって、そして拡散によってのみ進行する。この過程に対する生き物による何らかの調整作用があるということについては、何も信じるに足る証拠はない。

クリスチャン・ボーアの後を継いでコペンハーゲン大学の生理学教授のポストに就いたヴァルデマー・ヘンリクの書いた追悼記事によると、クリスチャン・ボーアは死ぬ前に呼吸作用が拡散過程であることを受け入れたということである。一九二〇年代の終わりに、ニールス・ボーアが生物学の問題について書き始めた頃には、クロウの結論はもう長きにわたって生理学者の間に広く受け入れられていた。(72)

そこに至るまでの間にクリスチャン・ボーアの見解がたどった命運については、彼の弟子で英国の名高い生理学者ジョン・スコット・ハルデンの経歴がよくそれを物語っている。ハルデンは一八九〇年代の初めにコペンハーゲンのクリスチャン・ボーアの研究室で、その指導を受けて数週間仕事をしたことがあり、この時ハルデンはクリスチャンと親交を結んで大の崇拝者になった。ハルデンは、普通の条件の下での呼吸作用においては拡散理論が正しいことはすぐに認めたが、低気圧や重労働に動物の身体を順応させるには、その生き物が統御する分泌作用が決定的に重要であると論じた。一九二七年に出した論文の中でハルデンはアウゴスト・クロウの仕事について次のように述べた。

彼は肺が積極的に酸素を分泌するのかどうかという問題点について、ボーアときっぱり袂を分かった。私は、この点で彼が最も重大な誤りを犯したと思う。もっとも彼が実際にやった実験は、実験というもののあるべき姿の模範ではあるが。

クリスチャン・ボーアの見解にクロウが反論を唱えてから一八年後になっても、ハルデンは依然として、クロウの師に対するやり方は適切を欠いていたと指摘することの必要性を感じていた。しかしながらハルデンは、呼吸のメカニズムに関する見解ではますます孤立を深めるようになり、特に英国の生理学者ジョセフ・バークロフトからは烈しい反対を受けた(73)。

ハルデンには、分泌理論を確証することに関して、カール・ルートヴィヒやクリスチャン・ボーアよりももっと深い、哲学的な思い入れがあった。数学、物理科学、生物学、心理学、宗教などの質的に異なる諸分野が相まって、ますます精密に人類の経験を表現するようになるという哲学を推奨する立場を公にしていたハルデンは、呼吸生理学――自分の専門分野――こそ物理学的な取り組み方と生物学的な取り組み方が異なる格好の例だ、と考えていた。すなわち生物学においては、生命とはその有機体を維持することと定義されており、これは基本的に他のものに帰し得ない事柄である、と考えたのである。年配に至っても、ハルデンは繰り返し分泌理論を持ち出している。それは、呼吸作用というものは、生命の維持のためにそれが果たす役割という観点に立ってはじめ

アウゴスト・クロウ，1904年［ボディル・シュミット＝ニールセン提供］

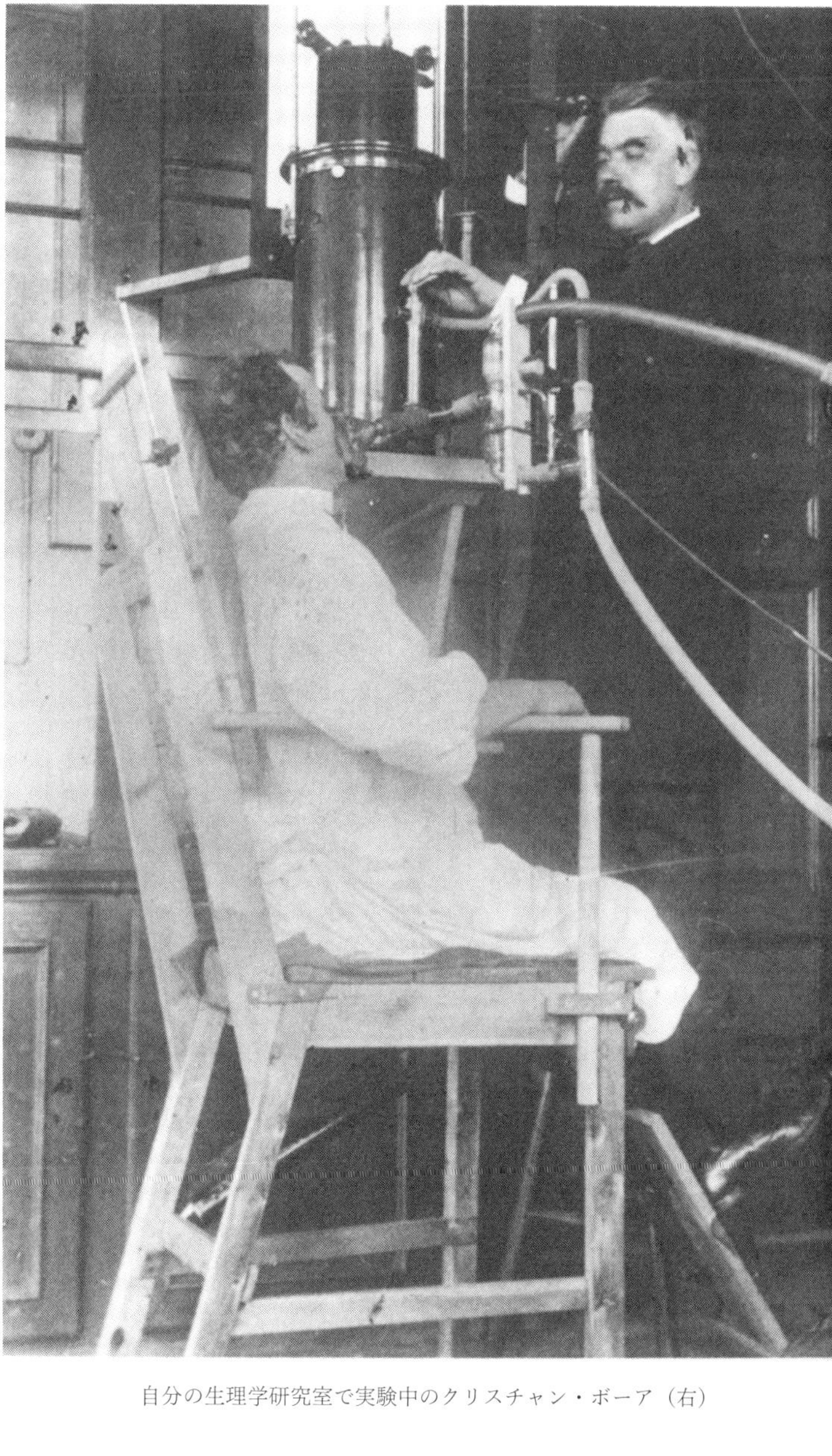

自分の生理学研究室で実験中のクリスチャン・ボーア（右）

て理解できる、という見解を主張するためであった[74]。

ハルデンは分泌論の支持者としてますます生物学界で孤立を深めていったが、それに伴って、自分の一般的な生命科学の哲学を主張すると一層、人が自分から離れていくという思いを味わうようになった。常々、自分は生命過程を律する何か特別な活性力というものがあると主張しているわけではない、ということを強調するように心がけていたが、一九一五年のシリマン講演では、自分の生物学の「学説」は生気論ではなく「有機体論」であると述べた。実はハルデンは、二〇年後に出した自分の学問の哲学に関する最後の著書では、今風の言い方で「有機体論者」または「有機体論的」生物学者と呼ばれている人たちのことを生気論者として批判している。つまり一九三五年の時点では、ハルデンは生気論というものを、生命を有機体だとする今はやりの考え方と、これに基礎を置いて定量的な生物科学を確立しようとする試みの両方を表すもの、と考えるようになっていたのである[75]。

一方、年下の世代の現役の生物学者たちは、ハルデンの生命概念を——定量化の可能な有機体のあり方ではなく、何か独特の生理学的な事態として——非科学的なもの、もっと言えば生気論的なものである、と考えた。この頃にはハルデンの見解は、生物学者たちの間で交わされる学問的な討論の当時の主流とは、まったくかけ離れた教説の世界に属するものとなっていた。これは後で見るが、ボーアも、自分の相補性論からハルデンと同様の結論を引き出すことになる。

一九二八年に出た「生物学の哲学における最近の発展」というレビューがある。ここでは、当時進行中の生物学一般の観点の変化と、そこでのハルデンの位置づけがきわめて明快な全体像の中によく捉えられている。この著者の生化学者ジョセフ・ニーダムは二十八歳にしてすでに抜きん出た存在であったが、自分がハルデンの時代遅れの見解とみなしたものを論じるところから始めた。そして特に、ハルデンの、物理科学と生物科学は質的に異なるものとする考え方と、さらに生物学のほうがより進んだ科学的観点に立っているという含みに批判の矢を向けた。ニーダムは逆に、科学研究の個々の分野のあいだには原則として何の違いもない、と主張した。もっと現代的な考え方に即して言うなら、彼の主張は、有意な区別は定量的な科学と定性的な哲学との間にのみ存在する、ということである。これらの点を見据えた上で、ニーダムはハルデンを、数量化を志向すべき科学者の責務に反する見解を抱いているかどで告発したのである[76]。

科学の一分野としての生物学をめぐる一般的な議論においては、生物学そのものの発展と同時に、それと並行して起こった、定量的でありながら非決定論的な物理学に向かう進化の歩みも見逃されることはなかった。たとえばハルデンはこういう発展を、自分が長年抱いてきた見解、すなわち物理学は最終的には生物学のレベルに達するだろう、という見解を証し立てるものとみなした。かくして彼は一九二八年にこう書くに至る。「量子論的な関係が開示されたことにより、物理学的な研究はある程度、まさしく生物学的な研究の視野内に持ち込まれたように見える[77]」。

またニーダムもこれらの発展に注意を払っている。たとえば一九二八年に書いたレビューでは、アメリカの生理学者ラルフ・シュタイナー・リリーの最近の論文を賛意を示しながら引用しているが、この論文では、特に生物学が新物理学をいかにして利用できるかということについての提案が行なわれている。雑誌『サイエンス』の一九二七年八月十二日号の主要記事でリリーは、生命の諸過程は個々の、非決定論的な原子現象の増幅という観点から理解し得るであろう、という推測を述べた。ニーダムはリリーの特定の提案を受け入れたわけではないが、自由意志というものの科学的な基礎づけを探そうとする彼の動機に共感を表明したのである。ニーダムはリリーの仕事を「画期的な新風」と呼んで紹介した[78]。

最初の生物学に関する発言、一九二九年から一九三〇年

リリーの論文が出たのは、ボーアが一九二七年、コモで画期的な相補性概念を持ち出すほんの二、三週間前のことである。一方ボーアは、コモの講演から二年後にはじめて生物学の問題に関する論述を出した。これは量子力学と相補性の「レッスン」を展開した論文集シリーズの一つに含める形で出されたのである。(79)

どうしてボーアは生物学に関する論述を出し始めたのだろう？　同じシリーズのもっと後のほうで、彼は自らその説明を引き受けている。そういう議論は物理学についての自分の解釈を明瞭化するのに役立つと思う、とボーアは遠まわしに述べる。自分の相補性論の認識論的な意味合いは、たとえば生物学のような他分野の研究においてよく知られた問題を引き合いに出すほうが、もっとよくわかってもらえるのではないかと思う、というのである。ボーアも認めるとおり、彼が生物学の問題について公に発言を始めたのは、関心の在り処が急激に変わったためではなく、相補性論をより多くの人によりよく理解してもらいたいという望みのためであった。言い換えれば、その発言は、明確な意図をもつ科学的な論述というよりも、むしろ一種のレトリック、あるいは比喩的表現として考えたものである。(80)

ボーアがはじめて生物学――また心理学――に関連した自分のアイデアを表明する論文を書いたのは、一九二九年六月、ドイツの物理学者マックス・プランクの学位取得五〇周年記念の折であった。もう前にも述べたことであるが、ボーアはこの時期のこういう記念行事の機会を、原子核の問題を論じることにも利用していた。ボーアは原子核の問題の議論を、理論物理学の現状に関する講演のまさに最後にもっていったのであるが、同じく生物学に関する論述も相補性論についてのずっと長い論文の終わりに付け加えたのである。(81)

たしかにボーアはリリー他の当時の人々と同じ学際的問題を扱ったのではあるが、ボーアは生物学を直接、新物理学を土台にして理解しようとしたわけではない。むしろ彼は自分の相補性の観点を、広くいろいろなものを

包括して論ずるために用いようとしたのであり、これは前に、相対論的な量子物理学と原子核を共に解明するためにそうしたのとまさしく同様である。

ボーアはこのプランク記念論文において、コモ講演の最終段落から次のくだりを抜き出している。「人間の思考の形成に伴う一般的な難点、すなわち主体と客体の区別に本来内在している難点との類似性（が量子力学に潜んでいる）」というところである。次いでボーアは、精神生活における自由意志の感覚を「それに伴う生理的な過程の、一見途切れのない因果的な連鎖」と対比してみる。そして自分が世に広く支持を得ている見解と考えるもの、すなわち、精神に起こる過程は脳内で起こる生理的な過程に帰着しうる、したがって自由意志というものは単なる幻想に過ぎない、という見解に言及する。ここでボーアはまだ特定の術語を持ち込んではいないし、ヘフディングの名前も挙げていないが、ボーアが言及した見解は、あたかもヘフディングの精神‐肉体一体性の言い換えのように見える。ボーアは量子力学からの類推より、脳の生理的な過程を詳しく追跡するために計画した実験は、この過程に予測不可能な仕方で影響を及ぼし、「意志決定の過程に本質的な変更をもたらす」ということさえ起こる、と論を進める。つまり生理的な過程は結局のところ決定論に従うものではない、ということを含意することによって相補性論は自由意志の説明ができるのではないか、と言うのである[82]。

こういうわけで、そう明からさまには言っていないが、ボーアの議論の意味するところは、ヘフディングの概念に量子力学の「レッスン」による修正を加味するなら、自由意志というものを放棄せずに、その概念を支持しうる、ということである。彼自身は、生物学――や心理学――の領域に踏み入ったのは自分の相補性論をより多くの人に聞いてもらうためだと言っているが、実のところそれは、世紀の変わり目以前に、生家で論じられていた類の問題に折り合いを付けるためであったように見える。

一九二九年八月、コペンハーゲンで行なわれた第一八回スカンジナヴィア自然科学者大会でのボーアの講演は、相補性に関する一般論を論じている。まとめのところに来て、ボーアはもう一度心理学と生理学の問題に触れる。

前には彼は、自由意志というものは、量子力学における観測問題と同類の、生理学における観測問題から推し測ることができるのではないか、という意味のことを述べたが、今度は自由意志と因果性の両方を次のように提示する。

それらは理想化されたものであり、そしてその理想化の本来の限度はどこにあるかということは、依然として研究課題となっている。両者は互いに相手に依存しているのであるが、それは意志決定の感覚と因果性の要請の両方が、知識の問題の核心をなす主体と客体の関係において、等しく不可欠の要素となっている、という点においてである。

このくだりを見ると、ボーアは精神過程における自由意志というものは、生理学への相補性の適用から演繹することはできない、と言いたげに見える。そうではなく、自由意志と因果性は互いに独立であり、等しく役に立つ理想化されたものだ、と言うのである[83]。

また、ボーアはこの講演において、生物学の議論に新たな論点を導入しており、この後にも折々これに立ち返ることになる。まず彼は、実験により、人の目が刺激を感じるには二、三個の光量子があれば充分だ、と示されていることに注意する。そして個々の光量子の記述は量子物理学の領域に属することなので、動物の、少なくともある種の器官の働きを記述するには新しい物理学を採用することが必要になるのではないか、とボーアは論じた。生物学における多くの問題は、我々の通常の目に見える領域の知覚を用いて——すなわち量子概念を持ち込まずに——言い表せることを認めた上で、ボーアはこう続ける。

しかしながら、生き物が外部に反応する時の適応の自由や能力に関わるような、生物学のもっと深遠な問題がある。こういう問題を扱う時には、より広い視野に立つ関係の存在を認めるなら、原子現象の場合に因果的な記述の仕方の限界を定める条件と同じものを考慮に入れることが必要になる、と考えるべきである。

ここでボーアは、量子論と生物現象の間のもっと直接的なつながりを探っているように見える。[84] コペンハーゲン大学創立三五〇周年記念にちなんで、一九二九年にボーアの既出論文集が出された。これに新たにつけた序文で、ボーアはさらにはっきりと、新しい物理学と生物学との間の明確な関係についての疑念を表明している。彼は「心理学の問題」と量子力学の最近の解釈との並行関係は、どちらの研究分野にとってもお互いに利益をもたらすものであることが明らかになるのではないか、と繰り返し述べる。「おそらく」とボーアは続ける。

これらの類似点の背後には、認識論的な面に関わる密接な関連が存在するばかりではなく、生物学の根本問題の背後には、両方に直接結びつくさらに深い関係が潜んでいるのではなかろうか。

それでもやはり、彼は次のように言う。

原子現象を記述する法則についてこれまでに得られた情報が、生きている有機体の問題に取り組むのに充分な土台となってくれるのか、それとも生命の謎の背後には、認識論に関する前人未踏の側面が潜んでいるのか、これはまだ未解決の問題である。

依然としてこの両分野間の関係に対して相補性論のもつ意味を明確に述べることはできないまま、これに関するボーアのアイデアは発展を続けていた。[85]

一九三〇年一月の初め、ノルウェイで休暇を過ごしていたボーアは、ヴェルナー・ハイゼンベルクにこんな報せを出した。

このところ私は、日中たいてい、進化の問題についてまさしく夢を見ています。スキーに乗りながら、とは言ってもスキーで上がる時だけですが。というのも、下る時には幸い、生命の謎を意識して解こうとする疑問がわいてこないからです。

また同時にハイゼンベルクに向かって、自分は物理をすっかり忘れてしまったわけではないとも請け合っている。そして弁解調で、自分の手紙に他のことばかり書いているのは休みボケのあらわれだと言う。ボーアは、自分の生物学の問題への関わりは本業ではなく、余技の楽しみの類だ、と考えていた。それでもやはり、一九三〇年五月、エジンバラ王立協会で行なった講演の終わりのほうで、彼はもう一度こういう問題を論じる機会を設けたが、そこでも何も新たな結論には至らなかった。つまり、最初に生物学の問題に触れてからの一年間というもの、ボーアがその方面で述べたことは、手短で仮のあいまいなものにとどまり、これから相補性論が生命科学において果たせる役割については、何も確固とした結論は出なかったのである(86)。

ヨルダンとの往復書簡、一九三一年

一九二九年と一九三〇年のボーアの書簡には、生物学について彼の考えの発展を物語る議論は含まれていない。しかし一九三一年の五月と六月には、この問題をめぐってボーアと一人の相手の間に、短いが真剣な手紙のやり取りが起こっている。その相手は研究所訪問の常連の若手で、ボーアの崇拝者にして同僚――ドイツ人物理学者のエルンスト・パスカル・ヴィルヘルム・ヨルダンである。正真正銘のコペンハーゲン精神で行なわれたこのやり取りは、ボーアが生物学について書く際に、もっと厳密な姿勢を取らせる点で役に立った。

パスカル・ヨルダンがゲッチンゲン大学のマックス・ボルンの下で博士の学位を取ったのは、一九二四年、二

ノルウェイでちょっとスキー休暇を取るボーア，1930 年

十二歳の時である。ヨルダンの書いたものには、早くからボーアの著述の影響が現れている。ボーアがヨルダンとはじめて個人的な関わりをもったのは一九二六年で、この時ボーアはヨルダンの重い吃音の治療に、なにがしかの金銭の負担をしたのである。翌年、ボーアはIEBに対して、ヨルダンの特別奨学金の応募を支援するために推薦状を出した。そしてこの奨学金の一部を使ってヨルダンは、一九二七年の夏と秋をコペンハーゲンで過ごした。この期間にヨルダンは量子力学の論理形式に対して重要な役割を果たし、ボーアは彼の仕事を丹念に検討したのであった(87)。

量子力学と生物学との間の関係については、ヨルダンはボーアとこの議論をする前から関心を示していた。一九二七年に彼は「量子論の哲学的基礎」をめぐってゲッチンゲンでの就任講演を行なった。これはボーアが相補性論を持ち出す数ヶ月前のことである。この講演の中でヨルダンは「決定論の概念は生物学と物理学では別の扱い方をすべきである」と述べている。次いで一九二八年十二月のアルベルト・アインシュタインへの手紙、これは量子力学の解釈をめぐるやり取りの一部であるが、ここではアインシュタインがコペンハーゲン解釈に対して述べた有名な不服、すなわち、主は物理的世界における物事の決定のためにサイコロ遊びはしない、という言に反論してこう書いている、「私は、愛する主が電子［の動きを決定するために］サイコロを投げる、と言うつもりはありません。むしろ主は電子が自分で決定するのに任せる、と言いたいのです」。さらに続けて次のように言う。

> この観点は、特に生物学関係で重要になると思われます。私は、生き物においては、非有機的な物理的反応の継続ということからまったくかけ離れたことが起こっている、と信じます。このことは、まことに素朴な言い方をすれば、生きている個体に付属する原子ないし電子は、他の場合なら統計的に独立な諸決定が起こるところを、あるやり方で調整している、という意味に解釈できるものです。

これに続いてヨルダンが生物学の問題をめぐってボーアと交わした手紙のやり取りは、ヨルダンとボーア両方の進展中の考えをもっとはっきりさせるのに役立つことになる[88]。

一九三一年三月、ヨルダンが毎年恒例の非公式物理学会議に出席するためコペンハーゲンを訪れた折に、ヨルダンもボーアも生物学の問題について論文を書く意向を表明した。五月の後半に、ヨルダンはボーアに意見を求めて自分の原稿を渡した。この原稿が発端となって、二人の間に手紙のやり取りが続くのである[89]。

ヨルダンはその原稿の最初の四節を割いて、ボーアの量子力学の解釈を詳しく紹介した。そして最後の節、「自由意志の問題」に来てはじめて心理学や生物学との関連に立ち入った。ヨルダンは次のことを示すつもりであった。すなわち量子力学は、自由意志に関する経験とは単なる主観的な感情に過ぎないという主張を退けるものである、ということである。実際彼は、自由意志というものは量子力学から必然的に出てくる帰結である、と主張している。

さてヨルダンは、この最後の節の初めにこういう議論を持ち出している。人間が殺されることなしに、その人が厳密な科学的調査の対象となりうる度合いに限界はあるか否か、というのである。ヨルダンによると通説は、実際そういう限界はある、しかしそれは原理的な限界ではなく、依然として観測手段が不完全なために生ずる限界だ、というものである。この見解に対して、ヨルダンの自説によると、そういう限界は量子論からの必然的な帰結であり、量子論は原理上、原子のいかなる観測にも限界を課すものだ、ということになる。ヨルダンは、ボーアを引用しながら、微視的なレベルでも生理学的な過程が起こるということを論ずるために、光の知覚を取り上げた。そして以前のリリーの主張をその名は挙げずにくり返し、また、アインシュタインに述べた自分の意見を言い換えながら、生命体と非生命体の本質的な違いについて次のように述べる——非生命体では「原子的な反応の統計的な非因果性」が、巨視的なレベルになると事実上平均化されて因果性が出てくるのに対して、生命体においては「特定の原子的反応の非因果性が増幅されて巨視的に作用する非因果性が出てくる」。言い換えればヨルダンは、ある増幅機構により、原子的な過程の非因果性が巨視的に作用しうるようになる、と言うのである。ヨルダンにとっては、これが自由意志そして意識的な生の唯一性の基であった。

ヨルダンは精神と肉体の並行性を、生理学的な過程と精神的な経験の間の関係として定義はしていない。その代わり彼は、この概念についてのヘフディングらの先行説には触れずに、それを量子力学の二重性と同一視する。光（もしくは電子）が、実験の設定に応じて、波または粒子として観測される、という二重性である。そしてヨルダンはこう考える。量子力学に適用されたボーアの相補性論より、精密な生理学的検査をするとこの二重性が壊されることになる、そしてこの二重性が原子の非因果的な振る舞いの原因であり、さらにはこの非因果的な振る舞いが生命の基になるのであるから、その検査は対象の人間を殺すことになろう。ヨルダンにとっては、ボーアの量子物理学の解釈に沿って考えると、精神的な過程の説明は直接量子力学に帰着することになったのである。

原稿に同封した手紙で、ヨルダンはこう述懐している。先頃コペンハーゲンでボーアと交わした討論を思い起こせば、ボーアの「表現法が注意深く、きわめてすぐれたもの」であるのに比べて、自分の「明晰さや〝過激な〟までに鋭い表現法」へのこだわりがいかにも稚拙なものだ、と思い知らされる。これに対してボーアは彼一流の丁寧な口調で「私の表現法は欠陥だらけだというのに、あなたが私の骨折りに示してくれた思いやり」にお礼を述べている。しかし「(ヨルダンの) より強力な言い方の明晰さは充分に評価しながらも」とボーアは続けて、いくつかの点に及び、ここは自分なら「もう少し違う言い方をしたと思う」と述べる。次いで物質を論ずるところでは同意よりも相違のほうを強調した[90]。

自分は精神‐肉体の並行関係と波動‐粒子の二重性の間の「狭義のアナロジー」を意図したことは一度もない、とボーアは念を押している。こうしてボーアはヨルダンの、直接、量子力学に基づく精神過程の説明と自由意志の議論を受け入れなかった。さらに続けて、精神と肉体の並行性というものは、物理学でやる一面的な説明には

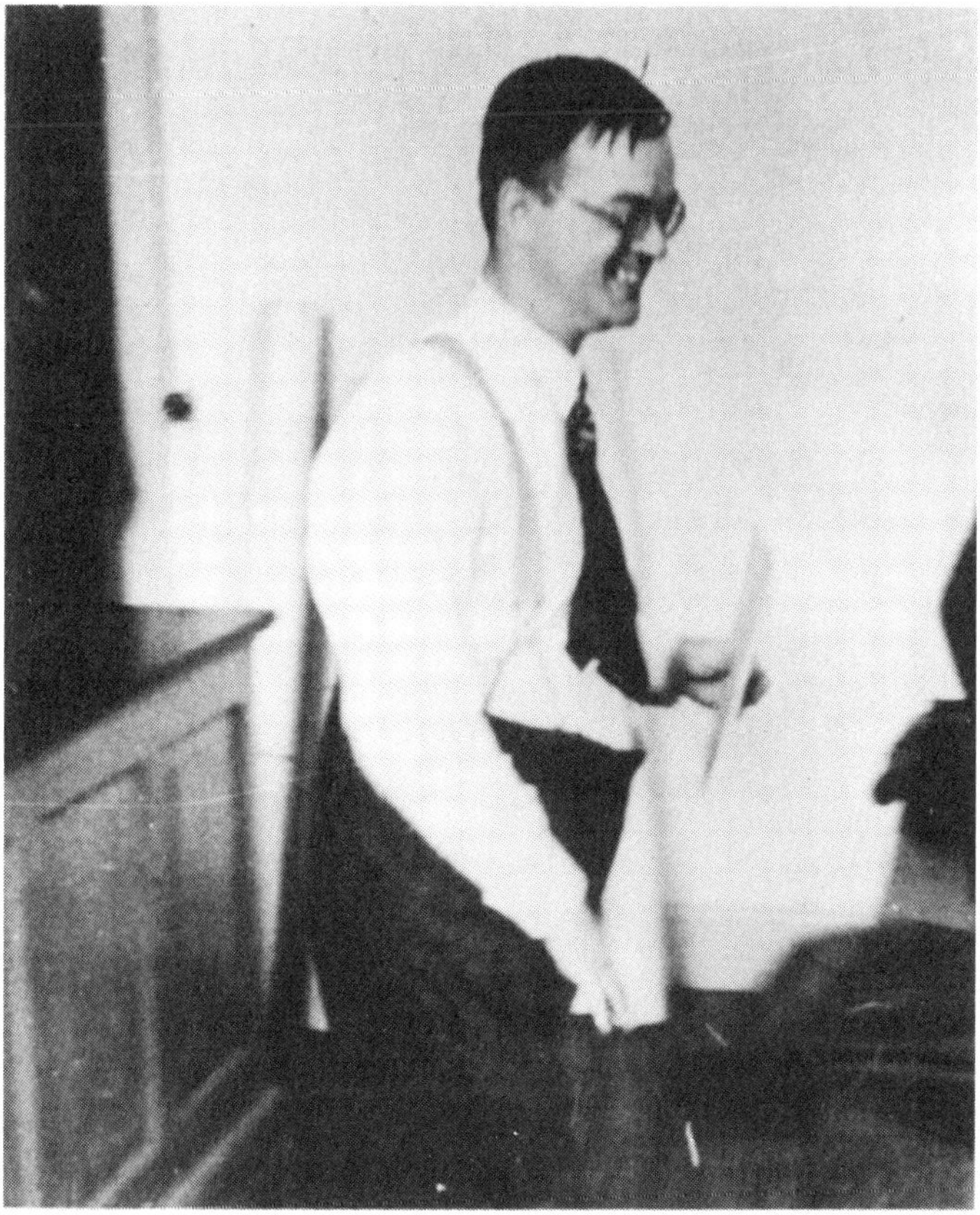

例年の物理学国際会議中，研究所に来て講演をするパスカル・ヨルダン，1931 年

還元できない一種特殊な相補性だと自分には思われる、と述べる。そして以前二人でコペンハーゲンでした議論を引用しつつ、ある生命体の死は、原理的に生命現象の観測に対する一つの限界を持ち込むものである、という自説を繰り返す。しかしながら生命現象はそれ固有のもので、物理学には還元できない、とりわけヨルダンが持ち出す、原子的な現象の増幅という観点で理解することはできない、と強調する。ここでボーアはこんな言い方をしている。

原子現象の安定性が、不確定性原理で言い表される観測可能性の限界と結びついていることは覆しようのない事実であるが、これと同じく生命現象の特殊性は、生命活動が起こっている場面の物理的な条件が原理的に決定できないことと結びついているのである。

ここでボーアはこういうことを言いたいらしい――生き物は絶えずそれを取り巻く外部と原子の交換を行なっている、このためにそれを孤立原子系として扱うことは不可能となる、そしてこの不可能性こそ生命現象の理解のための土台となり得るものである。このボーアの議論は、断念による説明のまた一つの例である。そうするとボーアにとっては、生物学は物理学や化学とは質的に違うものとなる。ボーアは生命現象と自由意志のどちらも、単に量子力学の帰結として説明できるものとは見ていない。むしろそれはどちらも、相補性論をそれぞれの分野独特の仕方で適用することによって解明されるものであろう、と言うのである[91]。

たしかにボーアは、量子力学の解釈を考えるところから相補性論に到達したのではあるが、初めから、この論議は量子力学そのものを越える一般的な妥当性をもつものと信じていた。ごく初期に述べたところを見ても、ボーアは、それを物理学、生物学、心理学にそれぞれ違うやり方で適用できるのではないか、という可能性を認めていた。しかし、コペンハーゲンでのヨルダンとの議論や、ヨルダンの手紙から刺激を受けて、ボーアは、これらの分野間の関係についてもっとはっきりした立場を取るようになった。今やボーアは、生物学が自律性をもつ可能性を認めるにとどまらず、物理学を生物学から区別する経験的な基準を積極的に肯定し始めた。その結果、彼が生命科学について述べることは、ますます彼の父親やJ・S・ハルデンの言うところに似てくるようになった。そして今度はこの人たちと同様、生物学は自律的な研究分野であり、生命というものは他のものに帰することができない現実であるから、生物学は物理学や化学とは異なるものだ、とはっきり考えるようになった[92]。

ボーアとヨルダンは、各々の生物学に関する見解をめぐってさらに二通の手紙を交わした。しかしながらこれらの手紙は二人の相違点をそれほど鮮やかに浮かび上がらせるものではない。ヨルダンはボーアの批評に応えて、生命体についての自分の見解をもっと詳しく開陳しようと努めた。とりわけ、自分の「増幅器理論」を拡張して、現に生きている生命体を以下の三つの領域に分割する。まず、原子の実際の「中心」は因果律に支配されない振る舞いをして、生命の真の基をなす。次に「増幅器器官」はこれら中心の非因果的な振る舞いを増幅する。そして最後の「道具的器官（Werkzeugorgane）」の振る舞いは無機的な物質の振る舞いと重要な違いはない[93]。

さらにその上ヨルダンは、「新しい物理学の成果と観点の応用」の可能性について生物学者を啓発する、という物理学者の大事な責務を強調する。もっともヨルダンがボーアに報せたところでは、『ナトゥーアヴィッセンシャフテン（自然科学）』誌の編集者はヨルダンの論文を、生物学よりもむしろ哲学的なものとみなしたという。実際、実証主義哲学者のハンス・ライヒェンバッハと同じく、ヨルダンも自分の論文を掲載してくれる雑誌を探すのに苦労したのであった。編集者の言い分は「因果性」についてては、もうたくさん論文が出過ぎている、ということである。たしかにヨルダンの見解は、生物学との関連性に基づいて考えれば掲載すべきものとは言えなかった。この出来事が物語るのは、ヨルダンの議論は、ボーアの考え方共々生物学における当時の主流ではなかった、ということである[94]。

ヨルダンの原稿に関わりのある最後の手紙で、ボーアは再度、ヨルダンの見解に対して概ね賛成であることを強調している。とりわけ、彼はこう書いている。最近、度々デンマークの生物学者たちと、ヨルダンの増幅器説とよく似た考え方について議論を交わしたが、皆、肯定的な反応を示した、ということである。しかし、ところでボーアは念を押して、自分の主な関心は実際の生物学の研究にあるのではない、と言う。先に論じたような問題点は、何よりも「我々の置かれた一般的な状況を認識論的に分析することを目論んで考えた私流の表現方式の背景をなすもの」として役立つのである――これは、自分は、精神現象や生物学をじかに量子力学に帰着させようとするヨルダンの試みには依然として賛成できない、ということを伝えるボーア一流の丁寧な言い方である。[95]

ヨルダンの論文が『ナトゥーアヴィッセンシャフテン』誌に載ったのは、ボーアとの手紙のやり取りから一年半後のことである。おそらく編集者の助言に従ったのであろうが、ヨルダンは標題を、「因果性」という言葉を含まない形に修正している。この論文は、前にボーアに送られたものと実質的な違いはないと言えるが、「生命体の本質」と題する結びの節だけは別である。この節でヨルダンは、ボーアへの二番目の手紙で述べた増幅器理論の念入りな仕上げを行なっている。さらに重要なのは、この理論は現に生きている生命体がもつ特異性――ヨルダン言うところの「安定性」――の説明としては不充分である、というボーアの批判にヨルダンが同意を表明している点である。とは言っても彼は、量子力学から出発して生物学に至る自分の直接論法を断念はせず、その代わりに、物理的状態の観測不可能性の度合いが、原子物理学から知られるものよりもさらに高い段階を自分の第一領域もしくは「内部」領域にあるもの、とする考え方を取ってボーアの反論に応じたのであった。ジョン・ハイルブロンが指摘しているとおり、このように勝手な仮説を用いて生命というものを説明するのは、生気論といささかも変わるところがない。しかしながらヨルダンは、自分の取った方針をてこ入れするために、もう一度ボーアの生物学に関する見解を利用しようと主張しているのである。事実彼は、この論文全体を、ボーアの見解を明瞭化して仕上げたものとして提出したのであった。[96]

このように自分の見解を歪曲されたことは、ヨルダンが早くからナチを公然と支持していたこととも相まって、ボーアの気持ちを傷つけたのではなかろうか。たとえば一九三四年の春、ヨルダンはある発言をした。これをマックス・ボルンはジェイムズ・フランクへの手紙の中で「失言（literarische Entgleisung）」と呼んでいるが、どうやらそれは、ナチ体制の下でも科学に携わることに意義あり、とする議論だったらしい。目下のところ、ボルンが不満をもらした、その原資料に当たることができないでいるが、その翌年に出版された小冊子に載っているヨルダンの議論から、この時ヨルダンが何を書いたのか見当はつく。ボルンがヨルダンに、ボーアもこの件では批判的だと告げると、ヨルダンはボーアに自分の立場を説明する手紙を書いた。ここでヨルダンは、自分はただこういうことを述べただけだ、と言う。

この量［物理学に携わることを表すもの］の符号は、ある座標系に立っても正であることを示し得る。その座標系が、通常この同じ符号が導かれる別の座標系と、相補的に排除し合う関係にあっても、である。

これへの返事でボーアはヨルダンに「人間の生活におけるあらゆる関係は、相補的とまで言わないにしても、いかに相対的なものであるか、よくわかった」と言う。そして次のような感謝の意を表明している。

この嵐の時代に……我々は、自然科学においても認識論においてもあり余る問題を抱えていますが、災厄や受難を避けようと努める中で、再び全体を照らし出すのに役立つ新しい小さないくつかの手がかりが見えてきます。

科学が「災厄や受難を避ける」のに役立つ一つの手段である、と言うことによってボーアは、ヨルダンの「物理学はまったく価値と無関係」という見解に異議を唱えているように見える。ここでは、ドイツへの手紙は検閲を受けるのではないかという懸念があったために、ボーアのただでも判りにくい言い回しに拍車がかかっている可能性もある。何はともあれ、この手紙は、翌年ヨルダンがボーアの五〇年目の誕生日に時期遅れの祝い状を出したことに対する純儀礼的な返事は別として、ボーアからヨルダンへの、知られている限り最後の手紙なのである。とは言ってもヨルダンはたしかに一九三六年六月、研究所恒例の非公式国際会議に出席している。この時ボーアは、ヨルダンが相補性論を超心理学に適用したことに賛成しなかったらしい。と言うのは、ヨルダンは会議の後、ボーア宛てにこの話題を論じた論文を寄稿したが、ボーアの反対を予期して、自分の見解を丁寧に説明した手紙を同封しているからである。(97)

後に見るとおり、ヨルダンはボーアのアイデアに対する自分流の解釈を開陳するキャンペーンを止めなかった。このことは、二人の間の関係をまずい方向にもっていったらしい。そうだとすれば、これは、ボーアと年若い研究仲間との間に交わされた率直な討論が非常に深刻な不一致をもたらし、ついに交わりを絶つに至った、一つの稀有な例ということになる。(98)

ボーアが生物学関連の見解を公刊した労作で、これに続くものは例によって手短かなものであるが、それでもヨルダンとのやりとりが与えた強い影響は容易に見て取れる。このやり取りを交わした頃、ボーアは同僚に説得されて、既出論文をまとめたデンマーク語の小冊子をドイツ語でも出すことにした。そしてドイツ語版には、一九二九年の夏の終わりにコペンハーゲンで行なった講演を追加した。その新たな追加に辻褄を合わせるため、ボーアは元のデンマーク語の小冊子の序言に付録を用意した。ボーアがこの出版の計画と新たな付録のことをはじめてヨルダンに伝えたのは、ヨルダンの原稿をめぐるやり取りのうち、最後の手紙だったことを考えると、ボーアはヨルダンとの討論や交信と並行してその付録を執筆していたようである。そうなるとこの付録は、ボーアとヨルダンが互いに自分のアイデアを出し合った後、初のボーアの生物学関連の公刊物ということになるわけである。(99)

ボーアが新たに追加したものの内容は、この件の成り行きを証し立てるものである。二ページの付録の中でボーアは、生理学的な検査を徹底して行なうと生命体の死を招く、という点——これはヨルダンと討論を交わした点である——をはじめて公刊の形で述べた。ヨルダンへの最初の返事と同じく、ボーアはこの点を、量子力学における観測問題と同一視できない独立した原則として持ち出すように用心している。さらに念を入れて、ボーアは次のように述べる。

> 物理学の概念を用いて生命現象を解明することには根本的な限界がある。と言うのは、原子理論の観点からしてできる限り完全な観測をしようとする時必然的に起こる干渉ということがあり、この干渉がその生命体の死をもたらすからである。言い換えると、無機的な自然の記述に用いられる概念を厳密に適用することと、生命現象の考察とは相容れない関係にあるのではないか、ということである。

ヨルダンとの交信でもそうであったが、ボーアはここで「物理学もしくは心理学のいずれか片方の法則を一方的に適用することによって……存在の精神面と物質面を結合すること」の不可能性を徹底して強調しているのである。初期の出版物を見ると、物理学、生物学、心理学の相互関係については、以前のボーアの立場はもっとあいまいであった。ヨルダンとの交信が基で、ボーアは、物理科学と生物科学の間に原理的な違いがあることを、はっきりと述べざるを得なくなったのである。一九三一年八月、デンマークのヘルシンゲアにある国際人民大学の学生に向けて行なわれた講演の終わりのほうでも、ボーアはこの徹底した観点を繰り返して述べている。[100]

「光と生命」一九三二年

しかし、ボーアが生物学に関する見解をもっと完全な形で表明するのは、それからおよそ一年後のことである。これまでボーアは、考えの筋道を多少なりとも書いてまとめるような時間をとれずにいた。だから一九三二年の八月、コペンハーゲンで開催予定の第二回国際光学会議の開会の辞を頼まれた時には、ちょうど良い機会だと思ったのではないだろうか。この会議では五日間にわたって五〇以上の講演が盛り込まれ、その主旨は「生物学、生物物理学、物理療法」における光の役割に当てられていた。[101]

ボーアの科学関連の往復書簡のうち、最初にこの会議に触れたものは、ボーアの長年の同僚で、また会議の組織委員の一人、ハンス・マリウス・ハンセンの手紙である。一九三二年七月十七日、ハンセンは夏用の別荘でボーアに手紙を書き、「光学屋たち」は相変わらずボーアに講演を頼むように、と自分に圧力をかけてくる、と言った。そしてアルネ・ヘンリー・キスマイヤー――皮膚病学、性病学が専門の学者で、この会議の総務を務めていた人物――の意見によれば「光学会議は哲学者会議に劣らず、あなたにぴったりの会議だ」と言い添えた。自分たちの活動に、ボーアの赫々たる名声を加えようとして張り合う会議や組織はいろいろあった。これなどはそのほんの一例に過ぎない[102]。

七月二十二日にハンセンの手紙に返事を出した時には、ボーアはまだ講演をするかどうか決心を固めていなかった。彼がそれを決めたのは、講演を行なうほんの三週間ばかり前である。おそらく、このように決心が遅れたためであろうが、この光学会議での講演は原稿が残されていない。こういうことは、ボーアの公の講演では滅多にないことである。その上、その講演は、その後いくつかの言語で出版され、版も重ねたが、各版にはごく些細な表現の変更が見られるだけである。これもボーアとしてはまったく異例のことに当たる。何しろボーアの書くものは、出版に至るまでに何度も校正刷りを出すのが普通であったから。これは、ヨルダンとの交信後、ボーアの生物学に関する思想がかなり成熟したことを示すものである。しかし、この場合でも、ボーアの活字になった言葉に対する警戒心は止められなかった。オスカー・クラインへの手紙でボーアは、デンマーク語版は英語の原版よりずっと良くなっているから、今後の翻訳に当たってはこれをこの講演の「原版」と考えたい、と述べている[103]。

ボーアの生物学に関する見解に重大な変更を含んでいるわけではないが、「光と生命」という当を得た題の付いたこの光学会議の講演は、ボーアが主に生物学の問題を取り上げて述べたものとしては、最初のものに当たる。したがってそれは、これまであちこちで表明したいろいろな所見を統合したものとなっており、これ以前に出したものよりも厳密さにおいて優るものである。

特に光学会議という場を考えれば、前にもボーアがやったように、原子物理学の生物学との関連性を論ずるに当たって、たった二、三個の光量子にも反応できるという目の能力を取り上げるのがふさわしい。しかし、同時にボーアは、生物学の説明は原子物理学に帰着させることはできないということを明らかにし、この二つの分野を互いに独立したものとして扱うように心を配ったのであった。前と同じくボーアは、非生命現象と生命現象のそれぞれを考察するための相異なる条件を区別して考えることによって、双方の自立性を論じた。原子物理学の場合については、自分の信念を再論してこう述べた。作用量子の不可分性のために原子現象の因果的な記述ができなくなる。それは、作用量子が実験装置と研究対象物との間に、制御不可能な相互作用をもたらすからである。一方、生物学の場合、生命現象の研究は何であろうと、その生命体を生きた状態に保っておくことで成り立つものである。これらのことを踏まえてボーアは、物理学において基本をなす――そして原理的に説明不可能な――作用量子と生物学における生命の概念の間には、基本的なアナロジーがある、と説いた。ボーアの父とジョン・ハルデンが前にやったように、ボーアは、生命というものは「素事実」とみなすべきものである、と締めくくった。またハルデンと同様にボーアも、物理学もしくは何か他の科学の分野に基づく生命についての定量的な記述というものを追究しようとはしなかった。その代わりに、生物学における独特の観測条件――生命を研究するためにその生命体を決して殺してはならない、という条件――が「驚くべき特徴、生理学の研究において絶えず明示され、無機物について知られていることとは明らかに異なる特徴」の基になっている、と述べたのであった。(104)

生物学への関心の継続、一九三三年から一九三六年

一九三四年以後にまで続く、ボーアの生物学関連の問題への個人的な関心は、研究所の科学研究の方向転換と

は多分に無関係のものであった。相変わらず原子物理学における「未解決の問題」に向けた消耗な議論のために、生物学について考えをめぐらす時間が取れないと嘆いてはいたが、ボーアには依然として彼一流の哲学志向の生物学に関わる余裕があった。とは言っても、そういう事柄についての議論を再度活字にするのは、一九三六年になってからである。

ボーアが生物学の問題に関心をもち続けた動機は、ある程度、ヨルダンが続けていた孤軍奮闘に対する否定的な反応に帰せられる。ヨルダンは、これが物理学、生物学、心理学の相互関係に関するボーアの見解だ、と自分でまだ思い込んでいるものに対して、それを援護するキャンペーンを張っていたのである。彼は、一九三一年のボーアとの議論の種になった原稿の中で実証主義哲学の枠組みに収まる自分の哲学的見解を述べていたが、今や、いわゆる統一科学派とますます緊密に連携する姿勢を取るようになった。それはウィーンのモリッツ・シュリックらと、ベルリンのハンス・ライヒェンバッハを中心とする一派である。そして一九三四年にこの学派の雑誌『エアケントニス（知識）』に長大な論文を寄稿した。その「生物学と心理学に関する量子物理学的所見」において、ヨルダンはこの学派の先祖エルンスト・マッハと、またさらにライヒェンバッハを、新量子力学の認識論的な含意を先取りしていたという点で賞賛している。そして前に行なった自由意志をめぐる議論をさらに長々と蒸し返し、人間の決定を予言することは原理的に不可能であることの一例として精神分析を付け加えて、次のように論じている――そういう決定についての予言は、無意識の状態についての知識を基にして始めて可能となる。しかし、こういう無意識の状態は観察行為（精神分析はその代表例）によって強く左右されてしまうのである。[105]

一九三四年も終わりに近づく頃にプラハで開かれた実証主義者の国際会議で、ヨルダンの見解と、またそれとの関連でボーアの見解も、非科学的で思弁的なものとして痛烈な批判を浴びた。この学派に近い立場のエドガー・ツィルゼルは「P・ヨルダンの、生気論を量子力学によって援護する試み」について議論するセッションをこの会議に設けた。ヨルダンの、量子力学から心理学、生物学に至る推論をいずれも等しく人工的と見て取ったツィルゼルはこう結論を下した――生命体に対して徹底的な実験的研究を行なえば、その生命体は死んでしまう、というヨルダンの議論は「生気論テーゼを証し立てるものではなく、むしろそれを前提にしているのである」と。ツィルゼルの発表に続く討論において、オットー・ノイラート、モリッツ・シュリック、フィリップ・フランク――いずれも統一科学派の重要メンバー――も、ヨルダンの主張には皆等しく欠陥がある、と述べた。かつてヨルダンが『エアケントニス』誌上で賞賛したライヒェンバッハだけはヨルダンに対して、疑わしきは罰せずという姿勢を取る意向を示した。これに対し、ヨルダンは断固たる弁明を展開し、そこでは前にも増して自分の論文はボーアの見解を明瞭化したものだ、ということを強調した。[106]

その後数年の間、ヨルダンは量子力学とボーアの相補性論の応用を一般化する取り組みを続けた。自分の「増幅器理論」を推し進めて、一九四五年には「物理学と生命の神秘」という本を出した。その二年後には「抑圧と相補性」というパンフレットまで出している。それはもっぱらジークムント・フロイトとボーアがそれぞれ持ち出したこの二つの概念の間の密接な関係について論じたものである。ここでも、前にした通り、超心理学現象を実証主義哲学と相補性に基づいて説明しようとした。[107]

こういう成り行きを見ていたボーアは、自分の相補性理論に基づいて引き出されたと称する結論がますます気になるようになった。ボーアの「光と生命」という講演には長い弁面調のくだりがあり、ここで彼は以下のことまで説明しておく必要がある、と思っている様子が見える。

> 我々の立場からすると、時に、身体の中である原子的過程が起こる確率は意志から直接影響を受けるのではないか、という言い方をされる見解に曖昧さのない意味づけをすることは不可能である。

いつもの通りボーアはその見解の出所を示していない。私がこれまでに見つけた唯一の手がかりは「光と生命」という開会の辞の四年以上後に書かれたオットー・マイヤーホフ宛ての手紙である。ここでボーアは英国の物理学者アーサー・エディントンを批判しているのであるが、それは「量子力学を観念論的な方向で」誤った使い方をしている、という点においてである。ボーアがその開会の辞の中で誰を指していたのかはともかく、ここでボーアがぜひとも、自分の見解が誤って伝えられていることを断っておく必要がある、と考えていたことは明らかである(108)。

ヨルダンとの関係が終わった後、程なくしてボーアにはまた一人、若手の物理学者の同僚の中から生物学の問題での協力者が現れた。それはドイツ人のマックス・デルブリュックである。この人自身の回想によると、彼が生物学に転向してこれに専念し、彼の理解によればボーアの相補性論が提起している生物学の問題を追究するようになった決定的な誘因は、彼も参加した一九三二年の会議での、ボーアの「光と生命」という開会の辞だった、ということである。以後のデルブリュックの研究生活の「知的推進力」となったのは、初めにボーアを相補性論に導いた物理学における実験的な証拠と同様の、生物学における相補性の実際の現われを探究することであった(109)。

ボーアの生物学の問題における協力者としてデルブリュックがしたことの一つは、ヨルダンがボーアの見解なるものを掲げて見せる場面の、個々の実例を報告することであった。一九三四年の暮れにデルブリュックは、ヨルダンが経験主義哲学学会——ハンス・ライヒェンバッハが率いる統一科学派のベルリン・フォーラム——で講演を行ない、ボーアの哲学的見解を述べると主張した、という報せをボーアに伝えた。デルブリュックの言うところでは、ここに集まった生物学者の多くは、ヨルダンの講演にまゆつば的な反応を示したという。そしてデルブリュックによると、これはボーアに非があるのではない、なぜなら「講演で挙げた限りを見ると、ヨルダンは[ボーアの生物学的な]議論を完全に誤って伝えている」からである。続いて行なわれた討論の場で、カイザー・ヴィルヘルム生物学研究所の高名な生物学者マックス・ハルトマンは、ボーアとヨルダンが生物学の問題について書いたもののために生じた混乱について痛烈な苦情を述べた。「ところでその際、ハルトマンはヨルダンが挙げていないボーアの所説まで誤って伝えた。おかげで生物学者全部が物理学者全部をあざける始末となった」というのがデルブリュックの報告である(110)。

デルブリュックはボーアの生物学に関する見解の要約まで用意していき、これを誤解を解くためにハルトマンに渡した。この要約の写しはボーアへの手紙に同封されているが、ここでデルブリュックはボーアの生物学に関する考えの趣旨を、ヨルダンが述べたところから正そうとしている。そして生物科学と物理科学の間の相補性により、個々の生命現象は原子理論の法則には還元できないことが確かめられている、という点を強調している。したがってボーアとその一派は、生命を研究するためには生物学者は生命を破壊しなければならなくなる、と断言するわけではない。その反対に、生物学者は個々の原子の素過程のレベルで研究しているわけではないから、その描像は厳密に因果性を保つことができる。ボーアはこの手紙の返事で、デルブリュックの要約の内容に賛意を表明した(111)。

ボーアとは違ってデルブリュックは本物の生物学の研究に入っていった。実はデルブリュックの生物学への転向は「光と生命」講演の場に列席する前に始まっていたのである。一九三二年の六月の終わりに彼はボーアに宛ててこう書いている。

> 私は十月にダーレムに行って、リーゼ・マイトナーの「理論家仲間」にならないかというマイトナーの誘いを受け入れることにしました。というのも、ここは、今私がきわめて友好的な関係を保っている立派なカイザー・ヴィルヘルム生物学研究所のすぐ近くにあるからです。

それに続けて彼は、今、自分がブリストルで生物学関係の研究に取り組んでいる様子を記している(112)。

一九三五年の夏にデルブリュックの興味の変化は一時、クライマックスに達した。そして「遺伝子変異の本性と遺伝子の構造」という長い論文を書いた。これは「X線変異の専門家の滞在研究者」N・W・ティモフェーエフ・レソフスキーと放射線生理学者のK・G・ツィマーとの共著である。デルブリュックの高度な物理学の専門的知識の助けを借りて、この三人は原子理論に基づく変異の理論を提案することができた。ところが、後に「三者論文《ドライメナーアルバイト》」として有名になるこの論文の前刷りをデルブリュックがボーアに送った時には、まだ生物学に対する相補性論を実証的に確立できていないということについて、自らの忸怩たる思いを吐露しているのである。一方ボーアはこの論文に大いに興味を感じて、これをめぐる国際会議を企画した。この時にはもうボーアは、研究所を挙げての研究の方向転換に手を着けていた。生物学の研究に向けた国際会議をここで開くのは、この方向転換によってもっともなことになったのである。(113)

一九三〇年代の中頃以降に、研究所では生物学のもっと実際的な問題に向けての方向転換が行なわれたが、ボーア自身が生物学について書くことは、相変わらず哲学志向的なものであった。これは意味深長なことであるが、開会講演「光と生命」の後に出た、ボーアの生物学関連の最初の出版物は統一科学派が企画した国際会議での講演である。ボーアがこの会議への参加を決定したことに謝意を表明する手紙の中で、フィリップ・フランクはヨルダンが新たに出したパンフレットに触れて、「この人たちは量子力学を国家社会主義的な世界観の立場で、その上自分たちの人種生物学の立場で利用しようとしています」と述べた。フランクは「このような誤解を排除した量子力学の定式化の方向で意見がまとまること」がきわめて大事だと考えていた。実証主義哲学者たちの会合、統一科学第二回国際会議は「因果性の問題」に当てて、一九三六年コペンハーゲンで開かれた。ボーアは「因果性と相補性」について話し、この機会を用いてたびたび起こる自分の見解についての誤解を晴らすことにした。そこで彼は、まず初めに、これらは「真の科学の精神とは相容れない神秘主義とは無縁である」ということを明らかにしておくことが是非とも必要だと考えた。そして「原子物理学の分野で最近起こった発展が「機械論か生気論か」とか「自由意志か因果必然性か」といった問題に決定を下すのに直接役立つ、という広く喧伝された意見」を断固として斥けた。またボーアは、ヨルダンが唱えたような類の自由意志に関する議論からは、はっきりと距離を置く姿勢を示した。講演の終わりのほうで、彼は開会講演「光と生命」で論じた、原子物理学における因果的な描像の断念は観念論に行き着くものではない、という点についてもう一度念を押した[114]。

二年前にヨルダンの見解に対して最強の異議を唱えた一人、フィリップ・フランクは、返答発言で、ボーア自身の表明を理に適ったものと判定した。彼には、それは「大方のボーアの哲学的解説家の言うところとは大きな違いがある」と思えた。しかし彼には、相補性を心理学や生物学に適用するための足がかりは何としても見出せなかった。実証主義哲学者で経験主義者のフランクにとっては、そういう土台は実験にしか見出せないことになる。物理学においてはこの土台が実際に実現されているが、他の分野では未確立である。物理学においては、原子の時空内の位置決定と因果的な描像が同時にはできない、ということが実験的に確立されているが、それと同じく、とフランクは以下の主張をする。

ボーア流の考え方の首尾一貫した完結を期するならば、生命体の原子の精密な物理的観測は、生命体に関する既知の経験法則とも、また、生命体の原子的な構成に関する物理的な仮説とも相容れないものである、ということに実証的な証拠が与えられなければならない。

因みにこれは、デルブリュックの以後の研究生活を導く知的推進力の核心を正確に述べたものに他ならない。この会議に参加していたロックフェラー財団のウォーレン・ウィーヴァーによると、講演が終わった後、ボーアとフランクの間に活発な討論が行なわれたという。残念ながら、まさしくどの点に二人の不一致があったのかを証し立てるものはない[115]。

実証主義哲学者の国際会議に参加しようとするボーアの動機には、二つの面があったと思われる。まず第一に、彼は何としても自分の見解についての誤りと思われる解釈に反駁しなければならない、と思ったこと、第二に、相補性の信条をもっと広範な聞き手に向かって広めたいと思ったこと、がある。この過程で、彼は生物学の問題についての議論の場を、若手の物理学者仲間相手の討論という安全圏から、哲学論争という公開の場に移したのである。しかし一九三六年の時点でのボーア自身の生物学の問題への関心のあり方は、明らかに一九二九年にはじめて行なったとちり気味の所見表明の継続であり、依然として彼は、研究所で何らかの明確に規定された理論－実験的研究を始めようという衝動よりも、むしろ新しい物理学の哲学的含意のほうに心を動かされていた。

ボーアの生物学についての見解への反応

ボーアはコペンハーゲンで行なわれた哲学会議に熱心に参加したし、また当時、物理学と生物学の境界領域の問題は相当に注目されていたにもかかわらず、ボーアの生物学に関する陳述への反応は全般的に乏しいものであった。それは特に生物学者たちについて言えることである。ボーアの開会講演「光と生命」他、生物学について述べたものが出版されたが、広く読まれていた二つの総合科学誌、イギリスの『ネイチュア』とドイツの『ナトゥーアヴィッセンシャフテン』には、ボーアの生物学に関する見解への反応はほとんど掲載されなかった。それ以外の科学雑誌や哲学雑誌もやはり、ボーアの観点を取り上げることはなかった[116]。

実際に活字になった少数の発言はあったが、それらも概して否定的なものであった。たとえばボーアがノーベル物理学賞を受けたのと同じ年にノーベル医学・生理学賞を受けた高名なドイツの生物学者オットー・マイヤーホフが一九三三年に行なった講演があるが、そこでマイヤーホフはボーアの次のような主張、すなわち現に生きている生命体に対して詳細な生物学的実験を行なって成功を収めることは不可能である、という主張に対して批判を述べた。してみると、その翌年にデルブリュックが要約を作って訂正を図ったのは当を得たことと思われるが、その裏付けは一件にとどまらないことになる。イギリスでは、ジョセフ・ニーダムが一九三六年来、広い読者層を得た著書『秩序と生命』においてボーアの見解を攻撃した。ニーダムは作用量子と生命の間のアナロジー――ニーダムがボーアを引用した言い方によれば「原子の安定性を理解するために行なう力学的解析の不充分さ」と「生命に特有の機能を物理的もしくは化学的に説明することの不可能性」との間のアナロジー――はまったく根拠のないものと考えた。マイヤーホフと同じくニーダムも、生きている生命体に対して行なう詳細な生物学的実験の例を反証として持ち出した。彼は、ボーアの見解は明らかにハルデンの考え、すなわち生命と生物的有機体は物理学および化学の術語では語り尽くせない、という考えを拡張したものである、とした。ニーダムには、ハルデンやボーアのような見解は「生物的有機体を実験の領分から」独断的かつ非科学的なやり方で締め出すものと思えたのである。[117]

ボーアの生物学関連の発言があまり人の関心を引かなかった理由の一つとして、ボーアの語り口が判りにくいことと、ボーアが生物学関連の発言を物理学に向けた論文の終わりのほうに付け加えがちであったことが考えられる。しかしまた、それに加えて、ボーアが論じた主体－客体問題や精神－肉体並行論は当時の科学者たちの間で、主要な関心事ではなかったことも考慮すべきである。その上ボーアが、彼の父親やJ・S・ハルデンが抱いていた見解の線に沿って自分の思想を説明したやり方も、当時の生物学思想に合致するものではなかった。実際、ボーアが自分の考えを発表する場として選んだ学術誌や国際会議から判断すると、ボーアが意図した聴き手は、まず第一に物理学者、その次が哲学者、そしてその次にやっと現役の生物学者、という順だったように思える。高名な生物学者ヘルマン・J・ミュラーは一九三三年の春コペンハーゲンを訪れた後、ノルウェイの同僚オットー・ルイス・モールにこう報告している。「そこで物理学者ボーアに会えたのはよかったが、この人の生物学に関する考えはどうしようもなく生気論に染まっていることがわかった」[118]。

第二部のまとめ

一九三〇年代中頃までの時期、ボーアは生物学の問題に真剣な関心を寄せたが、これはこのすぐ後に起こる研究所の理論‐実験的研究の変化の前兆をなすものではない。この時期のボーアの原子核への関心と同様、彼の生物学への関心も、あくまで理論的なもの、あるいは哲学的なものとさえ言えるものである。それは若手の物理学者仲間との際限のない討論を通して進められた。ボーアの生物学への関わりは、もう一つの点でも原子核への関心と共通した特色がある。それは比較的広い領域の議論に属するものであった、という点である。ボーアの核物理への関わりは新たな相対論的量子物理学を作り上げる取り組みの一環をなすものであったが、それと同じく、生物学への関わりはまた別の一面、すなわち相補性論を一般化する取り組みに当たるものであった。実際、ボーアが核物理学と生物学について書いたものは、いずれも、もっと広い領域に関わる包括的な議論に添えた簡単な所信表明という形を取っているのが普通である。この事実、さらに、理論に偏り、だらだらと続くその論じ方を見ると、ボーアとその弟子たちが進めた核物理学と生物学は全面的な理論‐実験的研究の方向転換の起源とは言えそうもない、という気がしてくるのである。

ボーアと共同研究者たちの生物学の問題に対する関心は、コペンハーゲン精神の発現を示す、また一つの実例である。同時に行なわれた物理学への取り組みとまさしく同様に、生物学の議論も、的を絞らない一般論であった。実際面よりも理論面に焦点が当てられていた。論じ方はまことに締りがなく、いかなる直接的な結果も要求しなかった、どちらも、ボーアと物理学者仲間の間の、同じ独特の協力方式を伴うものであった。実際、他の探究分野につながる疑問を受け入れることは、無制限を特徴とするコペンハーゲン精神に反するものではなく、よく合致することだったのである。

とは言っても、この、生物学者の縄張りに踏み込むという行為は、ボーアを取り巻くグループが、物理学の問題ではかつて経験したことのないような知的孤立を招くことになった。したがって、コペンハーゲン精神の担い手たちが、生物学関係の議論でした経験は、彼らが非常事態に直面してどう対応したか、という点を照らし出す役を果たすのである。すでに見たとおり、ボーアとその協力者たちはこの栄えある孤立を受け入れたばかりでなく、それを成長の糧ともしたのであった。こういう状況はひとえにこのグループの結束を強めることになった。このグループは概念上の困難にぶつかったり、外部からの批判を受けて思いとどまることを潔しとしない。言い寄ってくる取り巻き連よりも高みに立つ自覚をもち、問題にぶつかればゆっくり注意深く念入りな討論を重ねて核心に迫っていく。ジョン・ハイルブロンは、専門分野外の領域に入り込んでいくこの自信の強さを評して、コペンハーゲン精神の「帝国主義」的側面と言ったことがある(119)。

一九二〇年代の終わり頃のボーアの生物学の問題に関する議論の起源となると、これは実に込み入った問題である。この錯綜した事柄をまともに扱うと、この本の範囲をはるかに超えてしまうことになろう。それにしても、これまで述べたところから大事な疑問点がいくつか浮かび上がってくるので、これらについては考えてみる必要がある。たとえば、一九三〇年代初期のボーアの生物学への関心については、生理学者であった父親が作り出した知的、学問的環境を背景にして見ることが有用であろう、と私には思えた。ボーア自身の考えの発展において、子供の頃、生家で哲学や生物学の問題に触れたことと、ずっと後の、相補性論に基づく生物学関連の発言とは、どういう関係があるのだろう？　ボーアの生物学の起源は、時に相補性論の起源の説明のためにも行なわれているように、もっと広く、彼の自己形成の時代全体にわたる知的環境や受けた影響と結びつけて考えるべきではなかろうか？　相補性論の起源自体も、ボーアが子供の頃生物学に関連した問題に触れたことにさかのぼることができるのではないだろうか、したがって、歴史的にはボーアの相補性のアイデアは、他の道よりもむしろ、彼の生物学についてのアイデアから生まれていると言えるのではないか？　ボーアが一九二〇年代の後のほうで、生物学の問題を取り上げた本当の動機は何だろうか？　たとえば心理的に考えると、ほぼ二〇年前の父親の見解を復活させたいという欲求がボーアの動機だったのか？　ボーアは、青年時代から一九二〇年代末までは、生物学に対する関心を何ら表明していないことは確かのようである。それにしても、この時期のボーアの内にそれに対する何らかの関心の跡を見出すことができるであろうか？　また、もしそうなら、そういう関わり合いは、一九二九年から始まるボーアの活動の起源について、どの程度新たな光明をもたらすことができるのか？　この本では、こういう難しい問題点を未解決のままにせざるを得ない。どなたかこれらの問題を、また別の文脈でうまく取り扱っていただけるとありがたいと思う(120)。

この章の結び

この章では、一九二〇年代後期から一九三〇年代中期にわたる、ボーアの核物理学と生物学関連の問題への関心について考察してきた——これは、この後の研究所の方向転換が目指す中心的研究分野である。一九三四年の初期までは、研究所における両分野の仕事に、理論‐実験的研究の抜本的な変更を予想させるものは見られない。実際、どちらの取り組みにも、科学研究計画の意図的な変更に向けての何らかの努力というよりも、理論的な事柄についての果てのない討論という特徴が目立つ。核物理学と生物学の両者は、ボーアの相補性論を通して密接な関係がつけられるが、この相補性論は、確固とした科学的事実の探究というより、哲学寄りの議論の種と言うべきものである。この両者の関係は、たとえば一九三一年六月早々にボーアがヨルダンに出した、生物学を論じる最初の手紙と、同時期のボーアの原子核現象について述べたことを比べると明らかになる。この手紙でボーアは、原子現象の安定性と生命の在り様の特異性は同類の用語で説明し得る、という意味のことを述べている。前者が量子力学の不確定性関係によって表される測定不可能性の限界と不可分に結びついている一方、後者は、生命活動が起こっている場面の物理的な条件が原理的に決定できないことに結びついている。こういう比較論は、ほんの二、三ヶ月後に、ボーアがローマの核物理学国際会議で述べたこととたいへん良く似ている。ここでボーアは、やはり相補性とのアナロジーによって、原子核の安定性はエネルギー保存則を放棄してはじめて理解できる、という提言をした。つまりボーアの言わんとするところは、原子、原子核、生命の科学的な理解は、それぞれ、因果性、エネルギー保存則、詳細な物理的探究の断念という、次第に広範に及ぶ断念の犠牲を払ってはじめて獲得できる、ということである(121)。

こうしてみると、ボーアの原子核と生物学に関するアイデアは、量子力学の「レッスン」を知の別の領域に洗練して拡張する取り組みの二つの面をなすものであることがわかる。ボーアの核物理学への関心は、もっぱら彼の相補性論から生じたものだ、と言うのは単純化のし過ぎであるが、この二つは密接に絡み合っていることも確かである。この絡み合いは明らかに、一九二〇年代後期と一九三〇年代初期の研究所では、理論と実験を組み合わせて練り上げた研究計画ではなく、理論的な討論のほうに力点が置かれていたことの表われである。しかしもっと前には、ボーアの研究所における研究の進め方は、かなり様相を異にするものであった。創立当初には、ボーアは原子の問題に絡んだ分光学的研究に基づいて理論と実験の一体化を唱え、また実行に移したのである。

どうしてボーアは、研究所における研究の方針を、理論と実験の一体化に基づくものから理論的な討論に基づくものに変えたのだろう？　この章で扱った時期に研究所で取り上げた問題や、それに対する追究の仕方には、明らかにボーアの個人的な好みが表れている。中でも特に、相補性論はボーアが創り上げたものである。また、ボーアと弟子の間に交わされた討論は、ボーア独特の仕事の流儀の典型である。ボーアは自分のアイデアを仕上げるのに、共鳴版を大いに頼りにした――物理学の場合はハイゼンベルク、ディラック、ローゼンフェルトらが、生物学の場合はヨルダンとデルブリュックがその役を務めた。

より広く、物理学自体の全般的な発展というものも、一九二〇年代後期と一九三〇年代初期の研究所における理論と実験の結びつきを弛める働きをした、と言えるかもしれない。この時期に研究所で仕事をしたデンマークの物理学者、クリスチャン・メラーは、あるインタビューでこう述べている。「分光学は、研究所の初期には最も活況を呈していたものであるが、これは量子力学が完成した時には、もういささか時代遅れになっていた」。こういうわけで、時代の物理学の展望の上に立って言うと、元々、研究所における理論と実験の一体化の根拠となったものは、今や初期ほど説得力をもたなくなっていた。初期にはボーアが、原子の問題についての分光学的研究を基に、その一体化を率先して進めていたのであるが[122]。

学問上の観点から言うと、一九二五年の量子力学の形成と一九二七年のボーアの相補性論は、研究所の既存の研究プログラムの頂点をなすものであり、同じことが他の理論物理学のセンターについても言える。この時期ボーアは、研究所の経済的、物的財源の確保にも力を入れており、運営政策面の事柄に対する手腕と熱意を見せているが、このことに若手の物理学者の仲間たちはほとんど気づいていない。一九二七年より後になると、物理学の進展の道は前ほどはっきりしなくなり、理論と実験の統合という方針を具体化するのは難しくなった。時を同じくして、研究所に滞在する研究者の数も、研究所から出る論文の数も劇的に減少したが、経済的な支援のほうは、研究所創立以来の堅実な成長の時期を経た後、横ばい状態になっていた。こういう成り行きは、ボーアの財源を探す意欲が減退したために起こったのか、それとも基礎科学に対する経済援助の枠が減ったためなのかはともかくとして、これによってボーアが、運営政策問題に煩わされず、もっと科学に集中できるようになったのはたしかである。その結果、ボーア個人の、理論と無制限な討論を志向する性癖に研究所が引っ張られていき、ついに一九三一年の後期にはボーア自身が、実験を重視しなくなったことに対する後悔の念を表明するに至った。しかし一九三四年まで、ボーアはこの傾向を止めることはできなかった。あるいはそもそも、その意志もなかったのかもしれない。

一九三〇年代中期まで、研究所における研究への取り組みは、一九二〇年代以来ここを支援してきた諸財団の取る方針に助けられた。すでに見たように、この方針というのは、最優秀の研究機関に、そこで行なわれる研究内容の如何を問わず支援を行ない、また最優秀の学生を一定期間、これらの機関に無償で行かせる、というものである。最も明確にこの方針を掲げたのは国際教育委員会であるが、研究所を支援したデンマークの諸財団もそれに倣っていた。基礎科学の支援に向けた、当時主流の方針は、研究所における研究への取り組みを起こ、、すのではなく、強力な支援を行なう、というものであった。

この章では、研究所におけるコペンハーゲン精神の健在ぶりを、主として両世界大戦の間に挟まる時期にコペンハーゲンを訪れた物理学者たちの思い出話の形で確認した。とは言っても、コペンハーゲン精神の発現が変革への力として役に立ったわけではない。むしろ物理学と生物学に関する討論は、今考えている時期を通じての日常事で、そこから研究の方向転換についての何らかの計画が導かれたわけではないのである。またその討論は、研究所の創立時に打ち立てられた理論と実験の緊密な一体化を妨げるものでもあった。

しかしこの章で述べた出来事のほとんど直後に、ボーアは研究所を挙げて新たな理論と実験の研究に取り組むことを決意したのである。彼が自由放任主義から転じて、明確に規定された研究所の科学研究計画に向かった動機は何だったのだろうか？　次章でボーアが研究所を核物理学に転向させる決心をした、その起源を扱うことにする。一九二〇年頃に理論物理学に当てる新研究所を創立する機会が訪れ、これがボーアを動かして明確に規定された理論－実験研究プログラムを作り出すことになったのと同じく、やはり外部の環境——今回はナチスドイツからの亡命科学者問題という、前とは大違いの状況——がボーアの決心を促す要因になったことを見ることになろう。

第3章　亡命者問題、一九三三年から一九三五年

ボーアが研究所を挙げての研究の方向転換に手を着けたのは、ロックフェラー社会貢献事業の国際基礎科学に対する財政支援のやり方に、大幅な変化が生じた後のことである。これまでの方針は、一流の基礎科学研究所に拡張や設備補充の支援を行ない、また、これらの地に最良の若手の科学者を期限付きで送り込むことによって、「最高の科学」をまさにそれ自身のために盛り立てるというものであったが、それが反対の方向に変更されたのである。この変更は事実上、コペンハーゲン精神にも異議を唱えることになった。しかしながら、ボーアは素早くこの変化を転じて福となすことにより、策定家としての能力も示したのであった。

研究所に最初に影響が及んだ財政支援政策の変更は、ナチスドイツでの人種的、政治的な理由による科学者の追放によって生じた。ボーアは直ちに亡命者問題に対応して、追放を受けた物理学者のうち、若く、まだ地歩を築いていない人たちに、研究所を一時的な避難先として提供しようとした。これは、若手の仲間との共同を旨とするコペンハーゲン精神にもまことによく合致することである。したがって、亡命者問題自体は、研究所における研究への取り組み方に変化をもたらすようなものではなかった。

しかし、一九三三年五月、ロックフェラー財団はヨーロッパ学者特別研究支援資金を設立した。これは充分確固たる地位の教授たちを支援するものである。ボーア個人としては別の行き方のほうが望ましかったとは言え、やはり彼はこの新しい政策をためらうことなく利用した。そして昔からの友人であり、同僚であった実験家——

ジェイムズ・フランクとジョージ・ヘヴェシー――のために研究所での地位を確保した。この際ボーアは、資金援助の機会を前にして現実主義を発揮して見せた。それは研究所の初期の時代に彼が示した行政的手腕を上回るものであった。ところで、フランクとヘヴェシーは年功ある科学者で、教授も務めていたのだから、若手の滞在研究者に優る自由裁量権と研究設備、それに助手の手配が必要だ、とボーアは強く感じていた。この認識は、ボーアが実験－理論核物理学に向けて研究所の舵を切る決心をする上で、きわめて重要な役割を果たしたのである。

背景

一九三三年四月七日、ドイツ政府は「職業公務員再建法」を公布した。これは「公務員法《ベアムテン・ゲゼッツ》」という名のほうでよく知られている。特にこの動きが、国際社会に、ドイツの学者たちの不吉な運命に対する注意を促すことになった。この新しい法律は、政治的な立場や人種を理由にした大学人の免職に法的な根拠を与えるものであった。たちまちその結果が現れ、しかもそれは広範に及んだ[1]。

たとえば、その後名門ゲッチンゲン大学で起こった事態が、物理学者たちの運命をありありと描き出している。四月十一日、ボーアの親しい友人で同僚でもあったユダヤ人のジェイムズ・フランクが、学術界に対する最近の政策に抗議する意図をもって、大学の第二物理学研究所の所長、兼教授の職を辞する決心をした。このフランクの出方は、特別強い力をもつものであった。というのは、彼は第一次世界大戦の退役軍人で、辞めさせるわけにはいかない人だったからである。間もなくフランクの決心は先見の明あるもの、とわかった。四月二十五日の決議により――これがフランクの離職とは無関係なことはほとんど確かであるが――プロシア教育省はゲッチンゲンのさらに六人の教授を休職にしたからである。この六人の中には、理論物理学者のマックス・ボルンや、物理学の問題にも深く関わる仕事をした数学者のリヒャルト・クーランやエミー・ネーターもいる。

三つの物理学研究所のうち、二つが特にひどい打撃を受けた。フランクの研究所で仕事をしていた七人のうち五人――ユダヤ人三人を含む――が免職もしくは自主退職をさせられた。ボルンの理論物理学研究所は、五人の科学者のうち一人を除いて皆ユダヤ人であったが、誰も残る人はなかった。この追放の結果、ゲッチンゲンの物理学は事実上消滅した。これほど極端なところは滅多になかったにしても、同様の事態がいくつか別のところでも起こっていた(2)。

こういう組織的な迫害は、当然、諸外国の注意と関心を惹かずにはいなかった。たとえば『マンチェスター・ガーディアン・ウィークリー』の一九三三年五月十九日（金曜日）号の第一面では、合計一九六名の「一大免職者リスト」を掲げることによって簡潔に要点を衝いた。いくつかの国々では、ドイツの外に新しい職を探すことを強いられた学者たちを支援する組織が作られた。イギリスの学術援助協議会――会長はアーネスト・ラザフォード――と米国のドイツ追放学者救済緊急委員会の二つは、共に一九三三年五月に発足した(3)。

いろいろな学術分野のうち、最も深刻な打撃を受けた分野の一つは物理学である。科学史家のポール・フォアマンはこう述べている――ナチスドイツは「一九三二―三三年の（純粋物理の）総人員の少なくとも二五パーセントを失った。その中には一部、ドイツ最高の科学者も含まれる」。学術団体の中でも物理学者の国際団体は、一特定国における会員の状況の悪化に特に敏感に反応した。物理学という分野では、他分野の大部分をしのぐ学術誌、国際会議、客員教授交流の強力な国際的ネットワークが作られていた。これらに劣らず重要なものとして特別奨学金制度――大規模な形としてはＩＥＢによるもの――がある。これは科学研究、アイデア、人材の広範な国際的交流の実現を促した。科学史家のチャールズ・ワイナーは一九二〇年代と三〇年代の物理学のエリート集団を指して、いみじくも「移動セミナー」と呼んでいるが、彼らは人間的な面でも、また専門家同士としても国際的な強い絆をもつ堅固なグループを作っていた。それは困難な状況の下で、民族的もしくは地理的な結びつきにも優る強さをもつことを証し立てたのである(4)。

初めの年――方向の選択

一九三三年の初期に端を発するドイツからの亡命物理学者の問題が、ボーアの科学政策や科学研究の基本路線に何らかの影響を及ぼした徴候はまったくない。しかしこのことは、ボーアの、亡命者の苦境に対応する行動の遅れを意味するものではない。むしろ逆に、ボーアはこの人たちのために充分実のある活動をしたのである。重要人物であった彼は、一層こういう務めを強化すべき立場にあった。一見影響がなかったように見えるのは、ボーアが若手の亡命者に対象を絞っていたためである。事実上、ボーアの救援活動は、若手の物理学の守り手のために奨学金を獲得する従来の働きかけの延長をなしていた。ボーアに救援の手を差し伸べられた亡命者が研究所で保護を受ける場合について言うなら、この人たちはただ、ボーアと若手の弟子たちとの間の、お定まりの共同方式に参入したに過ぎない。

エッベ・ラスムッセンからの手紙、一九三三年の冬と春

ヒトラーが権力を握るや否や、直ちにボーアはドイツの物理学者たちの地位に関する現地直送の報告を受け取った。これは、国際的な物理学者共同体の結束の強さと、またボーア自身のそれへの深い関わりを物語るものである。ここで特筆すべきは、ボーアの研究助手のエッベ・ラスムッセンが一九三三年一月、ロックフェラー財団からの一年間の特別奨学金を受けて、ベルリンに行っていたことである。それは国立物理工学研究所（PTR）の所長、フリードリヒ・パッシェンの下で実験分光学を学ぶためであった。ベルリンに滞在中、ラスムッセンは師に宛てて、悪化の一途をたどるドイツの状況と、そこの物理学者たちの命運についての詳しい報告を書き送っ

た。(5)

一九三三年二月二十三日付の手紙で、ボーアはパッシェンが二日前に罷免の通告を受け、これは五月一日に効力を発する、ということを知った。パッシェンが通常の定年退職の年齢六十八歳に達していたとしても、彼には、一九二三年に所長になる際の「七十歳になるまでは職を続けてよい」という約束があった。「しかし、そういう約束を新政府は意に介さなかった」とラスムッセンは書いている。ラスムッセンには、ベルリンへの滞在を続けたい、という望みがあり、またパッシェンの、八月まで所長を続けたいという申請は許可される見込みもあったが、ラスムッセンは明らかにこの事態に狼狽していた。彼は、ナチス物理学者のヨハネス・シュタルクがパッシェンの後継者の最有力の候補と予想したが、この予想は正しかった。もしシュタルクが任命されたら、パッシェンの助手はその地位を失うか、あるいは運良く残れたとしても「鋼球の直径を測れ、とか博士の熱量計の目盛りの補正をせよ」などと言われるのが落ちで、要するにベルリンで仕事はできなくなる、とラスムッセンは危惧していた。シュタルクが所長になったら、ドイツ滞在の残りの期間をゲッチンゲンに移してもらうよう、ロックフェラー財団パリ支部のウィルバー・アール・ティスデイルに頼むつもりだ、と書いている。(6)

四月六日、すなわち公務員法発布の前日、ラスムッセンはボーアに新たな報告を送った。手紙の冒頭、彼はPTR（国立物理工学研究所）の所長職については何も新しい報告はない、と述べている。それに続いて自分のした研究を手短に説明した。この書き出しに、何か意を尽くさない感じがあるのは、検閲があったためである。つまりラスムッセンは、自分が最も切実と考えた次のニュースから書き始めたくなかったのである。「ある若いユダヤ人物理学者が、偏にその血統がもとで追い出されたという出来事について、です――これにはきっと、あなたも大いに関心をもたれるでしょう(7)」。

ラスムッセンの報告によると、ギュンター・ヴォルフゾーンという才能に恵まれた三十二歳の物理学者が、カイザー・ヴィルヘルム物理化学研究所のルドルフ・ラーデンブルクの下で仕事をしていた。ここはカイザー・ヴィルヘルム協会傘下の研究所の一つである。この協会の財源は個人会員と企業会員からの寄付で賄われていた。しかし、一九三一年にラーデンブルクがアメリカに去った後、その部門は廃止され、ヴォルフゾーンは研究所の所属を失ってしまった。その後、ヴォルフゾーンはドイツ学術助成協会からの給費を得て、パッシェンの下で仕事に就けた。このドイツ学術助成協会をポール・フォアマンは「ワイマール時代の学術助成の主たる財源」と位置づけている。さて、最近、パッシェンはナチ首脳部からヴォルフゾーンのPTRでの仕事の許可を取り消す通知を受け取った。「だから責めを負うべきは政府ではありません」とラスムッセンは説明している。しかし、それにしてもヴォルフゾーンは離職せざるを得なかった。そしてラスムッセンによると、彼には、

> 生計を立てる見込みがまったくありません。そして、餓死を免れるためにはできるだけ早くドイツを離れなければ、と気づいています。目下、彼には妻と共に二ヶ月暮らせるだけの蓄えしかありません。(8)

ヴォルフゾーンの事情の詳しい説明に加えて、ラスムッセンは他の人の免職についても報告している。PTRで二〇年仕事をしてきたオットー・ライヒェンハイム教授とポツダムのアインシュタイン研究所のエルヴィン・フリッツ・フィンレイ・フロイントリヒ教授である。アインシュタイン研究所は、フロイントリヒがアインシュタインの一般相対論を検証するために、一九二〇年代初期に工業界の資金を基に設立したものである。明らかに、ラスムッセンにはヴォルフゾーンの場合が最も身近なものに感じられた。彼は、高名な物理学者たちの問題は要点を書くにとどめ、また、ライヒェンハイムにはたぶん充分な個人資産があることも指摘している。(9)

手紙の締めくくりに当たり、ラスムッセンはこの際できそうなことを提案している。ボーアにドイツの物理学者の窮状をこれほど詳細にわたって書いたのは、「この人たちのために、できれば国際的な基盤の上に立って何かがなされるべきである」と考えたからだ、と彼は言う。そして三つの具体的な可能性を挙げる。第一、それはノーベル委員会にとって「美しい使命」となるのではないか、第二、ロックフェラー財団が奨学金の受領者に厳

エッベ・ラスムッセン，コペンハーゲンにて．1934年［ジョン・A. ホィーラー提供］

然と課している条件、すなわち、期限が終わったら戻れる常勤の職があること、という条件をはずせないか、第三、ラスク－エルステド財団は迫害を受けたドイツの物理学者の救済に乗り出せないか、というものである。もちろんここでラスムッセンが暗に言わんとしているのは、ボーアも亡命科学者の救済のために、自分の影響力を行使してほしい、ということである。そして、何か新しい「事件」を耳にしたら、すぐにまた手紙を書くと約束している。

一九三三年七月三十一日、ラスムッセンはボーアに第三の報告を送った。この時にはもう、シュタルク（この人のことをラスムッセンは「たいへん愛想のよい人物」と言っている）はＰＴＲの所長の地位を引き継いでいた。「二ヶ月の中断の後」シュタルクはパッシェンがＰＴＲのローランド回折格子を使うことを許可した。これは、分光学の研究には非常に重要な働きをする装置である。このおかげでラスムッセンは、一年間という特別奨学金の期限が終わるまで、パッシェンと仕事ができた。またラスムッセンは「ハンブルクの［オットー・］シュテルンとベルリンの［ペーター・］プリングスハイムが解雇通告を受けた」ことを感情をまじえず報告している。前回の手紙に見られたラスムッセンの深刻な関心が、ここではもっと諦めた調子に変わっているのである。[10]

このように、ナチスの時代のまさに発端から、側近の同僚がボーアに、ドイツからの亡命物理学者たちの事情に関するなまの情報を送って来ていた。ボーアよりかなり年が若いことを考えれば、ラスムッセンが若手の物理学者たちに最大の関心を払っているのは、いかにももっともなことである。しかし、この後で見るとおり、ボーアも同じ関心のもち方をしたのであった。

初期の行動と更なる関わり、一九三三年夏

ラスムッセンが第三の報告を送った時には、もうボーアは、ドイツからの亡命物理学者に救いの手を差し伸べることに、積極的に乗り出していた。今や彼には、ラスムッセンからであろうと、他の誰からであろうと、事態の重大性に注意を促すような報告は必要ではなかった。

一九三三年の夏、ボーアはシカゴで開催された万国博覧会「進歩の世紀」に列席した。これはシカゴ市制一〇〇周年を祝う催しである。ボーアはこの博覧会と連動して行なわれたアメリカ科学振興協会の年会に出席するデンマークの公式代表を務めたのである。これは一九二三年秋の旅行に次ぐ、ボーアの二回目のアメリカ訪問であった。[11]

この訪問中にボーアは、ロックフェラー社会貢献事業と個人的な接触をもった。四月末にコペンハーゲンを出る前に彼は、最近ロックフェラー財団の自然科学部長に任命されたウォーレン・ウィーバーと五月一日にニューヨークで会うことを申し入れていた。ウィーバーがヨーロッパへの旅に出ていたので、ボーアは代わりに財団の理事長、マックス・メイソンと会った。メイソンの、この会見に始まる日記帳には、ボーアが、特別奨学生には戻った際に就ける常勤の職があること、というロックフェラー財団が課している条件の撤廃を提案した、と記さ

れている。この提案は、前にラスムッセンがボーアに示した選択肢の一つであるが、ドイツからの若い亡命物理学者で故国に帰る見込みがない人でも、特別奨学生の適格者に加えることを意図したものである。このようなボーアの提案を見ると、彼が若手の物理学者に特別関心を抱いていたことがわかる。[12]

これはボーアがライプチヒにいる同僚のハイゼンベルクや、またロックフェラー財団パリ支部のウィルバー・アール・ティスデイルとハリー・ハミルトン・ミラーにも報告していることであるが、メイソンは、財団としては「できるだけ意に適うようにしたい」と請合った。しかしロックフェラー財団は、こと特別奨学金関係については相変わらず比較的硬い方針を貫いていた。このため、非常勤の職に就いていて、これまでの要請条件である常勤の職には就いていない若手の物理学者のために特別奨学金の申請をした研究所の所長たちは、とても支援を当てにはできなかった。後で見るとおり、この働きかけは、エドワード・テラーの場合にはうまく行った。初めはゲッチンゲンにいたテラーは、奨学金を得てロンドンからコペンハーゲンに行くことができたのである。しかし、オットー・ロベルト・フリッシュがコペンハーゲンからロンドンに行って滞在する費用を獲得しようとする試みはうまく行かなかった。[13]

アメリカにいる間も、引き続きボーアは、若手の同僚から亡命物理学者の苦境を伝える報告を受けていた。その一つとして、名高いユダヤ人化学者フリッツ・ハーバーの助手を務めていたハンス・コプファーマンからの報告がある。ちょうど一ヶ月前、ハーバーはカイザー・ヴィルヘルム物理化学研究所の所長職を断念する決心をした。彼は第一次世界大戦で果たした功績により、ジェイムズ・フランクと同じく免職は免れ得る立場にあったのではあるが。コプファーマンはロックフェラー財団の特別奨学金を受けて、一九三二年の九月からコペンハーゲンに来ていた。そしてこの時は、ベルリン、ゲッチンゲン、ロシュトックを訪れる一〇日間の旅行を終えて、デンマークに帰ったばかりであった。彼はボーアに「ここで是非とも」旅の報告をしなければならない、自分が受けた印象が「色あせて時勢遅れに」ならないうちに、と書いている。コプファーマンはボーアが関心をもっていることに気づいており、そして自分がじかに見たところをボーアに伝える義務がある、と感じていたのは明らかである。コプファーマンのタイプ書き五ページの手紙は、ボーアの関心を証し立てるだけではなく、一ドイツ人物理学者が、故国の学術界の現状をどう観ているかを如実に語るものともなっている(14)。

コプファーマンが基本的に言わんとするところは、過激なドイツの大衆（その最も険悪な代表が学生たち）と、もっと穏健な総統や政府との間に対立が起こっている、ということである。コプファーマンの見るところ最近まで前者が攻勢で、政府に過激な措置を導入することを強いてきた。コプファーマンは、もしも政府が勝ちを占めるようになれば、事態は改善するだろうと考えていた。当時としては、こういう予想は別に珍しいものではなかった。実際それはラスムッセンが、ヴォルフゾーンに対する仕打ちのかどで非難したのはナチス党であり、ドイツ政府ではなかったこととも符合する(15)。

しかし、どちらの勢力が勝ちを占めそうか、という見通しについては、ラスムッセンとコプファーマンの見解は根本的に異なっていた。何も確かな根拠はないが、コプファーマンはいくつか緩和的な傾向が見られることを、もっと良い時代が先に待っているしるしと解釈するほうに傾いていた。彼は、特に最近の学校教育法で、両親共にユダヤ人の血筋である場合に限り、その児童をユダヤ人とみなすとしている点を強調した。

ドイツの学者が置かれた状況を改善するための戦略としてコプファーマンが選んだものにも、彼の楽観的な姿勢が反映している。彼はベルリン大学のきわめて高名な教授、マックス・フォン・ラウエも楽観論者として描き出す。コプファーマンによると、ラウエの戦略は、物理学者の免職に対する行動をできる限り先に延ばす、というもので、それは、過激な風潮が吹き払われたら、その地位が回復されるだろう、という仮定の上に立つものであった。これと対照的なのは彼自身の教授、フリッツ・ハーバーで、この人は明らかに、反ユダヤ的なうねりが収まろうとしている、という意見には組していない。この悲観的な姿勢が、最近のハーバー自身の所長職断念の決心にも影響している、とコプファーマンは言う。そうはっきりとは言っていないが、コプファーマンが、ラウエの姿勢と、それに基づく行動の仕方のほうを好んでいたのは明らかである。[16]

大多数の科学者は政府の反ユダヤ政策に反対している、とコプファーマンは思い込んでいた。若手の非ユダヤ人科学者たちの間に、広くその「運動」に加わる傾向が見られることまで、単なる内側からの変革の試みだとみなしていた。彼に言わせれば、その理由は、科学者に対する新政策はユダヤ人だけを狙ったものではない。それは元来「ユダヤ人問題」とは関係なく、高等教育の問題に関わるものである。コプファーマンによると、目下ドイツの大学は、研究機関と言うより「理想主義的かつ国家主義的な倫理」による価値観に基づく教育機関になりつつある。そして若手のドイツ人科学者がナチスの組織に入る傾向を、こういう趨勢を変えるための一つの試みだとコプファーマンは観たのである。おそらく彼はパスカル・ヨルダンを、この格好の実例と考えていたと思われる。というのは、彼の旅行計画には、ヨルダンの勤務地のロシュトックが含まれていたからである。実際コプファーマンは、ドイツの知識階級が大学の現状に反対して団結し、現体制に対抗することを夢見ていた。[17]

個々の科学者の命運については、コプファーマンも事態は不明瞭であることを認めている。公務員法で問題になった人たちは、最近、特に人種や祖先のことを尋ねる調査票に記入を済ませた。これに基づく免職が一ヶ月のうちに行なわれることが予想された。すでに問題になった人たちの中には、ヴォルフゾーン——この人はレオナルト・サロモン・オルンステインと一緒にユトレヒトに職を得ていた——とゲッチンゲンの物理学者たちがいる、とコプファーマンは記している。

もう一つ、ボーアがアメリカ滞在中に受け取った報告で現存しているのは、ライプチヒにいるハイゼンベルクから来たもので、比較的短い手紙の中の一節をなす。彼は慷慨して言う。「今［ドイツで］起こっていることの一切について、私は［ボーアに対して］罪悪感をもたねばならない、という気持ちに駆られたことがしばしばあります」。しかし同時に彼は、ラウエとマックス・プランク——ベルリン大学名誉教授でカイザー・ヴィルヘルム協会の会長、ドイツ物理学界の最高権威——と力を合わせて、最も優れた物理学者たちをドイツにとどめるために働く際の情勢については、充分に楽観していた。ゲッチンゲンの人たちについて言うなら、フランクについてはすっかり望みを失っていた。しかしボルンはことによると、将来ある時点でドイツにいる保証が得られるのではないか、と考えていた。またハイゼンベルクは、自分の助手のフェリックス・ブロッホは、今パリで客員として講義をしており、ロックフェラー財団の特別奨学生に応募してドイツ国外での滞留をもっと延ばそうとしているが、まだ当分、ライプチヒでも仕事をしていられると思う、と書いている。ドイツ物理学の凋落という事態を現実のこととして受け入れるのは、不可能もしくは不本意であったために、ハイゼンベルクはコプファーマンと同様、より輝かしい未来を望む楽観主義に身を置いていた。[18]

それぞれに見積もりの違いはあるにしても、以上の手紙から推すと、ボーアと交信した人たちは、師が若い亡命者たちに強い関心を抱いていることがわかっていた。そして、ボーアが亡命者問題について最新の情報に通じていられるように心がけた。こうして、これらの報告は、この年の後のほうでボーアが、若手の亡命物理学者たちのための活動を強化する準備に役立ったのである。

デンマーク亡命者委員会、一九三三年秋

コペンハーゲンに帰ると間もなく、ボーアは亡命科学者たちのための活動に一層活発に取り組んだ。十月にデンマーク亡命知的職業人支援委員会が設立されるや、彼はその理事に加わった。この委員会の長を務めたのはオーエ・フリス、著名なデンマーク－ドイツ関係史家でコペンハーゲン大学の学長である。ここでハラル・ボーアは――彼は委員会のメンバーではあったが理事にはなっていなかった――たびたび理事会に顔を出し、その活動に積極的に参加したが、これはボーア兄弟の強い絆を証し立てるものである。[19]

理事会は大学人が優位を占めてはいたが、この委員会の狙いは、より広範な亡命者のグループを援助すること

にあった。ジャーナリスト、著述家、俳優らも科学者や学者と同じ意味合いで「知的職業人」とみなした。一九三五年か一九三六年に、デンマークにおける亡命者救援のための諸機関の間で仕事の調整が行なわれた。それ以後は、知的職業人委員会の援助は、統合された全機関が行なった援助のうちのほんの小部分をなすに過ぎなくなる。知的職業人委員会は総計四〇〇人から五〇〇人の人たちを救援したが、そのうち大学人は一〇パーセント以下にとどまる。その大学人のうち、一五人か二〇人は直接ボーアの仲介によってデンマークに入ったのではなかろうか。[20]

亡命者のために取ったボーアの行動にしても、またデンマーク知的職業人委員会の活動にしても、その詳しい記録はほとんど残っていない。ボーア自身のファイルも委員会の書類も、一九四〇年にデンマークが占領された時、ドイツ側に押収されないように破棄された。しかし特定の二つの場合については、詳しい情報が、ボーア科学関連往復書簡集に残されている。[21]

このうちの第一は、グイド・ベックに関するものである。この人はライプチヒでハイゼンベルクの助手を務めていたが、ドイツで外国人の大学助手に対する規制が行なわれた結果、一九三二年にこの職は、四年間続けたところで打ち切りとなっていた。ベックは学術助成協会からの給費により、プラハのドイツ大学で物理学の研究を続けることができた。ここで彼はフィリップ・フランクの助手を務めたのであるが、このフランクは、ボーアの相補性論に論戦を挑んだ統一科学学派の一員で、アインシュタインの後を継いでここの理論物理学教授の地位についていた人である。しかし外国の大学での、ユダヤ人に対するドイツからの資金提供は続く見込みはなく、一九三三年秋にボーアの研究所で行なわれた非公式物理学国際会議の際に、ベックはボーアに、自分への給費は十月一日から打ち切られることになろう、とこぼした。ベックはヒトラーが権力を握る前にライプチヒのポストを失っていたので、彼の場合外国の救援委員会からの援助を受ける見通しは特別不確かであった。その結果、ドイツでナチス体制の下に罷免された学者のリストに、彼の名前は出てこなかった。それでもボーアは、知的職業人委員会から、ベックのコペンハーゲン滞在を一九三四年の復活祭まで延ばすための資金を獲得することができた。しかし、もっと永続的な措置として、ベックのためにプラハでの職を手に入れるつもりだ、とボーアはフランクへの手紙で述べている。ボーアは、こういう措置はベックがチェコスロヴァキア生まれなので、特に適切だと考えたのである。(22)

一九三三年九月中旬に、陽電子をめぐる討論に向けて研究所恒例の非公式物理学国際会議が行なわれたが、この折にベックがこぼしたことは、彼だけの問題にとどまるものではなかった。実際、亡命者の状況は、この会議での主要関心事であった。たとえばこの場合について、ハイゼンベルクは、やはりプラハの教授、ラインホルト・フュルトに、ベックの将来の保証のために骨折ってもらえないか、と尋ねた。この要請の結果として、コペンハーゲンのボーアとプラハのフランクおよびフュルトとの間に手紙の交換が行なわれた。フュルトからはすぐにボーアに、ベックはチェコスロヴァキア生まれではあるが、国籍はオーストリアだと報せてきた。こうなるとベックがチェコスロヴァキアで職を得る望みは断たれる可能性がある。また一方フランクからは、ドイツ語圏の国籍をもつユダヤ人の立場で、ベックは、プラハでドイツ語を使うナチスと反ドイツ的チェコ人の板ばさみになってしまう、と言ってきた。さらに厄介なことには、チェコスロヴァキアでは、まだ何も救済委員会の類が確立していない、という事情があった。したがって、この三人の教授の間で、資金援助は外国の財源からもらう他ない、ということに意見が一致した。(23)

ボーアに励まされてフランクとフュルトは、アムステルダムにあるドイツ人学者のためのオランダ救済委員会に向けてベックのための申請をし、その写しをコペンハーゲンのボーアにも送った。ボーア、ハイゼンベルクとウィーンのフェリックス・エーレンハフトもベック推薦の手紙を書いた。またボーアは個人的にもベックその他の人の問題についてアムステルダム委員会に働きかけ、さらに一九三三年十月にブリュッセルで開催されたソルヴェイ会議の場でも働きかけた。しかしながら、その申請は通らなかった。その後、十一月二十五日、ボーアは、フランクとフュルトが送った申請の写しを使って、ベックの問題について首尾よくデンマークとスウェーデンの救済委員会の気を惹くことができた、と報告した。デンマーク側がある具体的な金額の提供を承諾したすぐ後、スウェーデン側も――クラインの働きかけによって――同額を提供した。スカンジナヴィアでボーアの取り組みが成功を収めた結果として、アムステルダム委員会もようやく金を出すことに同意した。ベックはすでにスウェーデン委員会が最終決定を下す前に、プラハに行く決心を固めていた[24]。

ハンブルク大学で三年間物理学教授を務めたヴァルター・ゴルドンも、ボーアがデンマーク知的職業人委員会の立場で援助したもう一人の人物である。ハンブルクを免職になった後、ゴルドンはチューリヒでヴォルフガング・パウリと一緒に仕事をした。ゴルドンはオスカー・クラインと独立に、いわゆるクライン－ゴルドン方程式――ディラックの電子に対する相対論的方程式の先駆け――を作り上げたことで、物理学界ではよく知られた存在であった。クラインはゴルドンに、ストックホルムの自分のところで一緒に仕事をしてほしいと思い、そのための特別奨学金要請の矛先をロックフェラー財団に向けた。あまり気が進まない風を見せながら、ロックフェラー財団はゴルドンに一年間だけ金を出すことに同意した。そしてその際、この支援は更新はできないと念を押した。その前にクラインはスウェーデンの亡命者救済委員会から、ロックフェラー財団の奨学金を二年受けられるなら、という条件つきで、追加支援の約束を取り付けていた。ロックフェラー財団の回答が出ると、クラインは、スウェーデンの支援は実現しないのではないか、と心配になった。そこでボーアに向かって、デンマーク委員会からの支援を頼んだ。一ヶ月もしないうちにボーアは、別のところからも追加支援が得られること、という条件付でデンマーク委員会からの二年間の支援を手配した。ほんの数日後、クラインから、スウェーデン委員会が、ロックフェラー財団の期限が終わる前に約束の額を出してくれる見込みが大いにある、ことによるとそれを上回る額さえ望みあり、という報せが来た[25]。

旧来の財源からの資金援助を断られた後、ある救済委員会から若手の物理学者に支援が行なわれた最後の例として、オットー・ロベルト・フリッシュの場合がある。この場合の支援は、英国でデンマーク知的職業人委員会に相当する、学術援助協議会によって行なわれた。この活動では、ボーアは直接責任のある立場ではなかったが、彼もやはりここに関与している。しかも、そのすぐ後、フリッシュは研究所で大事な役割を果たすことになるのである。

フリッシュはウィーンに生まれ、一九二二年にここで物理学の博士号を取得した。一九二七年にベルリンに行き、一九三〇年からハンブルク大学でオットー・シュテルンの助手を務めた。シュテルンの研究所にいた五人の物理学者は一人を除いて皆ユダヤ人だったので、長い在職期間があったために自分の免職は免れた所長は、ここのスタッフの新しい仕事を見つけることに乗り出した。フリッシュが免職になる前にシュテルンは、彼がローマのエンリコ・フェルミのところで仕事をするために、一年間のロックフェラー財団奨学金獲得の手筈を整えていた。ところが、この供与は、フリッシュに戻る職場がないことがわかると撤回されてしまった。シュテルンはフリッシュの一年間の受け入れについて、この時すでにロンドン大学バークベック・カレッジの物理学部門の長の地位にあったパトリック・ブラッケットの関心を惹いたようである。[26]

アメリカ旅行の帰路、ブラッケットの研究室を訪れたボーアが、コペンハーゲンにフリッシュの席を設ける意向を表明したのは確かだと思われる。と言うのは、一九三三年八月十三日にブラッケットは、フリッシュがロンドン滞在のためにロックフェラー財団の奨学金をもらう上で、この席が名目として使えるのかどうか、を尋ねているからである。しかしボーアが同財団のパリ支部のハリー・ミラーに対して、フリッシュはコペンハーゲンに一年間の助手の職を得た、と主張した件は問題にされなかった。ミラーの答えは、フリッシュはまだ私講師《プリヴァートドツェント》――昔からある制度で、学生から直接聴講料を受け取る無給の大学講師――のレベルにも達しておらず、ただ臨時に助手に雇われただけだから、特別奨学金をもらえる見込みは甚だ少ない、というものであった。九月の後半に、ブラッケットは学術援助協議会にフリッシュへの一年間の給費を申請してこれが通り、フリッシュは十月にやって来た。ロンドンで一年過ごした後、フリッシュはコペンハーゲンに行き、ラスク－エルステド財団からの特別奨学金によって、ここで五年間を過ごすことになる。[27]

ベックやゴルドンの件を見ると、ボーアは自ら主導権を取って、ドイツからの亡命科学者のために行動を起こせたことがわかる。ゴルドンは四十代に達していたが、ベックは一〇歳年下であった。まだ比較的若く、地歩も固めていない物理学者の立場にあったベックは、研究所のコペンハーゲン精神にうまく馴染んだ。また彼はその前年の春、二ヶ月半を研究所で過ごしてもいた。二人のうち、ベックだけが研究所に滞在したが、それも短い間だけである。実はデンマーク知的職業人委員会は、ベックがデンマークの外で仕事をするための支援までした。もちろんこれは、ボーアが進んで選んだことではなく、デンマークで常勤の職を設けるのに使える財源が限られていたことの現われである。それにしても、こうして研究所に一時的な救援の場を提供したことにより、デンマーク知的職業人委員会は、従来の、若い学生向けの特別奨学制度と同様の役割を果たした。つまり、このおかげで、大御所のボーアと、一時的に滞在した若手研究者の間に共同を旨とするコペンハーゲン精神が育まれたのである。[28]

フリッシュの場合などは、救済委員会の活動と旧来の奨学制度の方針の間に、緊張状態が生じた例に当たる。すなわち、ボーアが熱心に頼んでも、ロックフェラー財団は戻るポストのない若手物理学者に特別奨学金を支給することを拒否したのであった。国内でも、デンマークの旧来の奨学制度の主力であったラスク－エルステド財団と知的職業人委員会との間に、同様の緊張状態が持ち上がったことがある。たとえば一九三三年の暮れあたりに、委員会がラスク－エルステド財団にある給付を申請した時には、「この種の支援は当財団の趣旨外になります」という、素っ気無い返事を受け取る羽目になったのである。[29]

亡命者への特別奨学金制度、一九三三年秋以後

一方に亡命者支援のための組織があり、また、他方には旧来の基礎科学の財政支援団体があった。この両者の間には緊張状態も持ち上がったが、ボーアは両方の財源から亡命者への援助を獲得することを得た。フリッシュのためには、旧来のラスク‐エルステド奨学金によって援助を確保したことはすでに見たとおりである。この節では、亡命者問題が起こった最初の年には、ボーアが亡命者の援助のために旧来の奨学制度を広範に利用した様子を見ていく。実際、この研究所では、こういう奨学制度の支援を受けた亡命者の数のほうが、他の支援手段による数を上回っているように見える。したがって、実のところ、旧来の奨学制度と救済委員会からの支援とが、若い亡命物理学者への援助の相補的な財源となっていたわけである。

ユージン・ラビノヴィッチはゲッチンゲンでフランク直属の助手を務めており、フランクのスタッフとしては最初に公務員法の結果免職となった人であるが、また、この人はボーアの仲介により旧来の奨学制度の援助を受けた亡命物理学者の第一号でもある。一九三三年二月、ボーアはラスク‐エルステド財団に特別奨学金を申請し、それは三ヶ月後に支給された。秋学期にコペンハーゲンに滞在した後、ラビノヴィッチはロンドンで四年間過ごしてからアメリカに移住した[30]。

オーストリア人のヴィクトール・ヴァイスコプフは、一九三一年にゲッチンゲンのボルンの下で博士号を取った。初めは有給のポストが見つからず、両親の援助を受けながらライプチヒのハイゼンベルクのところで仕事をした。次いでフリッツ・ロンドンの代役としてベルリンのエルヴィン・シュレーディンガーのところに行った。ロンドンは半年間、アメリカに滞在することになったのである。その後、シュレーディンガーはヴァイスコプフのためにロックフェラー財団から一年間の特別奨学金を獲得した。ヴァイスコプフはまずコペンハーゲンを行く先に選び、次にケンブリッジのディラックのところに行った。彼は一九三二年九月五日から一九三三年四月二十

五日までボーアのところに滞在し、その他に、秋の国際会議の折に四〇日間の滞在をした。ヴァイスコプフは理論家だったので、ボーアと密接に共同して仕事をした。ヴァイスコプフのケンブリッジでの奨学金が満期になる前に、チューリヒのヴォルフガング・パウリが助手になってくれ、と頼んできた。一九三五年にこの助手の期限が切れると、ヴァイスコプフはコペンハーゲンに戻った。ボーアがここに彼用の給費を獲得したのである。一九三七年、アメリカも含む世界巡りの旅から帰ったボーアは、ヴァイスコプフをニューヨークのロチェスター大学のあるポストに推薦してきたと報せた。そしてその後、ヴァイスコプフはそこに行った。(31)

ハンガリー系ユダヤ人のエドワード・テラーは、一九三〇年にライプチヒ大学のハイゼンベルクの下で博士号を取った。それからテラーは、ゲッティンゲン大学物理化学研究所のアルノルト・オイケンの助手になった。形の上では免職にはなっていなかったが、テラーはオイケンから、ドイツでは彼には科学者としての未来はない、という助言を受けた。そしてその後、ロンドン大学の化学者ジョージ・フレデリック・ドナンのところに職を得た。実はこの職は臨時のものであったが、ボーアがフリッシュのために骨折った時よりもうまく事が運び、ドナンはロックフェラー財団を口説いて、この職によりテラーの奨学金受給資格を承認させることができた。テラーはこの奨学金を使う場所をコペンハーゲンのボーアの研究所に選び、一九三四年の初めから同年の九月まで滞在した。ロンドンに帰って間もなく、この時二十六歳のテラーはコペンハーゲンで知り合ったジョージ・ガモフから、ワシントンDCのジョージ・ワシントン大学で、一緒に教授の職に就く誘いを受けた。一九三五年八月、テラーはアメリカに行き、以後ずっとここに永住することになった。(32)

スイスの物理学者、フェリックス・ブロッホは一九二七年、ハイゼンベルクの初の指導学生になるために、チューリヒからライプチヒに移った。それはまだ、ハイゼンベルクがそこの常任の職に就くために、コペンハーゲンからやって来るよりも前のことである。ブロッホは、ハイゼンベルクの下で一九二八年に博士の学位を取った。チューリヒで一年パウリの助手を務め、次の一年はユトレヒトのヘンドリク・アントニー・クラマースの下で過ごした後、ブロッホはハイゼンベルクの助手としてライプチヒに戻った。ライプチヒで過ごしたのは一九三〇―一九三一学年度である。次いでハイゼンベルクの推薦を受けて、ボーアがラスク－エルステッド奨学生として研究所に招いた。コペンハーゲンにいる間に、ブロッホはボーアと密接な共同関係を築き、これはブロッホが一九三二年の夏、ライプチヒに帰って、ここで私講師として教える権利を得た後も、実り豊かな文通という形を取って続いたのである。[33]

ハイゼンベルクはもっと長く滞在できるように計らっていたが、ブロッホはドイツでナチスが政権を奪取すると間もなく故郷のチューリヒに帰った。公務員法の制定の前日――それはまさに、エッベ・ラスムッセンもボーアにベルリンからの手紙で同様の見解を表明した日であるが――ブロッホはボーアに、ドイツにおけるユダヤ人の苦境について自分とパウリが抱いている関心のほどを書き送った。ブロッホはこの少し前にロックフェラー財団の奨学金に応募しており、この関連でボーアに、帰還地を申告済みのライプチヒからコペンハーゲンに変更してもよいか、と尋ねた。ハイゼンベルクは、ライプチヒにいたいだけいて構わないと請け合ってくれたが、ブロッホは、間もなくドイツの大学でのユダヤ人の状況は耐え難いものになると予想していた。そして今の状況の下では、ハイゼンベルクはきっと、自分がコペンハーゲンのほうを選ぶことを理解してくれるはずだ、とボーアに語った。ところが前述のとおり、ハイゼンベルクはアメリカにいるボーアに宛てた手紙で、もしもブロッホがドイツ、そしてライプチヒを離れずにいてくれたとしたら、自分はそのほうを歓迎しただろう、という意味のことを述べている。[34]

ブロッホはボーアから、奨学金の申請書に、コペンハーゲンに戻る予定と書く許可を得た。そして実際に彼の申請は通った。こうしてブロッホは、ロックフェラー財団が、常勤の職が必要という条件に例外を認めた数少ない実例の一つに該当することになる。しかしやはり、同財団は早速、この例外は必ずしも再度起こるものではない、と釘を刺している。[35]

ロックフェラー財団の奨学金をローマのエンリコ・フェルミのところで使い出す前に、ブロッホはパリで講演をし、その後コペンハーゲンのボーアを訪ねた。そしてボーアの研究所にいる間にスタンフォード大学からそこの学部の職に誘う電報が来た。つい最近スタンフォードに行ったばかりのボーアは、大いにこの地を薦めた。どうやらボーアはすでにブロッホをここに推していたらしい。一九三四年二月十日、ブロッホはローマから、その職の受諾を決めたとボーアに報せてきた。この決定は、アメリカに魅力を感じるからと言うよりもむしろ、ヨーロッパの情勢が日増しに悪くなっているためだ、とブロッホは書いている。ブロッホは一年間のロックフェラー財団の奨学金のうち、五ヶ月分を使っただけで、四月一日からカリフォルニアで講義を始めるために、三月の初めにローマを後にした。この時点で彼はスタンフォードの終身の職に就くことは避けたのであるが、実は、一九八三年に死を迎えるまでここで仕事を続けたのであった。[36]

一九三三年一月三十日、ヒトラーが政権を取ったときに、ヒルデ・レヴィはカイザー・ヴィルヘルム物理化学研究所のハンス・ボイトラーの下で分光学についての博士論文を仕上げていた。レヴィはいち早く、「非アーリア」系の女性の身ではドイツの科学界で自分の未来はない、と断を下した。しかし、一九三四年一月の学位取得口述審査を終えるまでドイツにとどまっていた。その後、休みを取ってスウェーデンに行き、そこから国際女性大学人連盟のデンマーク支部長に連絡を取った。これはジュネーヴに本部を置く機関で、一九一九年に「援助を要する女性大学人」のための対策も含むいくつかの目的を掲げて創設されたものである。レヴィの望みは、コペンハーゲンのボーアの研究所に自分を受け入れてもらえるように、この機関に助力をしてほしい、ということであった。レヴィがデンマーク行きを望んだのは、そこに知り合いがいたし、また、小さな国に仕事を探す亡命者は少なかろうと踏んだからである。物理学者の彼女は、ボーアとその業績については知っていたが、その研究所の物理学界における独特の位置と、そこの研究の特別な雰囲気については認識がなかった。[37]

女性大学人連盟の推薦は予期したとおりの効果を発揮して、研究所の来訪者名簿によると、レヴィは一九三四年四月二十四日に到着している。これはジェイムズ・フランク到着の一六日後である。この時点でフランクはレヴィと直接の面識はなかったが、彼女の学位論文の研究は知っていた。レヴィは今でも、フランクが助手を必要としていたおかげで、自分がこの研究所に受け入れられたのだ、と信じている。初め彼女は父親の援助を受けていた。しかし、次の年にはドイツから送金ができなくなった。そこでまずロックフェラー財団から、次いでラスク－エルステド財団から特別奨学金による援助を受けた。レヴィは、この章に出てきた初期の亡命物理学者の中で、デンマークで経歴を築き上げようとした唯一の人物である。[38]

この節のまとめ

亡命者問題でボーアが初めに対応したことは、若手の物理学者を救うことであった。若手の研究仲間からの手紙を通して、そもそもの発端からの成り行きに絶えず目を配っていたボーアは、ロックフェラー社会貢献事業の伝統的な奨学制度——当初はこれのおかげで優れた若手物理学者とボーアとの共同ができたのであるが——をもっと柔軟性のあるものにしようと努めた。しかしロックフェラー財団の特別奨学金の方針を変えるよう説得するのは不成功に終わり、今度はボーアはデンマーク亡命知的職業人支援委員会の中で活動して、従来の資金源からの支援を受けられない若手の物理学者たちを救うことに成果を挙げた。従来の奨学金による滞在研究者と同じく、知的職業人委員会の援助を受けた物理学者たちも概して若く、また研究所に滞在するのも短期間で終わる例が多かった。

ロックフェラー財団その他の奨学機関は融通の利かない姿勢を崩さなかったが、それでもボーアは何人かの亡命者に対して従来の奨学金を獲得することができた。実際、ナチスの時代の最初の数年間というもの、研究所にやって来た亡命者の大部分は特別奨学生であった。これはこれまでに論じた具体例からも明らかであるが、これらの物理学者はもっと前の年月にやって来て、研究所でコペンハーゲン精神を分かち持った滞在研究者たちと同類に属する人たちである。この以前の滞在者たちは、事実上誰もが、ボーアを中心とする物理学者のサークルに入って、物理学の修練を積んでいた。たとえばラビノヴィッチはフランクの下で仕事をしたが、このフランクは研究所の創立に当たってボーアと共同して仕事をした人である。ヴァイスコプフはディラックやパウリと一緒に仕事をする道を選んだが、この二人は、その世代の理論物理学者の誰にも劣らずボーアと近い関係にあった。最後にブロッホはハイゼンベルクの下で学び、助手も務めたが、そのハイゼンベルクは研究所の発足から最初の一〇年間において、おそらくボーアと最も密接に共同して仕事をした人である。またブロッホはパウリ、クラマースと一緒にそれぞれ一年間ずつ過ごしたが、この二人のうち後者は、一九二六年までボーアの最初の助手としてコペンハーゲンに滞在したのである。

何はともあれ、亡命者問題はボーアとその弟子たちの間の親近感を増していて、コペンハーゲン精神という言葉が表すここの研究の流儀を一層強化したのであった――このことは、少なくとも一九三四年の初期に研究所から出た科学業績を一覧すれば頷ける。したがって亡命者問題は――これと時を同じくして起こった原子核についての議論や、もっと小規模ではあるが生物学の問題などと同様に――それ自体としては、研究所の仕事に方向転換を起こす誘因とはならなかったのである。

知的職業人委員会は亡命者に終身の地位を与えるのを渋る方策を取ったが、これは典型的なヨーロッパ流のやり方である。これとは違ってアメリカは、経済面でも教育面でもヨーロッパにまさる資源をかかえており、初めからドイツの頭脳力をいち早く利用するために最良の道を取った。すなわち、一九三三年の半ばにロックフェラー財団がヨーロッパ学者特別研究支援資金を創設して亡命者の援助に乗り出した時、当財団は、既存の奨学制度の手直しを示唆するボーアの申し入れとはまったく異なる方針を決定した。ロックフェラー財団の特別研究支援資金は、元々は米国内向けに考えられたものであったが、国外でも効力をもつものであった。この後の諸節で見ていくことになるが、それはとりわけ、ボーアが手がけた研究所の方向転換を推し進める上で、決定的な役割を果たしたのであった。それは、研究所を挙げて理論－実験原子核物理学に取り組む方向を目指す転換である。

ロックフェラー財団のヨーロッパ学者特別研究支援資金

ロックフェラー財団が、ドイツからの亡命者のための特別研究支援資金の設立を決定したのは、ボーアがニューヨークで財団の理事長メイソンと会談をもってから、ほんの数日後のことである。すなわち、

一九三三年五月十二日、理事会は「今日の混乱状態のために職を断たれた優れた学者に、ポストを提供したいと望む機関への交付」に一四万ドルを当てる

ことになった。これは、ドイツを去らねばならなくなった学者たちを援助する、ロックフェラー財団の長期にわたる取り組みの発端に過ぎない。そういう学者の数は、一九三六年の秋までに一六三九人に上っている。一九三三年だけでもロックフェラー財団は特別研究支援資金により、七一人の職を奪われたドイツの学者に援助を提供した。一九三九年までに、合計ほぼ七五万ドルを出し、一九三人を支援したが、そのうち一二〇人がアメリカに住むことになった。とは言っても、この計画はいつでも打ち切りにできる一時的な措置とみなされていた[39]。

これは、亡命者の援助に乗り出したアメリカの他の組織も同様であるが、ロックフェラー財団は、原則として亡命者に自分のところのスタッフに加わってほしいという要請を出すことは、任命権のある機関が責任をもって行なうものとする、と述べている。したがって、亡命科学者が自分自身である地位を得る申請をすることはできなかった。この方式は、一面、現地のアメリカ人と最近やって来た亡命者の同僚との間の摩擦をなるべく少なくするために考えられたものである。しかし、また同時に、それは人道的な配慮よりも、むしろエリート主義に基

づく科学者の選別を行なう結果ともなった[40]。

実際、ロックフェラー財団は「奨学生の個人的な援助よりも、奨学金の水準を維持することのほうに終始一貫して力点を置いてきた」と言い切っている。同様に、追放ドイツ人学者救援アメリカ緊急委員会――この「ドイツ人」という語は、学者の政治的な追放が他の国にも波及するにつれて「外国人」という語に置き換わった――はロックフェラー財団と密接な共同関係にあったが、その最初の年次報告において「傑出した、前途ある若手のドイツ人学者」への援助は除外している。一九三三年にロックフェラー財団は、ドイツから来た学者で緊急委員会が採用した三六人の、事実上全員の給料の半分を負担した。しかしこの支援は到底、自動的に通るものとは言えなかった。緊急委員会が最初の年次報告で述べているところによると、財団は「大学からの個々の申請に対して自由裁量権を確保した」ということである[41]。

こういう次第で、ボーアがヨーロッパに帰る直前の七月十日にニューヨークでウォーレン・ウィーバーにようやく会える運びになったときには、ロックフェラー財団は亡命者に対して確固たる、自主的な政策に踏み出していた。この政策は、五月にボーアがメイソンに対して示唆したところ、すなわち若手の地歩を固めていない科学者には、奨学制度をもっと弾力的なものにしては、という提案とはかなり異なるものであった[42]。

ボーアと会ったとき、ウィーバーはヨーロッパへの四〇日旅行から帰ったばかりであった。この旅行の目的は主として、ドイツの現状の調査に当てられていた。ウィーバーにとってこれは、ヨーロッパ通としては先輩格のローダー・ウィリアム・ジョーンズと共にする二度目のヨーロッパ旅行であった。このジョーンズはＩＥＢ（国際教育委員会）パリ支部の自然科学部長の地位をトラウブリッジから受け継いだ人物で、それはこのパリ支部がロックフェラー財団の手に移るよりも前のことである。ウィーバーはこの旅行中にボーアの親友ジョージ・ヘヴェシーと顔を合わせた。ヘヴェシーはフライブルク大学の物理化学の教授であったが、この機会を利用してドイツを去る決心を伝えたのである[43]。

ヘヴェシーがこの結論に到達したのは、五月上旬のある時点らしい。四月五日にローダー・ジョーンズが訪れた時にヘヴェシーは、ドイツの大学のポストに任命されているユダヤ人や外国人が感じている大きな不安について語った。しかしフライブルクでは免職という事態は起こらず、自身がユダヤ人であったヘヴェシーからも、ここを離れたいという希望の表明はなかった。六月十三日、これはジョーンズとウィーバーの二度目のヨーロッパ旅行の最終日であるが、ヘヴェシーは、「最近パリに行った後のこと、自分の助手のある者を翌朝八時をもって免職にすべしという指令を受けた」との報せをもってきた。この指令を無視したとしても、ヘヴェシーが仕事を続けることはできたはずである。その上「バーデンの首長」からも、ここに留まってほしい、と頼まれていた。それにもかかわらず、彼は断固としてここを去る決心をした。しかしヘヴェシーは自分の決心を、フライブルクのお偉方や同僚や学生たちの誰にも知らせなかった。この人たちは皆、自分に対して丁重な姿勢を崩さなかった、とヘヴェシーはウィーバーに伝えた。ウィーバーはニューヨークでボーアにヘヴェシーの計画を知らせたと思われる(44)。

ボーアにとっては、ロックフェラー財団が亡命者に対して別の方針を取るほうが好ましかったであろうが、ともかく彼はこの新政策を抜け目なく利用した。まだコペンハーゲンに帰る前にも、ボーアはイギリスのケンブリッジでローダー・ジョーンズに会い、自分の研究所は、ドイツからの亡命者を住まわせるための資金の申請がどの程度できるか、を話し合っている。またこの時ボーアは、ロックフェラー財団が研究所に新しい実験装置を提供する意向があるかどうかも尋ねている。この装置のための場所はもう、自分の研究所の隣に新たにできた数学研究所の中に用意済みであることも指摘した(45)。

ボーアがコペンハーゲンに戻った後、ヘヴェシーと、高名な実験家ジェイムズ・フランク――この人はボーアの昔からの友人で、四月にゲッチンゲン大学を退く決心をしていた――の両者が研究所に短期滞在をした。十月中頃のこと、フランクの滞在の二日目に当たる日、ボーアとJ・N・ブレンステズ――この人の物理化学研究所はたった三年前、ボーアの研究所の隣に完成したばかりであった——は連名でパリ支部のローダー・ジョーンズに特別研究支援資金による、フランクとヘヴェシーへの支援を申請した。その申請でボーアとブレンステズは、この二人に、それぞれ自分の研究所での三年間の研究専任教授の地位を与えてくれるよう要望している。そしてフランクとヘヴェシーが要求している教授職の報酬のうち、小部分はすでにラスク－エルステド財団と知的職業人委員会から支給の約束を得ている、と述べた(46)。

この申請において、ボーアとブレンステズは次の点を強調して述べた。すなわちフランクとヘヴェシーは、形の上ではそれぞれ別の研究所に所属することになるが、

> 二人とも科学研究の分野においてきわめて密な関係のあるこの隣接した二つの研究所に入って、総合的な科学活動の一翼を担うはずである。

この二研究所のつながりは、IEBが一九二七年にブレンステズの研究所の支援を決定した時の考慮点の中核をなすものであった。ここで、協同という論点がひときわ効を奏していた。と言うのは、この申請を受け付けた後、ロックフェラー財団は、今、上に引用したくだりに赤鉛筆で下線を引いているからである。明らかにロックフェラー社会貢献事業の基礎科学に対する初めの援助方針と、特別研究支援資金の方針との間には、ある点で連続性があったのである(47)。

添え状の中でボーアはこの申請のことを「今年の夏、ケンブリッジで貴方と交わす栄に浴した励みある話し合いの続き」であると述べている。また、合わせて、液体空気と水素用の施設、設備と光度計への支援も頼んだ。奨学金の申請は別として、これらの要請は、一九二五年以来はじめてボーアがロックフェラー社会貢献事業に対して行なった働きかけである。ボーアとブレンステズは、デンマーク側からの支援はもう保証済みだと述べたが、二人がラスク－エルステド財団に正式の申請をしたのはやっとその数日後のことで、その際、「相当の額」の支

フランクとリーゼ・マイトナー，グスタフ・ヘルツ，ペーター・プリングスハイム．
1930年代初め，カイザー・ヴィルヘルム化学研究所にて

援がロックフェラー財団からも期待できる、ということを書き添えている。明らかにロックフェラー財団からの支援が筆頭の先決問題とみなされており、他所からの支援は多かれ少なかれ自然の成り行きとしてその後に続くものだったのである。(48)

添え状の終わりでボーアは、ブリュッセルで行なわれるソルヴェイ会議に参加するので、その折にパリにジョーンズを訪ねたい、という意向を表明した。ソルヴェイ会議はこれから二週間もしないうちに始まる予定であった。ボーアはこの言をたがえず、ソルヴェイ会議の後、ロックフェラー財団のパリ支部を訪れ、三人目のドイツの有力な物理学者をコペンハーゲンに招くために、特別研究支援資金からの援助をお願いしたい、と頼んだ。問題の人物はリーゼ・マイトナーで、この人はボーアより七歳年上である。ユダヤ人ではあったが、マイトナーはまだ、カイザー・ヴィルヘルム化学研究所をオットー・ハーンと共に率いる

立場にあった。しかしベルリン大学で教える権利は最近になって剝奪された。問題はかかえていたが、マイトナーには、ハーンと共同の地位を放棄するつもりはなかった。また実際、カイザー・ヴィルヘルム協会の総裁のマックス・プランク——この協会はいろいろなカイザー・ヴィルヘルム研究所の全体を傘下に置くトップ組織である——も、こういう事柄に対するこの人のいつものやり方通りに、マイトナーに、そういう行動は取らないように、と助言していた。しかしマイトナーは、もし資金援助が受けられるならボーアの研究所で一年間職に就くことを受け入れたい意向を表明した。十一月十八日に提出した正式の申請の中で、ボーアはマイトナーの厳しい事情を力説して、資金供与は一九三四年一月から始めてほしい、と頼んだ。ボーアの要請は、ちょうどその五日後に認められた。しかし一九三四年一月の初めに、プランクはマイトナーに、ボーアの研究所に一年間勤めるとなると、カイザー・ヴィルヘルム協会の地位が危うくなる、したがってコペンハーゲンに滞在するとすべてが水の泡になる、という助言をした。何はともあれ、この一件は、ボーアが絶えず自分の研究所に有力な科学者を呼び寄せるために、ロックフェラー財団の特別研究支援資金を利用しようと努めていたことを示すものである。(49)

ボーアとブレンステズがロックフェラー財団に出したフランクとヘヴェシー支援の申請も、ボーアが出した装置の申請も、一九三四年一月半ばには承認された。二人の給料は亡命科学者特別研究支援資金から出され、装置の費用七五〇〇ドルのほうは、ロックフェラー財団がまだ続けていた一般研究向けの小規模研究支援資金の数少ない例の一つに加わることになった。ラスク－エルステド財団がフランクとヘヴェシーに補足支援を出すことになったのは、ロックフェラー財団のパリ支部がニューヨークの本部にボーアとブレンステズの申請の承認を勧告した翌日である。(50)

ロックフェラー財団の内部資料を見ると、この装置は「ジェイムズ・フランク教授や、研究の上で教授とつながりをもつ科学者たちのために［ボーアが］出した要求であるから、特別有用なもの」であろう、と述べられている。フランクは二年前にロックフェラー財団からゲッチンゲンの空気液化装置購入用の費用を出してもらったばかりである。そして、これは物理化学の研究のために用いられるものであった。しかし、ボーアは新装置の使途の予定については詳しく述べていない。ロージダー・ジョーンズ宛ての手紙では、ただ、その装置は新設の数学研究所の中の物理学者用の部屋に置く、と述べただけである。しかしこの時点でボーアに、新しい実験研究計画を始めたいという望みから、研究所を拡張するような意向はなかったのは明らかである。拡張はむしろ、数学者のために新しく作られた建物に、使える場所ができたための予想外の結果として起こったのである。(51)

フランクとヘヴェシーの前歴

ボーアは、フランクとヘヴェシーとは、久しく前から個人的にも学問上でも親密な付き合いを重ねていた。ボーアの研究所では理論−実験核物理学の研究に向けて、一丸となった方向転換が行なわれたのであるが、この際にこの二人が果たした決定的に重要な役割を理解するには、この二人とボーアとの間に続いていた交流の意義と、フランクとヘヴェシーの根本的に異なる科学研究のやり方をはっきり認識することが必要である。

フランク

ボーアとフランクが最初に顔を合わせたのは、一九二〇年、ベルリンであるが、この時にはもう二人とも一人前の科学者の地歩を築いていた。フランクはボーアより三歳年上の実験物理学者でベルリン大学のエミール・ヴァールブルクの研究室で上級教育を受けた。フランクと年下の同僚グスタフ・ヘルツは、第一次世界大戦のすぐ前に、電子と原子の衝突に関する実験を始めた。二人が自分たちの結果を論文として発表し始めたのは、ボーアの有名な「三部作」（原子の量子論をはじめて導入したもの）の第一論文が一九一三年に出てから数ヶ月後のこ

ボーアがフランクにはじめて会ったのは，1920年，ベルリンであった．この時ボーアも自分の量子論を「ボス抜き」会で話してほしいと言われてここに招かれたのである（この会合は“das bonzenfreie Kolloquium（ボス抜きコロキウム）”と呼ばれた）．左から右に：オットー・シュテルン，ヴィルヘルム・レンツ，フランク，ルドルフ・ラーデンブルク，パウル・クニッピング，ボーア，E.ヴァグナー，オットー・フォン・バイアー，オットー・ハーン，ジョージ・ヘヴェシー，リーゼ・マイトナー，ヴィルヘルム・ヴェストファル，ハンス・ガイガー，グスタフ・ヘルツ，ペーター・プリングスハイム

とであるが、当初、二人がこのボーアの仕事に気づいていた様子は見られない。ところが戦後になって、フランクとヘルツの実験はボーア理論の主要な確証である、という見方が定着した。ベルリンで顔を合わせた折、ボーアとフランクは長時間にわたる討論を交わした。この時もうフランクは、フリッツ・ハーバーが率いるカイザー・ヴィルヘルム物理化学研究所の物理学部長に任命されていた。この後のフランクの、原子、分子と電子との衝突の研究は、ボーアの量子論が予言するところに導かれて進められた[52]。

この二人の物理学者が交わした書簡のうち、現存している最初期のものは一九二〇年の秋から始まるが、この中でボーアはフランクの仕事に関心を示し、コペンハーゲンに来て、新設の自分の理論物理学研究所で実験をはじめないか、と誘っている。フランクの滞在は二ヶ月にわたり、一九二一年三月、研究所が正式に発足する時にもコペンハーゲンにいた。ドイツの名高い実験物理学者の存在は、コペンハーゲンの新聞の第一面を飾った。ここにいる間にフランクは、ボーアを取り巻くグループの面々と学問上の親密な関係を築いた。中でもスウェーデンから来ていたクラインとノルウェイから来ていたスヴェイン・ロセランドは特筆すべき存在である。こういう交流関係に促されて、フランクは自分の実験的な研究をボーアの理論に沿って続けることになった[53]。

コペンハーゲンに滞在の後、フランクはゲッチンゲンに行き、ここで実験物理学のあるポストに就任した。ところでフランクはハイデルベルク大学の学生時代の一九〇一年か一九〇二年に理論家のマックス・ボルンと知り合いになっていたが、そのボルンがつい先頃、やはりここで、今度のフランクと同じ条件で理論物理学のポストに就いていた。フランクはゲッチンゲンからの申し出を受け入れ、フランクのカイザー・ヴィルヘルム研究所のポストはルドルフ・ラーデンブルクが引き継ぐことになった。こうして、ボルンとフランクにとっては個人的、また学問上の交わりを一層深めるよい機会が訪れたわけである。後の回想の中でボルンは、フランクの特徴を一つだけ挙げて、それに不満をもらしている。ボルンの自伝にはフランクは……我々（ゲッチンゲンの理論家たち）がやっていることを疑いの目で見ており、我々の得た結論は、自分でコペンハーゲンの預言者のお墨付きをもらうまでは、決して受け入れようとしなかった。

と書かれている。そして、このおかげで「我々の仕事はある程度遅れた」とぼやいている。フランク自身の回想も、ボルンの受けた印象を裏づけるものである。一九六二年に行なわれた、ある歴史聞き取りインタビューでのフランクの証言によれば「私は一度として、自分がボーアに抱いたような感情――これは英雄崇拝としか言いようがないが――を他の人に抱くことはなかった」。それでもなおフランクは、そのインタビューの頃になってようやく、ボルンの昔の苛立ちのことを聞き知った時には、驚きをもって受け止めたのである。(54)

間もなくフランクはドイツで最高の実験家の一人と目されるようになった。そして一九二二年に名だたる実験家ハインリヒ・ルーベンスが他界すると、フランクにはベルリン大学の物理学教授という輝かしい地位を受け継いでほしい、という申し入れが来た。(55)

結局、フランクがゲッチンゲンに留まる決心をしたのは賢明なことであった。一九二〇年代、ゲッチンゲンは――主にコペンハーゲン、ミュンヘンと並んで――実験、理論の両面で原子物理学の発展の中心を成していた。この間にボーアとフランクは密接な共同関係を保っていた。一九二二年の夏、ボーアはゲッチンゲンを訪れ、以来「ボーア祭」として名高い連続講義を行なった。この折にボーアは、当時ミュンヘンのアルノルト・ゾンマーフェルトの学生であったヴェルナー・ハイゼンベルクにはじめて出会った。それから三年半後に、その時はゲッチンゲンのボルンの所にいたハイゼンベルクを自分の研究所の研究助手として引っ張りたい、というボーアの望みを叶える上で、フランクは大事な役割を果たすことになる。(56)

一九二〇年代以来、ボーアとフランクの間に交わされた六〇通を越える手紙が残っている。そのうちのほとんどに、学問上の事柄に関する念を入れた意見交換が含まれており、これを見るとボーアが実験に深い関心をもっていて、また実験を頼りにしていたことがわかるし、一方、フランクも理論上の疑問に無関心ではなく、またそれについての理解力もあったことがわかる。フランク自身が言うところによれば、自分は「いつも少し理論づいていて、一〇〇パーセントの実験一筋ではなかった」のである。[57]

後年になってフランクは、理論家として成功するには孤独なデスクワークに耐える必要があるが、自分は実験物理学のほうをやり、その共同作業的な性格を楽しんだ、と回想している。つまりフランクは講義やセミナーで教えるよりも、実験室で教えるほうが性に合っていたのである。フランクは助手や学生との交流を楽しんだ。また同時に、個人的な問題でも学問上の問題でも、熱心に相談に乗る良き助言者だった、という評判もある。仕事の時間外に、歩きながらとか、自転車に乗りながら討論を交わすこともよくあった。フランクは決してもったいぶった教授面はしなかったことで知られている。[58]

一九二六年、フランクはグスタフ・ヘルツとノーベル物理学賞を分かち合った。受賞理由はボーアの理論を裏づける実験である。ゲッチンゲンに在職中、フランクは原子の衝突に関する実験を続け、段々と原子や分子のますます複雑な過程に追究の手を伸ばしていった。後に自分の仕事を振り返ってこう言っている。

……自ずと……簡単なことから複雑なことに進んだ。方法も変わったが、原理的には常に、粒子の衝突の際、もしくは粒子内部で起こるエネルギー交換を見たのである。

ゲッチンゲンを去るまでに、フランクが実験の仕事で原子核を追究しようという意向を見せたことは一度もなかったことに特に注意したい。[59]

フランクはゲッチンゲンの職を辞任した後もしばらくの間、ドイツで物理学者としてのキャリアを続けられたら、という望みをもっていた。ドイツの有力な物理学者たちは、かねて、もう一度フランクにベルリン大学の重要な物理学教授のポストを斡旋しようと目論んでいた。このポストは、間もなくヘルマン・ヴァルター・ネルンンストが定年を迎えるので空きになるからである。しかしこの地位に就くとフランクは公務員ということになる。そして公務員には公務員法が適用されるので、もし仮にフランクに対してこのポストの申し入れがあったとしても、フランクは受けなかったと思われる[60]。

ところでもう一つの可能性もあった。実はカイザー・ヴィルヘルム物理化学研究所の所長の職を引退する時を迎えていたフリッツ・ハーバーが、後継者はフランクしかいない、と見込んでいたのである。しかしカイザー・ヴィルヘルム協会内部の揉めごとのために、この可能性もやはり、ふいになってしまった。ついにフランクはドイツのポストを手に入れる望みを諦めて、一九三三年七月、ジョンズ・ホプキンズ大学からの招きに応じ、バルチモアに三ヶ月滞在してスペイヤー講義をすることにした[61]。

一九三三年八月の初めに、ボーアの弟で数学者のハラルがゲッチンゲンでフランクに会い、目下、兄弟二人でフランクをコペンハーゲンに招く手配を模索しているところだ、と話した。その数日後、フランクはローダー・ジョーンズの訪問を受けた。ジョーンズはその手配を支援することに「大いに乗り気」であるように見えた。フランクも夢中になった。彼はボーアにこう書いている「私個人の運命を考えれば、コペンハーゲンのあなたの研究所で仕事をすることにまさる幸せはない、と申し上げたいのです」。そして、家族と別れるのはちょっと気がかりではあるが、長い目で見れば、もう大人になった子供たちと別れることは好いことだと思う、と述べている。自分の本当の気がかりは、科学の研究で自分に実りのある成果が挙げられるかどうか、という点である。「もし、貴方が本当に私に来てほしいと思っておられるなら、間違いをしかかっているのは、私ではなく貴方です。私は貴方に、御注意を、と申し上げることしかできません」。この後で見るとおり、フランクは自分のした不吉な予言が的中するのを目の当たりにすることになる[62]。

しかしこの時点では、ボーアはフランクの「注意」を気に留めなかった。それどころか、フランクの要請によってドイツで二人の会合が行なわれたらしく、十月の終わりに近い頃の手紙では、ボーアはフランクの熱中ぶりに共鳴するばかりであった。

ご存知のとおり、私は長年、いつか私たちに一緒に仕事をする機会が訪れてほしいものだ、という望みを抱いてきました。そして、この望みが近いうちに実現する見込みが出てきたのを、とても幸せなことと感じています。

ボーアは亡命者問題に対してロックフェラー財団が取ったやり方とは別のやり方を望んではいたが、今度の新しい資金援助の条件を単に必要悪として受け入れたわけではない。むしろ、財団の新方針のおかげで、自分の年来の友人であり、同僚でもある人と一緒に仕事をする見込みが実現できることには、心底から喜びを感じていた。(63)

アメリカには最も高名な亡命者を自国に獲得したい、という望みがあったので、アメリカのいくつかの大学ではなんとかしてフランクを自分のところに引っ張ろうと虎視眈々と狙っていた。こういうわけで、マサチューセッツ工科大学（ＭＩＴ）の学長、カール・テイラー・コンプトンはフランクに、ジョンズ・ホプキンズ大学で講義をした後、ＭＩＴとハーヴァード大学で半年過ごすことにしては、という提案をした。スタンフォードとプリンストンも関心を示した。しかしこれらの申し出はどれ一つとして終身の地位を約束するものではなかった。これらは皆、ドイツにおける今の事態に対する直接的な反応で、ロックフェラー財団のような資金援助機関と手を組んだアメリカ緊急事態委員会からの一時的な支援が絡むものであった。その中ではジョンズ・ホプキンズ大学からの申し出が終身雇用に最も近かった。しかしそれにしても、フランクの旧友で高名なアメリカの実験物理学者のロバート・ウィリアムズ・ウッドが二年以内に引退する時にフランクがその後を継ぐ可能性がある、というもので、それも確定ではなく可能性にとどまる、という話である。(64)

ボーアとブレンステズがフランク支援の申請を出した後になってもまだ、ボーア、ロックフェラー財団、ジョンズ・ホプキンズ大学のいずれもが、フランク自身の希望の優先順位については確かなところを測りかねていた気味がある。ハラル・ボーアは一九三三年十一月、フランクと会った際に、コペンハーゲンでは最初の三年以後のことについては何の措置も取れない、と念を押した。それでもフランクは、可能な限りの期間そこで仕事をしたい、という望みを表明した。しかし、そのちょっと後でフランクは、ロックフェラー財団のハリー・ハミルトン・ミラーに、果たして自分がコペンハーゲンで今後の人生を過ごしたいのかどうかよく分からない、と話した。その後ロックフェラー財団は、フランクのコペンハーゲンに行く意向の最終的な確認を受け取り、それを受けて財団の自然科学部長、ウォーレン・ウィーバーはジョンズ・ホプキンズ大学にきっぱりと、ロックフェラー財団はフランクのアメリカ滞在には金を出さない、と告げた。十一月十九日にフランクはジョンズ・ホプキンズの任務を果たすためにゲッチンゲンを出発した。ジョンズ・ホプキンズの学長のジョゼフ・スウィートマン・エイムズは、コペンハーゲンでの三年間の後、フランクはきっとバルチモアに帰って来るだろうと確信している、と繰り返した。「間違いなく彼はこっちを選びます」とエイムズはウィーバー宛てに書いている。フランクの見通しや意向がはっきりしなかったことの裏には、あの状況下での意思疎通が難しかったことに加えて、ボーアもジョンズ・ホプキンズ大学も共に、フランクを自分のところの研究陣に加えたいと強く望んでいた、という事情がある。しかし、何と言ってもその裏にあるものの第一は、自分の根無し草の境遇に対するフランク自身の憤りであった。[65]

こうして、フランクが一九三四年四月初めに予定通りコペンハーゲンに移る時、フランク夫妻と列車に同乗したロックフェラー財団の役員の記すところによると「彼は非常に落ち込んでおり、自分が年末にはどうするのか、という点についてはまったくはっきりしない様子であった」。さらに続けてこうも記されている。「フランクがコペンハーゲンに終身滞在するのかどうかは、確実ではない上に、その見込みはあまり大きくはない」。そしてここでフランクは、ジョンズ・ホプキンズ大学でウッドの後を継ぐことを望んでいるのかどうか、ということは自分でもはっきりしない、それにそもそも、この地位が得られる見込みが本当のところどの程度あるのか、も分からない、と語った。[66]

本当のところ、この研究所でフランクにはどういう道が開ける可能性があったのだろう？　まず第一にフランクは、ボーアの、理論の主導により理論と実験を一体化する、という考えにまさに打ってつけの実験物理学者であった。実際、フランクは研究活動の大部分にわたって、自分の実験的な研究を理論的な予言、特にボーアのそれの検証に捧げてきた。しかしその一方で、ボーアへの手紙では、自分は研究所における研究活動に充分実りある貢献ができないかもしれない、という懸念を表明している。これは後でわかることであるが、この懸念は、ボーアの旺盛な知的活動力と知の卓越性を前にして、フランクが感じた不安から生じている。その上、この研究所においては、フランクが、また別の面でも自分の独立性を失う恐れがあったこともほぼ確かである。ゲッチンゲンではフランクは、自分の研究所をもち、助手と学生を抱える教授という地位で張り切っていた。こういう地位はコペンハーゲンでは望むべくもなかった。最後に、自分の直近の家族の行末も重要な懸案事項であった。こういうわけで、たとえフランクの滞在がこのまま延長可能であったとしても、フランクがコペンハーゲンに留まるとは到底思えなかった。

コペンハーゲンに腰を据える直前の期間は、フランクは科学の研究にすっかり打ち込んではいられなかった。それにしても、彼の関心が小さな物体系からもっと大きな物体系へと、絶えず拡がり続けていたのは明らかである。現にドイツを出る前に出した最後の論文では、原子に関わる過程ではなく、分子に関わる過程を扱っている。米国訪問中に出した二篇の論文も、やはり分子に関連するものである。ボーアの理論はフランクの実験的な研究の多くに対して動機づけの役割を果たしてきたのであるが、そのボーアと同じくフランクも、全面的に原子核そのものを研究しようなどというつもりはなかった。コペンハーゲンにおけるフランクの先行きについては何を言おうとも、少なくとも、彼はここで核物理学の研究を開始する候補にはなりそうもなかった[67]。

ヘヴェシー

ボーアとヘヴェシーは、それぞれがまだ、人格面でも学問面でも形成の途上にある時期に出会い、以来、厚い友情と互いの研究活動に対する深い尊敬の念を抱き続けてきた。とは言っても、ヘヴェシーの性格と研究の進め方には、ボーアともフランクとも大きな違いがあった。フランクはいつも自分の実験を理論物理学の最緊急課題の解決に振り向けたのでるが、ヘヴェシーのほうは、実験の技術を物理学から他の研究分野に転用する傾向があった。こういう異なる姿勢があったために、ヘヴェシーはフランクに比べて、ボーアの手引きにあまり頼らずにいられたのである。

マンチェスター、ウィーン、ハンガリー、一九一一年から一九一九年

ジョージ・ヘヴェシー――ジョルジュ・ド・ヘヴェシーまたはゲオルク・フォン・ヘヴェシーとも呼ばれる――は十九世紀の後半に爵位を授かったハンガリー系ユダヤ人の家系の出身である。同世代の優れた知識人で、ヘヴェシーと同様の出自をもつ人が何人かいる。たとえば科学者のテオドール・フォン・カルマンやジョン・フォン・ノイマンで、いずれもアメリカで生涯を終えた(68)。

ヘヴェシーはボーアよりほんの二ヶ月年上である。二人がはじめて出会ったのはマンチェスターのアーネスト・ラザフォードの研究室で、二人ともまだ駆け出しの研究者の身であった。ヘヴェシーはボーアより一年以上前、一九一一年の初めにここに来て研究を始めた。この時、ボーアはまだ、コペンハーゲンで博士論文を書いているところであったが、ヘヴェシーはすでにベルリン、フライブルク(ここで一九〇八年に学位取得)、チューリヒ、カールスルーエなどで研鑽を積んでいた。論文出版の経歴でもボーアに優っている。博士論文を書き上げてからマンチェスターに行くまでの間に、ヘヴェシーは九篇の科学論文を出しているし、またここでボーアと出

会う前に、さらに二篇の論文を出している。一方、ボーアが一九一二年四月、マンチェスターに赴く時に出していた自著の科学論文は二篇であった。いずれも水の表面張力に関する研究から出たものであるが、この研究でボーアはずっと前の一九〇五年にデンマーク文理アカデミーの金メダルを受けている。(69)

ボーアがやって来る前に、もうヘヴェシーはその後の研究の方向を予兆するような仕事をやり遂げていた。ヨーロッパに三ヶ月滞在する間に、ヘヴェシーは応用物理化学ブンゼン協会の第一九回会合で講演をしている。この会合は一九三八年五月中旬にハイデルベルクで開催された。講演の題目は「電気化学における放射能法」である。ここで彼はこう論じた。活性溶液から金属片への沈殿物の放射能を測定するのが、溶液と金属の間の静電ポテンシャルの差を決定する最良の方法である。そして沈殿を「放射性トレーサー」と呼んだ。マンチェスターでは、放射能現象の基礎科学的な性質、起源、相互関連などを問題にするのが普通であったが、ヘヴェシーはそれをする代わりに、従来の電気化学の問題を解決するための改良技法としてこれらの現象を利用しようとした。(70)

マンチェスターで一緒に過ごす間に、ボーアとヘヴェシーは放射性物質の周期律表における位置をめぐる活発な討論に加わった。しかし二人のうちどちらも、この問題の解決に向けて——一九一三年の新年頃に——公刊論文の形で成果を挙げた人たちの間に名を連ねてはいない。それぞれ、原子の外側部分と物理的な技法の他分野への応用、ということに注意を集中していたボーアとヘヴェシーは、マンチェスターの研究者の主流にはならなかったのである。(71)

この時期にボーアはヘヴェシーの少なくとも一つの論文に、原子構造をめぐる自分の考えと「完璧に一致」するところを見て取った。しかし何ヶ月かたつうちに、ボーアとヘヴェシーの、研究に対する取り組み方の違いが二人の仕事の中にはっきりと現れてきた。コペンハーゲンに戻るとボーアは、画期的な水素原子の量子モデルを、分光学の裏付けに立脚しながら構築していった。これが、ボーアに一九二二年のノーベル物理学賞をもたらす、一連の理論的な成果の始まりである。第1章で述べたとおり、この後、一九二一年の研究所創立の理念となった

ヘヴェシー，マルガレーテ・ボーアと夫のニールスと共に，マンチェスターにて．1912/13年

のは、実験分光学と理論原子物理学の密な連携ということであったが、ここに述べたボーアの仕事はその始まりでもあったのである。[72]

やはりこの頃に、物理学から他の分野に技法を拡げていくヘヴェシーの才能が顕われてきた。マンチェスターにいた時に、彼は放射性物質のラジウムD(RaD)を普通の鉛から化学的な方法で分離することを試みたが、うまく行かなかった。そして、その失敗の結果が物理的に意味するところを探るのではなく、それを抜け目なく、自分の領分、すなわち物理化学の問題を扱うための実験技術に転じて見せた。一九一三年の初めに、ヘヴェシーはこの目標に向けて、ウィーンで春学期にフリードリヒ・アドルフ(フリッツ)・パネートと共同してやってみることにした。ヘヴェシーはラジウム研究所にいるパネートに手紙を書き、自分の技法のやや特殊な応用を提案して楽観的な口調でこう誘いをかけている。「この、一見些細な問題の背後に、ずっと大きな山が隠れているのです」。パネートはヘヴェシーより二歳年下で、生まれも育ちもウィーンである。父親はウィーンの名だたる生理学者で、彼は後に放射線化学に転向する前は、有機化学者としての教育を受けた。[73]

フレデリック・ソディは、以前ラザフォードと一緒に仕事をした一流の放射能研究者で、一九一一年に一冊、小さいが重要な本を出した。その中でソディは、RaD と鉛は化学的には同一のものなので、分離はできないのではないか、と述べている。だが、ヘヴェシーが通常の鉛と RaD の化学的な同一性を応用する提案をしたのは、同位体という概念が充分明らかになる前のことである。つまり、まだ、ある元素の原子が、化学的には同一でも異なる原子量をもち、そのうちのあるものは放射能ももつことがあるような異なる実体——その後間もなく、同位体という名で呼ばれるようになる——を含む、ということが充分明らかになっていなかった。ヘヴェシーの提案は、次の点を考えれば特別注目に値するものとなる。すなわち、彼は依然としてある程度、ウィーン研究所の所長シュテファン・マイヤーの影響力の下にあり、再度 RaD を鉛から化学的に分離する試みを行なう予定だったのである。ヘヴェシーがパネートと一緒に自分の研究に着手した後になってはじめて、彼が提案した技法の科学的な基礎づけが明らかになった。このことは、ヘヴェシーに自分の技法の有用性を見通す力があったことを物語るものであり、また同時に彼には、新しい洞察を得ると、その概念的な面を徹底的に追究するよりも、むしろそれを応用するほうに才能があったことを示すものである。[74]

二月の末には、もうヘヴェシーとパネートは、ヘヴェシーの技法を用いて首尾よく成果を挙げていた。超難溶性の塩数種が水に溶ける限度を精密に決定する際に、RaD を鉛の指示薬として採用したのである。このパネートとの共同研究が、ヘヴェシーに一九四三年のノーベル化学賞（一九四四年に受賞）をもたらした放射性トレーサー法の数々の応用例のうちの第一号に当たる。ボーアとヘヴェシーはラザフォードの研究所で放射能に身をさらす研究に従事したが、二人ともその仕事を、それぞれ大きく異なる目標に向けて用いることができ、やがてそれが、二人にまったく別の研究分野でノーベル賞をもたらした。これはラザフォードの研究所の成功の証しである。[75]

一九一三年九月、バーミンガムで開かれた大英学術振興協会（ＢＡＡＳ）の年会において、意気盛んなヘヴェシーは講演をしたが、ボーアはしていない。形の上では「放射性元素と周期律に関する問題」の一部となっていたが、ヘヴェシーの発表は例によって「化学と物理学におけるトレーサーとしての放射性元素」という自分の主題を取り上げたものである[76]。

バーミンガム会議での、ヘヴェシーの自信に満ちた様子は、ボーアの弱気な姿勢とは対照的である。電子の発見で名高いジョセフ・ジョン・トムソンは、ボーアがマンチェスターのラザフォードのところに行く前に、ケンブリッジでボーアの指導教授を務めた人であるが、自分の講演の後のボーアの質問を取り違えて、ボーアを、物理の基本的な論点を見落としている、と言って叱ったのであった。この時ヘヴェシーは、「ボーアを弁護」しなければと思って、聴衆にボーアの言わんとするところを説明した、とラザフォードへの手紙の中で語っている。同じ手紙でヘヴェシーは、ボーアの理論を立てる能力を心底褒め讃えている。二人は絶えず互いの長所を引き立て合った。そしてこれが二人の関係の根底をなしていたのである[77]。

その後ヘヴェシーは自分の技法を、特に自分が果たした役割に注意を引きながらもっと大勢の人に宣伝しようと努めて、ドイツの科学雑誌にバーミンガム会議の物理と化学分科会の報告記事を書いた。こういうやり方をヘヴェシーはこの後も何度か繰り返し取っており、それが重要な研究の始まりを告げるヘヴェシー一流の方法となっていった。第一次大戦が勃発したために彼の研究活動はかなり遅れはしたが、それでも一九二〇年の暮れまでに、自分のトレーサー法をいくつかの問題に適用して成功を収めた。こういう成果はすべてブダペストで挙げており、一九一九年三月、ここにヘヴェシーのために物理化学の講座が設けられた[78]。

戦後のハンガリーの混乱した政治情勢のために、ヘヴェシーはやむなく故郷を捨てる決意を固めた。一九一九年三月の初め、ベーラ・コーンがハンガリーをソヴィエト共和国と宣言する三週間足らず前に、ヘヴェシーはわが身に持ち上がった重大事をボーアに伝え、ボーアはこれに応じてヘヴェシーに招待を出した。一九一九年の秋、ソヴィエト共和国が崩壊した後、海軍大将のミクロー・ホーティが白色テロルの反ユダヤ体制の強化に取りかかると、ヘヴェシーはヨーロッパ各地の研究センターを回る旅に出た。手始めはコペンハーゲンのボーアの研究所である。十月に戻ると、ボーアにこう報せた。二人のユダヤ人の助手は免職になっており、とてもやって行けない状況なので、きっぱりと辞職してこの国を去る決心をした、と言うのである。一九二〇年六月にヘヴェシーが到着する前に、ボーアはラスク－エルステド奨学金の手配を整えた。コペンハーゲンでは終身の地位が得られる見込みはなかったが、ボーアはヘヴェシーの奨学金を六年の滞在の間、毎年更新することができた(79)。

コペンハーゲンとフライブルク、一九二〇年から一九三四年まで

コペンハーゲンに着く前、ヘヴェシーには、ここで特にどういう研究をしようという計画はなかった。放射性同位体をもつ非放射性元素は四種類しか知られていなかったので、彼のトレーサー法が使える場はごくせまい範囲に限られていた。新研究所の開幕の数ヶ月前に到着すると、ヘヴェシーは、ボーアの同僚でこの後この研究所で隣人となる物理化学者J・N・ブレンステズと共同研究を始めた。二人は新たな技法を開発して、一つの化学元素の異なる同位体を分離することにはじめて成功した。まず水銀、次に塩素である。それは「低圧で気化させ、低温の表面上に気化状態の原子を凝結させる」というやり方であった。この仕事は研究所の領分を完全にはみ出したものであり、いろいろな分野の前からある問題に対して、新たに改良した技法を開発してそれに当たる、というヘヴェシー独特のやり方の実例である。ボーアや彼を取り巻く物理学者たちは、ある特定の分野を深く追究していく傾向があったが、ヘヴェシーのやり方は違っていたのである(80)。

ヘヴェシーの独特のやり方は、彼のコペンハーゲンにおける主な仕事、すなわちX線分光学の実験的研究のほうにもっとよく現れている。ヘヴェシー滞在の最初の数年の間に、ボーアは自分が作り上げている、原子構造と元素の周期表の関係をめぐる理論に対して、こういう実験が、それを検証する最良の方法となることを悟った。

一九二二年十一月、ヘヴェシーはオランダ人の実験家ディルク・コスターと手を組んで、X線分光学の技術を身につけることにした[81]。

コペンハーゲンとは海峡を隔てた対岸のスウェーデンのルント大学にマンネ・シーグバーンの研究所があった。この研究所で仕事をしていたコスターは、ボーア理論に対する初の、この理論に依存しない実験的な裏づけを確立し、そのすぐ後、一九二二年の秋にコペンハーゲンに招かれた。ここでコスターは、ボーアと一緒に長い論文を書き上げた。それは元素の周期表を原子論から基礎づける上での、X線分光学の重要性を詳しく述べたものである。こうしてコスターはボーアとの共著をものした科学者の第一号となった。ボーアが研究所に実験X線分光学を導入した動機は、例によって、それが最もさし迫った理論的問題の解決につながる可能性があったからである[82]。

一九二二年十一月の末にX線装置が手に入った。その一部はシーグバーンの研究所から取り寄せたものである。コスターとヘヴェシーは直ちに仕事に取りかかった。間もなく二人はジルコニウム鉱物の中に、原子番号72の元素の特性X線スペクトルを検出した。そして、それによってこの元素が、ボーア理論に反対する立場の人の主張とは違って、希土類には属さない、ということを確立した。この発見は、ちょうどボーアが十二月、ノーベル賞を受賞する頃に行なわれた。この新元素の性質や存在量についてのX線分光学による研究を指導することに加えて、ヘヴェシーは、その高純度の試料を作ることにも成功を収めた。新元素にはハフニウムという名前が付けられたが、このハフニウムに関する研究は、一九二〇年代にこの研究所でヘヴェシー主導の下に行なわれた研究活動の中では、断然最大の取り組みであった[83]。

さて、これもいかにもヘヴェシーらしいことであるが、初め、ヘヴェシーがX線スペクトルに手を初めた動機は、明確な理論的関心だけに帰することはできない。後年に書いたものの中でヘヴェシーは当時を振り返り、この頃の自分の関心事はボーア理論の確証だけではなく、原子核の構造にも探りを入れたい気持ちもあり、また同時にX線分光学が鉱物の分析に役立つ可能性にも気づいていた、と言っている。この後、X線分光学はヘヴェシーの仕事のかなり大きな部分を占めることになる。放射性トレーサー法の応用の場合と同様、ヘヴェシーはこの仕事でも物理学の問題の解決を目指したわけではなく、地球物理学の分野で、鉱物の試料を同定する方法の改良にX線分光学を応用して成功を収めた。これと対照を成すのがボーアで、彼がX線分光学に目を向けたのは、それが確かに自分の理論に対して実りある結果をもたらすと思えた時だけであり、それ以外の目的でX線分光学に手を出したためしはない。この二人の科学者が、この技術の応用に際して取った姿勢の違いは、この二人の科学研究への取り組み方の根本的な違いを浮き彫りにする好事例である[84]。

ヘヴェシーのコペンハーゲンにおける三番目の研究テーマもやはり、既存の技法を別の研究分野に拡張して用いることに関連したものである。自分の放射性トレーサー法の応用の場をさらに拡げることを目指して、ここへの滞在の早いうちからヘヴェシーはコペンハーゲン獣医・農業大学の植物生理学研究所と接触を保っていた。そして、ここで鉛トレーサー法を用いてソラマメ（*Vicia Faba*）における鉛の分布と交換の研究をした。その結果は一九二三年に論文として出されている[85]。

およそ一年後にヘヴェシーは二人のデンマーク人——皮膚科、性病科医のスヴェン・ロンホルトと化学者のイエンス・アントン・クリスチャンセン——との共同で二篇の論文を出した。それは動物組織、特にうさぎとモルモットの組織におけるビスマスと鉛の分布と交換をテーマにしたものである。初めの論文は、ビスマスを用いるがん治療に役立てる意図があった。次の論文は慢性鉛中毒に新たな光を投げかけた。こうしてヘヴェシーは、自分の放射性トレーサー法が医学の問題にも応用できることを示したのである[86]。

生物学の研究に適した放射性トレーサーは滅多にないために、ヘヴェシーといえども、この技法の応用範囲をさらに拡げるのは難しかった。コペンハーゲン時代に出た医学や生物学関連の論文は、前に挙げたものの他にもう一篇だけあるが、それは以前の自分の結果を論じたものにとどまる。ブレンステズとの協同研究もそうであったが、ヘヴェシーの生物学関連の仕事も研究所の外で行なわれたものであり、この当時、ボーアがそれに関心を示した様子は見られない。実際、一九二〇年代のコペンハーゲンにおけるヘヴェシーの仕事はすべて、コペンハーゲン精神で行なわれた議論とは無縁のものであり、この時期のヘヴェシーの書簡を見ても、彼がそういう議論に加わった兆しはないのである。[87]

一九二六年にヘヴェシーは、ドイツのフライブルク大学で物理化学の教授職に就く誘いに応じることにした。こうして、彼は自分の研究室をもち、助手や学生を抱える身となった。彼はこの機会を利用してX線分光学の技法の仕事をますます盛り立てることにした。そして彼一流のやり方で——この世紀の最初の一〇年間にトレーサー法の宣伝に努めたように——この技法をまず出版物で、次に一九二九年八月、南アフリカのヨハネスブルグで行なわれた大英学術振興協会（BAAS）の年次大会で、そして最後に、翌年コーネル大学で行なった連続講義で宣伝した。[88]

X線分光学に力を注いだ上に、多才なヘヴェシーには、フライブルクでさらに他のことにも手を出すゆとりがあった。中でも重要な仕事は希土類の仲間、サマリウムの唯一既知の同位体の放射能を確証したことである。この成果は希土類の系統的な研究から生み出されたものである。コペンハーゲンにいる間にヘヴェシーは、全希土類の試料を友人のアウアー・フォン・ヴェルスバッハから入手していた。この人は化学者、実業家でオーストリアの貴族である。[89]

放射性同位体をもつことがわかっていた安定な元素の数は限られていたが、ヘヴェシーは自分のトレーサー法の応用範囲を拡げる努力を続けていた。これには小規模ながら放射性トレーサー法の生物学への応用の拡張も含まれる。この関連では、一九三〇年にヘヴェシーはO・H・ヴァグナーと共同して動物組織におけるトリウムの分布を調べている。これは健常な組織とがん組織で、この元素の取り込まれる量に違いがあるかどうかを見るために行なわれたものである。[90]

一九三一年に、ニューヨーク市のコロンビア大学にいたハロルド・クレイトン・ユーレイが重水素を発見した。これは水素の非放射性同位体で、普通の水素とは質量がもっと大きいことで区別される。同じ元素の二種類の同位体は、化学的な性質は同じなので、この新たに発見された同位体は水素のトレーサーとして使うことができる。もっともこの場合は、ヘヴェシーの放射性トレーサー法とは別の方法ではあるが。放射性同位体として知られているものは数少ないことを考えると、ヘヴェシーが直ちに重水素（これは新同位体につけられた呼び名である）を、生物学の研究におけるトレーサーとして使おうとしたのも驚くには当たらない。ヘヴェシーの自伝的な報告によると、ヘヴェシーと同じく一九二〇年代の初めにボーアの研究所で過ごしたことのある、古い友人のユーレイが「即座に〇・六パーセントの酸化重水素を含む水、数リットルを我々のところに提供してくれた」。一九三四年の初めには、ヘヴェシーは弟子のエーリヒ・ホーファーと共同して、金魚における水の交換を定量的に測定することに成功している。一九三四年四月一日付のラザフォードへの手紙で、ヘヴェシーはフライブルクでの数多くの研究計画の一番最後にこの仕事を取り上げて、「原子物理学の大問題に比べれば、いたってささやかな題目」だと述べている。ボーアとの交信では、ヘヴェシーはこの研究には一言も触れず、コペンハーゲンで生物学方面の研究をする気配は見せていない。ヘヴェシーが自分の生物学関連の仕事を筆頭優先事項と考えていなかったのは明らかである。また彼は、それがラザフォードやボーアの関心事のうちで上位にあるとも考えてはいなかった。[91]

実のところ、一九二〇年にコペンハーゲンに来る前、ヘヴェシーは何も特定の研究題目を提案しなかったが、一九三四年にロックフェラー財団からこの後の滞在研究への支援が得られた後にも、何も自分のしたいことを口に出さなかった。実は、支援の申請の際にボーアとブレンステズは、ヘヴェシーが物理化学研究所で仕事をするものと思っていたが、ヘヴェシーはたった三週間後にボーアに手紙をよこし、自分は研究所でヤコブセン——専任のデンマーク人実験家——と組んで仕事をしたい、それは第一に装置や場所の節約のためである、と言ってきた。同じ手紙の中でヘヴェシーは、フライブルクに「あまり重要ではない」仕事がいろいろ残っており、これにケリをつけたいので、そちらへの到着を早春から夏に延ばしてもよいか、と尋ねている。そして、その次のボーアへの手紙では、ヘヴェシーは到着の日付をさらに先送りしている。これらの手紙でも、ヘヴェシーはコペンハーゲンでの研究題目について一、二の特定の希望を述べることは差し控えている。さらに言うと、一九三四年七月の終わりになってもまだ、ヘヴェシーはチャンドラセカーラ・ヴェンカータ・ラマンから誘いのあったポストを受けることも考慮していた。それは遠く離れたインドのバンガロアの化学研究所で、十月から翌年の五月まで所長職をやらないか、というものであった。しかし、フランクから是非とも来てくれという誘いを受けて、ヘヴェシーは結局、コペンハーゲンに行くことにし、ボーアに自分のもう一つの計画について話すことは思い留まった。八月十一日にヘヴェシーは、九月に行くことに決心を固めて、ボーアに、とうとうフライブルクの同僚や当局に辞職の決意を告げた、と報せてきた。ヘヴェシーは「どちらからも好意的な扱いを受け」、「円満なやり方で」ここを離れることができるのを喜んでいる、と言っている。[92]

ヘヴェシーのコペンハーゲンでの見通しはフランクと比較してどうであったか？ フランクと違ってヘヴェシーは自分の実験家としてのキャリアを理論物理学の予想の検証に捧げはしなかった。逆に、ひとたび物理学における実験の技法を学ぶなり、自分で開発したりなどすると、その応用を他の研究分野に拡げようとする傾向があった。この傾向のために、ボーアとの学問上の付き合いがその分密接でなくなるということはあったが、またそのために彼は、ボーアの理論形成の活動から独立を保つことができた。だから、ヘヴェシーは、自分がボーアの知的な面での優越性に振り回される恐れをもらしたことは一度もない。事実、彼は、ボーアと同じ場で、長期間仕事をするだけの包容力があることを、すでに身をもって示していた。その上彼は、一九二六年以来、フライブルクで自分の研究所を率いる立場にあったが、フランクに比べるとずっと、正教授の生活になじみが薄かった。そして彼が書いた書簡にも、正教授の職に伴う自由と責任を失うことを気にかけている様子は見られない。インドで臨時に職に就かないか、というラマンの申し入れには熟慮をめぐらせはしたが、ヘヴェシーの場合、フランクに比べて他の仕事の可能性を探る努力は少なかった。ずっと前に家族をハンガリーに残している上に、最後のコペンハーゲン滞在中にデンマーク女性、ピア・リースと結婚もしているので、ヘヴェシーにとっては、デンマークに移ることは家族関係の点では何ら問題はなかった。以上の理由により、ヘヴェシーのほうがフランクよりもコペンハーゲンへの滞在が好都合であったように思える。(93)

ヘヴェシーの実験的研究への取り組み方は、フランクとは根本的に違っていたのであるが、ただ一つ、似ている点がある。ヘヴェシーは放射能の実験的研究に経験を積んでいたのに、原子核についての知見にはあまり重要な寄与をしていない。二人の間には違う点が多々あるが、ヘヴェシーが研究所を挙げての実験核物理学への取り組みを推進したようには見えないところは、フランクと同様である。

実験核物理学の起源

核物理学の奇跡の年（一九三二年）と、フランク、ヘヴェシーのコペンハーゲンへの到着との間に、原子核の実験的研究には重要な発展があった。これは、これからこの節で見ていくのであるが、高名な亡命科学者の存在は、ボーアを行動に踏み切らせる基になった。今述べた新たな発展を、純理論的な討論の種として採用する代わりに、ここでボーアは、研究所において原子核に関する実験的研究を取り上げる決心をしたのである。

背　景

一九三四年二月初めのラザフォード宛ての手紙を見ると、ボーアはこれまで以上に研究所における実験的な研究に重きを置いている。特に、J・C・ヤコブセンとエヴァン・ジェイムズ・ウィリアムズがガンマ線と原子核の相互作用を確かめる目的で、陽電子の霧箱写真を用いたことに注目する。しかしまた、こうも言っている。

目下、ここの理論屋たちは、電子理論の謎にかかり切りです。しかし、だからと言って我々が、核の問題の素晴らしい発展に、強い関心を抱いてついて行かないわけではありません。貴方が最近の手紙でご親切に教えて下さった多くの新しい結果を学んで、皆、この上なく喜びました。

二週間後に、ローマのフェリックス・ブロッホに宛てた手紙で——この手紙には、フェルミのベータ崩壊の新理論を、ボーアはあまり高く評価していないことも記されており、また、パウリに対するボーアの「真情の吐露」の写しも同封されている——ボーアは再度、実験核物理学の急速な進展に言及し、その傍ら「電子理論のパラドックスにあれこれと思いを巡らすのは、時として細事へのこだわりと見られるにちがいない」とも認めている。ここではじめてボーアははっきりと、核に関する実験的な研究を、研究所の理論的な関心と対比して引き立たせて見せたのである。確かに後者について、ボーアは幾分弁護口調で語ってはいるが、まだ彼は、研究所において、何らかの研究方向の転換の意図があることを表明はしていない。第2章で見たとおり、この時期、ボーアの主要な研究活動はというと、依然として理論的な問題についての討論が続いていたのであった。(94)

新たな実験的進展の中でも、ボーアがブロッホへの手紙で特筆したのは「最近パリで行なわれた発見」であった。一九三三年の暮れ、イレーヌ・キュリーとその夫のフレデリック・ジョリオが、三種の元素、アルミニウム、ホウ素、マグネシウムは放射性ポロニウムから出るアルファ線を当てると、それぞれリン、窒素、ケイ素の、従来知られていない放射性同位元素に転換する、ということを見出した。この結果はジョリオ－キュリーの、放射性ポロニウムから出るアルファ線で数種の元素を照射することにより、陽電子を作り出そうとする研究計画から出てきた予想外の産物であった。照射が終わった後でも試料は粒子を放出し続け、これを見てジョリオ－キュリーは「新種の放射能」を見出した、と主張した。それは間もなく「人工」(放射能)もしくは「誘導」(放射能)という名で知られるようになる。またこの二人の科学者は、これら既知の三種の他にも、いろいろな放射性同位体が人工的に作り出せるのではないか、という予想を述べた[95]。

三月にマリー・キュリー宛てに書いた手紙——因みにこの手紙でボーアは、デンマーク亡命知的職業人支援委員会の委員長オーエ・フリースを紹介している——でボーアは、イレーヌの母親で、フランス物理学の生きた伝説人でもあるマリーにこう言っている。

目下のところ、科学界の人間関係面はまことに遺憾な様相を呈しているのに、科学の研究そのものはきわめて驚くべき進歩をなしとげていることには、大きな喜びを覚えます。とりわけ、あなたのお嬢さんとお婿さんが最近なしとげたすばらしい発見については、当所でも、他のどこにも劣らず大きな喜びと深い関心をもって学んだことは言うまでもありません。この発見は、原子理論のきわめて前途有望な新時代を画するものです。

これから四ヶ月もしないうちに書かれたヨルダンへの最後の手紙と同じく、この手紙でも、ボーアは当時の科学の進展と政治情勢の展開を対照して述べている[96]。

この新しい発見に夢中になったのは、ボーアだけではない。意のままに放射性同位体を作り出せる見通しが立ったことは、基礎科学、応用科学の両方にとってきわめて大きな意味をもっていたのである。放射性トレーサー法の応用の新たな可能性も開け、後で見るようにヘヴェシーはこれを見逃さなかったのであるが、これなどは特に格好な一例に過ぎない。というわけで、ジョリオ゠キュリーが二年も待たない異例の短期間のうちに「新放射性元素の生成」に対してノーベル化学賞を受けたのも、驚くには当たらない[97]。

一九三四年三月、エンリコ・フェルミは、ローマで研究仲間と共に、ジョリオ゠キュリーの発見を詳しく追跡調査する、という野心的な実験研究プログラムに乗り出した。ラザフォードは一九二〇年に行なったベイカー講演で、正味の電荷がゼロであるために、彼が仮想的に提案する中性「原子」は荷電粒子よりもたやすく原子核を貫通するだろう、という予想を述べた。このアイデアとジョリオ－キュリーの最近の発見を結びつけて考えるところから、フェルミは、元素に中性子を照射すれば、ジョリオ－キュリーがやったようにアルファ線を用いるよりも、もっとたやすく人工放射能が生成できるのではないか、という予想に導かれた。その上核に入り込むために必要なエネルギーももっと低くてよいので、たとえばキャベンディッシュ研究所で陽子を加速するのに用いたような、高価で大がかりな加速装置を使わなくても系統的な研究ができそうだ、と思えた。フェルミたちは、中性子をラドン・ベリリウム源から得たのであるが、そのラドンは隣の公衆衛生研究所から回してもらった。そして、周期律表の中の、自分たちに手の出せる全元素を系統的に照射し始めた。最初の好結果は、第9番元素、フッ素で得られ、これは13番元素、アルミニウムの照射による放射能の生成と一緒に公表された。これがイタリアの雑誌『リチェルカ・スキエンティフィカ（科学研究）』に掲載される長大なシリーズの第一論文で、論文の日付は一九三四年三月二十五日である[10]。

フランクとヘヴェシーの役割

フランクがコペンハーゲンに腰を据えたのは、ローマの結果の第一報が出てからたった二週間後のことである。この時、フランクに対しては実験装置も助手も手配が行き届いていなかった。その上、彼はまだ、アメリカに行くべきか迷っていた。なるべく費用を食わない研究計画を見つけようと努めていたフランクは、つい最近彼に付いた助手、ヒルデ・レヴィと共に、ほぼフランクの到着直後から、緑葉の蛍光の研究に着手した。これは両者にとって、これまでの研究の自然な拡張に当たるものである。フランクにとっては、複雑な分子系におけるエネルギー交換の研究の継続という意味をもっていたし、またレヴィには、ベルリン大学で行なった実験分子分光学に関する学位論文の研究を拡げていける見込みがあった(99)。

ところが、一九三四年四月のフランクの到着から二週間もたたないうちに、ボーアはハイゼンベルク宛ての手紙で、フランクがパリやローマで行なわれている放射能現象の研究と同じ線に沿った実験的研究の指揮を取っている、と書く。ローマのフェルミと同様、ボーアは放射線源を地元の施設、ラジウム・ステーション——一九一三年に設立された、がんの研究と治療のためのデンマークの主力センター——から入手した。その上、そのたった数日後にボーアに代わって、ロンドンにいるフリッシュに、コペンハーゲンでの研究の招待を受けてほしい、と頼む手紙を書いたのは、他ならぬフランクである。その返事でフリッシュは招待を受け入れ、またフランクが自分の関心領域である核物理学の研究をする計画を立てていることに喜びを表明している。彼は、最近ブラケットの研究室で自分がなしとげた成果に活気づいていた。それは、また新たな二種類の元素（ナトリウムとリン）へのアルファ線照射により、誘導放射能を得た、という成果である。ただ、コペンハーゲンでの特別奨学金の期限が、もう一年以上は続かないことだけが気落ちの種であった。七月半ばにフランクは、フリッシュに手紙を書いて色よい返事をもらった、とボーアに報告した。フリッシュの手紙と、ボーアの避暑地の山荘で行なわれたフランクのボーアへの報告との間には長い間があるが、これはおそらく、その間にボーアがソヴィエト連邦を訪問していたためであろう。それはともかく、ボーアは、フランクが研究所で地道に実験核物理学に向かって歩み出すように仕向けていた、と思われる(100)。

ほぼ同じ頃、ヘヴェシーはフライブルクから、フランクに宛てて最近のロンドンへの旅のことを報せた。ボーアの要請により、ヘヴェシーはメトロポリタン・ヴィッカーズ社を訪れ、研究所で行なう核の研究のために高電圧装置を入手する交渉を始めた。メトロポリタン・ヴィッカーズ社は、以前この種の装置をラザフォードのキャベンディッシュ研究所に納入している。今回、同社は、社の直属の高電圧研究所の所長、トマス・エドワード・アリボーンを五月か六月にコペンハーゲンに派遣してここの設備、建物を視察し、また、可能な据付についての詳細な打ち合わせに当たらせる、と申し出た。アリボーンの力量を高く買っていたヘヴェシーは、フランクへの手紙で、この申し出を受けるべきだ、と強く勧めている。この時、ボーアはソ連を訪問中であった。上の経緯を見ると、ボーアは研究所で行なう核研究のための装置の導入を真剣に考えており、先輩格の同僚、フランクとヘヴェシーを新たな取り組みに誘い込んでいたようである。[101]

ソ連から帰るとすぐに、ボーアはトアキル・ビャーエに手紙を書き、誘導放射能の研究への熱意を表明した。この人は、コペンハーゲンの工科大学で研究していた有望なデンマーク人実験物理学者で、この時、ボーアの推薦により、ケンブリッジのラザフォードの許で数ヶ月間仕事をしている最中であった。ボーアはこう書いている。

ここの研究所でも（ここではフランク教授の協力が、我々にとってたいへん重要な意味をもっています）我々はフェルミの発見をはじめて耳にしたまさにその日から、理論、実験の両面で全力を挙げてこの問題に取り組んでいます。[102]

研究所での誘導放射能への取り組みの特筆すべき例として、ボーアはこの手紙で、もう一人の若手のデンマーク人実験物理学者、ヨハン・アンブローセンの仕事を挙げている。この後すぐに、アンブローセンの仕事は論文になって出た。この研究でアンブローセンは、異なる二種の元素への中性子照射により、同じ放射性同位体が作れるかどうかを決定することに取りかかった。その決定が可能になるには、その誘導放射性同位体は化学的な分離ができる程度の長い半減期をもつ必要がある。最近フェルミは、硫黄と塩素の中性子照射により、充分に寿命の長いリンの同位体を作り出すことができた。アンブローセンもこれらの同位体を作り、その半減期とベータ崩壊を比較してみた。そして彼は、それらの同位体は同一のものであり、一七日ないし一八日の半減期をもつ、という結論を出した。論文の末尾にアンブローセンは、ボーアには「絶え間なく示していただいた関心」に対して、またフランクには「貴重な討論」に対して感謝を捧げるのは自分の「喜ばしい義務」である、と記している。さらにまた、フランクがフリッシュのコペンハーゲンに来る決心を最終的にボーアに報せた手紙の中で、フランクは、ボーアの留守中に自分の一存で、アンブローセンの論文を『ツァイトシュリフト・フュア・フィジーク（物理学雑誌）』に投稿した、と述べている。今やフランクは日増しに、研究所で行なわれる実験核物理学の研究の采配を振るう立場に身を置き始めていた(103)。

間もなくボーアのほうも、フェルミ一派の実験の理論的な含意について自分の考えを表明し始めた。ビャーエに手紙を書いてから九日後に、ボーアはラザフォードに、フランクの中性子照射の研究からは何も新しい実験的な結果は得られない、と告げた。また、それとは別に、研究所の面々は照射した中性子の一部が標的核に取り込まれる、というフェルミの解釈には同意していない、とも述べている。ボーアは「衝突の結果、一つの中性子が核に取り込まれるのではなく、二つの中性子が核から放出される」見込みのほうが強い、と考えた。この点はローマでも議論の的となっていた。そのため、エドアルド・アマルディとエミリオ・セグレはケンブリッジでビエルゲとH・C・ウェストコットと力を合わせて、はたして照射を受けた核はフェルミの予言するとおりガンマ線を放出するのか、それともボーアの予言するとおり二個の中性子を放出するのか、を確かめようとした。しかしその結果は、あいまいなままに終わった。ボーアが自分の結論に達したのは、理論的な土台に基づくものであった。すなわち、もし、核というものが普通、原子の外側部分とのアナロジーで仮定されるとおり、ほとんど相互作用をしない粒子系であるとすれば、それが、衝突してくる中性子をいかにして吸収できるのか、理解するのは難しい。ラザフォードはボーアの批判にあまり同意しなかったが、ボーアは、これは非常に重要な点だと考えたので、そのコピーを少なくとも一人の研究仲間、ジョージ・ガモフに送って意見を求めた。研究所で小規模ながら実験核物理学に手を出す決心をした上に、ボーアは今や、これらの実験の理論的な解釈にも身を投じることになった(104)。

ヨーロッパの研究センターを回っていた一アメリカ人物理学者の報告からも、当研究所で新たに核の実験的研究が注目を集めていることがわかる。一九三四年六月、ニューヨークにあるロチェスター大学のT・ラッセル・ウィルキンズが、自分の大学にこういう報告を送っている。

　コペンハーゲンの研究も目下のところ、ほぼヨーロッパの全物理学センターと同様、放射能の分野でここ数ヶ月のうちに行なわれた驚天動地の諸発見に集中しています。

彼の言う「諸発見」とは、パリとローマで行なわれた人工放射能の生成のことである。加えて彼はこう言っている。

　コペンハーゲンの研究所は確かに、ますます偉大な時期を迎える方向に進んでいます。というのは、ドイツ人の大物理学者二人がボーアと力を合わせているからです——それは、コペンハーゲン出身《〔ママ〕》のフランクとフライブルクから来たヘヴェシーです。

この、まだ初めの時期でも、研究所の新たな方向転換は、ここを訪れたアメリカ人には明らかに目に見えたのである。[105]

　七月の初めに、ボーア一家は深刻な打撃に見舞われた。高等学校を卒業したばかりのボーアの長男クリスチャンが、父親と航海の旅をしている間に、船から落ちて溺死してしまったのである。ボーアにしてはまことに珍しいことであるが、彼の仕事関係の往復書簡には、クリスチャンの死から九月八日までの間、彼からの発信は一つも見られない。この九月八日にボーアはハイゼンベルクに、非公式の定例会議は取り止めになる、と伝えている。この事件のためにボーアは、第三番目の主要な——断然最大の——核物理学国際会議に行かなかった。それは十月初めにロンドンで行なわれたものである。これに先立つ二つは、一九三一年にローマで行なわれたフェルミの国際会議と、一九三三年のソルヴェイ会議である。息子の死はボーアの個人生活にも研究生活にも深刻な影響を及ぼした。しかし、この年が終わる前にボーアは、いつもの活力を携えて研究所の仕事に参加した。[106]
一九三四年十月十五日、エンリコ・フェルミはヘヴェシーに手紙を書いた。宛先がフライブルクになっているところを見ると、当時フェルミはまだ、ヘヴェシーの異動を知らなかったことがわかる。ヘヴェシーのことは、かねがねフリッツ・パネートから聞いている、とフェルミは書いている。このパネートは放射性トレーサー法の発見の際、ヘヴェシーと共同した人である。こうしてみると、これ以前にフェルミとヘヴェシーの間にはほとんど接触がなかったのは明らかである。この手紙でフェルミは、誘導放射能の研究のために希土類の試料を送っていただきたい、と頼んでいる。この類いは手に入れにくいので、これより前にフェルミが照射について報告したのは、一四種類の希土類のうち、三種だけであった。その他に、スカンジウムとハフニウムも頼んでいる。この後者の元素の存在は、一〇年以上前、コペンハーゲンでヘヴェシーがディルク・コスターと一緒に確立したことであった。[107]
ヘヴェシーからの返事の日付は十月二十六日となっているから、フェルミの手紙がコペンハーゲンに届くには長く手間取らなかったのである。ヘヴェシーはフェルミと同様の研究計画が当研究所でも四月から進められていることを強調している。この取り組みの成果として、論文が一つ——アンブローセンの放射性リンについての論文——しか出ていないのは、ローマ・グループがいつも、コペンハーゲンの研究者が得たのと同じ結果を、後者が論文としてまとめる前に発表してしまうからだ、とヘヴェシーは説明している。これに続けて「この元素とボーアの研究所との間には深いつながりがある」ので、自分がコペンハーゲンに着くと直ちにハフニウムの中性子照射を始めたと述べ、この研究の予備段階の結果をフェルミに知らせたが、ハフニウムそのものはまったく送らなかった。フェルミが頼んだ他の元素については、まだフェルミが調べていない希土類の試料の、こちらで手持ちの分は少量過ぎて誘導放射能の研究には使えない、と言っている。[108]
この時ヘヴェシーは、頼まれた試料はどれ一つとしてフェルミに送る気はなく、その代わりに、遠く離れたイリノイのB・スミス・ホプキンズが、その件で役に立ってくれるかもしれない、と示唆している。ヘヴェシーの返事からは、人助けの精神は読み取り難い。特に、ヘヴェシーの手許には頼まれた全元素の試料が充分にあったので、このことを思えば尚更である。一九三六年の暮れには、ヘヴェシーはヒルデ・レヴィと協同で、フェルミが前に頼んで来た元素全部の誘導放射能に関する論文を発表した。ヒルデ・レヴィは、ヘヴェシー到着後しばらくして、ボーアがヘヴェシーの助手になるようにと説得したのである(109)。

ヘヴェシーがフェルミの手紙に返事を出した三日後に、フランクは長い付き合いの親友マックス・ボルンに手紙を書いて、自分の仕事と近況を話し、ヘヴェシーと同じく、研究所での実験核物理学の進展ははかばかしくない、という印象を伝えた。またこの手紙でフランクは、自分も今、その関係の仕事に携わっていることを明言している。しかしその前に、近く出る予定の、二人のドイツ人研究者と共著の論文について触れている。この論文は、液体中の蛍光という、フランクの以前の関心に端を発するものである。そして彼は、今、自分は始終、核物理学に向き合わざるを得なくなった、という感じだと言う。それはひとえに、上記のような共同研究者がいなくなりつつあるためである。明らかに不満げな様子を見せてフランクは、若手のデンマーク人実験家が手を出せるテーマはこれだけだ、とぶちまけている。さらにフランクは、自分が勉強できるのはありがたいし、ボーアからは「信じられないほど多く」のものを受けているところだ、と言う。しかしこの新しい研究分野では、自分の進み具合はまったく遅々たるものだとこぼし、設備が貧弱なことも、共同者がのろまなことも認めている。実はフランクはこの時、ボルンや、前のゲッチンゲンでの同僚、リヒャルト・クーランやロックフェラー財団のウィルバー・ティスデイル、それに「ある意味ではハラル・ボーア」らの助言、すなわち、アメリカに行ったらどうか、という助言を真剣に考えていたのである。前にボーアに報告したところとは違って、今、フランクはボルンに、自分にとって一番大事な問題は、娘たちと同じ国に住む機会が得られるかどうかだ、と言っている。自分の娘婿たちがデンマークで職を手に入れることを望むのは非現実的である。しかも、そのうちの一人は、ほぼアメリカ

（左から）ミルトン・S. プレセット，ボーア，フリッツ・カルカー，エドワード・テラー，オットー・ロベルト・フリッシュが研究所でその当日の出来事を論じている．1934年頃［ジョン・A. ホィーラー提供］

で仕事に就く見込みが立っている。こういうわけでフランクは、一九三五年にコーネル大学で行なわれるサマー・スクールに参加した後、そのままアメリカに残る可能性を考えていた。フランクがボルンに手紙を書いたのとちょうど同じ頃に、フリッシュは、ローマでフェルミと一緒に仕事をしていたエミリオ・セグレに手紙を書いた。本来なら研究所に滞在するのを大喜びするはずのフリッシュが、コペンハーゲンで行なわれている人工放射能に関する研究は行き当たりばったりの幼稚なものだ、と述べている[110]。

このように、研究所における実験核物理学の仕事の進み具合はたいへん不充分だという報告が見られる一方、ボーアが一九三四年十二月十二日にケンブリッジの同僚ラルフ・ファウラーに書いた手紙は、例によって当時の科学の進展状況と政治情勢の進展状況を対照してこう述べている。

ドイツ問題全体が引き起こしている不安と

災厄はまことに大きなもので、そのために、原子物理学のすばらしい進展の中で我々の誰もが感じた喜びにも陰がさしています。それでも私たちはここで、いささかなりとも仕事をしようと取り組んでいます。目下、フランクとヘヴェシーの有能なる采配の下に、研究所を挙げて核物理学の研究に精を出しています。

前はもっぱら理論に集中していたボーアが、今は違って、フランクとヘヴェシーが率いる実験核物理学の研究活動を、研究所の発展にとって不可欠のものとみなしていた。フランクやフリッシュが口にした問題をボーアが感じていないのは、ひとえにボーアが本気でこの新事業に賭けていた証拠である[111]。

　一九三五年一月初めにフランクからボルンに宛てたもう一つの手紙を見ると、研究所では原子核に関する理論並びに実験的問題点にますます注目が集まってきたことがよくわかる。この時までに、中性子を照射した原子核から出る散乱生成物をめぐるフェルミとボーアの不一致は、フェルミ側に軍配が上がる形で解決を見ていた。一九三四年十月、ローマ・グループはまったくの偶然により、甚大な影響力をもつ発見をした。中性子源と標的の間にパラフィンを置いたことにより、中性子の速度が遅くなるのに伴って誘導放射能が甚だしく増え、一方相当な割合で中性子の吸収が起こる、ということを発見したのである。この結果はまったく思いがけないもので、ボーアが以前ラザフォードへの手紙で論じた、原子の外側部分と内側部分のアナロジーは成り立たなくなる。フランクはボルンへの手紙の中で、この異常現象について記している。ここから、それはコペンハーゲンで真剣な関心の的となっていたことがわかる。しかし、これは第5章で述べることであるが、ボーアがこの問題に対して核物理学に一大変革をもたらす解答を出すまでには、後一年を待たなければならない[112]。

　フランクは、自身の実験的な研究については熱中とは言えない状態にあった。「私の核物理学は、今、間もなく完了を迎える予定の仕事に出尽くしています。それは、他の誰かがそれを『ネイチュア』誌に発表する時点で完了します」。そして彼は、こういう経験は、新しい分野に入るための入門料だと思えばいい、とさりげなく付

ボーア，フランク，ヘヴェシー，研究所にて，1935年［AIP ニールス・ボーア資料館，マルガレーテ・ボーア・コレクション提供］

ニールスとハラル・ボーア．1935年9月，フランクに悲しい別れの挨拶をした後

け加えている。今やフランクはきっぱりとボルンに、秋にはバルチモアに移るつもりだ、と知らせることができた[113]。

フランクやフリッシュが口に出して不満を表明し、フランクの場合には、そのためにコペンハーゲンを離れる決心をすることにもなったわけであるが、ボーアのほうは研究所の核物理学への方向転換を開始するために、この二人にヘヴェシーも加えた面々の働きを頼りにしていたのは明らかである。さて、この話を続ける前に、ちょっと中断して、フランクとヘヴェシーの指導の下に練られていた実験的研究計画と、研究所に根を下ろした研究の進め方（我々がコペンハーゲン精神と同一視したもの）との関係を、ここで一考しておくのも無駄ではあるまい。

フランク、ヘヴェシーとコペンハーゲン精神

晩年に行なわれた自分の研究歴をめぐるインタビューの中で、フランクはこう述べている、「ボーアは抜群に優れた存在だったので、中には彼とうまくやって行けない人もいました」。そして、続けて言うには、

私がこのことに気づいたのは、ヒトラーが政権を握り、私が（ボーアの）研究所で一年半を過ごすようになってからのことです。ボーアは私に、何であれ自分がすることを最後まで考え通す暇を与えてくれませんでした。私が何か実験をします。そして、それについてボーアに話すと、彼はすぐに、それは間違いではないか、と言います。実はそれはおそらく正しかったのです。そして、それをあまりにあっさり言われてしまうので、しばらく私は何も考えられない状態になってしまいました。

フランクはボーアの影響というものを総括して、次の言葉で締めくくっている。

ボーアの才能には、本当に並々ならぬものがありました。それで皆、こんな天才を前にすると強く引け目を感じて、どうしても萎縮するようになります。分かるでしょう？　そういうわけで私は、このサークルに入って四六時中本当になじんでいられる、という人はいなかったと言いたい気がします。しかし、しばらくの間そこにいて、この人に会って教えを受け、この人の偉大さと善良さを理解することはできました。彼はたしかに大人物です。この人に対しては誰もが、英雄崇拝の念しか抱かないような人物です。(114)

まだコペンハーゲンに行く前にもフランクは、果たして自分にコペンハーゲンで実りある仕事をする能力があるか、ということに対する疑念をボーアに表明していたのであるが、こうして彼はその疑念を確認することになった。理論物理学者の予言を実験で検証することに自分の研究歴のかなりの部分を捧げてきたフランクは、今や、

ジェイムズ・フランク，1935年

毎日、大理論家の下で仕事をするのは束縛感が大きすぎると感じるようになった。たいていの若い学生たちは、ボーアと密接な共同の仕事ができるのは最大の名誉であり経験である、と考えたが、確たる教授の地位にあったフランク、そして、これまでいつも自分の学生と研究室をもつ立場にあったフランクにしてみれば、今の立場は自分の独立性の喪失を意味するものであった。こうしてみると、フランク個人の回想は、コペンハーゲン精神とは、才能ある若手の物理学者とその師ボーアとの間の献身的な共同のことに他ならない、と喝破した衝撃の証言なのである。たしかにフランクの体験を考えれば、コペンハーゲン精神というものは、ボーアの共同研究者が年若で地歩も未確立であったことの上に成り立っていたものであることが分かる。

　フランクとは違ってヘヴェシーは、一九三四年十月、コペンハーゲンに来る前にも、すでに六年間この研究所で過ごしたことがあり、ボーアの優越性については何のこだわりも表明していない。フランクとヘヴェシーの反応の間に見られるこの違いは、この二人の科学者の研究のスタイルの違いと密接な関係がある。たしかにヘヴェシーはボーアの洞察力にたいへん敬服していたが、自分の実際的な仕事においては、ボーアその他の理論物理学者たちの理論の確証を目指したわけではなく、むしろ、物理学の実験の技法を他の研究分野に応用することを目指したのである。また同じく、ボーアとヘヴェシーの物を書く姿勢も正反対であった。ボーアはいつも自分の原稿に苦心惨憺するのに対して、ヘヴェシーは自分の結果をできるだけ早く、さっさと公刊してしまうのであった。

ヘヴェシーが物を書くやり方については、たとえばこんな話がある。彼が第二次大戦後、ストックホルムにいた時の話であるが、研究所の秘書に宛てて、旅行のために切符を手配してほしい、と頼む手紙を書いた。ところが、その手紙を書いている途中で、結局その切符は必要としないことに決めた。そこで、その手紙を予約取り消しで結んだ。そして、手配の依頼と取り消しの両方を書き込んだその手紙を投函した、というのである。ヘヴェシーにまつわるこの話の真偽はともかくとして、もしボーアなら、少なくとも一度も書き直しをせずに、そういう手紙を出すとは考えられない。ボーアとヘヴェシーでは、仕事の進め方も物の書き方も大いに違っていたおかげで、学問に関することで直接ぶつかり合う機会は、この二人の間のほうが、ボーアとフランクの間に比べて少なかった[115]。

フランクとヘヴェシーの研究の進め方の違いは、これ以前の二人の付き合いの少なさにも現れている。実際、コペンハーゲンでの短期間の出会いを除けば、この二人が仕事の上で近い間柄になったことは一度もない。そんなわけで、前に引用したインタビューでも、フランクはヘヴェシーとの間柄について次のように述べている。「私は彼にある程度の親しみを覚えていましたが、二人が同じ分野で互いに食傷気味になるというようなことは、一度もありませんでした」。一方、ヘヴェシーのほうはと言うと、理論物理学のメッカで、一九二一年から一九三三年までフランクが根城としていたゲッチンゲンを、彼がはじめて訪れたのは、ようやく一九三二年の夏のこ

ジョージ・ヘヴェシー，1935 年頃

とである。[116]

ヘヴェシーはボーアの下に二度長期滞在をしたが、いずれの場合も仕事の上での独立性を示している。ヴィクトール・ヴァイスコプフは一九三五年から一九三七年までコペンハーゲンでボーアと一緒に仕事をした人であるが、そのヴァイスコプフは、ヘヴェシーの学生や共同研究者に対する「専制主義」にボーアの「実りある無統制主義」を対比させて、ヘヴェシーは滅多にコペンハーゲン精神を体現する討論に参加しなかった、と証言している。フランクの場合とは異なり、ヘヴェシーの研究の進め方は、多分にボーアのそれとは一線を画していた。ボーアとヘヴェシーが同じ研究環境の中で、長期にわたって共存していられたことの裏では、この独立性が重大な役割を果たしていたのである。[117]

フランクとはちがって、ヘヴェシーはこの後数年、コペンハーゲンにとどまることになる。この後の章では、ヘヴェシーが、仕事の上でボーアからの独立性を確保していた様子と、ボーアが研究所を挙げて行なった方向転換の間にも、コペンハーゲン精神は命脈を保った様子を見ることにしよう。

結び

ロックフェラー財団のヨーロッパ学者特別研究支援資金は、研究所で行なわれる研究を実験核物理学の方向に転じることをボーアに促す役割を果たした。従来の基礎科学に対する資金援助政策とは違って、これはもっぱら最も名高い科学者たちを支援することに焦点を当てた計画である。このためにボーアは、良友ジェイムズ・フランクとジョージ・ヘヴェシーを研究所に引っ張る気を起こした。上記二教授の地歩は、従来の支援計画による援助を受けて研究所を訪れた、いつもの若く無名の研究者たちと鋭く対照をなすものであった。したがってボーアは、何としてもこの二人のために、独立した研究企画を設けねばならない、と考えた。ここ数年というもの、ボーアは理論、実験ともに、何も明確な内容の研究計画を導入しようとはせず、その代わりに、常連としてやって来る優れた若手物理学者の取り巻き連と、一般的な問題について果てしない議論を続けてばかりいた。そんなボーアにとって、今度の決心はまさしく常ならざるものであった。もっとも、当時の状況を考えると、この二人の同僚に適切な研究計画として実験核物理学を設定することは、まことに自然な計らいに過ぎないのであるが。

それ以前の成り行きを考えると、仮に、この新政策がフランクとヘヴェシーをコペンハーゲンに招び寄せる、ということがなかったとしたら、ボーアはこの研究計画を始めなかったであろう、と思われる。第1章で、ボーアは、フランクとヘヴェシーに対する資金援助を得る機会を提示されるまでは、どんな新しい重要な研究援助にも応募の名乗りを上げなかった、と述べた。その上、第2章では、この研究所における物理学は、一九三四年に至るまで、まさしく一種の自由放任主義の下に研究が行なわれ、一致協力して何らかの理論－実験的研究を始めようなどという考えは、まったくなかったことを見た。ボーアの亡命者問題に対する初期の反応の仕方もこれを裏づけるものである。ボーアが知的職業人委員会や従来の奨学金支援を通して救いの手を差し伸べた亡命者たちは、それ以前の訪問研究者と同様、皆若手の物理学者で、一時的に研究所を訪れ、世に名高いボーアとの討論に参加することを何よりも熱心に望んでいる人たちであった。

友人のために特別な研究計画を決定する時にも、ボーアを動かしたのは理論的な討論ではなかった。事実、一九三四年二月、ブロッホがローマから興奮した口調で、フェルミのベータ崩壊についての新理論のことを手紙で報せてきたときにも――これはパウリがその前に、エネルギー保存則を救うために導入したニュートリノ粒子に理論的な枠組みを与えるものであった――ボーアは依然として懐疑的であった。ブロッホへの返事では、最近パリで行なわれた実験的発見、すなわち人工放射能の発見のほうにもっと大きな興奮を覚える、と書いている。これに続く核の研究への熱中の際にも、ボーアを行動に駆り立てたものは、研究所の伝統をなす理論的な討論ではなく、むしろこの（パリの）発見と、ローマでのその仕上げのほうであった。この後になってはじめて、そして、実験のほうの発展の上に立って、ボーアは核物理学の理論的な問題に取り組み始めるのである。

そうすると、コペンハーゲン精神は、研究所を挙げての核物理学に向かう動きに対して、それを推進するよりも、むしろ足を引っ張るような働きをしたことになる。実際、それは、フランクが、まだ研究計画が実行に移される前に、もうコペンハーゲンを去る決心をする一因となった。一方、ヘヴェシーがコペンハーゲンという環境に留まっていられたのも、ある程度は、彼がコペンハーゲン精神から距離を置いていたおかげである。しかし、ボーアが研究所への、実験的な原子核研究の導入に乗り出した際にも、最も大きな熱意を抱いていたのは、二人の実験家の友人ではなく彼のほうであった。また、実際の話、フランクとフリッシュが新しい計画の進捗の不足に不満をもらしており、ヘヴェシーがコペンハーゲンに本腰を入れるのはまだこれからという時、ボーアは同僚たちへの手紙に、フランクとヘヴェシーの実験核物理学への取り組みのことを、ますます興奮を募らせながら書いているのである。つまりボーアは、コペンハーゲン精神に代表されるような仕事のやり方と、専門家の同輩が率いる、研究所一丸となった実験的な取り組みとの間に葛藤が生じる可能性に、まったく気づいていなかったように見える。実験核物理学への取り組みを、その最初の困難な段階において引張って行く上では、まさにこの、研究所という社会の現実面に対する無頓着がきわめて重要な役割を果たしたのではなかろうか。

一九二〇年頃、ボーアが新たな理論物理学研究所の構想を練っていた時、彼が自分の理念として用いたのは、理論と実験の一体化という考えであった。それに続く数年の間、彼は研究所を拡張する機会を作り続けた。その過程で彼は順調に、初めに考えた理論と実験の一体化を推進した。しかし、それに次いで、自分の最初の研究計画が強固に定着した後になると、ボーアは研究所における運営政策の立案と資金調達の活動を縮小するようになった。それと同時に、理論と実験の対等な結合の上に立つ物理学の具体的な問題の研究に代わって、理論をめぐる果てしない議論が登場した。コペンハーゲン精神の君臨が始まったのである。当時主流の基礎科学支援政策も、この種の科学研究のやり方を強く奨励したのであった。

ロックフェラー財団の亡命者問題への対応の仕方は、ボーアに、そういう支援政策に向けての新たな方針を強いることになった。なんとかフランクとヘヴェシーへの支援を獲得するために、ボーアは、研究所に再度、実験の計画の導入を考えることにした。今回は核物理学の実験である。核物理学の上に立つ、理論と実験の新たな一体化の可能性が顔を覗かせ始めた。デンマーク人物理学者のクリスチャン・メラーも、こういう新たな展開があったことを認めているが、その由来をフランクとヘヴェシーの存在に帰してはいない。メラーはあるインタビューで、分光学の実験技術は「量子力学が完成した時点で、もう幾分時代遅れ」となっていた、という見解を述べているが、その同じインタビューの中で、この頃、核物理学の上に立つ新たな、理論と実験の一体化という事柄が、ボーアの哲学的関心に対して優位に立ち始めた、と言っている[118]。

元々、研究所への実験核物理学の導入は、外部の環境が原因となって始まったことであるが、今やその仕上げはボーアの肩に掛かってきた。研究所発足の最初の数年間と同じく、ここでもボーアは、自分の使命を果たすために、当時の基礎科学支援制度を最高度に活用することができた。次章では、その様子を見ることにしよう。

第4章　実験生物学、一九二〇年代末から一九三五年まで

ロックフェラー財団の亡命者特別研究支援資金はあくまで一時的なものに止まる。その上、それは従来の訪問研究者のための奨学制度とは一線を画する面はあったが、従来の支援政策の「最高科学」志向の一面と対立するものではなかった（この最高科学志向面は、ボーアがコペンハーゲン精神を育てる上でも助けになったのである）。これまでの基礎科学支援と同じく、特別研究支援資金の目の付け所も、特定の科学プロジェクトやその応用ではなく、むしろ、人の才能や名声のほうであった。実のところ、特別研究支援資金は、従来の奨学政策にまさって一流の科学者を求めた点で、最高科学志向をさらに一歩進めたものとすら言えるのである。したがって、それがコペンハーゲン精神と相容れない面があったとしても、それはさして重大なことでもなかった。

一九三〇年代に、ロックフェラー社会貢献事業にも、基礎科学支援の総合的な政策に変更が起こった。再編したロックフェラー財団はＩＥＢ（国際教育委員会）の自然科学支援の責務を引き継ぎ「実験生物学」支援計画を開始した。この野心的な新計画には、生命科学に、最先端の数学、物理学、化学的な方法や技法を取り入れて、遅れていると考えられていた生物学を改良する目論見があった。そういうわけで、これは、亡命科学者に対する、一時的で急場しのぎの特別研究支援資金とはまったく別のものであった。新計画の導入に伴って、これまでその目的となっていた最高科学の振興という事柄は、投資の価値ある特定の科学プロジェクトの洞察に置き換わった。

本章では、ロックフェラー財団の実験生物学計画の起源と、それへのボーアの対応について述べることにする。

ボーアのコペンハーゲン精神との係わり合いを考えれば、ボーアが新計画に対して、最初、ためらいの反応を見せたのは、驚くに当たらない。第2章で述べたように、ボーアの以前の生物学の問題への関心はたしかに真剣なものではあったが、まったく哲学的なものであり、一致協力した研究よりもむしろ、気ままな討論を通して追究されたものであった。そういうわけで、それは実験生物学計画が要請していたと思われる、方向を定めた、実験を土台とする生物学研究とは筋が違っていたのである。

ところが、フランクとヘヴェシーを研究所に獲得し、その結果として生じた実験核物理学を導入する努力もした後になると、ロックフェラー財団の新支援政策に対するボーアの対応はがらりと変わった。以前、しばらくの間、財団はしつこくボーアとその理論物理学研究所を財団の新計画に引き入れようと働きかけ、結局それは不首尾に終わっていたが、ここに来てボーアの姿勢が急に変わったのである。すなわち、ボーアとヘヴェシーは、核物理学研究への全面的な方向転換に要するものと同一の、大がかりで高価な装置を要求する生物学実験プロジェクトを提案したのであった。こうして、財団の希望に合致する実験プロジェクトの構想を練り上げた上で、ボーアは財団と大々的な交渉に入った。その過程でボーアは、研究所の研究の方向転換を進めていくことができた。それは生物学の研究を導入するだけでなく、もっと息の長いものとして、理論－実験核物理学への全面的な転換を可能とするものであった。

ロックフェラー社会貢献事業の再編

一九三〇年代中頃に完遂された、ロックフェラー社会貢献事業の基礎科学支援方針の変更の起源は、これに先立つおよそ一〇年くらいの期間のうちに認められる。一九二〇年代の末頃、IEBの支援政策、並びにウィクリフ・ローズの基礎科学支援の理想は、ロックフェラー社会貢献事業の内部で議論の的になっていた。ますます、いろいろな問題点も出てきていた。たとえば、ロックフェラー社会貢献事業の組織は肥大化し過ぎている、ということである。それは、たいへんさまざまな、そして多分に独立性をもつ多くの部局から成っており、それらは互いに協力し合う姿勢に乏しいばかりでなく、各部局が関心をもつ領域が重なるようになり、不毛で不経済な競合も起こるようになっていた。第1章で述べたように、IEBとロックフェラー財団の医学教育部門が共にコペンハーゲンの生理学の発展に関心を示したのも、この全般的な傾向の一つの例に過ぎない[1]。

一九二七年の初めに、ロックフェラー財団の社会貢献事業の再編の可能性を検討するために、委員会が設置された。その委員会を率いたのはレイモン・ブレイン・フォスディック――ジョン・D・ロックフェラー・ジュニアの顧問弁護士でロックフェラー財団の主任管財人――であった。主な論争が起こったのは、委員会の中で、分配を教育の各レベルの間に「均等に」しようとする一派と、「知識の前進」を目指して学問研究の上下さまざまな階層領域の中からある一つの機関を選ぶような政策が望ましいとする一派の間である。ローズは教育についてのエリート主義路線にのっとり、強く後者の後押しをした。数ヶ月ためらった後、一九二七年十月、フォスディックは知識の前進を強調する案のほうを取る決定を下した。また、それと同時に、ロックフェラー社会貢献事業の大部分を、ロックフェラー財団の傘下にまとめる決心もした。このため特にIEBは独立性を失い、吸収されてしまうことになった。以前のロックフェラー財団は知識自体のための知識の前進よりも、むしろ特定のプロジェクト、特に医学部門のそれに関心を集中していた。そのため、再編後のロックフェラー財団が、もっぱら一般的な知識の前進ということに関心を集中するとは思えなかった。引退の年齢に達したところでIEBが消滅する見込みを知って、ローズががっかりしたのは間違いない。ローズが創設したこの機関は、形の上では一九三八年まで存続したのであるが、これ以後の活動はまことに微々たるものになってしまった。基礎科学の支援において、ウィクリフ・ローズが一人で主要な機関や主要人物の支援の采配を振るい、またそれが他の支援機関にとってのモデルともなった一つの時代が終わったのである[2]。

しかし、それに代わる一人前の組織がすぐに姿を現すわけではない。ジョージ・エドガー・ヴィンセントは財団の理事長の位置に留まっていた。新しい医学部門は、前の医学教育部門——一九二〇年代にアウゴスト・クロウとコペンハーゲン生理学を支援したのもここである——の仕事を引き継いでいた。そしてリチャード・M・ピアスが部長を続けていた。IEBの責務を引き継ぐと予想されていた自然科学部門は、再編の決定から一年たってようやくマックス・メイソンが率いる形で創設された。それに続いて社会科学部門と人文科学部門も設立を見た。(3)

マックス・メイソンは一八七七年に生まれ、一九〇三年にゲッチンゲン大学のダーフィト・ヒルベルトの下に数理物理学で学位を受けた。エール大学に四年勤めた後、ウィスコンシン大学の教授となり、一九二五年までこの職を続けてからシカゴ大学の総長になった。ロックフェラー財団の自然科学部門の長の座を受けたのは、シカゴにいる時であった。メイソンがこの地位に就いたのは一九二八年十月一日であるが、いずれ彼が財団の理事長としてヴィンセントの跡を継ぐことになるのは明らかであった。(4)

創立に当たり、自然科学部門はIEBのパリ支部をそのスタッフも含めて引き継いだので、ロックフェラーの自然科学への資金援助にはますます連続性が保たれることになった。たとえば、パリ支部では従来と同じやり方で奨学金の応募を受け付けた。こういう点と、また、メイソンの部長としての任期は一時的なものに過ぎないという事実のために、特に自然科学部門には不充分なリーダーシップと組織の惰性が結合した欠陥があり、それが強力な新資金援助政策を早期に確立することを妨げたのである。(5)

一九三〇年十月、プリンストン大学においてロックフェラー財団の役員と理事の会合が行なわれ、その席でメイソンは、資金援助はもっとはっきりと定めた領域に集中して行なうべきだ、と説いた。しかし、それからほんの一年も経たないうちにヘルマン・オーグスタス・スペール——一九三〇年の秋からメイソンの後継として自然科学部長を務めた人——が、スタンフォードのカーネギー協会植物研究所の植物生理学者という前職の地位に戻る決心をしてしまった。というわけで、スペールの任期中にも、自然科学部門への資金援助の方針が一斉に変わるようなことはなかったが、それも当然と言えば当然なのである。[6]

この時期の、ロックフェラー財団による自然科学部門への資金援助の交付の仕方を覗いてみても、政策における新機軸の欠如が、実際の活動にも反映している様子が見える。自然科学部門への交付の総額はロックフェラー社会貢献事業の再編前と同じ水準を保ってはいるが、諸種の支援に対する相対的な重点の置き方は違っている。たとえば、個々の研究所からの新規の「建造物と装置」の大口の要請に応えるために再編後のロックフェラー財団の自然科学部が出した金額は、前にIEBが出した額に比べて明らかに少なくなっている。そして、ロックフェラー財団の大口の交付金の中で、特定の目的に

マックス・メイソン，1932年［ロックフェラー資料センター提供］

的を絞らない「寄付金」が比較的大きな割合を占めている。それにしても、ともかく特定の活動に向けて交付された金額は平均して前より明らかに少なくなり、また前より広範な科学の諸分野にばら撒かれている。また同時に、以前IEBが行なっていた、ヨーロッパの最も前途有望な科学者たちへの奨学金交付の管理運営という業務を、規模は縮小したにしても再編後のロックフェラー財団も続けていた。そういうわけで、少なくとも一九三一年の間には、新自然科学部門は、かつてのローズの最高科学政策にとって代わる活動を確立することはできず、この最高科学政策が、より熱意と積極性を欠いた形で続けられていたのであった。(7)

今の我々の目的にとっては、一九三〇年に行なわれた、ヘヴェシーが率いるフライブルク大学物理化学研究所への支援は、初期のロックフェラー財団自然科学部が行なっていた支援の格好な見本となる。一九三〇年三月の予備折衝の後、ヘヴェシーは自分の研究所の新たな装置のためにロックフェラー財団に詳細な申請書を出した。彼が支援を求めた研究の多様さ加減は、申請書の四つの標題によく現れている。曰く、「諸元素の存在量についての考察より探る核の安定性の問題」「結晶体中の物質の移動（拡散と電解質伝導）」「カリウムとルビジウムの放射能」「生物学関連の問題」である。申請書の終わりのほうでヘヴェシーはこう記している。

いくつか別の研究、すなわちハフニウムと希土類元素の化学、溶融塩の電気化学、酸化物の結晶構造などを手がける意図もあり、これらも進行中である。

プロジェクトが多様に展開されていることは、ヘヴェシーの研究のやり方の証しであるばかりではなく、また、ちょうどIEBが一九二〇年代にやっていたように、今、自然科学部も評判のよい研究室に対して、雑多な目標に向けた申請の奨励を続けていたことの証しでもある。(8)

ヘヴェシーが出した申請の扱い方を見ても、この時期のロックフェラーの自然科学支援の方針が定まっていなかったことがよくわかる。一九三〇年九月末に、ヘヴェシーはコーネル大学で化学部門のジョージ・フィッシャー・ベイカー講演をするためにイサカに行く途上、ニューヨークに着いた。フライブルクを発つ前に、ロックフェラー財団パリ支部のローダー・ジョーンズは、ヘヴェシーにヘルマン・スペールを訪ねるようにと勧めていた。スペールはこの当時、ニューヨークで自然科学部長を引き継いでいた。「まだ、この件については、スペール博士に詳しく伝えられないでいるが」上記の働きかけは賢明な策だ、とジョーンズは考えた。明らかに、指揮系統が定まらないことがニューヨークとパリ支部間の意思の疎通を妨げ、そのために有効な政策が実行に移されるのも困難になったのである。(9)

スペールとの会合は九月二十九日に設定され、出された提案は二ヶ月半後、ヘヴェシーがまだイサカにいる間に受け入れられた。以前ＩＥＢが行なっていた一般的な目的のための支援ではよく見られたことであるが、この支援もドイツ側からの支援に上乗せする形で行なわれた。ヘヴェシーの申請が受け入れられるほんの二ヶ月前にメイソンはもっと集中が必要と説いたのであるが、それだけでロックフェラーの自然科学への資金援助の大筋が変わらなかったことは明らかである。一九二九年から一九三二年に至るまで、ロックフェラーの自然科学への支援には方向性を欠く恨みがあった。(10)

新政策の登場

一九三一年秋、メイソン理事長はウォーレン・ウィーバーを説きつけて再編ロックフェラー財団の自然科学部長の座につけた。一八九四年生まれのウィーバーはウィスコンシンで物理学の学部教育を受けた。ウィーバーの回想によると、ここでメイソンは彼にとって最も尊敬すべき大事な師であった。一九一七年から一九一九年までカリフォルニア工科大学（カルテック）のロバート・アンドリュース・ミリカンの下で仕事をした後、ウィーバーはウィスコンシンに戻り、ここの物理学科に加わった。そして、かつての師、マックス・メイソンと共に少なからざる時間とエネルギーを注いで『電磁場』という教科書を書き上げた。一九二九年に初版が出たこの本は、重要な影響力をもち、その後二〇年間というもの、学部レベルの教育に使用されたのである。メイソンとウィーバーの間に、一人がロックフェラー財団に行く前にも、親しくかつ実りある共同関係が結ばれていたのは明らかである。(11)

メイソンとウィーバーのどちらも新量子論を受け入れなかった。だが、新量子論は、この近年、まさに現代物理学の基礎としての地位を固めつつあり、アメリカの物理学者のうちでも前衛に当たる人たちはこれを取り入れることに熱中していたのである。しかし、この二人が、当面運営方針の積極的な検討は止める、という決定をしたのは、当時の物理学の発展に対する彼らの姿勢とは関係がなかったようである。ウィーバー自身の回想によると、彼はニューヨークに来てはじめての面談で、これからのロックフェラーの自然科学支援の注目領域は、物理学ではなく生物学となるべきだ、と提案したのであった。その後すぐに、ウィーバーはロックフェラー財団から任命を受けたのである。(12)

一九三二年四月、ニューヨークで仕事に取りかかって三ヶ月も経たないうちに、ウィーバーは自分より経験豊富なパリ支部のローダー・ジョーンズと一緒に「実質すべての西ヨーロッパおよび南西ヨーロッパの大学センター」を巡る大旅行に出発した。ウィーバーより二五歳年上のジョーンズは、一八九七年にシカゴ大学から化学で博士号を得て、一九二〇年からプリンストン大学で化学の教授の職に就いていた。そして一九二九年からはトラウブリッジの後を継いでパリ支部の自然科学副部長を務めていた。約八年半前、ウィクリフ・ローズが新たに創立されたIEBの計画を練った時に、大がかりな旅をしたが、今、ウィーバーとジョーンズもこれと同じような旅をしたわけである。自部門の仕事の詳細な計画を練る時間はほとんどなかったので、旅の目的は個々の支援の要請を吟味することよりも、むしろ一通り状況を把握することに充てられた。(13)

第1章で述べたように、ローズは、まだヨーロッパへの調査旅行に出発する前に、最初の機関支援をボーアの

ウォーレン・ウィーバー，1930年代のロックフェラー財団自然科学部長．1953年撮影の写真［ロックフェラー資料センター提供］

研究所に出した。気前の良さの点で同等とはとても言えないが、ウィーバーとジョーンズも、コペンハーゲンで最初に立ち寄るところとしてこの研究所を選定した。ボーアは前もって、自分がヨット旅行から戻るのは、二人の到着の後になる、と知らせていたが、それでも二人は逗留を実行した。ジョーンズの日記には「休暇が始まっていて、ボーア教授は不在、研究所は閉まっていた」とある。所長が不在でも研究所を訪ねる、という熱の入れようを見ても、ロックフェラー社会貢献事業が一貫してボーアに、特別な思い入れを抱いていたことがよくわかる。(14)

それからほぼ九ヶ月後に書かれたボーアからの手紙を見れば、ボーアとウィーバーの会見は、ウィーバーのコペンハーゲン滞在中に実現していたことがわかる。この手紙でボーアは、今度のアメリカ訪問中に話し合いを継続したい、という意向を表明している。そして「コペンハーゲンで我々が議論を交わした、一般物理学の問題を論じる二、三の論文」を同封している。この会見の時期は、ボーアが国際光学会議で生物学寄りの講演をするか否かの決定をした時と一致しているのであるが、ボーアとウィーバーがこの最初の出会いの際に、生物学について議論をした様子は見られない。このことは、ロックフェラー財団の生物学への支援計画はまだ始まったばかりの段階にあったこと、またボーアは、物理学における評判だけによっても、支援を受ける値打ちが充分にあったこと、を物語っている。(15)

ニューヨークに帰ってようやく、ウィーバーは新資金援助計画の草案の初版を作り上げた。彼が主要分野として提案したのは、数学、物理学、「生命現象の」化学、それに地球化学と大気化学である。このリストに彼は、遺伝生物学と定量的心理学を付け加えた。そして、より注目度の低い分野として基礎物理学と物質化学、それに確率論と統計学を挙げている。(16)

ロックフェラー財団の年次報告の一九三二年版には、まさしくウィーバーが自然科学部長の地位を引き継いだことが記されている。この時期は諸事の進行が遅かったことを考えれば、そこに新資金援助政策について何も示されていないのは、驚くに当たらない。ウィーバーの自然科学支援に関する報告の序の部分には、簡単にこう述べられている。

> 一九三二年中は前年来の仕事が継続して行なわれた。支援計画の主なものを挙げると、いくつかの研究所や組織に対する援助、個別の研究プロジェクトに対する援助、奨学金制度に対する援助、そして旅費や研究費の援助である。

年次報告の詳しい内容も、上のウィーバーの言を裏づけている[17]。

新政策の草案や、その改訂版を作るに当たって、ウィーバーは当然、再編後のロックフェラー財団の、もっと全体的な目標も考慮する必要があった。そして、その全体的な目標も設定の途上にあった。ウィーバーの最初のヨーロッパへの旅からほぼ一年後の、一九三三年三月中頃に行なわれたスタッフの会合では、次の提案が出された。

> 行なう活動と果たすべき役割についての二主要部門——（1）特に精神面と気質面に留意した、民族および個人の発達への意識的な関わり。そして（2）社会的現象および社会の制御に関する知識の研究と応用

第一の項目は医学と自然科学部門が関わる事柄を意味しており、社会科学と人文学部門がそれぞれ社会的な問題と文化的な問題を扱うことになっていた。少なくとも言葉の上では、ロックフェラー財団はＩＥＢとはまったく別の、新たな方向を打ち出したのである。特にローズは以前、社会科学の支援には完全に背を向けていた[18]。

一九三三年四月十一日の財団理事会に備えて、三月にスタッフの会議が行なわれた。この会議は、ロックフェラー財団が新たな資金援助政策を策定する上で一つの重要な節目をなすものである。財団の役員が提出した周到な報告書には、再編後の財団の目指す目標が、重要な諸分野における過去のロックフェラー社会貢献事業の取り

組みの歴史をはっきりと踏まえて、慎重な配慮の下に並べてあった。この報告書でウィーバーは、自分の計画を、再編ロックフェラー財団の総合的な資金援助政策と関連づけて詳細に述べている[19]。

財団の総括的な狙いを提示するために、メイソン理事長は報告書に「未来の計画の提言」と書いていた。ここで彼は、財団が過去、現在、未来にわたって果たす役割を特徴づけて、「生の合理化を目指す取り組みの促進」と述べた。そして、ロックフェラー財団の役割は人類の進歩に奉仕することだ、と繰り返した後、次のような結びの言葉を置いた。

財団が、長い目で見て人の運命を左右する大本への支援を放棄することは、今日のさし迫った問題にそっぽを向いているのと同じく、賢明な策とは言えません。

このくだりは、メイソンのロックフェラー財団とローズのＩＥＢの主な違いをはっきりと浮かび上がらせている。自分の個人的な感情は別にして、メイソンは財団の理事たちの期待に応えるために、微妙なバランスを取る必要があった[20]。

導入部で全般的な話をした後、メイソンの話はもっと具体的になり、財団の関心領域を限定するために三つの論点を持ち出した。まず第一に、限りのある財団の資金は「幅の狭い前線に投入される」場合にのみ効力を発揮するということ、第二に、資金援助をする分野においてスタッフが「充分高い能力に達している」と思える場合に運営の効率が増すということ、第三に、財団は「他の機関が手を出さない、または出せないような、難しくてかつ決定的に重要な分野を選ぶ」ところに独自性を発揮すべきだ、ということである。この言辞は一九三〇年十月、メイソンが理事長の任命を受けた直後に出した、集中化と専門化の要請の仕上げに当たるものであった。また、おそらくこれは期待されていたことであろうが、この言辞は結局のところ、高等教育全般の促進というローズの基礎科学資金援助の考え方ときっぱり決別することにもなる。こうして、一般的な教育的価値よりも特定の科学上の成果が、資金援助の条件としてものを言うことになった[21]。

メイソンは注目分野として設定するものの中には、「理解を通しての制御という狙いをもつ、人間の行動の問題全般」が含まれるべきである、という意向を示した。前月のスタッフの会議で述べたこととも合致するが、彼はこう書いている。社会科学部門は「社会のコントロールの合理化」に関わるべきであり、一方、医学、自然科学部門は「個々の人間の理解とそのコントロール」の根底に潜む問題に取り組むべきである、と。最初にロックフェラー社会貢献事業の再編が考えられる元になった、組織の肥大化ということを念頭に置いて、メイソンは計画全体の「構造的統一性」ということを強調した。明らかにこれは、いろいろなプロジェクトや個々人の自由裁量権をめぐって、財団の諸部門間で行なわれる、費用ばかり嵩んで無意味な競争の類は容認できない、ということが言いたかったのである。また、メイソンは、科学の諸分野への資金の配分は、財団の諸部門の役員の共同の下に提案すべきである、という意向を述べたが、ここにも上記のような意図の反映が見られる。要するにメイソンは、およそいかなる個々の部門の活動もすべて、財団の総合的な目的と運用基準に厳密に沿う形で行なうべし、という要請をしたのである[22]。

ウィーバーはメイソンの大綱にぴたりと合わせる形で、自然科学に関する報告を作り上げた。そこにはこう書かれている。従来の自然科学資金援助においては、科学者や機関の質のほうが、特定の関心分野そのものよりも重きを置かれてきたが、これからは、その優先順位を逆転したい。これに続けて、自分が選んだ特に注目する領域を明らかにして、その説明を次のように述べる。

> 人類の福利は、人間の自己自身の理解と、その物理的環境に決定的に依存します。これまでに科学は、無生物界の力の解析とその制御において偉大な進歩をなしとげてきました。しかし、生命界の力の解析と制御という もっと微妙、困難かつ重要な問題においては、科学は上記と同等の進歩を成し遂げてはおりません。このことは、

これから生物学と心理学にますます重きが置かれること、また、それ自身が生物学と心理学の基礎となる数学、物理学、化学の特定領域の進展に重きを置くのが望ましいことを示しています。同じく地球、海、空気に関する研究にも重きが置かれることが望ましいと思われます。これらは、人間の発展のための物理的な背景に関する情報を提供するものです。

ウィーバーの言によれば、原子物理学や天文学はロックフェラー財団とは関わりのないもの、ということになる。したがって、上の提案の中にこれら非重要項目は出てこなかったのである。その上、ここで「地球科学」を生物学に比べれば関心度の低い分野として挙げている。その結果、ウィーバーの見解は前よりもよくメイソンの大綱に合うものになった。この過程で、ウィーバーが提案したプログラムはさらに的が絞られ、科学それ自体のための科学の促進ということを許容する度合いは狭められた[23]。

しかし、ウィーバーが財団の理事連からどんな圧力を感じていたかはともかく、彼の言を見れば、彼が少なくとも間接的には自分の事業計画において物理科学にきわめて重要な役割を割り振っていたのは明らかである。彼は物理学を、生命科学よりももっと進んだ段階に来ているものとみなしているばかりではなく、生物学の救済は、より進んだ物理科学から考え方や技法を取り入れることにかかっている、と信じていたのである。メイソンとウィーバーの取り組み方に、この二人の物理学者の生物学への「植民」の欲求を見るべきか、それとも二人に共通な、ウィスコンシン大学での体験に根ざした純粋に異分野提携を志す心情を見るべきかについては、ロックフェラー社会貢献事業の歴史を調べている人たちの間で意見が分かれている[24]。

生物学に物理学の考え方や技法を取り入れることの必要性について論じるに当たって、ウィーバーは高名な科学者たちの言うところに拠った。たとえばその報告において彼は「生物学、生物物理学、物理化学等々の分野で、世界で傑出したおよそ二〇人の実験家たち」のうちから三人の意見を引用している。この人たちは「これから最も実り豊かな発展が見込まれる分野は何か、について生物学研究所（すなわちロックフェラー研究所）から助言を求められていた」のである。生命科学を支援しようと論じるところでも、ウィーバーは前任のローズと同じく物理学を最も基本をなす科学とみなしている。そして、これまたローズと同じく、彼もこれらの事柄については科学者自自身——それも最も著名な科学者たち——から最良の助言をしてもらえるものと信じているのである。[25]

社会貢献事業への新たな取り組みの方針を作り上げるために財団内で然るべき活動が行なわれたのに見合って、一九三三年のロックフェラー財団の年次報告では政策の変更が宣言されている。この全般的な変更の宣言は同じくこの報告で行なわれたヨーロッパ学者特別研究支援資金の報せに比べて格段に注目を惹く。短い序文の中でメイソン理事長は「世界の方々での経済的、社会的、政治的ストレス、国家内でも、国際的にもいろいろな問題を引き起こしているこのストレス」を視野に入れて今回の変更を説明しながら、いくつか前に挙げた要点を再論している。ウィーバーは自然科学資金援助に関わる節において、はじめて二つの「特定重点計画」を持ち出している。すなわち、この節の総序の部分で「生命過程」を主要計画として持ち出し、「地球科学」を脇役として選んでいる。[26]

ウィーバーは上に述べたところを証し立てる形でこの節の内容を作り上げている。すなわち生命過程の計画に入るものとして七件の資金交付を挙げる。そのうち最大のものに当たる三件は、カルテックのトマス・H・モーガン、シカゴ大学のフランク・ラトレイ・リリーが率いる大グループ——フランクの弟のラルフもこの資金の恩恵に与っている——、そして米国学術研究会議（NRC）の性問題研究委員会（これは六〇以上の研究室の性研究をまとめるもの）に回っている。これらの資金交付は皆、生命過程の範囲内から出てきたものであるが、後の二つは新計画ができる前に始まった支援の続きである。さらに付け加えて言えば、地球科学の計画には、たった一つの小規模資金交付があるだけである。総計して、いわゆる特定重点計画には二四万四三〇〇ドルが出されたが、その中にはすでに発足している、生命過程と地球科学のプロジェクトに対する小額の援助資金も含まれている。これと比較して、ヨーロッパ学者特別研究支援資金には一〇万ドルが当てられた。これはフランクとヘヴェシーの、ボーアの研究所への滞在費を賄うものである。ロックフェラー財団の予算のうち、やや自己矛盾をはらむ「前計画（former program）」という標題の下に出された新資金交付は三七万二九五〇ドルに達し、一方「一般計画（general program）」と呼ばれたもの、これは従来の奨学金や研究支援資金から成るものであるが、こちらには二〇万ドルが充てられている。ここで次の点に留意しておく必要がある。上に述べた例外は別として、これらの交付金はいずれも新しい充当に当たるものであること、さらにその上、財団は、新しい資金援助政策が固まる前に発足した、新計画外で進行中のプロジェクトにも支払いを続けたことである。この時点では、ロックフェラー財団がまだ、新たな資金援助政策を十全に実行するに至っていなかったのは確かであり、せいぜい転換期の始まりというところだったのである(27)。

一九三三年夏、ボーアのアメリカ訪問が行なわれたのは、メイソンとウィーバーがロックフェラー財団の理事たちに新たな資金援助政策の案を提示したすぐ後のことである。第3章でも述べたように、この訪問の間、ボーアは主としてドイツからの亡命科学者の問題に注意を集中していた。しかし、ロックフェラー財団内部の議論の進行の様子を見ると、生物学支援の問題が持ち出されたのは、七月十日のボーアとウィーバーの会談の際だ、と考えるのが唯一自然な解釈となってくる。ウィーバーの日記によると、ボーアは研究所に次のような人材を集める可能性を示唆したらしい。

数学、物理学、化学の分野で有能かつ充分素養のある若い人材を集め、ボーアの指導の下に重要な生物学の問題の、何か定量的な側面に注意を向けさせる。

この漠然とした言い方は、はっきりした資金援助の要請を意図したものではないことは明らかである。しかし、漠然としてはいても、ロックフェラー財団が、生物学に対して確固とした実験的かつ定量的な基礎づけを与えることに関心をもっていたことは窺えるのである。ウィーバーの日記の記載には、ボーア側の、見込みのある資金援助のチャンネルは開いておこう、という意識的な方策がどの程度反映しているのか、また、ウィーバー側の、自分の財団の生物学の新計画にボーア級の科学者を引き入れよう、という目的意識のある試みがどの程度反映しているのか、という点については推測の域を出られない(28)。

後に述べたほうの解釈は、ウィーバーが自分の計画の評価について、一貫して一流の科学者を頼りにしたことから裏づけられる。こういう一流の科学者への信頼を、ウィーバーは一九三三年四月の理事会でも口に出して述べたが、翌年三月に行なわれた著名人レイモン・フォスディックとの会談にはこれが一際はっきりと顕れている。フォスディックは、財団には新たな「航海方向」が必要となっているか、ということを検討するために、最近、理事会が任命した「査定委員会」の長を務めていた人である。この会見でウィーバーが行なった、自説の根拠に関する精力的な議論を見ると、彼が著名な科学者の意見に信頼を置いていたこと、また同時に、彼が絶えず、財団内で自分の立場を擁護する必要を感じていたことがよくわかる(29)。

この会見のために用意したメモの中で、ウィーバーは著名な科学者たちからの手紙二〇通のうちから一〇通を引用して、自分の根拠を補強している。これらの手紙は一年前に、ロックフェラー研究所からの懇請により書かれたものである。その第一は当のロックフェラー研究所に属するウィンスロップ・ジョン・ヴァンルーベン・オスターハウトからの手紙である。オスターハウトは生物学を真に定量的な科学にするためには、生物学に関心のある物理学者と化学者を取り込むことが大事だと強調している。そして、そういう取り組みから生じた成果の特筆すべき成功例としてヒューゴ・フリッケが開発した血球の電気伝導度の測定法を挙げている(30)。

フリッケはデンマーク人で、二十世紀のゼロ年代にコペンハーゲン大学で物理学の教育を受け、その後一九一九年にボーアの推薦により、実験分光学を専攻するためにアメリカに渡った。ボーアはこうして、熟練した実験家を共同研究者として研究所に迎えたい、と望んでいたのである。しかしフリッケは一度も故郷に帰らなかった。

その代わりアメリカで、物理科学と生命科学の境界領域の問題を手がける卓抜な研究者となり、とりわけ放射化学に大きな成果を挙げた。このフリッケの件によって、ボーアは早いうちから原子物理学と生物学相互のつながりに気づいたのであった。(31)

オスターハウトもしくはウィーバーがフリッケの、研究所とのつながりを知っていたのかどうかは疑問である。それにしてもウィーバーは、フリッケの事例が、自分の資金援助プログラムの論拠として使う上で充分な重要性をもつことを見て取った。

ウィーバー自身の言うところによると、二番目に引用する手紙は「ロンドン大学の生理学者でノーベル賞受賞者のA［rchibald］. V［ivian］. ヒル［Hill］」からのものである。因みにこのヒルは一九二二年のノーベル医学・生理学賞をオットー・マイヤーホフと分かち合った。その手紙でヒルは次のように熱意を披露している。

物理学と化学の精密な定量的方法を生物学に適用すること。仮想的な生物的過程についてモデルを作るという方向にではなく、現実の生命現象の入念な研究に適用すること。

そして彼は「生物学は物理学と化学における最高の頭脳、第二位ではなく第一位の頭脳を必要としています」と力説している。(32)

三番目の手紙はコペンハーゲンのアウゴスト・クロウからのものである。クロウはロックフェラー財団が一九二〇年代にコペンハーゲン大学に生理学を興す取り組みの一環として支援を行なった人である。彼はこう言っている。

生物学が精密科学として進歩するためには、化学、物理学、また数学のある分野とできる限り密接な接触を保つことが絶対に必要不可欠であることを一瞬たりとも疑うことはできません。(33)

残り七通の「生物学のリーダー界」から来た手紙にも、オスターハウト、ヒル、クロウと同様の見解が見られる。こうしてロックフェラー研究所は、自分のところの——またウィーバーの——見解に対する専門家の支持を得ることに見事な成功を収めた。前に見たとおりウィーバーは、とりわけA・V・ヒルを紹介するところで、この議論は、誰か最高度に高名な科学者が述べたものである点が肝心なところだ、と見抜いていた[34]。

あたかもこの点を補強するかのように、ウィーバーは自分の覚書に高名な生物学者からの引用をさらに四点付け加えている。そして、これらの言は「この数ヶ月間に多少ともたまたま、私の注意を引いたものです」とフォスディックに書き送った。実はこれらはウィーバーが、すでに手許にあったいろいろな文献から寄せ集めたものである[35]。

上記の引用のうち最も短いのは、内分泌学者のロイ・グラハム・ホスキンズの手になる小冊子と、最近ジェイムズ・ブライアント・コナントがハーヴァード大学の総長に選出されたことを報じた『ニューヨーク・タイムズ・マガジン』の記事からの引用であるが、これらは生物科学に化学実験室の技法を導入することの価値を強く主張している。もっと長い引用は二つあり、それはハーバート・ジョージ・ウェルズ、ジュリアン・ソレル・ハクスリー、ジョージ・フィリップ・ウェルズによる大部な近代生物学の一般書からの引用と、生化学者フレデリック・ゴウランド・ホプキンズの一九三三年の大英科学振興協会（BAAS）会長就任演説からの引用である。なかでも特にホプキンズは、物理学と化学が生命科学から強い主導力を奪ってしまったことを嘆いている。もっと大事なことは、ウィーバーがどちらの文献にも、再編後のロックフェラー財団の大目標に完全に合致した自分のプログラムを支持する論拠を見出したことである。すなわちどちらも、改良された生物学が人をコントロールし、ますます複雑化する社会において進歩を確保することの必要性を力説していたのである[36]。

以上をまとめて言えば、四つの引用文はいずれも、ウィーバーが特に注目する二つの重点計画のうちの主要計画について、それ自身の有する価値の点でも、またロックフェラー財団の大局的な観点からも、これを支える論拠を提供するものであった。加えて言うと、ウィーバーはやはり、これらの科学者たちの見解の正当性を保証するものとして、この人たちの威光を頼りにした。たとえばこんな言い方で胸を張っている。

おそらく、最も思い切って積極的な見解を表明されたのは、フレデリック・ゴウランド・ホプキンズ卿です。この方のケンブリッジでの地位、また王立協会と大英科学振興協会両方の会長という地位こそ、この方の科学の能力を証し立てるものです。(37)

自然科学部長に任命されてからというもの、物理学者のウィーバーは特に生物学を物理学、化学、数学を用いて洗練することに力点を置いて資金援助計画を展開してきた。自分の計画は再編後のロックフェラー財団の全体的な目標に合致している、と断言はしていても、やはり財団内で自分の方式を正当化する論を張るには、高名な科学者の言うところを引用するのが有利だと考えた。この点でウィーバーはローズの最高科学を求める路線から一つの要素は残したのである。しかし次第に明らかになってきたウィーバーの政策は、ローズのそれとは違って、はっきりと特定の科学上の成果を目指すものであった。したがって、ロックフェラー社会貢献事業の基礎科学援助政策は、もはやボーアの研究所に見られる歯止めのないコペンハーゲン精神とは歩調が合わなくなってきた。そこで、これから、コペンハーゲンの科学者たちが、ウィーバーの新たな計画に、当初いかなる反応を示したかを見ることとしよう。

新政策とコペンハーゲン科学との出会い

ロックフェラー財団の新資金援助計画の現状がコペンハーゲンの科学者たちに提示されたのは、一九三四年四月八日から十一日までパリ支部のウィルバー・アール・ティスデイルとデイヴィッド・パトリック・オブライエンがここを訪れた時のことである。ティスデイルはボーアよりたった八日年上で、一九一五年にアイオワ大学において物理学で博士号を取った。一九二一年からパリに移る前まで米国学術研究会議の特別奨学金関係の仕事をして、一九二六年にはIEBの特別奨学金の担当者になった。オブライエンはティスデイルやボーアより九歳年下で、一九二〇年にジョンズ・ホプキンズ大学から医学博士の学位を受け、ジョンズ・ホプキンズ病院でフェローとして仕事をした。その後、一九二六年になって、ロックフェラー財団の医学教育部門の助手を務め、一九二九年に財団の医科学部の副部長となった。(38)

この訪問は、ちょうどフランクがコペンハーゲンに到着した時に当たっているが、この訪問でティスデイルとオブライエンはロックフェラー財団の生物学への新資金援助計画で援助を受けるべきプロジェクトの具体的な提案について協議をするつもりでいた。ところが、この二人に会うとボーアは「生物学者たちに理解をもちたいし、また生物学者たちもこちらに理解をもってほしい」という漠然とした希望を述べたのであった。この要望に応えてティスデイルは、若手の生物学者たちの研究所への訪問、またコペンハーゲンの物理学者たちの生物学研究センターへの訪問の支援は、特別奨学金制度の一部として行なえる見込みが最も高い、と言った。この制度は従来と同じ基盤の上に立って維持されていたもので、生物学の新資金援助計画とはまったく別のものであった。これと同じく、ボーアが生物学のセンターを訪問したいという希望も、また「誰か大物の生物学者にボーアのところに来てもらって討論をしたい、という希望さえ」生物学の資金援助計画の枠外で支援ができる、と答えた。(39)ティスデイルの述べるところによると

ボーアは自分が理論物理学の領分で進めているのと同様の活動を考えている。そこで私は、言質は取られないようにしながら、もし何か具体的な計画があって、それが望ましいものと思える場合には、私たちは最終的に

何らかの解決策を講じることができるでしょう、と言った。

そこでボーアは、明確な内容をもつ生物学関係プロジェクトではなく、討論を通して学ぶことに重きを置いた活動を提案した。ボーアの生物学への関心は、ロックフェラー財団の役員に向かって表明する場合にも、無制限の科学討論という形を取るコペンハーゲン精神に則ったものであった。ボーアの一般的な関心の表明に興味をもって耳を傾けながらも、ティスデイルとオブライエンは、それは漠然とし過ぎていて、特定重点計画のうちの主要計画——これはその後「実験生物学」と名づけられた——から全面的な支援を受けるには値しないと考えた。(40)

ティスデイルとオブライエンとの会談の際に、ボーアは、自分の生物学に関する判断には自信がもてないということまで言い出した。そこで、自分が何かあるプロジェクトに関わりをもつ前に「モーガンや誰か他の生物学者（ハルデンも含めていいと思うが）」に相談してみたい、と考えた。ボーアはこの前年のアメリカ訪問の折に有名な遺伝学者トマス・ハント・モーガンと知り合った。会談の報告の続きによれば、ティスデイルとオブライエンはボーアの率直な生物学者としての自己評価に同意を表明したという。そしてボーアは「本物の熱意を奮い起こしたが、それは生物学の、まことに貧弱な知識に基づくものであった」と書かれている。この二人の財団役員が、ボーアの生物学の専門知識から感銘を受けることがなかったのは明らかである。(41)

二人はこういう厳しめの判定を下しており、また実際、ボーアの提案は漠然としたものであったが、それにもかかわらずティスデイルとウィーバーのどちらもボーアが示した生物学への関心には大いに乗り気になり、それがさらに先に進むところをぜひ見たいという気持ちになった。そのためティスデイルはストックホルムに行って、モーガンが六月の第一週にここでノーベル賞講演をする予定と知ると、この情報をボーアに伝え、「他からはお耳に入っていない、願ってもないチャンスです」と言った。さらに、ニューヨークにいるウィーバーにボーアとの会談のことを報告する中で、ティスデイルはこの上司に、前の年にウィーバーがボーアと交わした議論が「蒔

いた種が芽を出して、横枝も出てきたらしい」と報せている。事実、ティスデイルはこう書いている。もしもボーアが

> モーガンと話し合った後、その熱意が、D・P・オブライエンや私と話した後と同じように高まるなら、ボーアは、この問題に真剣に取り組むという提案を一九三五年の夏、日本から帰るまで待ちたくないと思うようになるでしょう。

ここでティスデイルが言った日本への訪問とは、実は一九三七年になってやっと実現した世界一周旅行計画の一環をなすものであった。とにかくロックフェラー財団の役員らは、ボーアの生物学への関心を認めただけではなく、ボーアに、財団の全般的な新方針に沿う形で申請を出してもらいたい、と強く望んでいたのである。これはウィーバーが自分の計画を推進するやり方からも予想がつくと思われるが、ボーアの威信は依然として無くてならないものであることは明らかであった。しかし、プロジェクト志向の新政策の下では、支援を受けるためには、それだけで充分ということにはならなかった[42]。

ティスデイルが書いたボーアとの会談の報告への返事で、ウィーバーは、今も変わらぬボーアの特色の重要性をはっきりと指摘した。ティスデイルは報告の中で、もしもボーアが援助を受ければ、ボーアもロックフェラー財団も「単なる物理学者や数学者が生物学の分野に何事かを付け加えることができる、と考えたかどで」生物学者からの批判を免れない、と書いた。そして自分もすでにその種の「たいへんやんわりした」批判を耳にしているが、しかしそれは、自分には「何の抑止効果ももたなかった」と語気を強めた。これに対してウィーバーは直ちにこう答えた。

> たしかに旧式な保守派の中には、ここに提案された（ボーアの生物学への関心に経済的援助をするという）展

開を幾分いぶかし気に見る向きもある、というのは間違いないでしょう。しかし一方、ボーアの傑出した地位が我々を、何であれ窮地に陥るところから守ってくれることになると思います。

要するに自然科学部長は、ボーアの科学上の権威が、この提案計画の生物学の観点から見た正当性と少なくとも同等の重要性をもつ、と言いたいのである。ウィーバーの科学者の威光への信頼感は、かつてないほど大きくなった。ところが、この信頼感はボーアにうまく伝わらなかったようである。ボーアは相変わらず、明確な内容のプロジェクトよりも一般的な問題のほうを好み、生物学者を気取るのは気が進まない風であった。[43]とは言ってもボーアは、ロックフェラー財団の担当者の訪問の後にも財団との接触を保つように心がけた。訪問を受けた二、三日後にもう、ボーアはティスデイルに宛ててこう書いている。

ロックフェラー財団の新しい大事業計画を知って大いに関心をもちました。原子物理学の研究で必要とされた理論的な洞察が、どうにかして生物学の分野でも役立つようにするお手伝いができるなら、それは私にとって間違いなく喜ばしいことです。そしてこの点で、あなたの提案の一部にはまことに心をそそられます。この件でもっと考えが進んだら、またお手紙を書きます。

ボーアが自分の選択の余地を残しておきたかったのは明らかである。何らかのプロジェクトを設定することに対するボーアの慎重な姿勢を見ると、ロックフェラー財団の役員がボーアに、自分たちがどういう点でボーアに関心をもっているかをわかってもらうのに、大いに苦心した様子が目に見えてくる。この意思疎通の問題はなかなか解消せず、ボーアが具体的な内容の提案を出した後、ボーアとロックフェラー財団の間で続けられた協議の際にもはっきりと顔を覗かせている。[44]

ティスデイルとオブライエンはコペンハーゲンにいる間に、アウゴスト・クロウとも何度も会って話をした。

クロウはコペンハーゲン大学の動物生理学研究所の所長で、この研究所は、前にロックフェラー社会貢献事業からの支援を受けて設立された所である。このロックフェラー財団の役員らは、クロウの仕事はきっちりと生理学の範疇に収まるものであり、したがって財団の新事業計画には合わない、と記している。ロックフェラー財団がクロウの仕事の資金援助に関心を示した形跡は何もない。その上、クロウの助手のパウル・ブラント・レーベルクが、財団には、クロウを教える仕事から解放して上げられるように――クロウはこの仕事をはなはだ嫌っていた――援助する意向はないか、と尋ねると、答えは即答で否であった。(45)

クロウとの面談の終わり際にティスデイルとオブライエンは次のような質問をして、ロックフェラー財団の本当の関心の在り処を示した。それは前にロックフェラー研究所がクロウに尋ねたのと同じような内容の質問である。

化学と物理学の分野を、もっと効果的に生物学に持ち込むにはどうしたらよいか、ということについて何かお考えはありませんか、とクロウ氏に尋ねました。氏は、それはたいへん大事な質問だが、もっとよく考えた上で、手紙か口頭でお答えしたい、とのことでした。

例によって、この二人のロックフェラー財団役員は、特定のプロジェクトを設定してもらうためにクロウにこの質問をしたのであった。クロウは前に書いたロックフェラー財団への手紙で、物理学と化学を生物学に用いることへの賛意を表明してはいたが、ボーアと同じく即座に何か特定の提案を持ち出すことはできなかった。実際クロウの応答の仕方を見れば、出された要請には、まったく何の用意もなかった様子が窺える。もっと時間の余裕がほしい、と言うことによってクロウは、ロックフェラー財団の考え方には大筋として自分も賛成であることを示した。当然クロウにしても、ロックフェラーの資金援助が受けられるチャンネルは開いておきたかったのである。(46)

さて、この時、ヘヴェシーはコペンハーゲンに移る準備に取りかかっていた。事実、ティスデイルとオブライエンは日録にこう記している。ヘヴェシーは「アパートその他の滞留先を探すために、ここ数日、コペンハーゲンに来ている」。ほんの数ヶ月前にヘヴェシーは、一九三〇年の末にフライブルクで受けることになった支援は、おそらく他の場所に持ち越すことはできない、ということを知った。ヘヴェシーの支援に対するこの姿勢は、たった一年前にロックフェラー財団が言ったことと大きく食い違っている。その時は、ヘヴェシーが自分に回される金——まだ一万七〇〇〇ドル近くも残っていた——をゆっくりと慎重に使っていることを是認する風であった。しかし、一九三三年十月半ばにローダー・ジョーンズがヘヴェシーの問い合わせに応えて請け合えたことは、「ブレンステズの研究所にはない、きわめて高度の専門性をもつ装置に対して、ごく限られた額なら……可能性がある」ということに過ぎない。翌日、ヘヴェシーがボーアに報告したところによると、ジョーンズは、ボーアが出した亡命物理学者ジェイムズ・フランクの研究費の申請を、ヘヴェシーに同様の援助を出すのを断る理由として使っている。この同じ手紙でヘヴェシーは、自分へのフライブルクの支援金の残り一万七〇〇〇ドルをそちらに持ち越せる見通しは覚束ない、と述べている。してみると、実際問題として財団は、すでに放棄した資金援助政策に基づく支援を無効にするための手立てとして、ヘヴェシーの移動を利用したわけである(47)。

ティスデイルとオブライエンは一九三四年四月、ヘヴェシーがコペンハーゲンにいる折を利用して彼と会談をもった。ヘヴェシーは、ロックフェラー財団が自分のフライブルクでの支給の当地への持ち越しを渋っていることをはっきりと挙げて、コペンハーゲンには装置がないために自分のX線の研究ができない、とこぼした。この研究は、フライブルクでの彼の主要課題となっていたのである。それに代わるものとしてヘヴェシーは、最近行なわれた誘導放射能の発見は何か生物学とのつながりをもつのではないか、という示唆をした。そしてこの分野では、フライブルクよりもコペンハーゲンのほうが実りある共同研究ができるのではないか、という希望も表明した。ティスデイルとオブライエンの会談の報告は次のように続く。

物理学の新たな発展によれば、ほとんどどんな金属にも短時間の間、放射能をもたせることができます。（ヘヴェシー氏が）望んでいるのは、これらをトレーサーとして使えば細胞組織の中のその元素の分布を、組織に放射能の害を与えずに追跡することができるのではないか、ということです。もっと安定な形の放射性化合物を使うと放射能の害を与える恐れがあるのです。

例によってヘヴェシーは、自分の放射性トレーサー法を生物学の問題にも用いるために、実験核物理学における新たな発展を利用しようとした。しかし、ヘヴェシーは楽観的な予想をしているが、実は生物学において中心的な役割を果たすような放射性同位体はまだ見つかっておらず、会談の際にヘヴェシーが具体的に挙げた案についても、論文が出てくる見込みもなかった[48]。

ところで、日録の記載には出てこないが、ヘヴェシーはこの時すでに、重水素を非放射性トレーサーとして使うことに着手していた。したがって、彼の具体的な研究の見通しは楽観的過ぎたとしても、彼の議論の大筋は見込みのあるものであった。その上、彼の具体的な実験計画の提案は、これまでにボーアやクロウが提案した何にも優って、ロックフェラー財団の生物学の資金援助計画に合致するものであった。

ところがヘヴェシーは、二人のデンマーク人の同僚とは違って、自分のアイデアを推し進める方向に奨励を受けることがなかった。実際、ティスデイルとオブライエンは、日録にヘヴェシーの言うところを単なる事実として記すのみで、全然、生物学の資金援助計画に結びつけて考えてはいない。加えて四月の末に、ティスデイルはニューヨークのウィーバーに手紙を書いて「（ヘヴェシーの仕事は）（生物学）プログラムの範疇には入らないにしても」小規模の研究援助はしてもよいのではないか、という意見を表明している。また、ヘヴェシーのフライブルク向けの援助は、ヘヴェシーがはっきりと転用を希望しているが、やはり失効すべきものである、と認めている。二人のロックフェラー財団役員が、最近職を追われたばかりのヘヴェシーが出した具体的なプロジェクトの提案よりも、ボーアやクロウのような既設の研究所の所長の口から出た漠然たる関心の表明のほうを重要視したのは明らかである。(49)

新政策の確立

一九三四年四月、パリの役員がコペンハーゲンを訪れた時には、ロックフェラー財団の自然科学資金援助政策は、まだ策定中の段階であった。たとえば自然科学と医科学に対する政策は、依然として密接にからんだものとみなされていた。一九三三年十二月の理事会に、ある役員が出した報告では、両者のプログラムが一つの項目にまとめて提出されている。理事会では、この報告の内容は承認したが、その査定委員会を置く必要がある、という判断を下した。(50)

フォスディックの委員会が自然科学関係の事項を検討する際には、専門家を集めた小委員会がそれを助ける仕組みになっていたが、この小委員会は、フォスディックの目には、見当はずれの提案ばかりする、と映っていた。小委員会の提案で、後々まで有効となったものが一つだけある。それは、自然科学部門の生物学資金援助計画の名前を「生命過程」から「実験生物学」に変える、というものである。(51)

もっとフォスディックの役に立ったのは、彼が前から助言を懇請していたデイヴィッド・エドサルから来た手紙である。この人はハーヴァードの医学部長で、ウィーバーの計画を支持する積極派のロックフェラー財団理事であった。エドサルは医科学プログラムの芳しからぬ側面を具体的に挙げた上で、過度に急な成功を夢見て、特定の方向に強引に突っ走らないほうがよい、と忠告してきた。フォスディックはエドサルの批判をウィーバーに結びつけて考えたが、ウィーバーや他の役員が自分で決定する力を殺ぐようなことはしなかった。その代わり各部長たちに、自分の批判力を行使して、より良い効果が出るようにせよ、と促した。その結果、自然科学部門と医学部門の間の関係は前よりゆるくなって、ウィーバーは、生物学の研究に数学、物理学、化学を導入する、という自分が定めた目標に専念しやすくなった。[52]

ウィーバーが提案した計画に合わせて、フォスディックの委員会は実験生物学というものの定義を「生命体の仕組みと反応の研究に対する実験的な手段の適用」と定めた。さらにその上、その報告では、ウィーバーが前に生物学と相補う形で提案した、地球科学の計画は廃止するよう勧告している。この勧告は、その後実行に移されたので、ウィーバーの計画はますます専門化の度合を強めることになった。そして一九三四年の暮れには委員会の最終報告が出され、この時点でロックフェラー財団の自然科学の資金援助の目標は充分明確になったのである。[53]

ロックフェラー財団の一九三四年の年報から、この変化が実質的に何を意味するものであったか、を窺うことができる。その前の年にも、メイソンが序言で述べているが、ここでもメイソンは財団の取り組みの継続的な縮小を強調している。それは、一部は経済情勢のためである。ウィーバーのほうは、自分の担当の「自然科学」で、的を絞る必要について繰り返し述べている。ウィーバーは、財団のヨーロッパ向け特別奨学金と研究援助計画はこれまで間口を広げていたが、これからは全面的に、彼が実験生物学と命名したものに向けられることになろう、とまで宣言しているのである。彼はこれを唯一の特定重点計画として持ち出しており、地球科学はその前に削除されていた。この計画で、資金援助を受ける項目の数は増えたが、その規模は縮小している。すなわち二一項目の資金援助があるが、その平均額は一万三五〇〇ドルをちょっと越える程度に減っている。特定の研究領域のプロジェクトにますます力点が置かれるのに伴って、資金援助は題目による分類がなされている。すなわち遺伝学、物理化学的生物学、生理学と内分泌学、定量的生物学である。NRC（米国学術研究会議）の性問題研究委員会が最高額（八万ドル）を受け、二、三の研究機関は、実験生物学計画が定められる前に始まった研究に対する資金援助を引き続き受けることになった。このうち、スウェーデンのウプサラ大学は、唯一アメリカ本土外で援助を受けたところであり、他にシカゴ大学とカルテックがある。カルテックの研究はライナス・ポーリングが仕切っていた。[54]

しかし、このような継続措置は通例ではなく、むしろ例外と言うべきである。最高の金額を受けたものの一つとして、ニューヨーク市のコロンビア大学で、ハロルド・ユーレイの下で行なわれた重水素の生物学的効果に関する研究がある。年報によれば実験生物学と定量的生物学、また一九三四年と一九三五年の特別奨学金と研究援助資金も含む特定重点計画には五二万八八五〇ドルが出されている。これに比べて、相変わらず「前計画」と銘打たれた部分が受けたのは九万三六〇〇ドルである。「一般計画」は四二万八七六〇ドルにも達しているが、この大部分は学術関係の出版の支援で、研究そのものの支援ではない。絶対額で見ても、また他との比較の点から見ても、実験生物学計画はかなり優位に立っており、内容も明確になっている。[55]

一九三三年と一九三四年にロックフェラー財団は財政危機に見舞われたが、それが自然科学部門でさらに独立、重点化した資金援助計画の発展を促すことになった。ウィーバーの元々の計画は、研究機関への給費や特別奨学金の給費を行なうに当たって、財団側の担当者に細かい管理や専門的知識を要求しないようにする、というものであった。しかし、新たな経済状態においては、そういうやり方は浪費とみなされるようになった。今や、大部分の支援は特定のプロジェクトに向けられるようになった。そうなると財団側の担当者も高度の科学的専門知識をもっていることを示すことが要求される。こういう支援は、額が嵩みすぎると思われた、もっと規模の大きい研究機関向け支援に比べても、また、ばらまき過ぎになり勝ちな、もっと小規模の一般的目的への支援に比べても、より適切なもの、とみなされた。[56]

支援先の特定化は一九三五年にも続けられて、この年、実験生物学プロジェクトへの割り当て額はほぼ二倍の九九万二九五〇ドルに達したが、ヨーロッパ学者特別研究支援資金はたったの一万四六七五ドルに留まった。「一般計画」はもう割り当てリストの見出しには出ていない。一〇〇万ドルを少し越える額が「前計画」の名の下に出されてはいるが、このうち丸々一〇〇万ドルは、ある一つのプロジェクトを終結させるために使われている[57]。

フォスディックの査定委員会の一九三四年の報告では、次のように力点の置き方の変化が明記されている。「純粋科学の拡張という路線から、各分野内である特定の目標に向けての重点化という路線へ……すなわち、ある意味でローズ博士の計画をくつがえすもの」。ロックフェラー社会貢献事業の自然科学支援の歴史を調べている歴史家中のぴか一、ロバート・E・コーラーは、ウィーバーを自然科学部門の初の大物支配人、そのプログラムを、基礎科学研究を望む方向に導こうとする先駆的な試み、と評しているが、なかなか穿った見方と言うべきである。ローズの資金援助政策は教育的な理想に基づくものであった。それに代わって今や、特定の重要な科学的成果を出すことを求める政策が台頭してきた。そして事実上、一九三五年には、実験生物学に的を絞った資金援助計画への転換が完了したようである[58]。

一九三四年には、実験生物学向けの補助金のうちヨーロッパに行ったのは一件だけであったが、一九三五年になると、三六件のうち九件もがヨーロッパの研究機関に当てられている。ヨーロッパへの充当の割合は第二次大戦までこの水準を保った。一九三五年の年次報告で、実験生物学の支援の筆頭に挙げられているのが、コペンハーゲンのボーアの研究所に向けたもので、これは金額でも三番目に当たる。コペンハーゲン精神の流れを汲む研究は、プロジェクト指向の研究とは相容れないものである上に、生物学よりはむしろ物理学に向けたものであったから、このことはちょっと意外なことと思われるかもしれない。実際、ことによるとユーレイは別として、それ以外の多くの、ロックフェラー財団の実験生物学計画の支援を受けた個人や研究機関のいずれもが、ボーアやその研究所とは、ほとんど、もしくはまったく関わりをもっていなかった。したがって、この時にもボーアは、ロックフェラー財団の生物学への支援計画は、自分の生物学への関心も含めた自身の研究活動への支援としては、あまり相応しいものではないと思っていたのではないか、とも考えられる。しかし、実は、ボーアは実験生物学計画に対して、自分の研究所へのかなり多額の経済的支援を申請する決定をしたのである。そこで、これから、どうしてこういうことが起こったのかを考えてみるとしよう[59]。

コペンハーゲンの実験生物学計画

前に述べたように、一九三四年四月のティスデイルとオブライエンのコペンハーゲン訪問は、フランクの到着と時を同じくして行なわれた。その次の、ボーアとロックフェラー財団役員との会談で記録に残されているものは、フランクとヘヴェシーが率いるプロジェクトが発足してから数ヶ月後に行なわれた。すなわち十月二十九日にティスデイルがコペンハーゲンでボーアに会っている。これはヘヴェシーが、フェルミの希土類の試料を送ってほしいという頼みに断りの手紙を書いてから三日後に当たり、またフランクが友人のマックス・ボルンに原子核の実験的研究のはかばかしくない進捗ぶりを伝える手紙を書いたちょうど当日に当たる。前回の四月の会談の後、実験生物学計画に関するボーアの考え方には一つの大転機が訪れていた。ティスデイルの長い日記ノートを見よう。

四月、私がボーアに物理学ないしは理論物理学の分野を生物学に持ち込む可能性について話をして以後、**N・ボーア**がどんな方向に考えを進めたか、ということに関する話し合いをした。あの当時は、ボーアの関心は主に哲学的な面に向けられていたが、ここ数ヶ月というもの、今の時点で何か特定の問題に関わってもっと有効な仕事ができるのではないか、と感じるようになってきた。コペンハーゲンに**フォン・ヘヴェシー**がいるために、ボーアは**クロウ**、**フォン・ヘヴェシー**と自分が共同して取り組む問題を取り上げる決心をした。ボーアらは、ラジウム研究所（すなわちラジウム・ステーション）と、間を置いて一グラムの何分の一かのラジウムの貸付を受ける協定を結んでいるが、これはたいへん不満足な協定で、ラジウム研究所とのより良い協同関係は望めそうもない。そこでボーアは人工放射能を作り出す高電圧装置を据え付ける決心をした。それによって放射能をもつようになった元素を用いて、クロウ、フォン・ヘヴェシー、ボーアはこれらの元素が関係する過程を同定する、という三者共同の問題に入って行くつもりでいる。クロウは、四月には続けるつもりだと言っていた仕事をすべて投げ出してしまい、フォン・ヘヴェシーとボーアとの共同の仕事ができる見込みに大変な熱の入れようである。もちろんフォン・ヘヴェシーも意気が上がっている。そしてボーアは、春を過ぎたら、この生物学に関連した興味ある問題にますます多くの時間を取りたいと思う、と言っている……

三人の提案は、まず重水素、次いで食塩を用いて仕事にとりかかり、その際、初めは人工的に作った膜を使い、次に身体の膜のうち最も非浸透性と思われる膀胱膜を、そしてやがては細胞壁にまで至る、というものである。[60]

コペンハーゲンの科学者たちが、以前、生物学関係の研究についてロックフェラー財団に行なった、まったく別種の提言を修正すべく、真剣な努力をはらったのは明らかである。財団が、自身の実験生物学計画のために是非とも抱き込みたいと望んだ科学者、ボーアは、生物学への哲学的で議論指向の取り組み方から、応用的でプロジェクト指向の取り組み方にすっかり転向していた。今、彼はロックフェラー財団の新しい計画にすんなり適合するような提案を作り上げた。その際、ボーアは、物理学の技法を拡張して生物学の問題に用いる、というヘヴェシーの計画に自分のお墨付きを沿えることによって、生物学の研究に相当な資金援助を得るための土台作りをした。その上、この提案のプロジェクトは、まさしく高価な高電圧――当時の用語で「ハイ・テンション」――加速装置を要するものであった。この装置は、核物理学の研究に本格的に取り組むには、なくてならないものである。実際、第3章で見たように、この半年前、ヘヴェシーはボーアの承認の下に、この種の装置の入手について英国メトロポリタン－ヴィッカーズ社に相談を持ちかけている。

どうやらボーアは、ロックフェラー財団の新資金援助計画を、自分の研究所で、核物理学に対する野望を実現するための一つの手段と見ていたようである。ボーアの実験生物学計画に対する取り組み方は、一九三四年の四月から十月にかけてがらりと変わったのであるが、このことは、ボーアが自分の研究所を核物理学の研究に向けて方向転換しようと決心したのが、ジェイムズ・フランクの到着のすぐ後である、という第3章で出した結論の裏づけとなるものである。生物学に関する判断には自信がなかったことでもあり、ボーアはクロウの浸透性問題を、今回提案したプロジェクトの骨子をなすものと位置づけた。コペンハーゲンの科学者たちのさまざまな実験生物学への関心のあり方は、ボーアの提案の下に一つにまとめられた——ここでボーアが総括的なリーダーシップを取り、ヘヴェシーは実験的技術を、クロウは生物学的な洞察を受け持った。

どうしてアウゴスト・クロウがこのプロジェクトに関わりをもつようになったか、ということについては、はっきりしたことはわからない。クロウが一九三八年に書いたものの中に、自分の研究所で「重水を用いる研究が、ボーアとヘヴェシーのイニシャチブの下に始まった」とあり、また、「自分もこの線に沿う研究に加わってほしい、と頼まれたのはまことに有難い」と思った、と記されている。一方ヘヴェシーは、クロウの参加の起源について、一九五八年に次のように回想している。

> 一九三四年の秋にコペンハーゲンに戻った時のことですが、私が到着すると、すぐに、アウゴスト・クロウが私を訪ねて来ました。クロウは自分の浸透性の研究にラベル付きの水を使ってみたいと言うのです。

一九三六年九月十日、クロウはある所での挨拶の中で「ヘヴェシー教授とつながりができ、またそこからさらにボーア教授ともつながりができたのは、この上ない幸運」だった、と述べている。これは、第1章で述べた、ボーアとクロウは、その前には学問の上でも、私的な面でも全然付き合いがなかったのではないか、という観測を裏づけるものである。この共同事業に最初に手を出したのが誰であったにしろ、とにかく以上の引用からわかることは、ヘヴェシーとクロウはがっちりと手を結んだのに対して、ボーアはこのプロジェクトに実際に手を出すことから一歩距離を置いていた、ということである[61]。

ティスデイルはボーアと話した日に、クロウとも会って話をした。この会談でクロウは浸透性の問題こそ、今度のプロジェクトにおいて研究の中心テーマになるべきものだ、と繰り返し述べた。これを見ると、今度の協同の事業計画において、生物学関係の専門的な知識を提供したのはクロウだ、という印象を受ける。ところが、ティスデイルの日記には、ボーアもクロウもまだ、ロックフェラー財団の実験生物学計画に具体的な提案をする用意ができていない、と記されている。してみるとボーアは、ロックフェラー財団の実験生物学の要請に対する姿勢をがらりと変えたとは言っても、まだ、生物学の特定のプロジェクトを立ち上げることには慎重だったのである[62]。

ボーアとクロウの生物学の問題の提言には厳密さが欠けていたが、これと対照的に、ボーアとヘヴェシーは、必要とする高電圧装置の種類について正確に詳述した要求を出した。「仮にボーアが新しい人工放射能装置を入手するとしたら、今度は放射性物質についても同じようなことをやるだろう」とティスデイルはクロウとの会談の報告書に記している。数日前のこと、ティスデイルとオブライエンがストックホルムに来た際に、そこで二人と会談をもったヘヴェシーはその場で、メトロポリタン－ヴィッカーズ社の代表の見積もりでは、適切なものを据え付けると二〇〇〇ポンド（九九〇〇ドル）かかる、という話を持ち出した。ヘヴェシーはその前にティスデイルに、この額の半分はデンマークの財源が賄うという約束ができている、と伝えていた。ボーアもコペンハーゲンで同じ話をした[63]。

いずれ述べることであるが、ボーアがこの資金についてデンマークの機関に正式に申し込みをするのは、この一ヶ月後のことである。しかしボーアは、ロックフェラー財団から実験生物学計画とは別枠で更なる援助を受けるための口実として、まだ不確かなこのデンマークの追加援助を早速利用した。ボーアには資金調達の才もあったことがここに現れている。第3章で述べたように、一九三三年の秋、ボーアはロックフェラー財団のパリ支部

アウゴスト・クロウはボーアが提案した実験生物学計画において，生物学関係の専門知識を提供する役を果たした［ボディル・シュミット・ニールセン提供］

から装置の費用の支援を受けた。これには、新築の数学研究所の提供により、用地が拡大したことが絡んでいる。一九三四年十月三十日の会食の際、ボーアはティスデイルに、ドルがドイツ・マルクに比べて下落しているので、今回寄贈を受けた額では不足するとわかった、と話した。ティスデイルの日記は続く。

ボーアは、この仕事を完遂するためにRF［ロックフェラー財団］に頼り切らないことに幾分負い目を感じている。しかし、また一方、彼の言うには、上記のようなクロウと組んで行なう物理学と生物学の共同問題に取り掛かりたいと望むならどうしても人工放射性物質を生成するための高電圧装置が必要になる。そして、カールスベリ財団かどこかが、この三人の重要人物が関わっていることに鑑みて、およそ一〇万デンマーク・クローネ（二万二一〇〇ドル）をこの共同研究に出すつもりがあることもわかっている。ところが、もしここで、液体空気装置の完成のために、デンマークの財源に二〇〇〇ドルを頼むと、話がこんがらかって全部台無しになってしまうのではないかと思う、とボーアは言う。

もちろん、ロックフェラー財団から追加の資金援助を受けるなら、実験生物学計画がらみでなくてはならないことは、ボーアにもよくわかっていたので、ボーアはその申請を出した。その作戦は効を奏して、十二月の中旬にティスデイルはボーアに、パリ支部が、前年に要請のあった装置の支払いの完了のために追加の額を支給することを決定した、と告げた。(64)

内部記録を見ると、ロックフェラー財団の役員たちは、実験生物学計画の中で申請された新しい高電圧装置は二股かけて使われる見込みであることに充分に気づいており、またそれを支持もしていたことがわかる。実際、ティスデイルは十一月中旬にウィーバーに宛ててこう書いている。

ここの研究用に人工放射性物質を作り出すのに必要な装置を手に入れるとなると、どうしても［アーネスト］

ローレンス型、［ロバート］ファン・ド・グラフ型、［ジョン］コッククロフト型、いずれかの高電圧装置ということになります。もちろん、この装置は、今度の共同研究のために放射性物質を作り出す、という目的にのみ役立つわけではなく、物理学の観点に立てば核物理学の研究もできることになり、また必要とされる生物学的な側面のためにも使われることになるでしょう。

上の三種類の装置を本書では次のように言っておこう。まず初めはサイクロトロン、これは共鳴加速を利用するもので、高電圧を必要としない、次は静電ベルト式起電器、その次は電圧増幅回路、もしくはもっと広く高電圧装置、と言うべきものである。これらの装置はそれぞれ、ティスデイルの手紙が挙げている科学者三人が開発したものである。実験生物学計画でけ、この装置は生物学の研究に用いることになっているが、ロックフェラー財団は、それが研究所において基礎物理学の問題にも使われることに反対はしていない。ウィーバーにしてみればおそらく、この資金援助が間接的に純物理学の一流の研究にも役に立つなら、それこそ本望だったであろう(65)。

ボーアが共同研究の提案を作り上げると、ロックフェラー財団側の、実験生物学計画に関するクロウの評価はがらりと変わった。ここでティスデイルは、教える仕事から解放してほしいというクロウの要望を再考する気になった。ティスデイルはウィーバーに書いている「これについて［四月には］色よい返事をしなかったので、もうあちら側でもそれは考えなくなりました」。今度、立場を変えたことの説明としてティスデイルが強調するのは、クロウが四月に提案した研究計画は「一切水に流して、ひたすらボーアとフォン・ヘヴェシーとの共同研究に身を投じるつもりになっている」ことである。ウィーバーはティスデイルからの手紙の返事で「クロウには生物学者たちにも充分な影響力があるのか？」と尋ねた。と言っても、もちろんこれは、ウィーバーとしては形だけの問いに過ぎない。と言うのは、ウィーバーもクロウを教える仕事から解放すべきだ、というティスデイルの意見に支持を表明しているからである。ロックフェラー財団の役員が、ここでクロウに関する財団側の判定をひっくり返したところを見れば、彼らが、名高い物理学者が自分たちの新技術を生物学に用いようとして立てた計画や考えのほうを、純生物学的ないしは生理学的な議論以上に信頼していたことがわかる(66)。

一九三五年一月、ハリー・ミルトン・ミラーという、また別のロックフェラー財団の役員がコペンハーゲンを訪れた。ミラーはこの時三十九歳で、一九二三年にイリノイ大学から動物学でPhDの学位を受けている。一九三二年にロックフェラー財団のパリ支部に加わる前は、セントルイスのワシントン大学で教えていた。ミラーは、自分の予期に反して、ボーアとヘヴェシーが生物学プロジェクトの成案を少し変えていることを知った。ミラーの日記には、二人が「P（リン）などの人工放射性物質を使って、身体の中でそれが辿る経緯を追跡するつもりだ、ということをいやに強調している」と記されている。このリンの同位体は、同じ年のもっと前の時期にヨハン・アンブローセンが調べており、たしかにコペンハーゲン・グループが最初に生物学の研究に役立つと認めた人工放射性物質となるのである。その上、クロウの浸透性への関心は、この共同の生物学プロジェクトの前の案では目玉となっていたものであるが、この時のミラーの日記はそれに一言も触れていない。それに代わって、今、このプロジェクトは、一〇年前にはじめてコペンハーゲンで練り上げられた、ヘヴェシー独自の生物学構想の観点から作られており、諸元素が「身体中で辿る経緯」に関するものとなっている(67)。

今、ヘヴェシーは、これまで自分の放射性トレーサー法に用いていた物質のどれにも優って、生物学で重要な意味をもつ一元素の放射性同位体に触手を伸ばしていた。そのようなわけで、ヘヴェシーもボーアも生物学プロジェクトを立ち上げるに当たって、クロウが選んでいた比浸透性の問題に頼るつもりは、あまりなかったのではなかろうか。やはり本物の生物学者の専門的知識を必要としてはいたが、財団の判定には、たとえば自分のような高名な物理学者による評価が特別大事な役割を果たすこと、また、現実の生物学的な内容よりも、物理学の技法を将来適用できる見込みのほうがもっと重要視されること、などがボーアにはますますよくわかってきたらしい。

一流の物理学者の評価には特別留意しながらも、ロックフェラー財団は、ボーアの元来哲学志向の生物学への関心は支援にはそぐわない、と考えており、それと、財団が積極的に促進しようとしていた実験生物学の類との区別は絶えずつけていた。ボーアがこういう関心をずっと保持していた、ということを第2章で述べたが、これについては特に、ボーアの年下の同僚でボーアの崇拝者でもあったマックス・デルブリュックとの間に交わされた手紙が裏づけになる。持ち前の、生物学の問題に関する哲学志向の議論への興味に駆られて、ボーアはミラーにこう尋ねた。デルブリュックとヴィクトール・ヴァイスコプフは——二人はこの時も、この後も実験生物学プロジェクトに関わりはなかった——ボーアがここで「生物物理学計画」と呼ぶものの一環として特別奨学金を受けることができるか、と。ミラーの日記によると、ボーアは「[実験生物学計画]によって支給される」五年間の支援を受ければ、自分のほうでそういう金は出せる」ということで合意が成立した、という。こういう次第で、高名な物理学者に財政援助をすることに熱意はあったが——また財団が判定を下す際にもこの人たちを大いに頼りにもしたが——ロックフェラー財団の役員たちは実験生物学計画に合致するプロジェクトにのみ支援を続けたのである。[68]

カールスベリ財団の核物理学への支援

前にも触れたことであるが、ロックフェラー財団はこの時、コペンハーゲンの実験生物学計画に、五年間にわたる支援を考えていた。ボーアも、以前、ミラーとこの時程について話し合っていた。ボーアは、前は、この全期間に対して四万ドルが必要と見積もっていた。しかし、今やこの額は多すぎると考えるようになった。ミラーは日記に、ボーアは「生物物理学の研究に対してRF［ロックフェラー財団］から［毎年］五〇〇〇ドルを四年ないし五年にわたって出していただければ大変ありがたい」と言った、と記している。要請額が減った理由をボーアは、前に予期した以上に別のところからの支援が受けられそうだから、と説明した。[69]

おそらく、この時ボーアの頭にあったのは、コックロフト－ウォルトンの高電圧装置を備える新設の高電圧研究室への、カールスベリ財団からの支援であった。これは、この時の会談の中で、また別のところでも挙げられている。先ほど述べたように、ボーアは一九三四年十月、こういう支援を受ける可能性をティスデイルにほのめかしている。この時彼は、ロックフェラー財団から実験生物学計画の枠外で装置への追加支援を出してもらう相談をするのに、そのデンマーク側からの支援の見込みがあることを利用したのであった。さらに、一九三四年十一月には、ティスデイルに宛ててこう書いている。

> ごく近いうちに、カールスベリ財団から、高電圧研究室計画に対する支援について、色好い返事を受けたことをお知らせできると思います。この高電圧研究室は、我々の原子核研究を拡張するためにも、また、この分野で生物学者と共同研究を行なうためにも必要になるものです。

これに続いて、カールスベリ財団が決定を下した後で、ロックフェラー財団に必要なものの詳細を提出する、と述べている。一週間後、ボーアは、短期のスウェーデン訪問の後、デンマークの機関から良い返事がもらえそうだ、とティスデイルに告げた。[70]

しかし、ボーアがカールスベリ財団への申請の草案を練り上げたのは、ようやく一九三五年一月二十五日――ミラー訪問の翌日――のことである。そしてその二日後に決定版を提出した。ロックフェラー財団との協議の時とは打って変わって、カールスベリ財団への申請は、ひとえにボーアの物理学への関心の観点からなされている。つまりボーアは、原子核のまわりを回る電子についての実験的研究と、原子核そのものについての実験とを、はっきり区別していたのである。ボーアは、原子物理学研究の力点は、今日、日増しに前者から後者に移りつつある、と書き、したがって、研究所が軌道電子の研究のための分光装置に加えて、原子核を照射するためのコッククロフト－ウォルトン型高電圧装置を手に入れることは、きわめて重要なことだ、と論じている。こうしてボーアは一五万デンマーク・クローネ（三万二五〇〇ドル）の支援を、高電圧装置とそれを入れる新しい建物に等分する趣旨で申請した。彼はこう述べている。ロックフェラー財団は前の年に

一万ドルを分光学研究用の装置の完成のために出してくれた。この研究は今も続いており、効力を発揮している。そしてロックフェラー財団は、この先数年の間、我々の研究に対する支援をかなり大幅に増強してくれる見込みがある。それには、ここで展開している実験的な研究の拡大構想が実現できるなら、という条件が付いているが。

ボーアはこの申請の中で、どこにも、プロジェクトは実験生物学計画に沿うものであること、というロックフェラー財団の条項を暗示すらしていない。ただ、資金援助は他の財団からもなされるべし、という財団の条件を引用するのみである。実のところ、このカールスベリ財団への申請は、ボーアの不明瞭な言い方の最たるものの一つであり、そこでは――一九三四年のフランクとヘヴェシーの到着から始まった――研究所の理論－実験核物理学に向けた方向転換を是非とも完成させたい、と述べられている。前にティスデイルには、カールスベリ財団の高電圧装置への資金援助は生物学関係の共同研究の支援を意図したもの、という印象を与えていたが、今、ボーアはデンマークの機関に対して、そこの援助もロックフェラー財団の援助も共に、核物理学の研究のために使われることになろう、とほのめかした。[71]

ボーアがアメリカとデンマークの財団に言ったことは、見たところ矛盾しているように思われるが、その説明はいくつか考えられそうである。一つとして、こういうことがある。カールスベリ財団は、別のつながりで生物学の研究に関わっているにしても、研究所に対しては物理学の分野で続けてきた成功を何よりも重要視している、と考えるのがボーアにはごく自然な成り行きであった。つまるところ、この種の研究こそ、研究所の創立以来、

この財団が支援を続けてきたものだったのである。ロックフェラー社会貢献事業とはちがって、カールスベリ財団は、基礎科学に対する支援方針を変更していなかった。

ボーアの、カールスベリ財団の指導者との間柄は、ロックフェラー財団の役員との間に比べて親密さの度合がかなり優っていた。ボーアがカールスベリから最初の支援を受けたのは、一九一二年のイギリス訪問の時である。そして形の上では、財団との関係は一九三一年にボーアがカールスベリ邸に引っ越した時に頂点に達した。ヨハネス・イェルムスレウとヴァルデマー・ヘンリクは一九二三年に、コペンハーゲンにおけるボーアの処遇の改善を申し立てて、首尾よい結果を引き出した人物であるが、一九三四年の時点で、二人ともまだ、五人の理事から成る財団の委員会に名を連ねていた。その上、ボーアの親友の化学者ニールス・ビエルムも一九三一年にこの委員会に加わり、また、委員会の議長で文献学者のヨハネス・ペデルセンもボーアの友人であった。五人目のメンバー、東洋文献学者のポウル・テュークセンは前年に委員会に加わったばかりであった。一九一七年以来、ボーアは王立デンマーク自然－人文科学アカデミーの重要なメンバーであったが、このアカデミーがカールスベリ財団の理事会の委員を選出したのである。(72)

ボーアとカールスベリ財団との深い関係を考えれば、ボーアがカールスベリ財団の役員に対して、自分の本当の意図を隠したとは思えない。実際、これだけ深い関係があったのだから、ボーアがロックフェラー財団に、デンマーク側から高電圧装置への支援の約束を取り付けていると報告したのは、本当のことだったのではなかろうか。だから一九三五年の一月末に出されたカールスベリ財団への申請は、ずっと前に口頭でなされた了解事項を確認するための、単なる形式的なものに過ぎなかったのかもしれない。ボーアが申請を出してからたった一四日後に、カールスベリ財団が支援金を交付していることも、上の解釈の裏づけとなる。実際、ボーアとカールスベリ財団との親しい関係から推して、ボーアが主な目的を明かしたのは、新装置は核物理学の研究に用いられることになろうと言った時である、というほうが考えやすい。こういう次第で、ボーアは最初から、自分がロックフェラー財団の実験生物学計画に手を出すのは、まず第一に、核物理学の新たな研究計画に必要な装置を入手するための方策だとみなしており、そのために自分の要求も、生物学のプロジェクトという財団の公式の要請に合致する形で出したのではないか、とも考えられる。また、実はロックフェラー財団の職員のほうに、この高名な科学者を実験生物学計画に勧誘したいという強い望みがあり、今回の動きは主としてボーア自身の生物学への関心が基になって生じたものだ、という財団側の認識も、それが影響して生まれたのではないか、ということも大いにありそうなことである(73)。

ボーアの本当の動機は何だったのか、という疑問が解決する日は決して来ないかもしれない。だから、これ以上あれこれ詮索するのは、あまり意味がない。記録に残ったボーアの言に見られる矛盾が示しているのは、ボーアがひとたび研究所の研究方針を変更する決心をするや、彼は敏腕な資金調達家に転じ、資金援助機関に自分の研究をどう提示したら最も有利になるかを、本能的もしくは自覚的にちゃんと弁えていた、ということである。

カールスベリ財団は、ボーアの高電圧装置については、新高電圧実験室の運営費を他所の財源から出してもらう、という条件付で承認した。ボーアは一九三五年の二月末近くに、ついにロックフェラー財団の実験生物学計画に応募する手紙を練り上げて出したのであるが、この時、上記のカールスベリ財団の出した条件を、はっきりと一つの論拠として利用したのであった。またもボーアは、片方の財団の持ち前の流儀を、もう一つの財団から最大の援助を得るために見事役に立てたのである。次の節では、ボーアのロックフェラー財団への申請について論じよう(74)。

実験生物学支援に対する正式な申請

一九三五年四月、ニューヨークで行なわれるロックフェラー財団の理事会に向けて申請を出すために、ボーアとヘヴェシーはスイスのアローサという冬季リゾート地で休暇を一緒に過ごし、それを書き上げた。二人が申請の中で提案したプロジェクトには、次のように書かれている。

> 近年の原子物理学の進展によって、生物学の基礎的諸問題の研究に対する新たな可能性が開かれた。それを活用するために計画された、理論物理学研究所とデンマークの生物学の研究機関との連携……

こういう次第で、クロウの研究所は、ここでは、いくつか関わりのある研究所の一つに過ぎないとみなされている。同時にボーアは、自分の研究所には「生物学者たちとの共同で行なわれる実験的研究」の伝統があることを強調して、ヘヴェシーの仕事に対する強い信頼の念を表明している。しかし、第3章で述べたように、一九二〇年代には、ヘヴェシーの生物学関係の仕事は、この研究所とはまったく関わりのない所で行なわれていた。その上、その頃から、ボーアがヘヴェシーのこの方面の仕事に熱烈な関心をもっていた兆候もないし、さらに実験生物学の開始に至るまで引き続き関心を示していた兆候もない。それにしても、ボーアが新たに、研究所の伝統の中でヘヴェシーの占める位置を強調したことは、ロックフェラー財団の内部で、このコペンハーゲンの新たな投機を支援するための、一つの重要な論点として役に立ったと思われる。ここでもボーアは、ロックフェラー財団を相手とする議論戦術で成功を収めている[75]。

ボーアとヘヴェシーが出した申請には、内容をはっきり定めた生物学プロジェクトは記されていない。たとえばクロウの浸透性の問題も挙げていない。また、重水素が生物関係のトレーサーとして使える可能性がある、とも述べていない。その代わりに、申請書では、広く、コペンハーゲンの科学者が、まず始めに誘導放射能をもつ同位体を生物学におけるトレーサーとして採用するであろう、と述べられている。これに関連してボーアとヘヴェシーは次のものの重要性を指摘している。

幸い、現在の我々の研究のために、コペンハーゲンのラジウム医学研究所からラジウム・エマネイションを譲っていただいているが、ラジウム・エマネイションの作用で生ずる以上に強い人工放射能源を作り出す装置……

コペンハーゲンの実験生物学計画の設定では、相変わらず生物学の内容よりも、物理学研究用の装置のほうに力点が置かれている。(76)

それに加えて、支援の申請には「物理－生物学的研究に有能な助手を確保すること、並びに、この研究に関連するその他の費用も賄うこと」も盛り込まれている。カールスベリ財団から、運営費はどこか他の財源から出してもらうこと、という要請が出ていたので、支援のうちこの部分は特に重要であると論じており、ボーアとヘヴェシーは五年間にわたる交付を頼んでいる。要するに、ロックフェラー財団への申請は以下のようにまとめられる。

一万五〇〇〇ドル、サイクロトロン用、これはカールスベリ財団の負担による高電圧装置よりもさらに高エネルギーの粒子を作り出すもの。

六〇〇〇ドル／年、五年間、この半分は二人の助手の給料に当てる。残りの半分はもっと小物の機器、化学薬品、ガラス器具の購入等々、それに関連した運営費を賄う。(77)

一緒に申請を作り上げ、そしてボーアが一人でそれに署名をした後、ボーアとヘヴェシーは別行動を取った。ボーアは休暇の続きをヴェルナー・ハイゼンベルクとドイツ・アルプスで過ごし、ヘヴェシーはパリに行って、この申請を直接ティスデイルに手渡した。この会合の際にヘヴェシーは、いくつか申請の重要点を明らかにして補足説明をした。この申請にはきちんとした生物学のプロジェクトが欠けていたが、ティスデイルが一九三五年二月二十七日にウィーバーに宛てて書いた報告を見ると、ヘヴェシーは首尾よく、この提案がロックフェラー財団の実験生物学計画に合致するものであることを説明し終えたようである。

> ヘヴェシーは私にこう請け合いました。このプロジェクトは、物理学にもたいへん深く関わっていますが、あくまで生物物理学の問題を指向しており、ボーアとしては、純粋物理学の分野で研究しているラザフォードら、ローレンスら、他の人たちと競合できるような装置を手に入れる目論見は一切ありません[78]。

ティスデイルからウィーバーに宛てたヘヴェシー訪問の報告の手紙は次のように続く。

> 最近の手紙であなたは、クロウは生物学サイドの人材としてぴったりの人物なのか、という疑問を提起されていますが、私はこの点についてv.H.［フォン・ヘヴェシー］に大音声で問いかけました。これに対してv.H.［フォン・ヘヴェシー］は、自分はこの人以上に適格な人物は考えられない、なぜなら、問題の人物は生理学者でも化学者でもあることが必要と考えるが、クロウはその両方の資格を満たしているから、という意見を表明しました。さらにv.H.［フォン・ヘヴェシー］はこう言いました。自分は以前、ホルモンに関心のある生理学者と共同の仕事をしたことがあり、またもう一人、生理学者で化学の素養を欠いている人とも仕事をしたが、どちらも自分から見ると満足しかねた、と。私は、これは生物学者の立場から質問に答えたことになっていない、とわかりましたが、今回の計画を完全なものにしたい、という望みに一つの保証を付け加えるものではある、と考えます。

コペンハーゲンの実験生物学計画がはじめて提案された直後に、ティスデイルがウィーバーと交わした手紙類を見てもわかることであるが、ティスデイルはクロウが生物学者の中で占める位置を問題にするよりも、むしろヘヴェシーがクロウの物理科学に関する能力に関して下す判定と、ここで採用される実験的技法の有用性に関して下す判断を重く見る道を選んだ。この同じ線に沿ってティスデイルは、助手のために出す年額は放射性化合物を作る仕事に当てるべきもので、この仕事はクロウの研究所ではなく、ボーアの研究所で行なうことになっている、ということをウィーバーにあらためて保証している。そしてさらに、物理学の技法を優先することを強調するかのように、クロウは新たに助手を要求しないと思う、というヘヴェシーの言にアンダーラインを引いているのである。(79)

ティスデイルとの討論の中でヘヴェシーは、今回立ち上げた生物用トレーサーのプロジェクトを共同して行なうことに関心を示している研究所で、ボーアとクロウのところ以外の具体的な例として、フィンセン研究所を挙げた――ここはコペンハーゲンの医学研究のセンターとして重要なところである。ヘヴェシーの報告によると、フィンセン研究所で仕事をしているオーレ・シェヴィッツとスヴェン・ロンホルトの二人が、それぞれ肺結核と梅毒の治療に誘導放射性同位元素を使うことに関心がある、という。前に第3章で述べた通り、ヘヴェシーは一九二〇年代にロンホルトと共同で仕事をしたことがある。またシェヴィッツはボーアの高校時代の同級生で、親しい友人でもあり、何年か前にボーアに出した私信の中で、現代物理学の研究が生物学と医学に役に立つ可能性について、熱意を込めて語ったことがある。ヘヴェシーはコペンハーゲンで、異分野から自分の技法に賛同してくれる人を見つけ始めていた。(80)

実験装置についてヘヴェシーはティスデイルとの会合の際、カールスベリ財団から支援を受ける高電圧装置とロックフェラー財団からの支援によるサイクロトロンは、前者が一〇〇万ボルト以下、後者が一〇〇万ボルト以上を狙ったものである、と説明した。いくつかの重要な放射性同位体は高電圧のほうでしか得られない、とは言いながらもヘヴェシーは、今回の申請一式の中で、サイクロトロンは一番緊急性が低い、ということをほのめかした。その理由として彼は、カールスベリ財団が高電圧装置の費用を出すのは、ロックフェラー財団がその毎年の運用費を出すことに同意する場合に限る、したがってこの運用費こそ最重要事項に当たるのだ、と繰り返して述べた。こういうやりとりをウィーバーに報告する手紙の結びで、ティスデイルは、とにかくロックフェラー財団のこの次の理事会は一九三五年十月まで行なわれないので、この申請は四月の理事会に向けて出す必要がある、と述べている(81)。

申請の中味を見ても、また、それを用意する段階でクロウがまったく関わっていないことを見ても、コペンハーゲンの実験生物学は、ますますボーアとヘヴェシー二人の領分になってきたことがわかる。事実、ボーアが念を入れて作った申請書には、クロウの名前すら挙げられていない。この成り行きには、いくつかの要因がからんでいる。第一に、新しい放射性同位元素がいろいろ発見されたために、ヘヴェシーの技法は生物学も含めたいろいろな研究分野に応用できる重要なもの、と見られるようになった。第二に、今やヘヴェシーはコペンハーゲンに腰を据えており、クロウとその研究所とは別の生物学者や研究所も共同研究に引っ張り込めそうだ、と感づき始めていた(82)。

それに加えて、ボーアとヘヴェシーはますます、あるプロジェクトが実験生物学計画の一環として暫定的に受け入れられた場合に、ロックフェラー財団には二大優先事項があることがわかってきた。その一つは、それに関わっている科学者の威信である。このためロックフェラー財団は、一昔前のIEBと同じく、その計画にボーアを抱きこんだことを重く見た。もう一つは、物理学の技法を使える可能性である。これには、ある特定の問題の生物学の見地から見た重要性以上に、大きな価値が置かれた。ひとたびヘヴェシーのプロジェクトがボーアのお墨付きを得ると、ロックフェラー財団内で、ヘヴェシーの技法の実験生物学に対する重要性についての評価は一転して上がることになった。ボーアがこういう優先事項の存在に気づくにつれて、ボーアとロックフェラー財団との意思の疎通はかなり良くなってきた。

実験生物学への支援

ボーアとロックフェラー財団の役員との間の意思疎通は改善されたが、資金援助が行なわれるためには、もう一つの問題を解決する必要があった。ティスデイルは実験生物学計画に関するコペンハーゲンの提案に、一九三四年十月の最初の申し込みから翌年二月の正式申請までの間にかなりの変化が起こったことを、心から歓迎しているように見えた。しかし、ロックフェラー財団の他の役員の目には、これらの変化はこのプロジェクトの首尾一貫性を疑わせるものと映った。この疑いは間もなく、ある特定の出来事において表面化することになる。果してコペンハーゲンの実験生物学プロジェクトが本当に廃止される恐れがあったのかどうかは疑問であるが、とにかくこの出来事は、ひとたび実験生物学プロジェクトの申し込みを受けた後の、ロックフェラー財団側の要求に光を当てるものである。

一九三五年二月の初め、ティスデイルができるだけ早く申請を出すようにと、ボーアを炊きつけた時のことであるが、彼は内緒の話として、クロウを教える仕事から解放するための資金援助についてボーアの意見を求めた。ヘヴェシーと一緒に申請書を書くためにスイスに向かう二日前に、ボーアはその支援に大いに賛成と答えた。ヘヴェシーはパリで申請書を提出した時に、追加情報を伝えた。それはコペンハーゲン大学がクロウの教育義務からの解放の要求を、クロウの助手のレーベルクに私立の財団から資金援助が得られるなら、という条件付で受け入れた、というものである。そうなると三月初めにヘヴェシーが打った次の電報が、ロックフェラー財団の役員たちを、いささかびっくり仰天させたのも頷ける。

レーベルグ用の金不要。クロウの望みは我々共同研究の助手用に三〇〇〇クラウン〔六四〇ドル〕、二年間、できれば五また三月四日付でクロウから来た補足説明を読んでも、ティスデイルには「クロウ教授－レーベルク博士の件は一体どうなったのか」はっきりしなかった。ティスデイルはヘヴェシーにこうこぼした。クロウの手紙には「クロウ教授を教育義務から解放したいという申請は断念したのか、それとも、もう大学から受け入れ済みになったのか」はっきり書かれていない[83]。

ヘヴェシーの電報を受け取るとすぐに、ティスデイルはニューヨークのウィーバーに宛てて手紙を書き、たとえすでにデンマーク政府がクロウを教育職から解放するために必要な資金を出すことになったとしても、財団はクロウ要請の支援を提供する旨の許可を求めた。こういうわけで、翌日ティスデイルがヘヴェシーに書いた手紙は、支援は出ないかもしれないという本当の予想を伝えるため、というよりも、むしろ苦情を言うためであった。しかし、これがヘヴェシーにはわからなかった[84]。

この長い手紙の中でティスデイルは、コペンハーゲンから出された資金援助の要請が要領を得ないことについて、

ここにいる私の同僚たちの中には、こういう可能性を読み取っている人もいます。すなわち、あなたとボーア教授から送られた申し込みを見て私たちが予想した協力関係は、あなたとクロウ教授の間では、私たちが当然望んだほどには、しっかり計画されていなかったのではないか、ということです。

ティスデイルは繰り返し、ロックフェラー財団が促す物理学者、化学者、生物学者の間の共同研究は「これらの各分野を代表する人たちによって、本気で始めてほしい」のだ、と説いた。それからティスデイルは、実験生物学計画内に含まれている支援を受けるために必要な条件を持ち出した。

現在の時点では、共同関係の中で物理学側がはるかに目立つ存在であることは私にもわかりますが、財団の方針としては、純粋物理や純粋化学の研究の促進に流用させないことをしっかりと決めているので、コペンハーゲンで見込まれているような共同研究では、生物学側に、物理学や化学面と少なくとも同程度に重きを置く必要があります。たとえ、今後すぐの生物学面の未来は、そこでの物理学や化学面ほどはっきりしたものではないにしても、です。

ティスデイルは手紙の末尾でもう一度、自分個人としてはコペンハーゲンのプロジェクトに疑いをもってはいないが、同僚の中にはいまだに、「クロウ－フォン・ヘヴェシー－ボーア提案」という名で呼ばれるそのプロジェクトが充分に筋の通ったものとは言えないのではないか、という疑いをもっている者もいる、だからその疑いを鎮めるために何らかの釈明が必要だ、と力説した。[85]

まさに最後の土壇場で資金援助を逃す恐れがあると気づくと、当然コペンハーゲンでは、直ちに反応を示した。ボーアがまったく別の事柄についてパリ支部と手紙を交わしているところを見ると、彼はヘヴェシーの電報から持ち上がった問題を知らなかったのかもしれないが、ヘヴェシーはすぐにティスデイルに手紙を書き、クロウはデンマークの資金援助が通ったおかげで、もう教育の仕事から解放されている、と説明した。そしてヘヴェシーは「ボーア教授、クロウ教授とさらに話し合った上で」もう一度手紙を書く、と約束もしている。[86]

その後コペンハーゲンからは、ロックフェラー財団のパリ支部に宛てて詳しい説明の手紙が三通も出された。そのうち一つはヘヴェシーが書いたもので、こういうことを強調している。

……当研究所とクロウ教授の研究所との共同関係は、しっかりした基盤に立脚して計画されているばかりでなく、実際、すでに二、三ヶ月前から強力な共同の仕事が始まっています。

ヘヴェシーは、初めに重水に重きを置いたのは、放射性トレーサーが少なかったためであると説明し、今手に入る、放射能の弱いものは実験技術の改良のためにしか使えず、生物学上何らかの結果を得るためには役に立たないと述べて、加速器の装置が必要であることを力説している[87]。

コペンハーゲンから来た三通の手紙のうちのもう一つはオーレ・シェヴィッツからのもので、これはヘヴェシーの手紙に同封されていた。シェヴィッツは次の点に触れている。

……計画立案済みの、コペンハーゲン理論物理学研究所の科学者とデンマークの生物学者との共同研究に対する支援をめぐって行なわれた、ボーア教授、ヘヴェシー教授とカールスベリ、ロックフェラー財団との交渉。

こういうわけで、シェヴィッツの言うところから推すと、カールスベリ財団も、自分の出す資金援助は生物学にも回るものと見ていたらしい。また同じくこれから、ヘヴェシーがデンマークの生物学者と広いレベルで共同関係を強めていったこともわかる。こうしてシェヴィッツは、今進行中の支援をめぐる交渉がフィンセン研究所とラジウム・ステーションにとって――シェヴィッツはこの両方で仕事をしていた――重要なものであることを強調する。この二つの研究所では「カルシウムやリンのような物質が生体の代謝において果たす役割の問題」を追究するつもりでいる、とシェヴィッツは説明している。ボーアの研究所のほうは放射性トレーサーを供給し、また「これらの放射線源を生体に用いた後に得られる生成物の放射線化学分析を引き受ける」のに対し、シェヴィッツの研究所は「ここに介在する、この研究の純生物学的な面」を担当することになっていた。ヘヴェシーは自分の書いた手紙と、それに同封したシェヴィッツの申し立てによって、ロックフェラー財団に対して自分とクロウとの密接な共同関係をあらためて証し立てることを狙い、また同時に自分のトレーサー法の拡張により、ますます共同関係を広げていく可能性が開けることを示そうとした[88]。

ロックフェラー財団のパリ支部に送られた三通の弁明の手紙のうち、最初のものがクロウの手紙で、これは一九三五年三月十二日付である。ここでクロウは、今度のヘヴェシーと自分の共同研究の「そもそもの発端は、ヘヴェシーがフライブルクで同僚と一緒に行なった〝重水〟の吸収と排出に関する実験であった」ことを明らかにしている。さらにこれに続けて次のように言う。

私は、この物質が動物の膜の浸透性に関する生物学的研究に役立つ可能性がありそうだ、と知って胸を躍らせました。また、重水問題のさらにその先の面についても議論を交わしました。それが毒性をもつ可能性についてや、動物の体内におけるH［水素］原子とD［重水素］原子の交換について、などです。

この後、自分の浸透性の研究は面白い結果を出している、と報告している。ところが、具体的に資金援助の話に移ると、クロウはこう書く。

まさしく始めから、私たちは生物学に関わる目的に放射性同位体を利用する可能性について議論を交わしてきました。そしてすぐに、この線に沿っての実験にはこれらの物質が、ここで現在使える方法によって作られるよりもはるかに多量に必要になることが明らかになりました。これが、ボーアとヘヴェシーがこの種の物質をもっと大規模に生産する手段を手に入れることを欲する理由です。

このように、ロックフェラー財団からの支援を得ることを論じる段になると、クロウもヘヴェシー同様、はっきりした内容をもつ生物学の問題を棚上げにして、この共同プロジェクトの方法的な面を力説しているのである。ここはあたかも、クロウとヘヴェシーがうまく口裏を合わせている感がある。(89)

またクロウは「やや唐突気味の」助手の人件費の支援の要請について説明しようと努めている。その仕事にぴったりの人物がちょうど見つかったばかりでなく、この研究が思ったよりもはるかに急な展開を見せるようになった、ということがある。したがって、放射能の強い物質が加速装置で手に入るようになる前に、放射能の弱い物質を用いたトレーサー法を開発するために助手が必要になった、と言う。ここでまたもやクロウの理由づけはヘヴェシーのそれと響き合っている。(90)

ティスデイルが、自分のもらした不平に対する反応に満足したのは明らかで、ヘヴェシーに宛てて「この数通の書信は、私にとってきわめて大事なものになるでしょう」と書いている。そして自分はニューヨーク本部から一ヶ月以内に最終的な返事を受け取ると思う、と述べた。(91)

コペンハーゲン大学での実験生物学に対する資金援助は、一九三五年四月十八日に行なわれたロックフェラー財団の理事会で決定を見た。その金額は当初の提案を上回り、四万五〇〇〇ドルから五万四〇〇〇ドルになっている。ボーアは最初の申請の通り、サイクロトロン用に一万五〇〇〇ドルを受けた。その上ロックフェラー財団は、助手のための費用として毎年一万四〇〇〇デンマーク・クローネ［三一〇〇ドル］を、また同額を物資と機器用としてボーアとヘヴェシーに支給した。最後に、毎年三〇〇〇デンマーク・クローネ［六五〇ドル］を物資と装置用としてクロウに支給した。資金の一部はデンマークの通貨で申請が出ていたので、援助のドル建ての額が増えた理由の少なくとも一部は、デンマーク・クローネの価値が一九三五年二月から四月までに少し上がったせいだと言える。クロウに特定して出された金額も、最初の申請に上乗せされたものである。毎年の研究費のもう一つの主要な財源がカールスベリ財団からの二万四〇〇〇デンマーク・クローネであったことを考えると、このロックフェラー財団からの新たな支援は、研究所の経済状態にかなりの改善をもたらしたはずである。(92)

結　び

初めこそ意思疎通のちょっとした問題はあったが、一九三四年十月以後のボーアは交渉家としてなかなかの腕前を証し立て、ロックフェラー財団の実験生物学計画に対して首尾よく自分の売り込みを果たした。この実験生物学計画は、これまでのロックフェラー社会貢献事業の方針、すなわち基礎科学に資金援助をして最高の科学を目指す、という方針に取って代わるものとして出てきたものである。とは言っても、ボーアが自分の売り込みを果たしたのは、財団が再編に手間取っている間に何度か訪れた好機を逃した後のことである。始めにボーアがためらいを見せたのは、ロックフェラー財団では、打って一丸となった実験プロジェクトを立ち上げてほしい、と望んでいるのに対して、自分の生物学への関心はあまりに漠然とした、哲学的なものであることを認めていたためである。一九三四年十月になって、ボーアは俄然方向転換をして、ロックフェラー財団が要求する具体的な研究プロジェクトの類への支援の要請を出した。ボーアの転向は、ロックフェラー財団が、支援を特定の類の研究に絞る要求をさらに一層厳しくしようとしている、まさにその時点で起こったために、ひときわ瞠目すべきものとなった。その上、財団がボーアをその計画に加えたがるのは、ひとえにボーアの名声の故である、ということがボーアにはよくわかっていなかったのであるから、ボーアの転向はますます不思議に思えるのである。始めのうちは、基礎科学の支援に対してプロジェクト指向の方針を掲げることには懐疑的でありながら、結局ボーアは、ジョージ・ヘヴェシーやアウゴスト・クロウ他、コペンハーゲンの生物学志向の人々や研究機関と協力し合って、実験生物学研究の支援を受けることに成功したのであった。

ボーアの申請を受け取って、ロックフェラー財団の役員たちは、自分たちの計画にボーアが参加してくれることにわくわくする思いであった。たとえば、支援の決定の一ヶ月後に、ウィルバー・ティスデイルは日記にこう書きとめている。ボーアは、

……物理生物学の研究計画に夢中になっていて、他のことは何一つ話さない。ボーアは、三年のうちに自分の時間をすべてこの仕事に振り向けるようになると思う、と言っている。

意識してしたことかどうかはわからないが、とにかくボーアはロックフェラー財団に対して、自分は研究所において実験生物学が物理学そのものよりも、もっと重要な活動だと考えている、という印象を与えたのである。[93]

しかしながら、これは本章でたびたび暗示したところであるが、実はボーアの実験生物学計画への転向の動機は、むしろ研究所の物理学の研究を原子核の実験的および理論的研究に向けて方向転換させたい、というボーアの望みであった、と思えてならない。結局、申請した装置は生物学のみに用いられるものではなかった。それはまさしく、実験核物理学の研究に本格的に移行するのに必要な、高価な装置の類だったのである。そうすると、実験生物学の支援の交渉中に起こったボーアの突然の転向と、一九三四年四月に始まる、フランクとヘヴェシーの主導の下に核物理学を導入したい、というボーアの望みが時を同じくしていたことは、決して偶然ではない、と思われる。

むしろ、ボーアが一九三四年の四月から十月にかけて、ロックフェラー財団の資金援助計画に対する態度を豹変させたことは、以下の私の主張を裏づけている。すなわち、ボーアが研究所を核物理学に向けて方向転換する決意をしたのは、フランクとヘヴェシーの存在の結果である、という主張である。交渉に自信が出てくるにつれて、ボーアとヘヴェシーは生物学の問題よりも実験装置のほうに重点を移すようになった。これもまた、二人の心の中では、核物理学のほうが近いところにあったことを示すものである。最後に、カールスベリ財団を相手にしている時には、ボーアは生物学には一言も触れずにもっぱら核物理学に転向する望みを力説していたことを挙げる。そうしてみると、ティスデイルの熱狂振りは、少なくとも一部は、ボーアの言に自分の希望を重ねて解釈したことによるものではないか、と思われるのである。今回のティスデイルの言い方は特別極端な例ではあるが、ロックフェラー財団の役員がボーアの言を自分たちの観点に沿う形で受け取ったのは、これがはじめてではない。

研究所における実験生物学と核物理学の役割を比較検討するためにも、また、コペンハーゲン精神の行方を見届けるためにも、ここで行なわれた研究の方向転換で何が起こったのか、という問いかけをすることが必要である。そこで、これから、第二次世界大戦前に、ボーアが政策立案者および資金調達者として続けた活動に目を向け、合わせて、研究所でのこの時期の研究の展開を、特に実験生物学と核物理学に関連のあるところに注目して見ていきたいと思う。

第5章　転向の仕上げ、一九三五年から一九四〇年

研究所では、財政、設備、人員面の成長がなく、むしろ縮小すら見られた時期が数年続いた。この後ボーアは、ロックフェラー財団のヨーロッパ学者特別研究支援資金からの支援と、このほうがもっと重要であるが、同財団の実験生物学計画からの支援を受けることにより、研究所の物質的な状況にかなりの改善をもたらした。本章の第1節で見るとおり、ボーアはこれに続く数年間、政策立案家と資金調達家としての活動を続け、カールスベリ財団や、その他いろいろの財源からの追加支援を獲得した。そしてその間に、研究所の財政状態を改善できたばかりでなく、一九三四年に始まった理論－実験研究の方向転換も完結することができた。

これは第2節で述べることであるが、新たな資金のおかげで、ヘヴェシーの実験生物学の取り組みは、大規模な研究計画に発展することになった。ロックフェラー財団の、プロジェクト指向の基礎科学を促す要請にぴったり合致したヘヴェシーの活動は、これに続く数年の間に、日増しに研究所における物理学の主要な活動からは独立したものになっていった。最後の節で見ることになるが、こうしてコペンハーゲンのボーア他の物理学者たちは、多少とも原子核物理に専念できるようになった。このようにして方向転換がしっかりと根を下ろした後では、研究所における物理学は、コペンハーゲン精神で推進を続けるようになった。

資金援助の獲得

一九三五年にカールスベリ、ロックフェラー両財団からの支援を獲得した時、ボーアは、この後に成就する研究所の資金援助革命に、ちょうど手を着けたところであった。たとえば、ロックフェラー財団から資金援助を獲得するほぼ一ヶ月前に、ノルディック・インスリン財団――ノルディック・インスリン研究所やコペンハーゲン病院他を経営している非営利組織――からボーアに、一万五〇〇〇デンマーク・クローネ（三二〇〇ドル）を「生理学実験の準備としての原子物理学の研究に対して」支給することを決定したと知らせてきた。そして、この支援は四年後にも再び行なわれた。(1)

もっと潤沢な支援としては、この国最大の電気会社の利益により創立された、トマス・B・トリーイェ財団が、一九三五年に「デンマークにおける電気技術の推進のために」として、研究所に対してサイクロトロン用の電磁石を提供している。ロックフェラー財団のウォーレン・ウィーバー――この人の見積もりでは、磁石は一〇万デンマーク・クローネ（二万二〇〇〇ドル）の値打ちがある由――が日記に記したところによると、ボーアは「[トリーイェ財団の]理事たちに、彼らの寄贈した大磁石とその電源は、まさしく彼らの目的に適うものであると納得させることができた」。この財団の内部記録によると、この寄贈は、実は四万五〇〇〇デンマーク・クローネ（九七〇〇ドル）の額になり、財団がその寄贈を決定したのはその申請を受けた当日――一九三五年八月十九日――である。こうしてトリーイェ財団はロックフェラー、カールスベリ財団よりずっと後になって研究所の方向転換のための資金援助に関わるようになった。一九三六年にトリーイェ財団は、研究所の更なる拡張のために前の半分の額を寄贈した。一九三九年には、また新たに六万五〇〇〇デンマーク・クローネ（一万二四五〇ドル）を寄贈している。(2)

一九三五年十月七日はボーアの生誕五〇周年に当たり、ヘヴェシーはこの日のための贈り物を起案して、トリーイェ財団からの寄贈の総額を幾分下回るほどの額を集めた。デンマークの一六に上る企業や財団——カールスベリ醸造所、カールスベリ財団、デンマーク東アジア会社、トリーイェ財団など——が共同出資して、ラジウム六〇〇ミリグラムを入手したのである。ボーア宛ての公式の祝い状にはこう書かれている。

最近［ボーアが］開始した、通常の元素にラジウム線を照射して得られる新放射性元素の研究には、将来ラジウム・ステーションが供給可能な量よりも、かなり多量のラジウムが必要になる。

これは前にボーアが、ロックフェラー財団の実験生物学計画からサイクロトロンへの支援を望んだ時に使ったのと同じ論法である。利子も加えると寄贈は、ラジウム六〇〇ミリグラム用に九万一三七一・九〇デンマーク・クローネ（二万ドル）、関連設備と照射の対象となる貴金属用に一万六六四一デンマーク・クローネ（三七〇〇ドル）という額に達した。ヘヴェシーが師のラザフォードに得意気に自分の手柄を知らせると、ラザフォードはこう答えた——

このように、比較的若い人に対して祝賀を催す、というアイデアは、我が国では滅多に見られないものです——一個人をわざわざ持ち上げることはたまにしかなく、それも普通は七十歳、望むらくは八十歳まで生き延びるのを見届けるまで待ちます。もっとも大陸側の考え方には、ある点で人の励みになるところがある、とは思いますがね。

明らかに「ラジウム・ギフト」（当時の呼び名）は、デンマークの一流の商工業界におけるボーアの声望の高さを裏づけるものである。またそれは同時に、研究所の核物理学に向かっての転向の証しでもある(3)。

このように、一九三五年にかなりの資金を獲得したボーアは、翌年九月、カールスベリ財団にサイクロトロンの支援として六万デンマーク・クローネ（一万三二〇〇ドル）の申請を出した。ボーアがデンマークの財団に対してそういう装置を建造する計画を正式に提示したのは、これがはじめてである。これはトリーイェ財団の電磁石の寄贈に伴って必要になる追加金の申請であるが、それを求めながらボーアは、ロックフェラーからの一万五〇〇〇ドルの寄贈もやはりこの目的を意図したものであることには触れなかった。ボーアは実験生物学プロジェクトには触れることなく、新装置は「核反応の実験的研究」に使われることになる、と説明している。この支援は二ヶ月後に実現したが、この時ボーアは別のある財源から、もっと小額の支援も受けた。その財源はデンマークの弁護士ラウリッツ・ツォイテンを記念して一九二七年に創立されたものであるが、申請の理由は「特に新陳代謝に関する生物学的問題の研究への応用を視野に入れた、人工放射性物質の物理学的研究の推進のために」であった。例によって微に入り細を穿った申請の中で、ボーアは特にヘヴェシーのトレーサー法の開発を手伝うデンマーク人の助手を雇うための支援を頼んでいる。デンマークの諸財団の間でも、ボーアが支援の申請の理由を、各財団の主な関心事に応じて適宜変える傾向があったのは明らかである。ツォイテン資金からの支援は三年後にも繰り返して行なわれた(4)。

一九三七年にボーアはついに、延び延びになっていた世界一周の旅に出発した。この旅の途中、一九三七年二月、ボーアはニューヨークのスカースデイルにあるウォーレン・ウィーバーの家を訪れた。そしてサイクロトロン用にいただいた寄贈額はまだ充分ではなさそうだと説明してサイクロトロンの設計、開発、組み立てとテストを完了するために一万二〇〇〇ドルを頼んだのである。ウィーバーは同僚のウィルバー・ティスデイル宛ての手紙にこう書いている――「例外にしても、我々が純粋原子物理学への支援を認める意向をもつところなどは世界中でここしかないと思う」。また、今や財団の理事長になったレイモン・フォスディックはウィーバーと話している時にこう言った。

これは、計画の中にその項目が含まれているかどうかを彼［すなわちフォスディック］が全然気にかけない場合に当たる。その人物の能力と声望を考えれば、ＲＦ［ロックフェラー財団］はこの機会を逃すわけにいかないから。

一九三五年になってから、実験生物学計画による制約はかなり緩くなった。ロックフェラー財団の経済状態が改善され、ウィーバーの自然科学部は医科学部からもっと大きな自由裁量権を勝ち取っていた。一九三六年と一九三七年には、実験生物学計画の枠内で支援を受けていたプロジェクトは、概してこれまでよりももっと物理科学のほうに向きを変え、またもっと多額の予算が付くようになった。この状況になってもまだウィーバーには、ボーアの「要請は我々の計画と重要な点で結びつきがある」と考える理由があった[5]。

実際、ロックフェラー財団の一九三七年の年次報告には、三月に支援が決定されたコペンハーゲンのサイクロトロンの件が、生物学用の「原子に目印をつける装置」という見出しの下に記載されている。このように、これは放射性トレーサー法を用いる他の二つの生物学研究プロジェクトと同じグループにまとめられていたのである。その第一は、ジョン・Ｔ・テイトが率いるミネソタ大学の物理学科に対するファン・ド・グラフ起電機の建設とテストのための三万六〇〇〇ドルの支給で、これは、この大学と、その付属のマヨ・クリニックにおける研究用である。その第二はフレデリック・ジョリオの指導の下に、フランスの四つの機関が共同して進めた生物学研究計画で、その四つの機関とは、コレージュ・ド・フランス、ソルボンヌの物理化学研究所、ロスチャイルド財団、ラジウム研究所である。ここは一万八〇〇〇ドルの支援を受けたが、その中にはサイクロトロンの設計と建設の費用が含まれている。この頃にはボーアの関心のもち方に近めの人物や機関が、実験生物学の傘のもとに受け入れられるようになっていた。こう言った展開のもう一つの例を挙げると、一九三六年に行なわれたジョンズ・ホプキンズ大学のジェイムズ・フランクへの一万ドルの支援がある。これは「光合成過程と光酸化過程」の研究に対して行なわれた(6)。

ボーアは世界を巡る旅を続ける途中、四月の始めに、バークレーにあるアーネスト・オルランド・ローレンスの放射線研究所を訪れた。サイクロトロンはここで発明され、はじめて開発も行なわれたのである。ウィーバーにボーアは、この訪問でこれまで以上に「新たな支援が決定的に重要なものであること」を確信した、と報告している。ここではロックフェラー財団が関連性の要請を緩めたばかりでなく、ボーアも、今や自分が物理学で目指すところを財団の役員にもっと堂々と述べてよい、と感じていた様子が見える(7)。

一九三五年にボーアはデンマーク対がん協会の会長に選出された。これは、一九二八年、デンマークにがんと闘う取り組みを増強させることを目的として設立された民間組織である。この対がん協会の前身の一つがラジウム財団である。これは一九一二年に設立され、デンマークのがんの研究と治療のための主要な機関、ラジウム・ステーションの運営の任に当たっていた。ボーアは一九二一年からラジウム財団の全国委員会のメンバーになっており、一九二九年、対がん協会がラジウム財団の任務を継承した時にこの協会に加わった。ラジウム財団はこの時に解散した。こういうわけで、会長に選出された時には、ボーアはかなりの経験を積んでいたのである(8)。

一九三八年以前は、ラジウム財団と対がん協会の事業はいずれも、研究所の活動とは独立なものであった。ところがこの年に研究所と対がん協会の共同関係が始まり、第二次世界大戦の勃発前に、協会が研究所のある経費を補うため三万デンマーク・クローネ（六六〇〇ドル）を提供した。その経費とはラジウム・ステーションに一〇〇万ボルトを実現するX線管を作り上げ試験をするための費用であり、これもがんの治療に向けての強力な取り組みの準備段階に当たる。一九四〇年五月、ドイツのデンマーク占領の直後に、ボーアは当初の計画とは別のものの建設を薦めて、ラジウム・ステーションには静電ベルト帯電式ファン・ド・グラフ起電機を備え付けるほうがよさそうだ、という意向を漏らした。ボーアによると、このほうがかなり安上がりで、場所も取らないという。ところでこの時、この種の発電機の建設の専門家であるトマス・ローリツェンがちょうどパサデナから研究所に来ていた。ボーアは自分の助言が聞き届けられたかどうかを確かめることなく、研究所におけるこの装置の建設を完了させるために、カールスベリ財団に四万デンマーク・クローネ（七七〇〇ドル）を申請して、受け取った。支援を受けた後になって、ボーアは対がん協会に次のように自分の行動を釈明している。

協会よりはっきりと示された意向、すなわちラジウム・ステーションの目的に最も適った高電圧装置の種類の選択については、完全な自由裁量権を持ちたいという意向を考慮し、さらにその上、上述の静電高電圧発生器は研究所における純原子物理学的研究にまで拡げた使い道があるのではないか、という思惑もあったので、私はカールスベリ財団より、この発電機の作成に関わる全費用を賄える支援を得ました。

ラジウム・ステーションへの据付計画の変更に関するボーアの助言は受け入れられなかった。その挙句ラジウム・ステーションでは、実際に建設された高電圧装置を稼動させることができなかった。これはボーアにしては珍しい失敗ではあったが、このことからもボーアとデンマークの組織とのつながりがどういうものであったかがよくわかる。すなわちボーアなら、基礎物理学の研究の立場から主張するにしても、医学への応用の立場から主張するにしても、とにかく自分の研究所への財政支援を手に入れるのに苦労はなかったのである(9)。

建設や装備のための新たな支援を獲得することに加えて、ボーアは研究所で営んできた操業費を賄うためにも、あちこちの組織を口説いていた。ロックフェラー財団から出た五年間という期限付きの操業費の支援のおかげで、研究に直接関係のある費用に対する年間予算は急に増額したが、デンマーク政府が支払っていた、研究とは別の部分の運営費は、もっとゆっくりとしか上がらなかった。実は、研究操業費と非研究運営費を、民間の財団と政府がそれぞれ分担して出す、というはっきりした区分けができ上がったのは一九二〇年代であるが、今でもそれが続いていた。たとえば一九三五年五月の政府への申請の中でボーアは、研究操業費は全部ロックフェラー財団の世話になっていることを強調している。一九三三―三四年から一九三九―四〇年までに政府が出した運営費は

1930年代の拡張の後の研究所

八〇パーセント以上増加した――すなわち二万三二〇〇デンマーク・クローネ（五〇〇〇ドル）から四万二一〇〇デンマーク・クローネ（八五〇〇ドル）に増加。一九三五年に政府はボーアから、研究所に新たに常勤の助手職を設けたい、という申請を受けた。一九三六年四月、エッベ・ラスムッセンが昇進してこの職に就いた。これまでラスムッセンが就いていた毎年更新の助手職は、ヨハン・アンブローセンがその後を継いだ。研究所の政府出資の職員としては、一九二四年にスヴェン・ヴェルナーが毎年更新の助手職に就いたのが最初であるが、以来増員が認められたのは、今回がはじめてである。(10)

ボーアは一九三八年の秋にカールスベリ財団に運営費の申請を出して、首尾よく認められた。これは研究助手と機器の費用の年額を二万四〇〇〇デンマーク・クローネ（五一〇〇ドル）から三万六〇〇〇デンマーク・クローネ（七七〇〇ドル）に増額する申請である。以前、一九三三年に出した増額申請では、原子物理学がますます数学的に精巧なものになってきたことを根拠に増額を主張したのであるが、それとはちがって今回は核物理学の理論‐実験的な研究への支援を求めている。すなわち次のような要請である。

……原子核研究の分野におけるとてつもない発展がもたらした研究の拡大です。これには、少なからず重要なものとして、最近発展した原子核反応についての理論的な概念を徹底的に検討するところから持ち上がってきた一連の課題も含まれます。この課題の解決からは、これからの進歩のために決定的な重要性をもつ結果が出てくるにちがいない、と期待されています。

以前のカールスベリ財団への働きかけとはちがって、このボーアの申請には、「放射性トレーサー法に基づくデンマークのいくつかの化学、生物学研究機関との緊密な共同研究」というくだりが見られる。もっとも、ここでボーアは次の点も強調している。「きわめて徹底した相互協力の下で行なわれるこの共同研究は、純物理学的な目的に向けた研究の遂行とも結びついており、そのためにここで申請した支援が必要なのです」。ボーアの申請を見ると、研究所において理論‐実験核物理学にますます力点が置かれるようになっている様子がよくわかる。その上、生物学の取り組みにも言及してはいるが、ボーアは用心深く、それを本来の物理学の研究とは区別しているのである。[11]

では、ここで、一九三〇年代後半における研究所の資金調達の成り行きをまとめてみることにしよう。研究所の資金調達が事実上停滞した時期が数年続いた後、一九三五年にボーアはロックフェラー財団とカールスベリ財団から建築と装置のための特定目的支援として四四万一〇〇〇デンマーク・クローネ（九万七〇〇〇ドル）を越える金額を獲得することができた。一九四〇年四月に起こったドイツのデンマーク占領の前に、ボーアは同様の支援をいろいろなところに申請してこれが通り、先に追加して二五万六〇〇〇デンマーク・クローネ（五万五五〇〇ドル）を手に入れた。その上、一九三五年に研究用と非研究用の運営費年額の合計は三八パーセント増加した――約七万八〇〇〇デンマーク・クローネ（一万七一〇〇ドル）から約一〇万八〇〇〇デンマーク・クローネ

（二万三七〇〇ドル）に増加。これは事実上、もっぱらロックフェラー財団の支援によるものである。他の財源からの運営費には、同じような急増はなかった。とは言え、この時点から以後、それらも着実に上がっている。たとえば、一九三五年にボーアは、実験生物学の協同プロジェクトを持ち出して、政府からの支援の恒久的な増額に成功している。これらの額に、政府から支払われる給料やロックフェラー財団が出したフランクとヘヴェシーの給料も加えるべきである。また、一九三四年から一九三九年までにデンマークの卸売物価指数は二一パーセント上昇したが、消費者物価指数はたったの一一パーセントしか上がらなかった。かくしてボーアは、ロックフェラー財団の亡命科学者および生物学関連の計画とのつながりを確立した上で、研究所の財政上、革命と呼ぶべきことを成し遂げた。では、これから、ボーアがその資金をどのように使ったかを見ることにしよう。(12)

実験生物学計画の興隆

当初、コペンハーゲンで行なう研究について何も特定の計画をもっていなかったヘヴェシーは、やがてロックフェラー財団が支援する実験生物学計画にかかり切りになっていく。この節ではその経緯を見ていきたいと思う。ヘヴェシーはこれを、すでに第二次世界大戦が勃発する前に、世界的に知られた本格的な研究活動として展開していたが、これは方法の点でも、また内容の点でも物理学の研究とはかなり違うところがあった。

コペンハーゲンに移る時、ヘヴェシーはエーリヒ・ホーファーを連れて来た。ホーファーはフライブルク出身の助手で、重水を生物学の問題に用いる際にヘヴェシーの手伝いをした人である。すでに一九三四年にこの二人は「人体からの水の排泄」という小論文を発表していたが、一九三五年七月にはアウゴスト・クロウと連名で浸透の問題に重水を用いた研究の論文を出した。しかしその後間もなくホーファーはドイツに帰り、以後のヘヴェシーの仕事の中では、重水も浸透の問題もさらにはクロウとの共同関係もあまり目立たなくなる。それに代わって登場するのが、ニューヨークのコロンビア大学にいたルドルフ・シェーンハイマー――やはりドイツからの亡命者――で、この人がこの先へヴェシーとは独立に、重水を生物用トレーサーとして用いる研究を引っ張っていく。シェーンハイマーの仕事もやはり、ロックフェラー財団の実験生物学計画から支援を受けていた(13)。

ジェイムズ・フランクがはっきりデンマークを去る決心をした時に、ボーアはフランクの助手のヒルデ・レヴィに、ヘヴェシーの下で仕事をしてほしい、と頼んだ。レヴィはそれを承諾したが、その理由の一つは、そこに選択の余地がなかったためであり、もう一つは、レヴィの回想によれば、ボーアの頼み方が父親に頼まれるような感じで、どうしてもノーとは言えなかったからである。レヴィによると、自分がそれを承諾したのは、一つには「ボーアがそれをとても面白いと人に思わせるそのやり方」のためで、「それは服従などという類のことではなく、ただ、たちまちのうちに、これはすごく面白いから引き受けるべきだ、と信じるに至った」のであった(14)。

レヴィの回想も、ボーアが研究所における実験核物理学計画の立ち上げに、新たな情熱を掻き立てていたことを証し立てるものである。レヴィの思い出によれば、ヘヴェシーと一緒にした最初の仕事は、もっぱら誘導放射能一筋に専念したものだった、という。一九三五年と一九三六年の間じゅうヘヴェシーは、一九三四年十月フェルミに話した実験をやっていた。一九三四年十月といえば、ヘヴェシーが、フェルミの希土類試料を分けてくれという願い出に耳を貸さなかった時である。そしてヘヴェシーは、スカンジウムとカルシウム、またカリウムの誘導放射能に関する論文を出した。今述べた最後の元素については、前からフライブルクで自然放射能についても調べていたが、ここで、今度の新たなデータより、長年の疑問となっていたカリウムの同位体のうちどちらが自然放射能をもっているか、ということについて正しい結論を引き出した。しかしヘヴェシーがほとんどの時間を費やしたのは希土類の誘導放射能の研究であり、この希土類についてはフェルミに、自分にもほんのわずかな試料しかない、と言い張ったのであった。いつも多作なたちのヘヴェシーは、この時期に、誘導放射能について八篇の論文を出している(15)。

ロックフェラー財団の実験生物学計画の資金もすでに出ていた一九三五年の夏になって、ようやくヘヴェシーには、人工的に作った放射性トレーサーを生物学に用いた研究報告として最初の論文の準備をする時間と機会が訪れた。これはオーレ・シェヴィッツと共著の『ネイチュア』誌のレターという形で現れた。この人はボーアの学友かつ親友であるが、この人が三月にコペンハーゲンの実験生物学計画を、表向きこれに関わりのない唯一の人物として、ロックフェラー財団に推薦したのも故のないことではない。実際、後のヘヴェシーの回想によると「[初めから自分の生物学プロジェクトに対して] 唯一支援の手を差し伸べてくれたのは外科医のシェヴィッツだった」という。ヘヴェシーが一月にH・M・ミラーに話した例のリンの放射性同位体を用いて、シェヴィッツとヘヴェシーは鼠におけるリンの新陳代謝の研究をした。いくつかの器官におけるリンの交換を調べて、二人は『ネイチュア』誌のレターで次のような結論を述べている。二人の結果は

次の見解に強い支持を与えるものである。すなわち、骨の形成は動的な過程である、骨は絶えずリン原子を取り込み、その一部もしくは全部がまたなくなって、別のリン原子によって置き換えられる、という見解である。

『ネイチュア』誌の編者は、このレターの結論を非常に信じ難いものと判断して、これに対する自分の留保を公にしている(16)。

しかし、たった数ヶ月後にヘヴェシーは、同じ同位体を植物の研究に用いて同様の結果を得た。その研究は著名な生化学者カーイ・ウルリク・リナストロム・ラングとその助手カーステン・オルセンと一緒に、国際的に名高いコペンハーゲンのカールスベリ研究所で行なわれたものである。放射性リンを含む栽培器で植物を育て、この三人の科学者は次のような結論を下した。三人の結果は

つぎのことをはっきりと示している。すなわち、葉のリン原子は流動性状態にあり、植物が生長する間に別の

葉との間でリン原子の交換が絶え間なく起こっているのである。

一二年以上前にヘヴェシーが行なった植物中の放射性鉛についての実験からも同様の結果が出たことを述べて、三人は「これは植物組織の一般的な特性だと考えられる」と主張した。そして、この仮説を確かめるために他の元素を用いた実験を計画中である、と報じた。以前リナストロム・ラングは、ヘヴェシーの生物学研究に疑念を感じていたが、ここに至ってヘヴェシーは、自分の技法が生物学に使えることについての賛同者として、コペンハーゲンの科学者一人と研究所一つを付け加えたのである。[17]

ヘヴェシー、リナストロム・ラング、オルセンの『ネイチュア』誌のレターが出たのは一九三六年の一月であるが、以後、この年の間にヘヴェシーは自分の放射性トレーサー法の生物学への新たな応用を報じる論文を出していない。と言っても『ナトゥーアンス・ヴァーデン（自然界）』――デンマークの主要半通俗自然科学誌――に書いた、この技法の可能性を論じる三つの記事を見ると、生物学への応用が断然重要な役割を担っている。これは前にも述べたところであるが、ヘヴェシーがトレーサー法とX線法をはじめて開発した時にも、彼は本格的な論文に先立ってこういう概説記事を書いている。今回も相変わらず、このパターンが繰り返されたわけである。[18]

一九三六年にボーアはロックフェラー財団から、研究所で開催予定の二つの生物学関連国際会議のための資金援助を受けた。初めのほうの国際会議――これは遺伝学関連――の計画の開始は、第2章で述べたデルブリュックと共同研究者の遺伝子突然変異に関する論文を受け取った時がその発端である。その初めのほうの会議は一九三六年九月に行なわれたが、この時ヘヴェシーはブダペストに行っていて欠席、クロウもハーヴァード大学の三〇〇年記念のお祝いでアメリカに行っていて欠席であった。物理学者のP・A・M・ディラックは出席しており、ロックフェラー財団の役員に「自分も本当に乗り気になっている。今回は大いに勉強になった」と語った。かつてボーアと若手の物理学者仲間はコペンハーゲン精神に導かれて生物学に関心を抱くようになったが、今回の国際会議は言わばそういう伝統を踏まえて開かれたのである[19]。

しかし第二の国際会議への支援を申請した時になってはじめて、ボーアは両方の会議への支援の確約を得た。何度かの延期を経て、この第二の会議の主題は「動物と植物の新陳代謝の問題」と「放射性トレーサー研究の展望」であった。ケンブリッジ大学のドロシー・ニーダム、ポーランドのヤクブ・パーナス、ハイデルベルクからの移住の途中で来たオットー・マイヤーホフ、クロウらの挨拶があったが、これらはいずれもロックフェラー財団が支援するコペンハーゲンの実験生物学計画に直接関わるものであった。この会議は二つのうち断然規模の大きいほうに当たる。この二つの会議が証し立てたのは、片やボーアと物理学者仲間、他方ヘヴェシーとロックフェラー財団側では、生物学への関心のもち方が、以前と同じくはっきり異なっている、ということである。その上、第二の会議では、ヘヴェシーのプロジェクトがますます国際的な関心を集めていることを際立たせた[20]。

この会議の時までヘヴェシーは「実験生物学」に自分の全勢力を注いだ。一九三七年にヘヴェシーが出した一〇篇の論文のうち八篇は、自分のトレーサー法の生物学への新たな応用を報じたものである。残りの二つは、亡くなったラザフォードへの讃辞と、昔の共同研究者フリッツ・パネートとの共著によるトレーサー法の、化学と生物学への応用についての概説である[21]。

最初の数年間というもの、ヘヴェシーの生物学関係の活動はもっぱら、デンマークの第一線の生物学者と医学者の間に、自分の技法に対する関心を呼び起こすことに費やされたと言ってもよい。シェヴィッツとリナストロム－ラングと一緒に再び論文を出すほかに、近頃、大学医学部の人体生理学の教授に任命されたアイナー・ルンスゴーとも共同の仕事をした。その上にクロウとの共同研究も再開した。ただし、今回の二人の研究の骨子をなすのは、ヘヴェシーのトレーサー法であった。二人は第三の共同研究者として歯科大学のヨハネス・ユール・ホルストを誘い込んで、歯におけるリンの交換を調べた。ひよこの胚に関する研究は、コペンハーゲンの北方ヒレロズにあるデンマーク国立農場に頼み込んで行なった。ディアベテス－フィンセン病院、さらに大がかりなものは大学病院の協力を得て、ヘヴェシーは人体におけるリンの新陳代謝の実験を行なうことができた。[22]

ヘヴェシーは自分の技法を生物学に応用する国際的な共同研究まで始めた。一九三八年、ポーランドのリヴォフにあるパーナス生化学研究所のグループと共著で、二篇の論文を出した。一九四〇年には、イギリスのリスター予防医学研究所にいるイダ・スメドレイ－マクリーンと共著で一つ論文を書いた。この予防医学研究所は生物医学の研究を支えるために、一八九一年に創設されたところである。[23]

この仕事にはいろいろな科学者や研究機関が関わっていたが、概して、問題を設定して主導権を取ったのはヘヴェシーであった。仕事は、一九三五年三月、シェヴィツがロックフェラー財団宛ての手紙で予想を述べた通りのパターンに従って進んだ。まず始めに、研究所で放射性のリンを作る。次に医学ないし生物学の研究機関の人員が、これを生体に投与する。最後に、こうして得られた放射性の試料を研究所で調べる、というものである。ロックフェラー財団からの実験生物学への支援は、ボーアとクロウの研究所に充てられることになっていたので、それを他の機関への支払いに回す必要はなかった。ヘヴェシーは精力的に仕事に取り組み、他分野の研究者が自分の技法に本気で熱中するように仕向けることに成功した。[24]

初めから、研究所でのヘヴェシーの唯一人の共同研究者はヒルデ・レヴィであった。この人は、元々は物理学の出身で、初めの数年間、ヘヴェシーと一緒に出した論文は、物理学に関わる問題のみを扱ったものであった。レヴィがはじめて生物学方面の論文を書いたのは一九三八年で、これもヘヴェシーとの共著である。もうこの時には、研究所でヘヴェシーには実験生物学計画の、また別の共同者も付いていた。それでもレヴィは、一度生物学に目を向けた後は、ヘヴェシーと同じく、二度と純物理学の問題をやろうとはしなかった。第二次世界大戦の終わりから一九七九年に引退するまで、レヴィはコペンハーゲン大学の動物生理学研究所で仕事をした。この研究所はクロウが創設し、一九七〇年に新築のアウゴスト・クロウ研究所に移行したところである。[25]

外国人留学生の中でも、一九三六年十一月に来所したチェコの学生、ラースロー・ハーンと、一九三七年一月に来所したオランダ人の学生エイドリアン・ヘンドリク・ウィレム・アテン・ジュニアは、特に役に立つ人材であった。さらに、一九三七年の初めにデンマークの高校の先生で化学者のオットー・レベがヘヴェシーの助手になった。その給料はロックフェラー財団の五年給付から出された。レヴィの給料も、このプロジェクトの初めの何年かの間、やはりこの財団から出ていた。その後、レヴィの給料はラスク－エルステド財団から出るようになった。アテンは上記の両方の財団から支援を受けたが、ハーンはもっぱらラスク－エルステドからの支援を受けた。[26]

ヘヴェシーが生物学関係の研究に経験を積み、また研究所でも生物学関係の共同研究を重ねるにつれて、ますます外部の研究機関の助力には頼らなくて済むようになった。一九三七年のコペンハーゲンの実験生物学の成果のうち、もっぱら研究所の人員だけの手になるものは、ハーンとヘヴェシーによる二論文のみである。他所の研究所から来た人はすべて、この年の別の論文等に名を連ねている。その後にはロックフェラー財団に報告された大量の実験生物学関係の出版物があるが、これらはヘヴェシーと一人ないし数人の研究所の共同研究者によって書かれており、他所の研究所とは関わりがない。他の出版物に比べれば、デンマークの他所の研究所の助力への謝辞はたしかに多いが、とにかく研究所は明らかに新たな様相を呈するようになった。たとえば、いつも実験用に何匹か動物を飼ったりしている。[27]

一九三八年に、ヘヴェシーのグループに二人のアメリカ人がやって来て、陣容はさらに補強された。この二人は、それから一年滞在することになる。歯科医のウォレス・デイヴィッド・アームストロングは、歯におけるリンの交換の研究をした。また物理学から生物学に転じたウィリアム・アーキバルド・アーノルドはロックフェラー財団の特別奨学生として滞在し、もっと感度のよいガイガー・カウンターの作成に成果を挙げ、生物学の実験に重水素を応用する方途を探り、また炭素14という同位体を作る試みも行なったが、これは不成功に終わった。

研究所の食堂でコーヒーを飲みながら話すヘヴェシー（左）とアテン，1938年頃

この同位体の存在はマルティン・カーメンとサミュエル・ルーベンが、この少し後にバークレーのサイクロトロンを用いて確立した[28]。

クロウの研究所は、ボーアの研究所の人員を共著者に加えずに実験生物学の論文を出すところとしては、コペンハーゲンで唯一の研究機関であった。一九三五年から一九四〇年に至るまでに、コペンハーゲンの実験生物学計画から出された五五篇の論文のうち、このクロウの研究所から出た論文は九篇を数えた。ここでは、重点は終始、浸透の問題におけるトレーサーとしての重水素の応用に置かれた[29]。

ヘヴェシーは「同位体トレーサーを用いて生物学上重要な全元素の、動植物における代謝と循環を追究する」という意図を表明していたが、リン32は相変わらず、ヘヴェシーとそのグループが断然よく用いる元素の位置を保っていた。この同位体は、ボーアの「ラジウム・ギフト」が使えるようになる前でも、ラジウム・ステーションからラドンが供給されればラドン－ベリリウム法で作るのは容易かった。そして少なくとも一九三八年からは、ヘヴェシーはバークレーのローレンスのサイクロトロンから郵送で放射性リンを受け取っていた。そしてさらに一九三九年からは、研究所で自前のサイクロトロンを用いて放射性元素が作れるようになった。この時以後、寿命の短い放射性同位体、特にカリウムがリンに加えて用いられるようになった[30]。

こうした努力を続けていくうちに、ヘヴェシーとそのグループは放射性同位体を生物学の研究に用いる方法の開拓者、という名声を得るようになった。たとえばアーノルドは、自分がコペンハーゲン行きを選んだのは、まさにそれが理由だったと回想している。一九三九年五月、ハロルド・ユーレイはヘヴェシーをアメリカに招ぶことについての自分の熱意を表明して「放射性同位体の利用について語らせたら、ヘヴェシーは世界の第一人者だろう」と述べた。一九三〇年代の終わりになると、いくつかの国々の科学者、研究所がこの後を追うようになってきた。そして一九四〇年に書いた「生物学における放射性トレーサーの応用」という概説記事の中では、ヘヴェシーは九五篇の論文を引用しているが、そのうちコペンハーゲンから出たもの、もしくは自分自身の仕事から直接出たものは三三篇を越えない。一九三五年のシェヴィッツとの共著論文はあまり評判が良くなかったが、それ以後、ヘヴェシーは自分の放射性トレーサー法の生物学への応用の面で、かなり広く受け入れられるようになっていたのである[31]。

前にも述べたように、ヘヴェシーが一九三四年に研究所に来た当初は、ボーアの実験核物理学への関心が急速に増大する時であったが、ヘヴェシーが主として取り組んだのはこの動きに追従することであった。しかし間もなくヘヴェシーは、コペンハーゲン実験生物学計画を自分のイメージに従って展開するようになり、自分の放射性トレーサー法を用いていろいろな元素——特にリン——が「生体中で辿る運命」の研究に当たった。第二次世界大戦が勃発するまで、ヘヴェシーはロックフェラー財団の支援を受けて、このプロジェクトにかかり切りになった。

さて、的はもっと絞られているが、コペンハーゲンでのヘヴェシーの仕事は、それ以前の自分の研究の主流を踏襲したものであった。物理学の概念上の問題に従って適切な実験的技法を選ぶ、というのではなく、むしろそういう技法——特に自分専売のトレーサー法——を別の研究分野で用いる機会を探し求める、というやり方である。こういう科学のやり方は、ボーアのやり方とは対照的なものであったが、物理学と化学の最先端の技法を導入して生物学を改善しよう、というロックフェラー財団の掲げた目標には良く適合していた。

ヘヴェシー・グループは、実験装置こそ物理学者たちと一緒に使っていたが、研究課題はまったく別であった。ロックフェラー財団の実験生物学計画から給料が出ていた助手たちの中には、物理学用の装置の製作に当たる人もいた。ところが、大体においてヘヴェシーの仲間と物理学者たちには、科学的な関心の点でほとんど共通点がなかった。二つのグループは同じ装置をめぐって争うことすらあった。たとえば物理学者は、生物学者が放射性リンを作り出すためにサイクロトロンを使うごとに、サイクロトロンがひどく汚染されることに苦情を言った。これは次章で述べることであるが、戦争の勃発までに研究所から出た論文数の五分の一を占める成果を挙げたヘヴェシー・グループの仕事は、物理学者たちの仕事とは、精神面でも内容の面でも異なっていた。つまるところ物理学者たちは、物理学の研究においてコペンハーゲン精神を保持できたのである。(32)

核物理学の強化

第二次世界大戦が勃発する前の五年の間に、ボーアは、本格的な核物理学の研究計画に向けた研究所の方向転換を完結した。実験装置を共有して使うことは別として、物理学者たちはヘヴェシーの目標指向型研究プロジェクトとは完全に独立を保って仕事をした。こうしてヘヴェシーの、物理学から新しい分野に技法を拡張していこうとする先鋭な取り組みと、ボーアのコペンハーゲン精神にのっとり間口を広げた物理学の推進との間には、はっきりした違いが保たれていた。

研究所の拡張に向けていよいよ第一歩を踏み出すボーア，1935/36年

ボーアの膨大な科学関係の往復書簡から推すと、ボーアの物理学における主な関心の在り処は、一九三五年に一時的に原子核から逸れて、また相対論的量子力学の概念的な問題に戻ったと見える。こうしてボーアはローゼンフェルトと組んで、一九三三年に二人で書いた長大な論文の後編に取り組み始めた。これを見ると、相変わらずボーアの関心は、延々と続く仲間との討論に触発されて発動を続けていたことがわかる。(33)

とは言っても、一九二〇年代の終わりから一九三〇年代の初めの頃とは違って、今度はボーアは、一九三四年に始めた研究所の方向転換の監督に深く関わる立場にあった。そして一九三五年五月には、ハイゼンベルクへの手紙に、研究所の拡張、特に「生物学関係の研究所との共同研究」のためにローゼンフェルトとの仕事がなかなか捗らない、と書いている。一九三五年の夏には、ボーアはプリンストンのアインシュタインと二人の共同研究者が書いた、量子論の完全性に疑問を呈する論文に反論を書く時間が取れたのであるが、例のボーアとローゼンフェルトの後編は一九五〇年まで出なかった。実際、一九三五年以後何年もの間、ボーアには相対論的量子物理学の問題に関わる時間がほとんど、もしくはまったくなかったと言ってよい。この時期の初めには、研究所を拡張し方向転換を図る取り組みのほうが、相対論的量子物理学の理論的な問題をめぐって延々と続く討論に対して優先されていたのである。[34]

ボーアによる研究所の方向転換は、ここから出た研究出版物の種類と数に明瞭に反映している。第1章で述べたように、滞在研究者の数も、出版論文の数も、一九二七年にピークに達した後、急に落ち込んだのであるが、出版論文の総数は一九三四年に再び回復し始めた。この年の二四篇の出版論文のうち、ほぼ半数が核の問題を扱っていた。しかし第2章で述べたように、これらの論文は、すでにジョージ・ガモフとハンス・コプファーマンが始めていた研究計画の続きに当たるもので、ボーアが図った研究所の科学研究の方向転換を反映するものではない。[35]

ボーアは世評の高い実験家の友人、ジェイムズ・フランクとジョージ・ヘヴェシーの力を借りて決然と方向転換を図ったのであるが、それを世に知らせるものといえば、一九三五年に出た人工放射能についての諸論文だけである。そして、これらの諸論文の筆頭となるのがヘヴェシーの五篇の論文で、それはその前年にフェルミが譲ってくれと頼んだ希土類その他の元素の人工放射能を論じていた。それに加えてフリッシュによる同様な実験についての論文が二篇あるところを見ると、この新プログラムはヘヴェシーの仕事のみに限られていたわけではないことがわかる。デンマークの物理学雑誌に載った「原子核の特性と構成」に関する一般向けの概説記事が、ボーアの若手のデンマーク人共同研究者トアキル・ビャーエとフリッツ・カルカーの手で書かれているが、これもまた、研究所の重点の置き所が変わりつつあることを示している。この年、研究所から出た出版物の総数も三三に上った。[36]

一九三四年十月、亡命物理学者オットー・ロベルト・フリッシュがやって来た。これは研究所での核物理学の研究活動に対してきわめて重要な意味をもつ事柄である。フリッシュは生物学計画用の装置も含めた新しい科学機器の設計、製作、利用に関して重要な専門知識を提供した。元々フリッシュは一年コペンハーゲンに滞在できればよい、と思っていたのが、なんと、ほぼ五年間滞在することになった。初めはラスク－エルステド財団の支援で、次いでロックフェラー財団の実験生物学支援に依って、一九三九年七月まで滞在し、この後イギリスに行ってバーミンガム大学のマーク・オリファントと一緒に仕事をした。(37)

一九三五年という年は、研究所において研究の重点がはっきりと核物理学のほうに移った、その曲がり角に当たる年だと言ってよい。とは言っても、この年に研究所から出た論文のうち、直接その分野に該当するものは半数に満たない。一九三六年には、ボーアがはじめて、もっぱら核物理学に向けた論文をいくつか自分で書いているが、この年になってようやく、大部分の論文が核の問題に関わりをもつようになる。ヘヴェシーはまだ相変わらず人工放射能について論じているが、核物理学への取り組みは、人の面でも、また実験や理論の仕事の面でも明らかに広がりを見せつつある。長期滞在研究者の数は過去三年の間、一四人という一定のレベルに止まっていたが、一九三六年にはこれも一七人に増加している。ボーアの手になる研究所の方向転換は、ここに一つの節目を迎えていた。(38)

ボーアの運営政策活動と並んで、彼の原子核についての最初の研究論文も、方向転換を後押ししたことは間違いない。この論文の基になったのは、ボーアが一九三六年一月の末頃にデンマーク王立自然人文科学アカデミーにおいて行なった講演である。その後間もなく、これは『ネイチュア』誌に掲載され、研究所における研究のみならず、広く理論物理学全体の発展に対しても、途轍もなく大きな衝撃を与えることになった。(39)

実験では中性子、特に遅い中性子が非常に容易く原子核に吸収されるという現象が見られるが、それはどうしてかという疑問があり、これについてはいろいろ論じられていたが、ボーアは講演と論文で、この疑問についてはじめて活字の形で論を起こした。ボーアが『ネイチュア』誌に公表したアイデアは、一つも数式を含んでいないという点で、物理学の発展のこの段階にあってはまことに独特なものであった。前にはボーアは、原子内の軌道を回る電子とのアナロジーにより、核を相互作用をしない粒子の集まりと考えていた。ところがここでボーアは、中性子が核に衝突する時には、核の構成物——すなわち核子——の間にかなりの相互作用が生じるのではないか、という提案をした。すると衝突する中性子の運動エネルギーは全核子の間に分配されて、そのうちの一つが核外に脱け出すのに必要なエネルギーを獲得する確率は、核を相互作用のない粒子系と考える場合に比べて相当に小さくなる[40]。

ボーアの提案には、原子核に関する以前の自分の考え方を継承する面があると同時に、またそこから離脱する面もあった。後者の離脱する面について言うと、第3章で簡単に論じたように、フェルミが自分の実験の解釈として、中性子は容易く核に吸収されるとした点に、ボーアは理論的な立場から異を唱えていた。ところが今度の新しい仕事においては、ボーアのこの問題点に対する姿勢は完全に逆転した。つまり、今度はボーアはフェルミの解釈に理論的な土台を提供したのである。

前者の継承する面について言うと、核子の集まりという系についてのボーアの考え方、それは、核とその周りを回る電子から成る原子という系とは根本的に異なるものだ、という考え方は、もっと前に書いたものの中に明らかにその前例がある。実際、第2章で述べたように、この数年来ボーアは、たとえばベータ崩壊のような異常現象を説明するに当たって、これまでの量子力学は原子核には適用できない、という論じ方をしてきた。むしろ、その適切な扱いは、まったく新しい相対論的量子力学の理論構築を待たなければならない、と信じていた。その結果、一九三六年以前のボーアの原子核についての言説は常に、より広い量子物理学の理論の問題提起と結びつけて行なわれたのである。

一九三六年の仕事においても、ボーアは、原子と原子核は別の系である、という立場を変えていない。しかし今度はボーアはこの違いを、原子の外側部分と核それぞれを構成する粒子同士の間の相互作用が格段に異なる点に帰している。つまりボーアは、新しい包括的な量子論の観点からの説明を探究することを放棄したわけである。この包括的な量子論こそ、長い間、研究所の理論物理学者たちの間で交わされる議論において懸案となってきた最終目標であった。したがってその論文では、たとえばエネルギーの非保存という思い切った提案も含む、ボーアの当初の理論的な土台の模索については触れていない。このエネルギー非保存という考えは、ボーアが年来、ベータ崩壊の説明には不可欠と考えていたものである。実のところ、ほんの数ヶ月後にボーアは原子核におけるエネルギー非保存という考え方を放棄することを公にし、パウリとフェルミによるベータ崩壊の別の解釈、すなわちもう一つの新粒子——ニュートリノ——を導入する解釈を受け入れることになる——もっともこの受け入れも数年がかりのことになるのであるが。

例によってボーアは、自分の転向を実験結果を持ち出して説明している。アメリカの実験家ロバート・シャンクランドが、いわゆるコンプトン効果で立証されるエネルギー、運動量保存則と相容れない実験を報告して物議をかもした。このコンプトン効果は自由電子と光の衝突の結果起こる現象で、光は粒子、すなわち「光子」から成るということとの実験的な確証を与えるものであった。ボーアの撤回は、コペンハーゲンの物理学者J・C・ヤコブセンが『ネイチュア』誌に投稿したレターの末尾に付記されている。このヤコブセンのレターは、シャンクランドに反する実験を報じてエネルギー保存を復活させたものである。これとは独立に、ハイデルベルクにあるカイザー・ヴィルヘルム医学研究所のヴァルター・ボーテとヘルマン・マイヤー゠ライプニッツも同じ結果に到達した。ヤコブセン並びにボーテとマイヤー゠ライプニッツの結果は、一九三五年に行なわれたボーテとハンス・ガイガーによる実験を確認したのであるが、このボーテとガイガーの実験は、当時ボーアに、原子内で起こる過程ではエネルギーは保存しないのではないか、という自身の予測を放棄させたのである。パウリとフェルミのニュートリノという考え方に加えて、この新しい証拠が出てきたために、ボーアは核で起こる過程においてす

ボーアと共同研究者のフリッツ・カルカー，1934年［AIP，ニールス・ボーア資料館，ヴァイスコプフ・コレクション提供］

ら、エネルギー非保存の考えを放棄せざるを得なかった。面白いことに、P・A・M・ディラックは、前にはボーアのエネルギー非保存という提案にきっぱりと反対の表明をしていたのに、今度は自分がその考えの提案者となっている。役割が逆転したのである(41)。

まさしくコペンハーゲン精神に即して、ボーアは若手の同僚たちに、原子核に関する自分の新しい考え方についての意見を求めた。そのため二月中に、ボーアは『ネイチュア』誌に出る予定のノートの原稿をヴェルナー・ハイゼンベルク、オスカー・クライン、マックス・デルブリュック、ウィリアム・ホウストン、ジョージ・ガモフらに送った。いつも通り、ボーアの求めに応じて早速率直な返答が返ってきた。クラインはものやわらかな口調で、ボーアの考え方は少し機械的に過ぎないかと言ってきたが、P・A・M・ディラックだけは（その返事は数ヶ月後に来たのだが）ボーアの理論にはっきりと反対した。これを見ると、ボーアは運営政策関係や資金調達関係の事柄に相当な労力を割いていたが、そのことは、ボーアと若手の同僚たちの間で忌憚無く学問上の意見交換を行なうコペンハーゲン精神に対しては何の妨げにもならなかったことがわかる。ただし、この場合については、ボーアが原稿を書き終わった後ではじめて議論が始まったのではあるが。何か濃密で大がかりな共同研究――たとえば第2章で述べたローゼンフェルトとの共同研究のようなーーが行なわれて、それに導かれて一九三六年の論述ができ上がったということを示す裏づけは何もない。しかしこれに続いてボーアは、フリッツ・カルカーと共同で自分のアイデアの仕上げに取りかかったが、この時の二人の共同研究のやり方は、まさしく昔ながらの形を踏襲したものであった(42)。

このように仕事の流儀は形を変えずに続いていた。それを証し立てる一つの出来事がある。これはまた、コペンハーゲン精神そのものにも更なる照明を当てるものである。ドイツの学術誌『ナトゥーアヴィッセンシャフテン』の編集者からボーアに、『ネイチュア』に出した一九三六年論文のドイツ語版をこの雑誌に掲載させてほしい、という懇請が来た。その後、マックス・デルブリュックよりベルリンからの手紙で、翻訳を引き受けるという申し出があった。ボーアがその申し出を承知すると間もなく、デルブリュックとヘルマン・レッデマンの共訳による訳文が郵送されてきた。ボーアはこの訳文に概ね満足の意を表したが、例によって二、三箇所の変更を提案した。それには、一続きの長い文が、訳文では分けてあるところをまた元に戻す点も含まれていた。これに応えてデルブリュックは、葉書で腹立ちを隠さずに「ドイツ語の使い方の不適切さが分かってもらえそうもない」と思うので、自分は訳者を下りる、と伝えた。ボーアはデルブリュックがぶちまけた怒りに自分では答えなかったが、ローゼンフェルトにこう説明させた――「読者は、ボーアの考えを会得するに王道なし、という事実を自ら肝に銘じる他ありません」。ローゼンフェルトのとりなしも甲斐なく行き違いは解消されず、ドイツ語版の訳者としてはレッデマンの名前だけが載せられた(43)。

この出来事は、書き下した言葉に対するボーアの妥協のない姿勢の証であると同時に、ボーアはその言葉に到達するために共同作業を必要としたことを証し立てるものでもある。ローゼンフェルトの返事にもはっきり現れている通り、たしかにデルブリュックの怒り方には思いがけないほど荒々しいものがあるが、それにしてもこの件は、ボーアと若手の研究者仲間との間には非常に深いつながりがあり、それは激しい不一致の嵐が吹き荒れても壊れない類のものであったことを物語っている。第2章で述べたヨルダンとの関係とは違って、ボーアとデルブリュックの友好関係はその後もずっと続いたのである。実のところ、もっと打ち解けた場面で、デルブリュックがボーアのややこしい言い回しを悪気なくからかうのは、結構コペンハーゲンの座興の種になっていたらしい。たとえば一九三五年のこと、アインシュタインとプリンストンの仲間によるボーアへの批判に応えたボーアの返事をデルブリュックがドイツ語に訳してボーアに送ったのであるが、この時デルブリュックはボーアの書き方を真似て、数ページにわたる手紙をたった一つの文にして書き下したのである。これに対するボーアの応答を見ると、ボーアは明らかにこのいたずらを快く受け止めている。こういう出来事を考えるにつけても、コペンハーゲン精神は一九三〇年代中期の後にもなお健在であったと言えそうである(44)。

研究所で毎年開催される非公式国際物理学会議の一九三六年版もやはり、昔ながらのコペンハーゲン精神という媒体が核物理学への転向を経てもなお残っていたことを示す一例である。この会議は元々一九三五年の九月に予定されていたが、研究所の拡張に伴う事情のために一九三六年の夏に持ち越されたものである。いつもの理論的な問題の討論に加えて、ボーアは拡張でできた建物を会議に参加する人たちに見せるのも楽しみにしていた。この会議は研究所の方向転換に歩調を合わせて、核と生物学の問題に当てられることになった(45)。

こうしてロックフェラー財団の後援による、研究所における初の生物学国際会議は一九三六年の物理学国際会議の一部という形で企画された。おまけにこの会議が開かれたのは、ボーアが自分の相補性のアイデアに関する見当違いの解釈に抗議する場となったコペンハーゲン統一科学会議の直前であった。そのため一九三六年の非公式国際会議は、いつもより多くの参加者を数えた。この会議では、特に核の問題が徹底的に議論された。参加し

研究所の非公式国際会議，1936 年 6 月

第 1 列：ヴォルフガング・パウリ，パスカル・ヨルダン，ヴェルナー・ハイゼンベルク，マックス・ボルン，リーゼ・マイトナー，オットー・シュテルン，ジェイムズ・フランク，ジョージ・ヘヴェシー．**第 2 列**（着席者）：エルヴィン・ダーフィト，マーク・オリファント，P. カプール，カール・フリードリヒ・フォン・ヴァイツゼッカー，フリードリヒ・フント，一人置いて，ハンス・イエンセン，フリッツ・ロンドン，オットー・ロベルト・フリッシュ，ジョン・R. ダニング．**第 3 列**（着席者）：ハンス・コプファーマン，オーエン・リチャードソン，ウーゴ・ファーノ，一人置いて，ラースロー・ハーン，一人置いて，エルヴィン・フュース，ヴァルター・ハイトラー，ミルトン・S. プレセット．**第 4 列**（着席者）：イーヴァル・ヴァレル，ルドルフ・パイエルス，一人置いて，ハンス・オイラー，ホミ・ジャハーンギー・バーバー，一人置いて，レウェリン・ヒレス・トマス，ニールス・アーレイ，フリッツ・カルカー，氏名不明．**第 5 列**（着席者）：エドワード・テラー，ヴィクトール・ヴァイスコプフ，マックス・デルブリュック，マルティン・シュトラウス，マッケイ，ヘンドリク・アントニー・クラマース，H. B. G. カシミール，ユージン・ラビノヴィッチ．**第 6 列**（着席者）：ヒルデ・レヴィ，三人置いて，トアキル・ビャーエ，ブク・アナセン，J. K. ボギー．**後ろ**：エッベ・ラスムッセン（着席），ジョージ・プラツェク，クリスチャン・メラー，C. H. マンネバック，J. C. ヤコブセン，K. J. ブロンストロム，一人置いて，ヨハン・アンブロセン，一人置いて，ソアンセン，スヴェン・ホファー－イェンセン，フーゴ・アスムセン．**横に立っているのは**：ニールス・ボーア，レオン・ローゼンフェルト，エドアルド・アマルディ，ジャン・カルロ・ウィック，アルトゥール・フォン・ヒッペル，一人置いて，ヨーエン・コッホ

た面々が、たった数ヶ月前に出た、原子核に関するボーアの説をめぐって、いつもの開けっぴろげの自由なやり方で討論に興じたのは間違いない[46]。

この説は間もなく「複合核」モデルとして知られるようになり、その後数年の間、核物理学の導き手となった。実際、これに続く発展において傑出した役割を果たしたハンス・ベーテの言うところによると、ボーアの権威は非常に高く、ほぼ二〇年の間理論核物理学はこのモデルに支配され、原子核についてのそれ以外の可能な考え方を葬り去ってしまった、ということである。当時の物理学界におけるボーアの影響力はまことに強大だったのである[47]。

それに続く数年の間、研究所における理論並びに実験の仕事と、ボーア自身の核の問題への取り組みは手に手を取って進められた。一九三六年にヘルシンキで開催された第一九回スカンジナヴィア自然科学者会議は、上の両者が共にどの程度の変化を見せるようになったかを如実に証し立てている。ここでボーアは「原子核の特性」に関する一般講演を行ない、研究所の若手のデンマーク人共同研究者のうち五人もが――すなわち理論家のニールス・アーレイ、フリッツ・カルカー、クリスチャン・メラーと実験家のトアキル・ビャーエ、エッベ・ラスムッセンが――核物理学のいろいろな面について語っているのである。デンマークから来た物理学者の中では一人だけ（研究所とは関係のない人）が別の話題について話したのであるが、他方フィンランド、ノルウェイ、スウェーデンから来た二〇人の物理学者の話はどれ一つとして核の問題に触れていない。スカンジナヴィア物理学の他のリーダーたちとは違って、ボーアはすでに自家製の核物理学の中核を自分の許に作り上げていたのであった[48]。

一九三七年の世界を回る旅の間もボーアには、自分が最も深く関わっている物理学の問題について、研究者を相手に講演をする機会がいくつか訪れた。一九二〇年代の終わりと一九三〇年代の初めには、ボーアはこの種の講演を相対論的量子物理学の問題に当てて、原子核については終わりのほうで簡単に触れるだけであったが、今度は核の問題に集中している。デンマークに帰った後も、ボーアはこういう講演を引き続き行なって核物理学を奨励した。これもまた、ボーアの物理学における優先順位が変わったことをはっきりと示すものである。[49]

原子核研究用の大規模実験装置が完成する前にも、研究所では核の理解を進めるために、相当な実験の取り組みが行なわれていた。ヘヴェシーは実験生物学にかかり切りで、一九三六年に人工放射能に関する最後の論文数篇を出したが、フリッシュのほうは自分の研究を精力的に続けていた。たとえば一九三七年と一九三八年にフリッシュは、ハンス・フォン・ハルバンとヨーエン・コッホとの共同研究として、遅い中性子に関する実験を報告する一連の論文を出している。[50]

一九三七年と一九三八年に、ボーア、それに核物理学界全体が二つの大事なものを失うことになった。一九三七年にはボーアが師と仰いだアーネスト・ラザフォードが亡くなった。ボーアは追悼講演で、この人を「核科学の創立者」と呼んでいる。次いで翌年の初めに、複合核理論の構築で相方を務めたデンマーク人の若手フリッツ・カルカーも突然思いがけなく亡くなってしまった。[51]

こんな喪失に見舞われはしたが、ボーアも、また研究所の物理学者たちも皆、引き続き核物理学の発展に向けて成果を挙げていった。ボーアはこれまで通りのエネルギーと興味を注いで物理学全般の進展についていったが、この当時数年の間の自分自身の研究は、ますます核物理学に集中していった。たとえば一九三八年の初めに、自分の複合核モデルを用いて光核効果を説明する小論文を出している。光核効果とは、核が光子を吸収して陽子や中性子やアルファ粒子を放出する現象である。この効果は一九三四年の夏、モーリス・ゴールドハーバーが予想を提案し、それからほんの数ヶ月後にイギリスのケンブリッジで、ゴールドハーバーとジェイムズ・チャドウィックが実験的に確証した。ボーアはこの新しい論文についてももう一度何人かの仲間に意見を求めた。この同じ年のもっと後に出した論文では、元の論文の陳述の一部を撤回せざるをえなくなったが、ともかくボーアの仕事は、この新たな成長分野に対する重要な寄与をなすものである。公刊したものに加えて、この時期には核物理学の諸面について論じた原稿もいくつか残されており、この分野でのボーアの活躍を証し立てている。[52]

ボーア他研究所の理論家たちは原子核理論にかかり切っており、フリッシュらは核の実験をしていたが、その他の物理学者たちは大規模核研究装置の建設を完成させた。この装置の費用はロックフェラー財団、カールスベリ財団、トリーイェ財団が支援した。たとえば高電圧装置の建設――これについてはヘヴェシーが、一九三四年にコペンハーゲンに来る前に、もう交渉を始めていた――は、ドイツの実験物理学者アルトゥール・フォン・ヒッペルが考案し、当初の責任者も務めた。ヒッペルは一九三四年の大晦日にコペンハーゲンに到着したが、ドイツの企業、コッホ・ウント・シュテルツェルに気遣いを示し、結局装置の購入先は彼の進言により、メトロポリタン－ヴィッカーズ社をしのいで、最後にここが選ばれることになった。ヒッペル自身はユダヤ人ではなかったが、ジェイムズ・フランクの娘と結婚した。そのためドイツの外に終身の仕事先を探すことが是非とも必要だと考え、一九三六年の九月、二年足らずのコペンハーゲン滞在の後、ヒッペル一家はジェイムズ・フランクと同じ船でアメリカに旅立った――どちらも終《つい》の職を探すため、そしてヒッペルとしては妻の両親の近くで暮らすためでもあった。そこで分光学者のエッベ・ラスムッセンが高電圧装置建設の責任者の役を引き継いだ。アメリカの物理学者チャールズ・ローリツェン――トマスの父親でボーアの親しい友人であり、カルテックで高電圧装置開発の経験を積んでいた――が、初めのいろいろな躓きを乗り越える手助けをした。この装置は一九三八年の春にはじめて、がん治療用のX線を出すために実用に供され、次いで一九三九年の新年には核研究のための粒子加速器として使われることになった[53]。

高電圧装置は、その建設も試験も大部分コッホ・ウント・シュテルツェル社が担当したが、サイクロトロンはこれと違ってほとんど研究所の筋書きの上に立って建設が進められた。一九三七年三月、ボーアは世界周遊旅行の途上バークレーを訪れ、ここでアーネスト・オルランド・ローレンスと次の件で合意に達した。すなわちローレンスの所員の一人がコペンハーゲンのサイクロトロン建造に手を貸す、という件である。ロックフェラー財団は初めボーアに、フレデリック・ジョリオと掛け持ちでローレンスのところのサイクロ屋を頼めばよい、という

核物理学の実験を仕切っているフリッシュ，1936 年

1938 年，高電圧装置の建設後，そこでポーズを取るボーア

意向をもらした。ちょうどジョリオも、ロックフェラー支援の自分の実験生物学計画を始めるところだったのである。ところがローレンスから、家の人間はただの渡り歩きの技術屋ではなく、科学研究活動にも加わる学者として扱ってもらいたい、という反論が出て、ロックフェラー財団はローレンスの研究所から派遣される二人の人に給料を払うことを決定した。こうしてヒュー・キャンベル・パクストンがジョリオのところに行き、ローレンス・ジャクソン・ラスレットがボーアのところに行くことになる。このラスレットをローレンスは「間違いなく自分の研究所で最良の人物」と考えていた(54)。

一九三七年九月、ラスレットはコペンハーゲンにやって来た。その前に彼はアメリカ国内をまわって、すでに動いているサイクロトロンをいくつか見てきた。コペンハーゲンに到着した時には、もうサイクロトロンの磁石と他の二、三の部品が据え付けられていた。ところがかなりの変更が必要であることが明らかになり、ラスレットのコペンハーゲンでの仕事はサイクロトロンの設計と構築が主となった。このサイクロトロンが稼動を始めるのは一九三八年十一月一日である。同月のうちにラスレットは母親の病気のために急いでアメリカに帰った。出発のほんの数日前にラスレットは、サイクロトロンが中性子を出すのを見る機会を得た。その二、三日後にボーアはウィルバー・ティスデイルに、コペンハーゲンの物理学者たちは「五ミリオン・ボルトの重陽子ビームを手にして、ラジウム一キログラムを使わないと実現できないような規模の壊変効果を起こす」ことができた、と報告している。コペンハーゲンに作られたものは西欧で動いたサイクロトロンとしては二番目のものである。その前にキャベンディッシュで作られたものがあった。これは一九三八年八月にはじめてビームを出している。両者に先行するのが、東京の仁科芳雄のサイクロトロンと、L・V・ミソフスキーが設計、建造に当たったレニングラードのラジウム研究所のサイクロトロンである。この二つとも、一九三七年の夏、アメリカ国外で初のサイクロトロンとして稼動を開始した。第二次世界大戦が始まった時に、カールスベリ財団の資金提供による研究所のファン・ド・グラフ起電器の建設がトマス・ローリツェンの手助けを得て行なわれた(55)。

ちょうど高電圧装置とサイクロトロンが使われるようになった頃に、研究所の理論・実験核物理学への転進に太鼓判を押すような発見が行なわれた。この発見に至る一つの重要な成果を挙げたのはオットー・ロベルト・フリッシュである。彼はまだ研究所で仕事をしていた。一九三九年の新年の頃に起こったこの発見は、強力な新装置の応用から生まれたものではない。むしろそれは、他の研究所から出た結果について徹底的に討論したところから生まれたのである。とは言っても、間もなく、この新発見を活用するために新装置が盛んに使われるようになった。

この発見の前史を辿れば、いろいろな元素に片端から中性子を照射することによって人工放射能を作り出そうとする一九三四年のフェルミのプログラムに行き着くことになる。この研究で、最重元素が間もなく特別な関心を引くようになった。その年の六月、フェルミは、既知のいかなる元素よりも重い元素を作り出したのではないかと思う、と報告した。そして四年半後のノーベル賞講演では、その「超ウラン元素」二つに名前をつけている。しかしその少し前に、化学者オットー・ハーンはベルリンにおいて、フリッツ・シュトラスマンと共同して、当時の既知の天然存在元素のうち最も重いウラニウムに中性子を当てると、周期表で四つ前の位置にあるラジウム、すなわちより重くない元素が生じることの証拠を見つけ出した。ハーンの発見は当時受け入れられていた信条に反するものであったため、断固たる反論に見舞われた。とりわけかつてベルリンでハーンと一緒に仕事をしていたリーゼ・マイトナーはボーアと共に、理論的な根拠に基づいて、周期表においてウラニウムから四位置も離れている元素が中性子照射によって作られることはあり得ない、と論じた[56]。

一九三八年、オーストリア国籍のユダヤ人であったマイトナーはついにドイツから離れざるを得なくなり、結局、ストックホルムのマンネ・シーグバーンが率いるノーベル研究所で仕事をすることになった。マイトナーがここに着いた時、甥のオットー・ロベルト・フリッシュは、まだボーアの研究所で仕事をしていた。フリッシュ自身の言うところによると、彼はマイトナーと一緒にスウェーデンのイエーテボリの近くにいる友達を訪ねる誘

ローレンスのバークレー研究所のL. J. ラスレット．この人はロックフェラー財団の支援を受けて，1938年，コペンハーゲンのサイクロトロンの設計と建設に当たった

研究所専任の実験家，J. C. ヤコブセンとニールス・ボーア．1938年，サイクロトロンの前で

いを受けた、とのことである。その年の暮れ、二人が会う直前にハーンからマイトナーに手紙が届いた。それには、ハーンが初めにラジウムと同定した反応生成物は、実はそうではなく、その同族体で原子番号56のバリウムだったことが報じられていた。この元素は周期表においてラジウムに比べてウラニウムからさらに相当前の位置にある。したがってハーンの訂正の結果は、初めの発見よりもますます突飛なものとなったわけである[37]。

長年共同研究をしてきた相手の化学の能力は充分に認めていたし、こんな思いがけない結論を下す前には、ハーンが充分な注意を怠らなかったはずであることも良くわかっていたので、マイトナーにはハーンの結果は疑い難いと思えた。フリッシュが述べたところによれば、二人は歩きながら興奮しつつ、ウラニウム核が中性子によりほぼ同じ重さの二つのかけらに分裂するという、前代未聞の可能性について議論を交わしたという。これについて、物理学史家のロジャー・スチュワーは次のように述べている。

核の液滴モデル［第2章参照］に気がついて勇み立ち、フリッシュとマイトナーはこういう推定を導き出した。ウラニウム核の表面電荷間の反発力が表面張力による引力をほぼ完全に打ち消すので、中性子を照射すると振動が誘起され、そのために不安定が生じ得る。さらにこういうこともわかった。もしウラニウム核が分裂して二つのほぼ同じくらいのかけらになるなら、静止質量エネルギーの運動エネルギーへの転換が起こり、これはアインシュタインの［質量とエネルギーの］関係によれば約200Mevという莫大な値になるはずだ、ということである。

もしマイトナーとフリッシュの解釈が正しければ、一九三四年のフェルミ、またその後のハーンとマイトナー、ジョリオ－キュリー夫妻その他も繰り返し、それと気づかずにウラニウム原子を分裂させていたことになる。それよりも、もっと注目すべきことがあった。それは、打ち込んだ中性子は核に取り込まれるのではなく、分裂させてしまうので、フェルミが予言した超ウラン元素（これは物理学界では確たる事実とみなされるようになっていたが）は実は存在しないことが明らかになってしまうことである。(58)

フリッシュがボーアを納得させるのに難儀はなかった。ボーアは自分がこの可能性についてもっと前に考えてもみなかったことにハッとしたのみである。とは言っても、スチュワーも指摘している通り、ボーアが核分裂の可能性を受け入れるのにやや時間がかかったのは驚くに当たらない。一九三六年の複合核の論文ではボーアは、中性子の吸収と再放出はそれぞれ「液体や固体の表面への蒸気分子の吸着」と「高温におけるその物質の蒸発」によく似たところがあるという憶測を述べて、核の壊れ方について非常に異なる見方を打ち出していた。その上ボーアは、以前は核を液滴よりもむしろ弾性をもつ固体とみなすほうに傾いていたのである。もっともジョージ・ガモフはすでに一九二九年、コペンハーゲンの研究所に滞在中に、はじめて液滴モデルを提案する論文を公にしていたのであるが[59]。

ボーアとフリッシュが、原子核が分裂する可能性についてはじめて話を交わしたのは、ボーアが一九三九年一月七日に長期のアメリカ旅行に出発するほんの四日前のことである。ボーアは、ハーンの実験についてのこの重大な解釈を、その論文が出る前に人に明かさない約束をした上で、できるだけ早く論文公刊の準備をしておくようにフリッシュを促した。しかし、ボーアとローゼンフェルトがアメリカに着くや否や、そのニュースはばれてしまい、原子核の分裂を実験的に確証する未曾有の競争が始まった[60]。

この時のフリッシュとボーアの通信のやりとりは、コペンハーゲン精神が特別な事態に対処するやり方を垣間見る、またとない機会を提供するものである。マイトナーとフリッシュの提案を二人が論文として公表する前に、そのニュースをばらしてしまったことに責任も感じており、またこの発見の優先権は確かにこの二人が得られるようにしたいという思いにも駆られて、ボーアはコペンハーゲンに何度も電報を打って、マイトナー‐フリッシュ提案の論文を実験的なテストも盛り込んですぐに出すように、と急き立てた。また機会あるごとにボーアは、マイトナーとフリッシュの優先権についてアメリカの物理学者たちや報道関係に念を押した。コペンハーゲンからの知らせは相変わらず要領を得ないため、ボーアの苛立ちは募った。ついにフリッシュから詳しい釈明の手紙が来て、ボーアへの返事が遅れたのは、自分に事態の緊急性がよくわかっていなかったためだという弁明が述べられていた。初めフリッシュには、この熾烈な競争は自分の科学のやり方になじまないものに思えた。フリッシュのやり方は、徹底的かつ冷静な討論のコペンハーゲン精神にもっと適合する類のものであった。関係者の一人ヒルデ・レヴィは、フリッシュとマイトナーの発見について次のような見方をしている。二人にとっても、また研究所で仕事をしていた他の科学者たちにとっても「それは競争という事態ではなかった」、「それはただ、ここで何かとてもわくわくするようなことを手にしたら、父なるボーアにそれを告げるものだ、というだけのことであった」。とにかくマイトナーとフリッシュは実際に、ハーンの発見をボーアの複合核モデルを基にして解釈すること、また核分裂を実験的に確証することの両方について世界で初の論文を公刊することになったので、ボーアの苛立ちは取り越し苦労となって一件落着したわけである。(61)

ところでこの出来事の間に、研究所の実験生物学グループが核物理学に直接的な影響を及ぼす滅多にない機会が訪れた。フリッシュがアメリカ人のW・A・アーノルドに、バクテリアが二つに分かれる過程を指す生物学用語はないかと尋ねると、「バイナリー・フィッション（二体分裂）」という答えが返ってきた。これが、物理学に一つの言葉が持ち込まれ、間もなくそれが生物学よりもむしろ物理学の用語となっていく成り行きの発端である。(62)

核分裂の知らせで物理学者の間に――特にアメリカで――この反応を実験的に確認しようとする競争が持ち上がったが、これはまた、ボーアのアメリカ訪問中の主立った活動にも影響を及ぼした。すなわち一九三九年の春の間にボーアはプリンストンで、ジョン・アーキバルド・ホィーラー――ボーアより年下のアメリカ人物理学者で一九三〇年代の中頃に研究所に来たことがある――と共同して「核分裂のメカニズム」という論文を書き上げている。二人はこの仕事を進めるうちに、核分裂反応というものをボーアの複合核モデルの枠組みに詳細にわたってうまく合わせることができた。この共同研究はまさしくコペンハーゲン精神に則って進められた。若いホィーラーがボーアの反響版かつ手伝い役を務めたのである。(63)

はじめて核分裂反応を実験的に確証する時には、フリッシュは中性子源としてラジウム・ギフトで作った四種類のラジウム－ベリリウム混合物のうちの一つを採用した。ところが、その次の核分裂に関する実験の報告では、マイトナーとフリッシュは中性子を作り出すために研究所の高電圧装置を利用することができた。そしてこの新装置の建設は、その後の核分裂反応の実験的研究にとって、きわめて時宜を得たものであることが明らかになった。(64)

実際、それに続く時期、核分裂の研究は研究所の主要な研究プログラムを生み出し、それは理論と実験の特別緊密な連携のもとに進められた。ボーア自身は理論面について論文を書き、デンマークの実験家たちはトマス・ローリツェンの協力を得て核分裂の研究に新装置――高電圧装置に加えて間もなくサイクロトロンもこれに含まれるようになる――を使用した。滅多にないことであるが、一九四〇年にはボーアは実験関係の文献にも共著者として名を連ねている[65]。

一九三七年に研究所から出た論文数と外国人滞在研究者の数は二度目のピークに達した。すなわちこの二つの数は一〇年前のピークをやや下回り、それぞれ40と21となった。一九二七年以後の急激な低下とは違って、一〇年後に研究活動が鈍化したのは研究プログラムが衰微したのでもなければ、資金が減ったためでもない。そこには、一九三九年に戦争が勃発しデンマークは翌年占領される、というヨーロッパの政治情勢の悪化が反映しているのである。トマス・ローリツェンは臨時滞在研究者のうち研究所を、次いでヨーロッパを最後に離れた人物となったが、彼は辛うじてそれができたのであった。こうして研究所の研究活動はかなり低い水準で進まざるを得なくなり、一九四三年の秋にはボーア自身も自分の家族とユダヤ人の共同研究者を連れて、デンマークから中立国のスウェーデンに逃れなければならなくなった。そして一九四四年の正月頃には研究所自体まで短期間ドイツ人に占領されるに至った[66]。

こういうわけで、研究所の研究活動の二度目の低下はひとえに、ボーアが率いた研究政策とその実行の圏外の事情によるものであった。したがって一九二七年以後に起こった最初の低下とは違って、これは戦争が終わってボーアが帰り、事態が正常に復帰した時に、研究方向の再検討の必要を示すものではなかった。それどころか研究所は理論・実験核物理学センターとして隆盛を保ち、ボーアは首尾よく新たな共同研究者を獲得し、また絶えずますます進んだ装置を手に入れていった。戦争のために中断されていた、ある特定の核物理学プロジェクトまで、事態が正常化した時に再度採り上げられた。こうして、一九三〇年代中頃に行なわれたボーアの研究所の方向転換は、戦中の時期を越えてその後まで続いていくことになる。実際、今日でも核物理学は研究所の主な優先

課題として残っているのである。(67)

結び

一九三五年から第二次世界大戦に至るまで、ボーアは研究所における研究の方向転換を強力に進めた。この骨折りの相当な部分が精力的な資金集めに当たる。ボーアは交渉相手のそれぞれの機関について、そこが示した特定の関心を考慮に入れつつ支援要請の話を進めた。その際、根拠として持ち出したのは、ジョージ・ヘヴェシーの実験生物学への新たな取り組みか、もしくは核物理学に対する理論と実験の強化である。戦争の勃発までに、ボーアは研究所の経済状態をかなり改善していた。

ヘヴェシーが率いる生物学の研究活動は、大いにボーアの資金獲得の努力のおかげを蒙っている。始めは主として、ヘヴェシーがコペンハーゲンの他の研究所に、自分の放射性トレーサー法が生物学で役に立つことを説きつけようとした、野心的な取り組みという類のものであったが、このプロジェクトはだんだん研究所で大きな位置を占めるようになり、ヘヴェシーは実験を進めるのに必要な助手や装置、さらに実験動物まで手に入れるようになった。戦争の勃発までに、ヘヴェシーのプロジェクトはかなりの国際的な名声を得るに至ったが、それももっともなことである。

物理学の、ボーア自身の分野の研究も、ボーアの新たな資金調達活動から右記に優る利を得ている。方向転換の前には、ボーアと研究所の共同研究者たちは、相対論的な量子論の一般的な議論に主力を注いでいたが、一九三六年には、彼らの研究の結果出る論文の大部分は、核物理学という新興分野に集中するようになった。その過程で、研究の進め方も研究題目も変わっていった。すなわち、実験にますます重点が置かれるようになったのである。実際、研究所の関心を、成長を遂げつつある物理学の一分野に向け変えることにまともに取り組んだおかげで、ボーアは理論と実験の一体化を回復することができた。これこそ、そもそも一五年前、ボーアの研究所創設の動機となったものである。ボーアは一九三一年の暮れ近く、カールスベリの邸宅に移る折に、デンマーク王立文理アカデミーに対して謝辞を述べたが、すでにその時、実験の重視が不足していることに対する遺憾の意を公にしていた。今回、ここに至ってようやく、ボーアはこの点を改善できたのである。

とは言っても、ヘヴェシーの実験生物学の取り組みとは違って、物理学のほうの推移は、一般的な問題についての果てしのない理論的討論から、実験に基づくしっかり方向を定めた研究活動へとがらりと変わる、というようなものではなかった。たとえば、ボーア自身の考案による複合核モデルについての議論や、ボーアの光核効果の成果に関する議論などは、相変わらずコペンハーゲン精神に則って、ボーアと若手の研究仲間たちの間で期限も定めずに行なわれたのである。とりわけ、一九三八年の暮れに始まった核分裂に関する理論と実験の仕事は、核物理学に向かっての計画的な方向転換の一環として論ずることはできない。たしかにボーアが新しい研究プログラムを導入しようと決心していたことは、マイトナーとフリッシュの核分裂という解釈にとって好都合な状況を作り出してはいたが、この過程自身はまったく思いがけなく生じたものである。研究所の方向転換をすることによって、ボーアは理論と実験の再統一を成し遂げ、なおかつコペンハーゲン精神も保持し終せた。一九三〇年代の末まで、この両者はお互い支えあって幸せな共存をしていたのである。

そうなると、物理学者たちが、自分たちの研究活動はヘヴェシーの実験生物学プロジェクトからますます離れていくと観じたことも驚くには当たらないのではなかろうか。ヘヴェシーのプロジェクトは物理学者たちの活動とは対照的に、はっきり方向を定めた研究活動の見本のようなものだったからである。事実、ボーア自身は注目すべき例外であったが、多くの物理学者はヘヴェシーの放射性トレーサー法のキャンペーンを目の当たりにし、とりわけヘヴェシーのグループが加速装置を使うのを見て、これは物理学の本道からの逸脱だが、必要事だから仕方ないと諦めていた。つまり彼ら物理学者たちにとっては、実験生物学への取り組みは、原子核の知識の探究というもっとまともで有意義な研究への財政面の支援を獲得するための口実に過ぎなかったのである。このようなわけで、コペンハーゲンの実験生物学プロジェクトは、終戦時の短い中断は別として、最初の五年間以後も引き続き支援を受けていたが、コペンハーゲン精神を守り育てる物理学者たちと、応用的な問題に精を出すヘヴェシーのグループとの間の文化的な乖離は度を増していった。これは結局のところ、物理学者側が勝ちを占めることになる。このためヘヴェシーは、戦後、生物学の研究の場をストックホルムに移し、ここで自分の長い研究生活の残りを過ごすことになった。ヒルデ・レヴィによると、研究所は一九五二年か一九五三年頃まで、生物学の研究のために同位体の提供を続けていた、とのことである。すなわち合衆国政府が、同位体の解禁は安全保証上危険であるとする考え方を止めるまで、である。ヘヴェシーが去った後、ロックフェラー財団支援のコペンハーゲンにおける実験生物学研究はクロウの研究所が中心となり、今度はクロウの後継者であるパウル・ブラント・レーベルクの指揮下に行なわれた。活動の場が生物学関係の所に移ったのは、あながち物理学者たちの敵対感情のせいばかりとは言えない。それは生物学者たち自身の独立を望む気持ちの現れでもあったのである。こうして、研究所における理論物理学と実験生物学との結婚はつかの間のものとなった。とは言えそれは、一九三〇年代中頃にそこで行なわれた研究の方向転換の役には立ったのである[68]。

終章

ごく掻い摘んで言えば、本書の主題はこんな風になろう。一九三〇年代に研究所では核物理学への転向が起こった、また同時期に国際的基礎科学への資金援助情勢にも変化が生じた（ロックフェラー社会貢献事業に見られる変化などはその代表である）、そして研究所の転向は、この変化に対するボーアの反応と行動によって起こったのだ、ということである。さて、今述べたところは一体どういうことを指しているのか、そして、それに関わって起こったことは何だろうか？

初めに私は、もし仮にロックフェラー財団のヨーロッパ学者特別研究支援資金と実験生物学計画というものがなかったとしたら、上記の転向は突然、現にそれが起こったような具合に起こることはなかったであろう、ということを論じた。これは単に、このような動きがボーアに、いずれにせよ彼が取ることになったはずのやり方で、研究所の方向転換をする機会を資金面で与えたというだけのことではなく、もしそれがなかったらこれは起こり得なかったはずだ、と言いたいのである。もっと本質に迫って言うなら、資金援助情勢の新たな展開こそ、そもそもボーアに研究所の全面的な方向転換ということを考えつかせる上で決定的な役割を果たした、と言うべきなのである。

私が第2章で、核物理学の理論－実験研究プログラムへの全面的な方向転換に至るまでの、研究所における純学術的関心や活動の模様をあんなに長々と描いたのも、右記の論点を説得力のあるものにするためであった。ボーアは核物理学の「奇跡の年」——一九三二年——の実験的な進展には真剣に目を配ってはいたが、このために全面的な方向転換が必要になるとは思っていなかった。むしろボーアは、それが基礎理論の問題をめぐる果てしない議論の種になると思っていたのである。一九三四年の初めまで、ボーアと研究仲間は主にこういう議論に没頭していた。物理学の理論に抜本的な変化が起こっても、この状況は変わらなかった。たとえば一九三三年の終わり近くにはじめて提案されたフェルミのベータ崩壊の理論は、今では、悩ましい核内電子を追放し、それによってやっかいな相対論的量子物理学とは一線を画す分野としての核物理学に向かっていく、その露払いの決定版とみなされている。しかしながら、それがボーアを研究所の方向転換に向けて動かすことにはならなかった。原子核も哲学的な傾向の生物学の問題も依然として、ボーアの相補性論によって導かれる一般的な議論のためのいろいろな話題の中の二つに過ぎないものであった。

ボーアがお気に入りの、対話による研究法の確立に成功したのは、それを支える物質的な条件があったおかげである。当時の基礎科学に対する資金援助政策は質の高さと威信に力点を置いていたので、ボーアは自分好みの研究を進めるための人と装置を手に入れるのに何の不自由もなかった。この援助政策には、最良の若手の科学者を最良の研究センターに一定期間送り込み、討論の場をもたせるということも含まれていた。これこそまさしくボーアが望んだ仕事のやり方であり、ボーアが若手の物理学者の選りすぐりと討論を交わす機会としてこれを利用したのは当然である。当時主流をなした基礎科学支援政策——ロックフェラー支援国際教育委員会（ＩＥＢ）はその顕著な代表である——そしてそれが奨励した科学活動の部門は、ボーアのコペンハーゲン精神の涵養にとってまさにうってつけのものであった。

一九三三年一月、ヒトラーの政権取得後ドイツの学者の置かれた状況が悪化した時にも、ボーアはやはり若手の物理学者たちを気にかけ、このうち大勢に対して研究所を一時的な安住の場として提供した。こうして、亡命者問題に対してボーア自身が選んだ対応策は自ずと、若手の物理学者仲間との無制限の討論の継続を伴うことになった。この対応策は、ヨーロッパの救援機関が亡命者問題に対して取った方針とも完全に合致するものであった。後者は地位を確立した教授たちの将来を保証するよりも、むしろ若手で未確立の物理学者たちに一時的な援助の手を差し伸べる方針を取っていたからである。こうして非常事態の間にもボーアは、当時の資金援助政策をコペンハーゲン精神の保持のために生かすことができたのである。

ロックフェラー財団が亡命者問題に対して取った上と異なる方針に直面してはじめて、ボーアは自分と外国から来た若手の一時滞在研究者の間で従来行なわれていた役割分担の撤廃を考えるようになった。ヨーロッパの財団や亡命者救済組織の方針とは違って、アメリカのロックフェラー財団はドイツから、最高度の年功を積み地位の確立した亡命科学者を探し求めた。これにより年来の友人で実験家の教授、ジェイムズ・フランクとジョージ・ヘヴェシーを手中にする機会ありと見ると、ボーアはためらわずにそれを摑んだ。普通、研究所を訪れる若手駆け出しの物理学者たちと違って、これらベテランの物理学者は自分たちの研究を独立して進めることを要求した。ボーアが研究所に核物理学の実験的研究を導入する決心をした背景には、物理学そのものの特別な発展以上に、このことがより大きなものとしてあったのである。ボーアは二人に実験核物理学の研究の采配を頼んだばかりでなく、そのための新しい装置を手に入れる可能性にも目を配るように仕向けた。一九三四年の暮れ近く、ボーアは他の研究機関の同僚たちに、自分の研究所でフランクとヘヴェシーが率いる核物理学の実験の新事業が始まることを報告した。

フランクとヘヴェシーの存在がボーアに、研究所を核物理学に向けて方向転換する決心を促した、という結論の裏づけとなる事実がいくつかある。第一に、ボーアが行動を起こすきっかけとなったのは、パリのジョリオ－キュリーとローマのフェルミの実験的発見であった――そしてニュートリノ概念の発展のような理論面の進展ではなかった――ということがある。ボーアは核物理学における理論と実験の進歩に終始ぴたりと身を寄せてついていった。とは言ってもボーアが、そういう進展は研究所の仕事と実際に関わりがあると思うようになったのは、自分の友人たちのための研究プロジェクトを見つける必要に迫られてからである。

第二に、ロックフェラー財団の実験生物学計画（これはＩＥＢの資金援助政策の後釜として出てきたものである）に対するボーアの反応も、ボーアが行なった研究所の核物理学に向けての方向転換の時期および動機両方についての私の解釈の裏づけとなる。一九三四年四月中旬に至るまでに、財団は何度かボーアに新たな実験生物学計画に適合するプロジェクトを提案してほしいと誘いをかけた。この計画は、より高度な段階に進んでいるとみなされた数学、物理学、化学の諸分野の発展に基礎を置く実験生物学である。ボーアは初めためらいがちな反応を示した。また、ボーアも財団の役員も、ボーアの哲学的な生物学への関心のもち方と、財団自身のもっと実際的な関心との間にうまく折り合いを付けかねていた。

ところが一九三四年十月には、ボーアの姿勢はがらりと変わっていた。この時ボーアは、ロックフェラー財団の望みにぴたりと適う計画を提出したのである。ジョージ・ヘヴェシーとデンマークの生理学者アウゴスト・クロウの二人と共同してボーアは、ヘヴェシーが開発した放射性トレーサー法を生物学の問題に応用すれば、実りある成果が得られるはずだという提案を財団に対して行なった。この目的のためにボーアには、原子核の本格的な研究に要する実験装置と同じものが必要になった。

前にロックフェラー財団がボーアに打診したのは――これは不首尾に終わったが――ちょうどフランクが研究所に到着した時である。してみるとロックフェラー財団の実験生物学計画に向けての新たな提案がボーアの頭の中に育ったのは、フランクとヘヴェシーの実験核物理学がいよいよ離陸するという段になってからのことである。このことは、ボーアが研究所の舵を核物理学に向けて切ったのは、二人の大物の同僚の存在の結果として起こった、という私の主張を支持するものである。その上、ボーアの生物学計画においてヘヴェシーが中心的な役割を担っていたことも、ボーアの頭の中では昔からの同僚の存在と、核物理学に実験的に取り組もうという決心と、実験生物学のプロジェクトの提案とが互いに密接に絡み合っていたことを物語っている。

このように、ボーアに研究の方向を変えることを促した決定的な要因は科学外の成り行きであったが、だからと言ってボーアはこれに受身の立場で対処したわけではない。その反対に、ひとたび決心をするやボーアは、友人二人のどちらにも優ってこの新たな仕事に熱中した。ボーアを動かすにはこの友人たちを必要としたのではあるが、一度動き出すと、最終的に方向転換に踏み出すことを力強く決心したのはまさにボーアであった。研究所で理論－実験核物理学に取りかかろうとするボーアの熱意は半端ではなかった。

また、ボーアが資金獲得に決然たる努力を注いだことを見ても――まさに最初の提案の提出から一九三五年三月に支援を得るに至るまで――彼が全面的な核物理学の取り組みへの新たな熱意に動かされて実験生物学計画に手を伸ばしたことがわかる。この頃のボーアは一〇年前に比べてますます手際よく上首尾に交渉をまとめている。一九二〇年代中頃のＩＥＢへの働きかけは、原子の外郭の研究に必要な高価な分光学実験装置をもたらしたのであるが、一九三四年と一九三五年のロックフェラー財団役員との協議は、サイクロトロンの獲得、また装置の運用費の相当部分の支援という結果を生んだ。これに続く数年というもの、ボーアはいろいろな機関に当たって、理論－実験核物理学への転向を確立するため、また実験生物学への支援を獲得するために力を尽くした。第二次世界大戦が勃発した時には、この方向転換は見事に完了していた。すでに述べたように、実はこの研究所が核物理学に力点を置く姿勢は今日に至るまで続いているのである。

序章で述べたように、科学外の要因それ自体が、科学の進展の速度のみならずその方向まで、さらには科学の概念の内容まで左右する働きがあるか否か、という点が科学知識の歴史、社会学の分野で議論の的になっている。さて、本書の結びではこの論点についてどんなことが引き出せるであろうか？

基礎科学に対する資金援助の情勢が変わったことが、ボーアが理論－実験核物理学に向けて研究所の方向転換をする時機の選択に、決定的な役割を果したことはほとんど疑う余地がない。さて、それはまた、特定の分野の選択にも影響を及ぼしたであろうか？　たしかに、きわめて単純な意味においてはそれはなかった。ボーアに核物理学に転向するように圧力をかけたりした資金援助機関は一つもない。しかしながら、フランクとヘヴェシーの存在によってもたらされた研究所における役割分担の変化が、ボーアを理論と実験の新たな一体化に向けて動くように仕向けたのは確かである。だから、片や理論的な問題点についての延々たる議論、他方理論と実験の一体化の上に立つ研究というものを、互いに「方向」を異にする研究活動とみなすなら、資金援助をめぐる新たな情勢がまさしくボーアに、研究所における研究活動の方向を変えることを強いたと言えるのではなかろうか。しかし、その新たな一体化が核物理学の上に立ってなされることになったのは、物理学自体の進展の成り行きによって決まったことである。

もし、資金援助情勢が分野の選択には影響を及ぼさなかったとしたら、それはひとたび選択がなされてからの、ボーアの原子核に関するアイデアの内容の説明の役には立ち得ないと思われる。ところが、これまた話はそれほど単純ではない。この時期のボーアの手紙や手稿は山ほどあるが、一九三六年の初め頃からの、ボーアの原子核に関する新しいアイデアの概念的な起源を突きとめるのは困難であることはもうよく知られている。実は、右に述べたところは、研究所におけるボーアの研究方針の立案並びにその実行をも含んだ、もっと幅広い観点に立ってこの問題を考える必要性を示唆しているのである(1)。

第5章で述べたように、複合核というものを導入した、有名な一九三六年の講演におけるボーアの関心のもち方は、以前の核の問題に対する取り組み方とははっきり対照をなすものである。もはやボーアは、核の実験的な研究に見られる変則事態を、量子論のより深い一般的な理解を得る手段として用いようとはしない。その反対に、今度は彼はもっと建設的に、実験結果を説明するための核に関する具体的なモデルを考え出そうとする。この姿勢は、以前の、相補性論に基づいて原子核におけるエネルギー非保存——また生命現象の独特な性格——を論じようとする試みとは大違いのものである。実際ボーアは今度の取り組みにおいて、一般化した論じ方や哲学的な論じ方を控えめにしたばかりではなく、ここではもはやエネルギー非保存をそもそも価値ある選択肢とはみなしていないのである。

以前のボーアの原子核に関する推測的見解は、量子論の一般化にまつわる問題の例として練り上げたのであるが、一九三六年の初めに出した複合核モデルのほうは、特定の実験結果を説明するために作り上げたものである。したがってここには、研究所における理論と実験の一体化の再構築を目指すボーアの決心が現れている。この決心は、ロックフェラー社会貢献事業の基礎科学への資金援助政策の変化に対するボーアの反応から生じたものであることを考えれば、ボーアの原子核の理論化の内容もやはり、本書で考えた「外的要因」から完全に独立したものとは言えないのではなかろうか。

もちろん資金援助政策の変化がボーアの核についての考え方、もっと限定して複合核モデルを引き出した、などというのは単純すぎる結論である。しかし科学内の事柄の影響一辺倒の立場から脱け出して視野を拡げてみることは有益であろう。本書で述べた研究は、ボーアの全面的な方向転換への志向、またそれに向けての尽力というものを考えてみるのも、それなりに役立つことを示すものである。この線に沿ってのさらに総合的な探究を行なうなら、それはボーアとその研究所の歴史の内容を豊かにするばかりではなく、たとえば一九三六年に始まるボーアの原子核の新しいモデルのような、新たな概念的成果の起源を理解する上でも役に立つことがあるのではないか、と思われる。

本書では、研究所で起こった核物理学への転向という「内史的」な出来事と、資金援助情勢の変化という「外史的」な出来事との間の関係を指摘するに止まらず、科学史に対する学際的なアプローチというものをも論じている。たしかに研究所における研究の主要分野は物理学であったが、核物理学への方向転換ができたのは、物理化学者ヘヴェシーと生理学者クロウのプロジェクトというものがあり、それを通しての二人の関わり合いがあったおかげである。もちろん、ボーアが研究所の核物理学への転向を確立するために、ヘヴェシーとクロウのプロジェクトを交渉の種として使ったことは疑う余地がない。しかしそうするためには、ボーアは物理学の境界を越えなければならなかった。その上、ボーアの生物学への関心は――例の哲学的な面ばかりではなく、ヘヴェシーの具体的なプロジェクトがいよいよ動き出した時にはその場面においても――真摯なものであり、この時期を通じていつもボーアは励ましの言葉をかけたり、セミナーにも欠かさず出席していた。だからボーアが研究所に実験生物学を持ち込んだのは、核物理学を育てるための単なる方便ではなく、それなりに本当の関心があったためである。物理学のように確立され、見たところ自立した分野の場合でも、その変化を正しく理解するためには、充分に学際的な取り組みが必要になると思われる。

さて、序章で述べた、両世界大戦の間に挟まれる時期の研究所についての物理学者たちの回想と、本書の論旨の間に食い違いはないであろうか？　すなわち彼らは科学外の事柄にまったく煩わされない学究的雰囲気について語るのであるが、これと、ここで論じた資金援助情勢が明らかに大事な要素として働いたこととの間の整合性の問題である。

物理学者たちの回想に出てくるコペンハーゲン精神は、一九三〇年代の研究所における研究の方向転換の第一義的な要因とは言えない、ということをこれまで私は論じてきた。実はそれは研究所の進展を推進するよりも、むしろ歯止めをかけるような力を形成していた。すなわち、私心のない純理論的な討論が、研究所の創立当時に始まった理論と実験の一体化というものに取って代わるようになり、ボーアがまた新たな土台の上にこの一体化を再開するには、そのきっかけとしてフランクとヘヴェシーの存在を必要としたのであった――この二人は、昔ながらのボーアと若手の研究仲間の間の役割分担の観点から見ると、まったく異質の存在であった。

一部の物理学者の回想とは裏腹になるが、実はボーアが資金援助情勢を利用したことと、コペンハーゲンの物理学者たちが純粋にそれ自身のための物理学をやっていたこととの間に何の矛盾も感じる必要はない。ボーアは両方の活動に力強く関わっていたが、若手の滞在物理学者たちは学問外の雑事に関わらないで済むように守られていたのである。第一この人たちはコペンハーゲンには限られた期間だけ来ていたので、当地の科学行政に関与するつもりもなく、たいていの人は運営政策面の事柄にはまったく関心がなかった。第二に、ボーアも若手の仲間にはそういう活動は勧めなかった。それは、短い滞在期間には学問に集中するのが一番彼らのためになる、とわかっていたからである。コペンハーゲンの物理学者ですら、精神上の父とそういうことを話すのはためらう感じがあった。たとえばヒルデ・レヴィはあるインタビューで、研究所での自分の給料がどこから出ているかよく知らなかった理由を説明するのに、ごく率直な気持ちからこう言っている、「だってボーアにどこからお金が出ているかなんて訊けるわけないでしょ」(2)。

しかし何と言っても本来ボーアの性に合っていたのは、コペンハーゲン精神を盛り立てそれに参加することであった。これこそ結局、ボーア独特の教育と研究の資質の表れだったのである。他の要因に強いられた時にのみ――たとえばこの世紀一〇年代が終わる頃の新しい研究所を作る必要とか、一九二〇年代中頃の拡張の要請とか、一九三〇年代の亡命物理学者問題など――ボーアは積極的な政策立案者や資金調達者の顔に転じたのであった。だから、一九三〇年代の研究所の方向転換においての社会貢献事業の重要性を指摘はしたが、私は、ここの研究の内容や進め方まで、結局経済面の考慮が元になって決まった、などと言うつもりはない。特に、物理学者たちの回想に出てくるコペンハーゲン精神は、やはり科学の研究の真に重要な土台をなすものである。研究所にみなぎる独特の雰囲気が、そこで挙げられた成果の基になっていたのは、ボーアが研究の方向転換の決心をする前にとどまらない。転換が完了した後でも、核物理学の研究は――以前のもっと幅広い量子論の研究と同じく――同じ精神の下に行なわれたのである。したがってこのレベルで言うと、偉大な親方ボーアと共にする、私心なく屈託のない物理学の議論があった、という物理学者たちの回想は的を射たものになる。

ボーアの政策立案者としての才能は、自分の科学外の事柄への骨折りと、研究所を訪れている若い物理学者たちとの共同の仕事を完全に分離したところにある。これができたのは、当時の国際的な基礎科学に対する資金援助政策に依るところ大であるが、この分離ができたおかげで、両大戦の間の時期における研究所の歴史の物理学者版は真実味を帯びるのである。しかし、この歴史の決定版を書くなら、分離された両方の面に目を配ることが必要になる。

最後に、序章で述べた、私のこの取り組み方の限界について再度一言申し上げたい。ボーアと彼の研究所を選んだのはまっとうな選択と言えるし、よく考えた選択でもある。その上一つの研究所に的を絞ったおかげで、歴史の詳細に綿密に注意を払うことができた。要するに、一つの基礎科学研究所の一人の所長に力を注いだことによって、科学の運営政策と科学の実践の間の相互関係にある程度詳細にわたって迫ることができた。しかしまた、こういう限定をしたために、他の研究所における同種の相互関係を扱うことはできなくなったし、そういう研究所間の相互作用や共同関係を論ずることもできなかった。たとえば、コペンハーゲン精神のいろいろな要素は、どの程度他の研究所にも見出されると言えるか？　コペンハーゲン精神に含まれる教義のうちのあるもの、たとえば無私の精神を重んずるところなどは、当時の基礎科学全体のイデオロギーの一部である。その上、研究所の雰囲気、特に非公式の国際会議などは多くの人たち、とりわけコペンハーゲンで長い期間仕事をした後、新たな研究センターを率いることになった人たちなどが模範として仰ぎ見たものである(3)。

他の地の他の科学者たちも、核というものがそれ自体、充分に理論－実験的研究を行なう価値がある存在だと認識するには手間がかかった。一体どういう状況の下で、この人たちの核物理学の捉え方に転換が起こったのだろう？　もちろんこれらの研究所やその指導者たちもボーアと同じ世界に住んでおり、多かれ少なかれ資金援助情勢他、研究に影響を及ぼす諸要因の同じ推移を経験していた。ところでその推移は、この人たちの研究に何らかの影響を及ぼしたのだろうか、もしそうだとしたら、いかに？　物理学の研究が核物理学に向かって変わっていく過程についてさらに広い充分な理解を得るためには、前もってこう言った疑問に答えておかなければならないであろう。本書は、こういった疑問に歴史の観点から取り組むやり方について、何がしかのアイデアを提出するものである。特に、ある研究所の指導者の学究的活動と政策的活動の相互関係に的を絞って調べるのは、良い見通しを得るのに役立つということを言いたいのである。そしてさらにそういう研究がいくつか出てくれば、それらはもっと総合的に取り組むための土台となるのではなかろうか。

本書に限界があるのは明らかであるが、私は本書が第二次世界大戦前の科学史と戦後の科学史との間にある溝を一部なりとも埋める役は果たした、と思いたい。戦前の科学史は、もっぱら科学そのものの進展だけに注意を集中し過ぎるきらいがあった。ところが戦後になると、科学と社会の間の相互関係が明らかになり、当然これを無視することはできなくなったのである。もし上に述べたことが実現できているなら、本書の重要な目的の一つは達成されたことになる。

訳者あとがき

本書は Finn Aaserud, *Redirecting Science: Niels Bohr, philanthropy and the rise of nuclear physics*, Cambridge University Press, 1990 の翻訳である。原題の“Redirecting Science”は「科学の方向転換」という意味で、具体的にはニールス・ボーアが一九三〇年代に自分の研究所を原子核物理学の研究に向けて方向転換したことを指していると思われる。そこで初め、「科学の舵取り」という書名を考えたが、どうもあまりピンと来ない感じがして保留事項にしていた。やがて翻訳も終わって内容もほぼ頭に入ったところで、ふと「科学の曲がり角」という書名が浮かんできた。このほうが分かりやすいし本書の内容にもよく沿っていると思えた。その理由を一言述べよう。

著者のオーセルー氏は「まえがき」の中で「第二次大戦はまさに科学が純真性を失ってしまったその転回点となったのである。しかしながら科学が今日の様相を帯びるに至る歴史的な起源はもっと前の時代にさかのぼって探さなければならない。本書がこういう起源を探る試みの一歩ともなれば幸いである」と言っておられる。

実際、現代の科学はしっかりと国家の管理の下に置かれ、言わば権力者の意のままに操られている観がある。五年前の東日本大震災に伴って起こった福島第一原発の事故をきっかけに、我々は現代科学のこの事態を特にはっきりと認識させられることになった。原発政策はひとえに政界財界の思惑に従って推進され、それに関する情報も政府、業界に独占されている。そして安全神話のでっち上げなどの世論操作が行なわれ、いざ重大事故が発生すると放射能の危険性についての情報隠しも行なわれた。

大体、第二次大戦前までは、科学者たちは自主性を保ち、自らの知的好奇心に駆られて、自然の奥に潜む秘密を探るために研究を行なっていたが、いまや国家、企業の雇い人となって請負仕事を課される存在となった。科学は二十世紀の前半に好奇心駆動型から使命達成型に変質したと言われる。そしてこのことについては、科学史家にとどまらず、今や当の科学者たちまで不本意ながらも認めざるを得ない事態となっている。オーセルー氏が「科学は純真性を失ってしまった」と言うのも、このことを指しているのであろう。

そしてオーセルー氏の言われるように、この変質の起源は第二次大戦よりももっと前の、まさしく本書が取り上げている時代、すなわちロックフェラー財団などの財閥の社会貢献事業が基礎科学に大規模な援助を行ない始めた時期に求められるのではなかろうか。そういう意味で、この時期は「科学の曲がり角」と呼ぶにふさわしいと思われる。

さて、この曲がり角をめぐる歴史の歩みを描き出すにあたり、オーセルー氏はまことに説得力に富む歴史記述の手法を採用している。歴史は本来いろいろな事象が複雑に絡み合って動いていく混沌とした様相を呈している。本書の序章から第5章までは、ニールス・ボーア研究所に集まる物理学者たちの関心、ボーア自身の科学に関する問題意識、ヨーロッパの政治情勢、特にナチスドイツのユダヤ系学者への迫害、欧米の経済情勢、特にロックフェラー財団の科学支援政策の動向等々の諸事象が、各章の注に掲げられているきわめて豊富な資料を駆使して精細に描き出される。読者はここに歴史の諸相の混沌そのもののリアルな描像を見ることができる。ところが終章に至ると俄然、この混沌の中から著者の独自の解釈が紡ぎ出され、一つの物語が立ち上がってくる。そして科学と社会の複雑微妙な関わり合いの在りようがあざやかに浮かび上がる。歴史を語るにあたって著者が編み出したこの手法はまことに瞠目に値する。本書は、科学の社会史のたいへん高度な研究成果が一冊の優れた歴史書として結実したものであると言えよう。

また、本書はきわめてユニークなニールス・ボーア伝でもある。ボーア伝の決定版ともいうべきアブラハム・パイスの『ニールス・ボーアの時代』（全二巻、西尾成子、今野宏之、山口雄仁訳、みすず書房、二〇〇七、二〇一二年）をはじめとして、これまで日本で出版されたボーア伝は主として物理学者の手になるものが多く、そこでは偉大な物理学者、思索者としてのボーアが言わば神格化されて描かれる傾向があった。これに対して本書は科学史家の視点から、ボーアの研究所の経営者としての側面に焦点を合わせて描いたボーア伝であり、これまでのボーア伝に対して相補的な役割を果たすものである。いわゆる「コペンハーゲン精神」というものについても著者独特の解釈が施されていて興味深い。

ところで、オーセルー氏の原書を私に紹介して翻訳を勧めて下さったのは、科学史家の日野川静枝氏である。日野川氏はオーセルー氏と同様の問題意識をもって、科学の社会史の研究を続けておられ、『サイクロトロンから原爆へ――核時代の起源を探る』（績文堂、二〇〇九）他の著書も出版しておられる研究者である。この原書を紹介されて一読した際には、不明な私にはこの本の価値がよく分からず翻訳にも気乗り薄であったが、日野川氏はそういう私を励まし、当初の刊行元となった績文堂出版に渉りまで付けて下さった。その後いろいろな事情により、結局出版は最終段階で績文堂に代わってみすず書房に引き受けていただくことになったが、日野川氏は翻訳の進行中にも怠けがちな私を絶えず激励して下さった。こうして私も原書を熟読していくうちにようやく、原書がユニークな価値をもつまことに貴重な労作であることがよくわかってきた。この訳書がなんとか出版の日の目を見るのは、まず第一に日野川氏のおかげである。ここに心からお礼を申し上げたい。

また、著者のオーセルー氏は日本語版への序文も書いて下さった上に、特に注に掲げた文献について、原書の原稿完成後に生じた変化に応ずべき訂正事項を列挙した、きわめて入念なリストも送って下さった。さらに、翻訳の途中、私の理解の及ばない事柄についていろいろな質問をお送りしたところ、たいへん懇切丁寧な回答をいただいた。中には、わざわざコペンハーゲン大学の図書館に問い合わせて確認した上で返答された場合もある。こういう誠意のこもった対応をしていただいたことに深く感謝の意を表したい。本書の書き方にもはっきりと顕われているオーセルー氏の誠実この上ない人柄に、私は尊敬と同時に親しみすら感じるようになった。そしてこちらも誠意を尽くさねばと心がけつつ翻訳に取り組んだ次第である。

外国の人名、地名の日本語カナ表記はなかなか悩ましい問題である。著者オーセルー氏の故国、ノルウェイの人名、地名についてはノルウェイ王国大使館・広報部より懇切なご教示をいただいた。また、ノルウェイ以外の諸国、特にデンマーク、スウェーデン、ドイツ、オランダについては、物理学者の太田浩一氏より貴重なご教示をたくさんいただいた。太田氏は物理学者、数学者についてのユニークな伝記シリーズ――『物理学者のいた街』『哲学者たり、理学者たり』『ほかほかのパン』『がちょう娘に花束を』『それでも人生は美しい』（いずれも東京大学出版会）――を出版しておられ、さらに続編を今も東京大学出版会PR誌『UP』に連載中である。ここに記して右のお二方に深く感謝の意を表する。

最後に、当初、出版にかかわるさまざまな労を取られた績文堂出版社長の原嶋正司氏、また最終的な出版の段階でたいへんお世話になったみすず書房編集部の守田省吾氏に厚くお礼を申し上げたい。

二〇一六年三月二十一日

矢崎 裕二

フィン・オーセルー
科学の曲がり角
ニールス・ボーア研究所
ロックフェラー財団
核物理学の誕生
矢崎裕二訳

2016年 5月13日　印刷
2016年 5月25日　発行

発行所 株式会社 みすず書房
〒113-0033 東京都文京区本郷5丁目 32-21
電話 03-3814-0131(営業) 03-3815-9181(編集)
http://www.msz.co.jp

本文組版 キャップス
本文印刷・製本所 中央精版印刷
扉・カバー印刷所 リヒトプランニング
装丁 安藤剛史

ISBN 978-4-622-07987-3
[かがくのまがりかど]
落丁・乱丁本はお取替えいたします

著者略歴

(Finn Aaserud)

現在，コペンハーゲンのニールス・ボーア・アーカイヴの所長．ノルウェイのオスロ大学より物理学で博士の学位を取得後，米国，メリーランド州，ボルチモアのジョンズ・ホプキンズ大学より科学史で博士の学位を取得した．1984年より1989年までアメリカ物理学協会の物理学史センター（当時，ニューヨーク市にあった）の准研究員として研究に従事，その間に大勢のアメリカ人物理学者に対して科学政策に関連した聞き取りインタビューも行なった．1989年より上記のニールス・ボーア・アーカイヴの所長の職に就いているが，この間に『ニールス・ボーア全集』の編集主幹を務め，この全集は2007年に12巻をもって完結した．

訳者略歴

矢崎裕二〈やざき・ゆうじ〉1940年，東京に生まれる．1967年，東京大学大学院理学系研究科（物理学専攻）修士課程修了．1970年，博士課程退学．1970-2001年，都立高等学校教諭（物理担当）．2001-2006年，都立小石川高等学校嘱託．2001-2016年，東京理科大学非常勤講師（科学史担当）．理学修士．専攻は統計力学，物理学史（特に仁科資料の調査，整理，研究を行う）．訳書 E・セグレ『X線からクォークまで』（共訳，1982，みすず書房），同『古典物理学を創った人々』（共訳，1992，みすず書房）．編著『仁科芳雄往復書簡集』全3巻・補巻（共編，2006-2007, 2011，みすず書房）．

索　引

ア　行

カ　行

サ　行

タ　行

ナ　行

マ　行

ヤ　行

ラ　行

ワ　行

資料についてのノート

各章に付けた注には，本書執筆の際参考にした出版物資料および非出版物資料を詳しく記してある．ここでは読者の便宜を図って，用いた資料に関する基本的なデータをまとめて掲げることにする．

非出版物資料

非出版物には二種類ある．まず第一に，私が最も力を注いだのは，いろいろなアーカイヴにある書簡，原稿その他の一次資料の探索である．第二に，私は歴史上起こった事柄そのものから直接，書簡やインタビューを通して情報を探った．

Archives（アーカイヴ）

用いたのは以下の諸アーカイヴの資料である．

Cambridge University Archives
The Carlsberg Breweries Archives, Copenhagen
The Carlsberg Foundation Archives, Copenhagen
The Danish State Archive, Copenhagen
Hebrew University Archives, Jerusalem
Institutt for medisinsk genetikk at the University of Oslo
The Joseph Regenstein Library at the University of Chicago
Library of Congress, Washington, D. C.
The Lilly Library at Indiana University
The Niels Bohr Archive, Copenhagen
The Niels Bohr Library, American Institute of Physics, New York City
The Rockefeller Archive Center, Pocantico Hills, New York
The Royal Library, Copenhagen
The Staatsbibliothek, West Berlin
The Department of Rare Books and Special Collections of the University of

Rochester Library

以下に最も役に立ったアーカイヴを数ヶ所挙げる.

The Niels Bohr Archive, Copenhagen

本書で用いた資料のほとんどは，このアーカイヴから提供された. The Bohr Scientific Correspondence (BSC), the Bohr Scientific Manuscripts (MSS), そして物理学者とのインタビューによる口述史など——これらはいずれも the Archive for the History of Quantum Physics (AHQP) に含まれている——は計り知れないほど貴重なものである. AHQP はいくつかの場所で閲覧可能ではあるが，the Niels Bohr Archive (NBA) でこれらを利用できたことは，次の二つの点できわめて大きな利点となった. 第一に，マイクロフィルムが判読できない場合が二，三あったが，そういう時に手紙や原稿の原本に当たることができた. 第二に，NBA にはボーアの全書間を日付順に並べたリストがあり，これは交信相手に従って分類されたリストに比べて，私の企画のような場合にははるかに使い易かった.

また，NBA には他のどこにもない類の資料が収蔵されている. このうち本書の執筆に最も役に立ったのは Bohr General Correspondence (BGC) である. これには「科学関係」にも「プライベート」にも分類できないようなものが含まれている. その一部は "Special File" (BGC-S) としてマイクロフィルム化されている. このスペシャル・ファイルにはボーアの資金援助機関との交際関係も含まれている——本書の執筆に当たってはこれを広範に利用させていただいた. これに関連して言うと，研究所の手書きの Budget Book（会計簿）は特に役に立った.

また the George Hevesy Scientific Correspondence (HSC) もかなりよく利用した. これは私の NBA 滞在中にヒルデ・レヴィが編集，整理したものである. このうちヘヴェシー自身のファイルには，他のアーカイヴから得られたヘヴェシー自身の手紙のフォト・コピーが補足されている. このおかげで元々は以下のようなところにある資料にも，HSC で接することができた. すなわち the Fritz Paneth Nachlass in the Max Planck Gesellschaft, the Johannes Stark Nachlass in the Staatsbibliothek ——いずれも西ベルリンにある——や the Ernest Rutherford Collection at Cambridge University などである.

また，ボーア宛に投稿された原稿のコレクション，そして特に *Universitetets Institut for teoretisk Fysik, Afhandlinger* のコレクション—— 1918 年から 1959 年までに研究所から出された論文等のコレクション——も役に立った. まったく遺漏がないわけではないが，このコレクションは上記の時期の研究所における研究の動向を探る手段としてかけがえのないものとなった.

NBA で研究する間に，ヒルデ・レヴィがこのアーカイヴのために写真を収集，分類して骨折る姿に間近で接したことは，大いに得るところがあった. 本書にいろいろな写真を収めることができたのは，この幸運な経験のおかげである. 視聴覚資料——これは本書の準備中に脚光を浴びるようになったものである——からもボーアとその研究所について多くを学んだのであるが，それは本書の記述に明確な反映を見せるには至らなか

った．

最後に一言しておきたいが，NBA は実際にボーアの研究所の一郭にあるので，ここで仕事をしたおかげで本書で扱った主題の一部にじかに接する機会を得た．このことは本書のインタビューのリストにも現れている．また，本書のもつ信憑性は何であれ，ひとえにこの経験から生じたものと言うべきである．

Rockefeller Archive Center, Pocantico Hills, New York

この，すごく内容豊富なアーカイヴは，私の仕事にとってかけがえのないものとなった．特に，ボーアの研究所の研究の進展を考える上での，資金援助と資金援助政策の重要性に私の注意を向けさせてくれたことを挙げたい．当時，この関係の事柄はまったくの驚異として世に現れたものである．The Rockefeller Archive Center（RAC）には国際教育委員会（IEB）とロックフェラー財団が研究所に対して行なった資金援助に関する詳細なファイルがある．それに加えて私は当財団の「計画と政策（“program and policy”）」，ナチスの時代の亡命者問題への関わり，そして IEB とロックフェラー財団の特別奨学金計画等に関する情報も利用した．また，特に他の研究機関への援助を扱った資料も役に立った．とりわけ，大量にある，ロックフェラー社会貢献事業の役員たちの日記には忌憚のない意見や情報が記されていて有用であった．

The Carlsberg Foundation Archives, Copenhagen

この整理の行き届いたアーカイヴも大いに利用したが，二つの事情により，ここの収蔵物の利用は私の目的にとってはある程度限られたものになった．一つは，文書化されたものの多くは NBA の BGC にすでにそのコピーがあったからである．もう一つは，ボーアとこの財団とのやりとりはたいてい記録が残らない非公式の会話の形で行なわれたからである．

Niels Bohr Library, American Institute of Physics, New York City

私が自分の学位論文を単行本のための原稿に書き直している時の，私の仕事場であった the Niels Bohr Library（NBL）は AHQP のマイクロフィルムの保管場所でもあったので好都合であった．その上，ここはニールス・ボーア研究所で仕事をしていた人たちとのインタビューによる口述史を大量に所蔵していたので，これらも大いに利用することができた．ここのインタビューは AHQP とは違って 1930 年代に遡るものもあった．さらに，NBL には数の上でも使用頻度の上でも最大の，物理学者たちの写真のコレクションがあるので，本書にとっても利するところ大であった．

Other archives

他に以下のものも参考にした．the James Franck Papers in the Joseph Regenstein Library at the University of Chicago; the Nachlass Born in the Staatsbibliothek, West Berlin; the Otto Robert Frisch Papers at Cambridge University; the August and Marie Krogh Papers in the Royal Library, Copenhagen; the Aage Friis Papers in the Danish State Archive, Copenhagen;

the Albert Einstein Papers at Hebrew University, Jerusalem; the J. Robert Oppenheimer Papers in the Library of Congress, Washington, D. C.; the archives of the Carlsberg Breweries, Copenhagen; the Otto Lous Mohr Papers at the Institutt for medisinsk genetikk of the University of Oslo; the Hermann Muller Papers at the Lilly Library of Indiana University; the Rush Rhees Papers in the Department of Rare Books and Special Collections of the University of Rochester Library.

Correspondence and interviews（文通とインタビュー）

本書のために行なった文通とインタビューの記録はNBAに預けてある．それが行なわれた時期は9年間にわたっている．

Correspondence（文通）

大部分の文通は1980年に行なわれた．それはまだ，本書の焦点がはっきり定まる前である．当時私は51人の科学者宛てに手紙を出して，両大戦間の時期の研究所での体験に関する質問に応じる意志があるかどうか尋ねた．33人から返事をいただいたが，そのうち21人にはその後，研究所の歴史上私が関心をもつ事柄に関連する質問を長々と並べたリストに詳しくお答えいただいた．中には本書の焦点からはみ出すか，もしくは逸れた情報を盛り込んだ手紙も少なからずあった．最も重要な内容をもつ返事のリストを以下に掲げる．

W. D. Armstrong, 16 Apr 1980
W. A. Arnold, 24 Aug 1980
E. W. Beth, 7 Jul 1980
F. Bloch, 21 May 1980
M. Delbrück, 21 Apr 1980, 13 May 1980
D. ter Haar, 5 Jun 1982
J. Kistemaker, 21 Apr 1980, 29 May 1980
R. de Laer Kronig, 2 Nov 1980, 1 Jan 1981
L. J. Laslett, 29 Apr 1980, 15 Jul 1980
H. Levi (tape recording), 7 Dec 1987
R. Bruce Lindsay, 30 Apr 1980, 18 Jun 1980
L. Nordheim, 25 Apr 1980
L. Pauling, 29 Apr 1980, 28 May 1980
P. Brandt Rehberg, 5 May 1981
S. Rozental, 10 Aug 1980
B. Schneider [widow of E. E. Schneider], 9 Feb 1981
L. Simons, 9 Jan 1981
E. Teller, 11 Dec 1980
L. H. Thomas, 23 May 1980

G. E. Uhlenbeck, 23 Jun 1980
V. Weisskopf, 30 Oct 1980, 24 Feb 1983, 6 Feb 1989, 17 Feb 1989, 17 Mar 1989
C. F. von Weizsäcker, 18 Dec 1980
H. Wergeland, 27 Oct 1980
J. A. Wheeler, 30 Aug 1980

この他に，本書の研究の趣旨に照らせばやや特異な情報を含む二，三の手紙もやはりNBAの同じコレクションに残してある．

Interviews（インタビュー）

この研究の過程で以下のインタビューを行なった．そのうち一部はテープレコーダーに記録した（r）．さらにそのうちの一つはテープ起こしもしてある（t）．レコーダーに収めたインタビューはデンマーク語（D）か英語（E）で行なわれた．大部分のインタビューについてのノート，またテープやそれを起こした記録はNBAに残してある．Wheelerとのインタビューはthe American Institute of Physics（アメリカ物理学協会）のための私の口述インタビュー・プロジェクトの一環として行なわれたので，まず初めに同協会のNiels Bohr Libraryに収めた．以下の略号は，NBI = Niels Bohr Institute; MIT = Massachusetts Institute of Technology; Inst. = Institute である．

H. Bethe	NBI, 1 Apr, 8 Apr, 14 Apr 1981
G. Breitscheid（r, D）	Copenhagen, 18 Jan 1983
N. O. Lassen	NBI, 12 May 1981
H. Levi	NBI, 28 Oct 1980
H. Levi（r, D）	NBI, 10 Sep, 16 Sep, 22 Sep, 24 Sep 1981
L. J. Mullins	University of Maryland, 12 May 1980
R. Peierls	NBI, 11 Sep 1980
S. Rozental	NBI, 9 Oct 1980
B. Schmidt-Nielsen	Bar Harbor, Maine, Jun 1981
H. E. Ussing（r, D）	August Krogh Inst., Copenhagen, 6 May 1981
V. Weisskopf（r, E）	NBI, 7 Oct 1980
V. Weisskopf（r, E）	MIT, 5 Jun 1981
V. Weisskopf（r, E）	Cornell University, 25 Oct 1984
J. Wheeler（t, E）	Princeton University, 4 May 1988

出版物資料

本書の研究に用いた出版物は大きく三種類に分けられる．reference works（参考図書），contemporary scientific publications（同時代科学出版物），historical monographs and

articles（歴史論文，歴史記事）の三種である．Historical articles（歴史記事）は anthologies（論集）に含まれていることが多いが，集録書は別の項目を設けてリストにした．これらの論集の中の個々の記事についての情報は歴史論文，歴史記事の部に記した．

Reference works（参考図書）

American Men of Science: A Biographical Directory, Jaques Cattell (ed.) (New York: Science Press), particularly the sixth and seventh editions, published in 1938 and 1944, respectively.

Banking and Monetary Statistics, 1914–1941 (Washington, D. C.: The Board of Governors of the Federal Reserve System, 1976).

Biologisk Selskabs Forhandlinger i Vinter-Halv'aaret 1897–98 (Copenhagen: Biologisk Selskab, 1898).

Carlsbergfondets Understøttelser 1876–1936 (Copenhagen: Bianco Luno, 1937).

Copenhagen University Yearbook, published in Danish as Aarbog for Københavns Universitet, Kommunitetet og Den Polytekniske Læreanstalt, Danmarks Tekniske Højskole (Copenhagen: A/S J. H. Schultz Bogtrykkeri), several years.

Dansk Biografisk Leksikon (Copenhagen: Gyldendal), in particular, the third edition published in 1981.

Dictionary of Scientific Biography [15 volumes], Charles Gillispie (gen. ed.) (New York: Charles Scribner's Sons, 1970–1978).

Landsforeningen til Kræftens Bekæmpelse: Aarsberetning 1929.

European Historical Statistics 1705–1975 (Second Revised Edition), B. R. Mitchell (ed.), (New York: Facts on File, 1981).

Nobel Lectures, including presentation speeches and laureates' biographies: Physics 1922–1941 (Amsterdam, London, New York: Elsevier Publishing Company, 1965).〔邦訳：ノーベル財団（中村誠太郎，小沼通二編）『ノーベル賞講演物理学（3，4，5巻）』（講談社，1978)〕

Nobel Lectures, including presentation speeches and laureates' biographies: Chemistry, 1922–1941 (Amsterdam, etc.: Elsevier Publishing Company, 1966).

Nobel Lectures, including presentation speeches and laureates' biographies: Chemistry, 1942–1962 (Amsterdam, etc: Elsevier Publishing Company, 1964).

Oversigt over Det Kongelige Danske Videnskabernes Selskabs Forhandlinger (Copenhagen: Andr. Fre. Høs & Søn), in particular, *Juni 1924–Maj 1925* (1925).

Rask-Ørsted Fondet: Beretning for 1919–1920, 1 (Copenhagen: Rask-Ørsted Fondet, 1920).

Rockefeller Foundation: Annual Report (New York: Rockefeller Foundation, undated), several years.

Sources for the History of Quantum Physics: An Inventory and Report, Thomas S. Kuhn, John L. Heilbron, Paul Forman, and Lini Allen (eds.) (Philadelphia: The American Philosophical Society, 1967).

Collections of scientists' papers（科学者論文集）

ここには本書で用いた，諸科学者の既刊または未刊論文の集録刊行物のリストを掲げる．このような集録物に再刊されているものといないものも含む科学論文の完全なリストについては，各章に付けた脚注に示した．

the *Niels Bohr Collected Works* という全集は特別有用である．これはボーアの既刊の仕事についてのみ完璧と言える．未刊の原稿は主として挿図の形で使われている．これはアムステルダムに本社がある North-Holland 社から出版されている．最初の 3 巻は Léon Rosenfeld が編集主幹となっている : J. Rud Nielsen (ed.), *Early Work (1905–1911)* [published 1972]; Ulrich Hoyer (ed.), *Work on Atomic Physics (1912–1917)* [1981]; J . Rud Nielsen (ed.), *The Correspondence Principle (1918–1923)* [1976]. 4 巻は J. Rud Nielsen (ed.), *The Periodic System (1920–1923)* [1977]．4–6 巻と 9 巻は Erik Rüdinger が編集主幹を務めた：Klaus Stolzenburg (ed.), *The Emergence of Quantum Mechanics (Mainly 1924–1926)* [volume five, 1984]; Jørgen Kalckar (ed.), *Foundations of Quantum Physics 1 (1926–1932)* [volume six, 1985]; Jens Thorsen (ed.), *The Penetration of Charged Particles through Matter (1912–1954)* [volume eight, 1987]; Rudolf Peierls (ed.), *Nuclear Physics (1929–1952)* [volume nine, 1986]．第 7 巻には Finn Aaserud も Erik Rüdinger と共に編集主幹に加わった：Jørgen Kalckar (ed.), *Foundations of Quantum Physics II (1933–1958)*〔1996〕．最後の数巻では Aaserud が編集主幹を務めた : David Favrholdt (ed.), *Complementarity Beyond Physics (1928–1962)*〔volume ten, 1999〕; Finn Aaserud (ed.), *The Political Arena (1934–1961)*〔volume eleven, 2005〕; Finn Aaserud (ed.) *Popularization and People (1911–1962)*〔volume twelve, 2007〕. A new collector's edition も 2008 年に次の補巻と共に出版された；Finn Aaserud, *Cumulative Subject Index*〔volume thirteen〕.

The Philosophical Writings of Niels Bohr, Volume 1: Atomic Theory and the Description of Nature; Volume 2: Essays 1933–1957 on Atomic Physics and Human Knowledge; Volume 3: Essays 1958–1962 on Atomic Physics and Human Knowledge (Woodbridge, Connecticut: Ox Bow Press, 1987)〔邦訳：ニールス・ボーア（井上健訳）『原子理論と自然記述』（みすず書房，1990)〕，これらはボーアの哲学畑の仕事の再録として重宝である．

他の科学者の論文集（当該科学者のアルファベット順）．

Enrico Fermi, *Collected Papers, volume 1: Italy 1921–1938* (Chicago: University of Chicago Press, 1961).

George Hevesy, *Selected Papers of George Hevesy* (London, etc.: Pergamon Press, 1967).

George Hevesy, *Adventures in Radioisotope Research: Collected Papers* [2 volumes, consecutively paginated, 2nd volume beginning on p. 517] (New York, etc.: Pergamon Press, 1972).

Frédéric and Irène Joliot-Curie, *Œuvres Scientifiques Complètes* (Paris: Presses Universitaires de France, 1961).

Herbert G. Dingle and G. R. Martin (eds.), *Chemistry and Beyond: A selection from the writings of the late Professor F. A. Paneth* (New York, London, Sydney: Interscience Publishers, 1964).

Wolfgang Pauli, *Aufsätze and Vorträge über Physik and Erkenntnistheorie,* Victor F. Weisskopf (ed.) (Braunschweig: Friedr. Vieweg & Sohn, 1961).

Ralph de Laer Kronig and Victor F. Weisskopf (eds.), *Collected Scientific Papers by Wolfgang Pauli in Two Volumes, Vol. 2* (New York, London, Sydney: Interscience, 1964).

Armin. Hermann, Karl von Meyenn, and Victor F. Weisskopf (eds.), *Wolfgang Pauli, Scientific Correspondence with Bohr, Einstein, Heisenberg, a. o., Volume I : 1919–1929* (New York, Heidelberg, Berlin: Springer-Verlag, 1979).

Karl von Meyenn, Armin Hermann, and Victor F. Weisskopf (eds.), *Wolfgang Pauli, Scientific*

Correspondence with Bohr, Einstein, Heisenberg a. o., Volume II: 1930–1939 (Berlin, etc.: Springer-Verlag, 1985).

Robert S. Cohen and John J. Stachel (eds.), *Selected Papers of Leon Rosenfeld* [Robert S. Cohen and Marx W. Wartowsky (eds.), *Boston Studies in the Philosophy of Science, Volume XXI*] (Dordrecht, Boston, London: D. Reidel Publishing Company, 1979).

Ernest Rutherford, *The Collected Papers of Lord Rutherford: Volume Three, Cambridge* (London: George Allen and Unwin Ltd., 1965).

最後に原著科学論文の論集で利用したものをいくつか挙げる.

Romer, Alfred (ed.), *Radiochemistry and the Discovery of Isotopes* [*Classics of Science, Volume VI*] (New York: Dover, 1970).

Julian Schwinger (ed.), *Selected Papers on Quantum Electrodynamics* (New York: Dover, 1958).

Strachan, Charles, *The Theory of Beta Decay* (Oxford, etc.: Pergamon Press, 1961).

Anthologies of historical articles (歴史記事の論集)

Birks, J. B. (ed.), *Rutherford at Manchester* (London: Heywood & Company Ltd., 1962). de Boer, Jorrit, Erik Dal, and Ole Ulfbeck (eds.), *The Lesson of Quantum Theory: Niels Bohr Centenary Symposium October 3–7, 1985* (Amsterdam: North-Holland Physics Publishing, 1986).

Fleming, Donald and Bernard Bailyn (eds.), *The Intellectual Migration: Europe and America, 1930–1960* [*Perspectives in American History Volume 2, 1968*] (Cambridge, Massachusetts: Harvard University Press, 1969).

French, A. P. and P. J. Kennedy, *Niels Bohr: A Centenary Volume* (Cambridge and London: Cambridge University Press, 1985).

Hendry, John (ed.), *Cambridge Physics in the Thirties* (Bristol: Adam Hilger, Ltd., 1984).

Holter H. and K. Max Møller (eds.), *The Carlsberg Laboratory 1876–1976* (Copenhagen: Rhodos, 1976).

Holton, Gerald, *Thematic Origins of Scientific Thought: Kepler to Einstein* (Cambridge, Massachusetts: Harvard University Press, 1973).

Holton, Gerald, *The Scientific Imagination: Case Studies* (Cambridge, England: Cambridge University Press, 1978).

International Congress for the History of Science, two proceedings: *Dixième Congrès international d'histoire des sciences, 1962* [vol. I] (Paris: Hermann, 1964); *XIVth International Congress of the History of Science* [Tokyo and Kyoto 19–27 August 1974]: *Proceedings No. 2* (Tokyo: Science Council of Japan, 1975).

Københavns Universitet 1479–1979 [14 volumes] *bind XII: Det matematisk-naturvidenskabelige Fakultet, 1. del* (Copenhagen: G. E. C. Gads Forlag, 1983).

Københavns Universitet 1479–1979, bind XIII: Det matematisk-naturvidenskabelige Fakultet, 2. del (Copenhagen: G. E. C. Gads Forlag, 1979).

Kuhn, Thomas S., *The Essential Tension: Selected Studies in Scientific Tradition and Change* (Chicago and London: University of Chicago Press, 1977).〔邦訳：トーマス・クーン（安孫子誠也，佐野正博訳）『科学革命における本質的緊張—トーマス・クーン論文集』（みすず書房，1998）〕

Niels Bohr - Et Mindeskrift [*Fysisk Tidsskrift 60* (1962)] (Copenhagen: Selskabet for Naturlœrens

udbredelse, 1963).

Price, William C., Seymour S. Chissick, and Tom Ravensdale (eds.), *Mechanics: The first fifty years* (London: Butterworths, 1973).

Reingold, Nathan (ed.), *The Sciences in the American Context: New Perspectives* (Washington, D. C.: Smithsonian Institution Press, 1979).

Rozental, Stefan (ed.), *Niels Bohr: His life and work as seen by his friends and colleagues* (Amsterdam: North-Holland Publishing Company, 1968).〔邦訳：S. ローゼンタール編（豊田利幸訳）『ニールス・ボーア―その友と同僚よりみた生涯と業績』(岩波書店，1970)〕

Shea, William R. (ed.), *Otto Hahn and the Rise of Nuclear Physics* (Dordrecht, Boston, Lancaster: D. Reidel Publishing Company, 1983).

Spiegel-Rösing, Ina and Derek de Solla Price (eds.), *Science, Technology and Society: A Cross-Disciplinary Perspective* (London and Beverley Hills: SAGE Publications, 1977).

Stuewer, Roger H., (ed.), *Nuclear Physics in Retrospect: Proceedings of a Symposium on the 1930s* (Minneapolis: University of Minnesota Press, 1979).

Ullmann-Margalit, Edna (ed.), *The Kaleidoscope of Science: The Israel Colloquium: Studies in History, Philosophy, and Sociology of Science, Volume 1* [Robert S. Cohen and Marx W. Wartofsky (eds.), *Boston Studies in the Philosophy of Science, Volume 94*] (Dordrecht, etc.: D. Reidel Publishing Company, 1986).

Weiner, Charles (ed.), *History of Twentieth Century Physics* [*Proceedings of the International School of Physics "Enrico Fermi," Course LVII, Varenna on Lake Como, Villa Monastero, 31st July - 12th August 1972*] (New York and London: Academic Press, 1977).

Weisskopf, Victor F., P*hysics in the Twentieth Century: Selected Essays* (Cambridge, Massachusetts and London, England: Massachusetts Institute of Technology Press, 1972).

Historical monographs and articles（歴史論文，歴史記事）

Aaserud, Finn, *The Redirection of the Niels Bohr Institute in the 1930s: Response to Changing Conditions for Basic Science Enterprise,* PhD dissertation at the Johns Hopkins University 1984 (microfilms international 8510398).

Aaserud, Finn, "Niels Bohr as Fund Raiser" in *Physics Today 38* (Oct 1985), 38-46.

Abir-Am, Pnina, "The Discourse of Physical Power and Biological Knowledge in the 1930s: A Reappraisal of the Rockefeller Foundation's 'Policy' in Molecular Biology" in *Social Studies of Science 12* (1982), 341-382.

Adler, David Jens, "Childhood and Youth" in Rozental (ed.), *Niels Bohr* (see previous section on anthologies), pp. 11-37.

Allen, Garland E., "J. S. Haldane: The Development of the Idea of Control Mechanisms in Respiration" in *Journal of the History of Medicine and Allied Sciences 22* (1967), 392-412.

Allen, Garland E., *Thomas Hunt Morgan: The Man and His Science* (Princeton: Princeton University Press, 1978).

Allen, O. A., "Hugo Fricke and the Development of Radiation Chemistry: A Perspective View" in *Radiation Research 17* (1962), 255-261.

Allibone, T. E., "Metropolitan-Vickers Electrical Company and the Cavendish Laboratory" in Hendry

(ed.), *Cambridge Physics* (see previous section on anthologies), pp. 150–173.

Anderson, C. D., "Early Work on the Positron and Muon" in *American Journal of Physics 29* (1961), 825–830.

Badash, Lawrence, "Nuclear Physics in Rutherford's Laboratory before the Discovery of the Neutron" in *American Journal of Physics 51* (1983), 884–889.

Bethe, Hans A., "The Happy Thirties" in Stuewer (ed.), *Nuclear Physics in Retrospect* (see previous section on anthologies), pp. 11–26.

Beyerchen, Alan D., *Scientists under Hitler: Politics and the Physics Community in the Third Reich* (New Haven and London: Yale University Press, 1977).〔邦訳：A. D. バイエルヘン（常石敬一訳）『ヒトラー政権と科学者たち』(岩波現代選書, 1980)〕

Blædel, Niels, *Harmoni og Enhed: Niels Bohr — En Biografi* (Copenhagen: Rhodos, 1985); translated into English as Niels Blædel, *Harmony and Unity: The Life of Niels Bohr* (Madison, Wisconsin: Science Tech Publishers; Berlin, etc.: Springer-Verlag, 1988).

Blumberg, Stanley A. and Gwinn Owens, *Energy and Conflict: The Life and Times of Edward Teller* (New York: G. P. Putnam's Sons, 1976).

Bohr, Niels, "Mindeord over Harald Høffding" in *Oversigt over Det Kongelige Danske Videnskabernes Selskabs Forhandlinger 1931–1932,* pp. 131–136. Reprinted in *Niels Bohr Collected Works, Volume 10* (see previous section on publications of scientists' papers), pp. 313–318 (Danish original), 319–322 (English translation).

Bohr, Niels, "Ole Chievitz" in *Ord och Bild 55* (1947), 49–53. Reprinted in *Niels Bohr Collected Works, Volume 12* (see previous section on publications of scientists' papers), pp. 451–455 (Danish Original), 456–460 (English translation).

Bohr, Niels, "The Rutherford Memorial Lecture 1958: Reminiscences of the Founder of Nuclear Science and of Some Developments Based on his Work" in *Proceedings of the Physical Society 78* (1961), 1083–1115; reprinted in Birks (ed.), *Rutherford at Manchester* (see previous section on anthologies), pp. 114–167, in Bohr, *Philosophical Writings 3* (see previous section on publications of scientists' papers), pp. 30–73, and in *Niels Bohr Collected Works, Volume 10* (see previous section on publications of scientisits' papers), pp. 383–420.

Born, Max, *My Life: Recollections of a Nobel Laureate* (London: Taylor & Francis Ltd., 1978).

Brickwedde, F. G., "Harold Urey and the Discovery of Deuterium" in *Physics Today 35* (Sep 1982), 34–39.

Bromberg, Joan, "The Impact of the Neutron: Bohr and Heisenberg" in *Historical Studies in the Physical Sciences 3* (1971), 307–341.

Bromberg, Joan, "The Concept of Particle Creation Before and After Quantum Mechanics" in *Historical Studies in the Physical Sciences 7* (1975), 161–191.

Broszat, Martin, The *Hitler State: The Foundation and Development of the Internal Structure of the Third Reich* (London and New York: Longman, 1981).

Brown, Laurie M., "The Idea of the Neutrino" in *Physics Today 31* (Sep 1978), 23–28.

Brown, Laurie M., "Yukawa's Prediction of the Meson" in *Centaurus 25* (1981), 71–132.

Brown, Laurie M. and Donald F. Moyer, "Lady or Tiger? — The Meitner-Hupfeld Effect and Heisenberg's Neutron Theory" in *American Journal of Physics 52* (Feb 1984), 130–136.

Busch, Alexander, *Die Geschichte des Privatdozenten: Eine soziologische Studie zur Grossbetrieblichen Entwicklung*

der deutschen Universitäten (Stuttgart: Ferdinand Enke Verlag, 1959).

Cahan, David, "Werner Siemens and the Origins of the Physikalisch-Technische Reichsanstalt, 1872-1887" in *Historical Studies in the Physical Sciences 12* (1982), 253-285.

Cahan, David, *An Institute for an Empire: The Physikalisch-Technische Reichsanstalt 1871-1918* (Cambridge, New York, Melbourne, Sydney: Cambridge University Press, 1989).

Casimir, Hendrik B. G., "Recollections from the Years 1929-1931" in Rozental (ed.), *Niels Bohr* (see previous section on anthologies), pp. 109-113.

Casimir, Hendrik B. G., *Haphazard Reality: Half a Century of Science* (New York, etc.: Harper & Row, 1983).

Cassidy, David C., "Cosmic Ray Showers, High Energy Physics, and Quantum Field Theories: Programmatic Interactions in the 1930s" in *Historical Studies in the Physical Sciences 12* (1981), 1-39.

Cassidy, David C., *Uncertainty: The Life and Science of Werner Heisenberg* (New York: W. H. Freeman and Company, 1992).

Chadwick, James, "Some Personal Notes on the Search for the Neutron" in *Dixième Congrès* (see previous section on anthologies), pp. 159-162; reprinted in Hendry (ed.), *Cambridge Physics* (see previous section on anthologies), pp. 42-45.

Christiansen, J. A., "Julius Petersen, Einar Biilmann og J. N. Brønsted" in *Kemien i Danmark, III: Danske Kemikere* [En forelæsningsrække ved Folkeuniversitetet, København 1964] (Copenhagen: Nyt Nordisk Forlag, 1968), pp. 69-94.

Clark, Ronald W., *Einstein: The Life and Times* (New York: World Publishing Company, 1971).

Clemmensen, C. A., *Radiumfondet, Oprettet til Minde om Kong Frederik VIII, 1912-1929: Et Afsnit af Kampen mod Kraften i Danmark* (Copenhagen: Radiumfondet, 1931).

Coben, Stanley, "The Scientific Establishment and the Transmission of Quantum Mechanics to the United States, 1919-32" in *American Historical Review 76* (1971), 442-466.

Cockcroft, John D., "George de Hevesy 1885-1966" *in Biographical Memoirs of Fellows of the Royal Society 13* (1967), 125-166.

Cornell, Thomas David, *Merle A. Tuve and His Program of Nuclear Studies at the Department of Terrestrial Magnetism: The Early Career of a Modern American Physicist,* PhD dissertation at the Johns Hopkins University 1986 (microfilms international 8609316).

Courant, Richard, "Fifty Years of Friendship" in Stefan Rozental (ed.), *Niels Bohr* (see previous section on anthologies), pp. 301-309. 〔邦訳：既出〕

Culotta, Charles A., "Tissue Oxidation and Theoretical Physiology: Bernard, Ludwig, and Pflüger" in *Bulletin of the History of Medicine 44* (1970), 109-140.

Davies, Shannon, *American Physicists Abroad: Copenhagen, 1920-1940,* PhD dissertation at the University of Texas at Austin, 1985 (microfilms international 8609491).

De Maria, Michelangelo and Arturo Russo, "The Discovery of the Positron" in *Rivista di storia della scienza 2* (1985), 237-286.

Dickson, David, *The New Politics of Science* (New York: Pantheon Books, 1984), republished, with a new preface, by Chicago University Press in 1988.

Dingle, Herbert G., and G. R. Martin, "Introduction" in *idem.* (eds.), *Chemistry and Beyond* (see previous section on publications of scientists' papers), pp. ix-xxi.

Dirac, P. A. M., "Recollections of an Exciting Era" in Weiner (ed.), *History of Twentieth Century Physics*

(see previous section on anthologies), pp. 109-146.

Dresden, M., *H. A. Kramers: Between Tradition and Revolution* (New York, etc.: Springer-Verlag, 1987).

Dupree, A. Hunter, *Science in the Federal Government: A History of Policies and Activities* (Baltimore and London: Johns Hopkins University Press, 1986), originally published by Harvard in 1957.

Favrholdt, David, "Niels Bohr and Danish Philosophy" in *Danish Yearbook of Philosophy 13* (1976), 206-220.

Favrholdt, David, "On Høffding and Bohr: A Reply to Jan Faye" in *Danish Yearbook of Philosophy 16* (1979), 73-77.

Favrholdt, David, "The Cultural Background of the Young Niels Bohr" in *Rivista di storia della scienza 2* (1985), 445-461.

Faye, Jan, "The Influence of Harald Høffding's Philosophy on Niels Bohr's Interpretation of Quantum Mechanics" in *Danish Yearbook of Philosophy 16* (1979), 37-72.

Faye, Jan, "The Bohr-Høffding Relationship Reconsidered" in *Studies in History and Philosophy of Science 19* (1988), 321-346.

Feigl, Herbert, "The Wiener Kreis in America" in Fleming and Bailyn (eds.), *The Intellectual Migration* (see previous section on anthologies), pp. 630-673.

Fermi, Laura, *Illustrious Immigrants: The Intellectual Migration from Europe 1930-41* (Chicago and London: University of Chicago Press, 1968).

Feuer, Lewis S., *Einstein and the Generations of Science* (New York: Basic Books, 1974).

Flexner, Abraham, *Funds and Foundations: Their Policies Past and Present* (New York: Harper & Brothers Publications, 1952).

Folse, Henry J., *The Philosophy of Niels Bohr: The Framework of Complementarity* (Amsterdam, Oxford, New York, Tokyo: North-Holland, 1985).

Forman, Paul, *The Environment and Practice of Atomic Physics in Weimar Germany : A Study in the History of Science,* PhD dissertation at the University of California at Berkeley, 1967 (microfilms international 6810322).

Forman, Paul, "The Financial Support and Political Alignment of Physicistsin Weimar Germany" in *Minerva 12* (1974), 39-66.

Fosdick, Raymond B., *The Story of the Rockefeller Foundation* (New York: Harper and Brothers, 1952).

Fosdick, Raymond B. (based on an unfinished manuscript prepared by the late Henry F. Pringle and Katharine Douglas Pringle), *Adventure in Giving: The Story of the General Education Board, A Foundation Established by John D. Rockefeller* (New York: Harper & Row, 1962).

Fridericia, L. S., "Bohr, Christian Harald Lauritz Peter Emil" in *Dansk biografisk Leksikon III* (1934) (see previous section on reference works), pp. 371-374.

Friis, Aage, "De tyske politiske Emigranter i Danmark 1933-46" in *Politiken* 8 and 10 May 1946, pp. 9-10, 8-9.

Frisch, Otto Robert, "The Interest Is Focussing on the Atomic Nucleus" in Rozental (ed.), *Niels Bohr* (see previous section on anthologies), pp. 137-148. 〔邦訳：既出〕

Frisch, Otto Robert, *What Little I Remember* (Cambridge, England, etc.: Cambridge University Press, 1979).

Galison, Peter, "The Discovery of the Muon and the Failed Revolution in Quantum Electrodynamics" in *Centaurus 26* (1983), 262-316.

Galison, Peter, *How Experiments End* (Chicago and London: University of Chicago, Press, 1987).

Gamow, George, *My World Line: An Informal Autobiography* (New York: Viking Press, 1970).

Glamann, Kristof, *Carlsbergfondet* (Copenhagen: Rhodos, 1976).

Graham, Loren R., *Between Science and Values* (New York: Columbia University Press, 1981).

Gray, George W., *Education on an International Scale: A History of The International Education Board 1923–1938* (New York: Harcourt Brace and Company, 1941).

Haldane, J. S., "Chapter I. Historical Introduction" in *idem., Respiration* (Oxford: Oxford University Press; New Haven: Yale University Press, 1922), pp. 1–14.

Heilbron, John L., "The Earliest Missionaries of the Copenhagen Spirit" in *Revue d'histoire des sciences et leurs applications 38* (1985), 194–230.

Heilbron, John L., *The Dilemmas of an Upright Man: Max Planck as Spokesman for German Science* (Berkeley, etc.: University of California Press, 1986).

Heilbron, John L., "The First European Cyclotrons" in *Rivista di storia della scienza 3* (1986), 1–44.

Heilbron, John L. and Thomas S. Kuhn, "The Genesis of the Bohr Atom" in *Historical Studies in the Physical Sciences 1* (1969), 211–290.

Heilbron, John L., Robert W. Seidel, and Bruce R. Wheaton, *Lawrence and his Laboratory: Nuclear Science at Berkeley 1931–1961* (Berkeley: Office of the History of Science and Technology, University of California, 1981).

Heilbron, John L. and Robert W. Seidel, *Lawrence and His Laboratory: A History of the Lawrence Berkeley Laboratory,* Vol. 1 (Berkeley: University of California Press, 1989).

Heisenberg, Werner, *Der Teil and das Ganze: Gespräche im Umkreis der Atomphysik* (Munich: R. Piper & Co. Verlag, 1969)〔邦訳：ハイゼンベルク（山崎和夫訳）『部分と全体―私の生涯の偉大な出会いと対話』（みすず書房，1974）〕; English translation, *Physics and Beyond: Encounters and Conversations* [Ruth Nanda Anshen (ed.), *World Perspectives*] (London: George Allen and Unwin Ltd., 1971).

Hendry, John, "Bohr-Kramers-Slater: A Virtual Theory of Virtual Oscillators and Its Role in the History of Quantum Mechanics" in *Centaurus 25* (1981), 189–221.

Hendry, John, "The History of Complementarity: Niels Bohr and the Problem of Visualization" in *Rivista di storia della scienza 2* (1984), 392–407.

Hendry, John, *The Creation of Quantum Mechanics and the Bohr-Pauli Dialogue* (Dordrecht, Boston, Lancaster: D. Reidel Publishing Company, 1984).

Henriques, V., "Chr. Bohrs videnskabelige Gerning" in *Oversigt over Det Kongelige Danske Videnskabernes Selskabs Forhandlinger 1911*, pp. 395–405.

Hevesy, George, "Freiherr Auer von Welsbach" in *Akademische Mitteilungen aus Freiburg 4* (1929), 17–18.

Hevesy, George, "A Scientific Career" in *Perspectives in Biology and Medicine 1* (1958), 345–365; reprinted in *idem., Adventures in Radioisotope Research* (see previous section on publications of scientists' papers), pp. 11–30.

Hevesy, George, "Gamle Dage" in *Niels Bohr — Et Mindeskrift* (see previous section on anthologies), pp. 26–30.

Hewlett, Richard G. and Francis Duncan, *Atomic Shield, 1947/1952: A History of the United States Atomic Energy Commission, Volume 2* (University Park and London: Pennsylvania State University Press, 1969).

Hippel, Arthur R. von, *Life in Times of Turbulent Transitions* (Anchorage, Alaska: Stone Age Press, 1988).

Høffding, Harald, "Mindetale over Christian Bohr" in *Tilskueren 1911*, pp. 209–212.

Høffding, Harald, *Erindringer* (Copenhagen: Gyldendalske Boghandel, Nordisk Forlag, 1928).

Hoffmann, Dieter, "Zur Teilnahme deutscher Physiker an den Kopenhagener Physikerkonferenzen nach 1933 sowie am 2. Kongress für Einheit der Wissenschaft, Kopenhagen 1936" in *NTM — Schriftenreihe für Geschichte der Naturwissenschaften, Technik und Medizin 25* (1988), 49–55.

Holter, H., "K. U. Linderstrom-Lang" in Holter and Max Møller (eds.), *The Carlsberg Laboratory* (see previous section on anthologies), pp. 88–117.

Holton, Gerald, "Striking Gold in Science: Fermi's Group and the Recapture of Italy's Place in Physics" in *Minerva 12* (1974), 158–198; reprinted as "Fermi's Group and the Recapture of Italy's Place in Physics" in *idem., The Scientific Imagination* (see previous section on anthologies), pp. 155–198.

Holton, Gerald, "The Roots of Complementarity" in *idem., Thematic Origins* (see previous section on anthologies), pp. 115–161.

Jackman, Jarrell C. and Carla M. Borden (eds.), *The Muses Flee Hitler: Cultural Transfer and Adaptation 1930–1945* (Washington, D. C.: Smithsonian Institution Press, 1983).

Jammer, Max, *The Conceptual Development of Quantum Mechanics* (New York: McGraw-Hill, 1966).〔邦訳：ヤンマー（小出昭一郎訳）『量子力学史　1，2』（東京図書，1974)〕

Jammer, Max, *The Philosophy of Quantum Mechanics: The Interpretation of Quantum Mechanics in Historical Perspective* (New York, etc.: John Wiley & Sons, 1974).〔邦訳：マックス・ヤンマー（井上健訳）『量子力学の哲学　上，下』（紀伊國屋書店，1981)〕

Jensen, Carsten, *Controversy and Consensus: Nuclear Beta Decay 1911–1934*, Finn Aaserud, Helge Kragh, Erik Rüdinger and Roger H. Stuewer (eds.) (Basel: Birkhäuser, 2000).

Jørgensen, C. Barker, "Dyrefysiologi og gymnastikteori" in *Københavns Universitet bind XIII, 2. del* (see previous section on anthologies), pp. 447–488.

Jørgensen, Erik Stiig, "Friis, Aage" in *Dansk Biografisk Leksikon* [third edition] *IV* (1980) (see previous section on reference works), pp. 649–653.

Jungnickel, Christa and Russell McCormmach, *Intellectual Mastery of Nature: Theoretical Physics from Ohm to Einstein, Volume 1: The Torch of Mathematics, 1800–1870; Volume 2: The Now Mighty Theoretical Physics, 1870–1925* (Chicago and London: University of Chicago Press, 1986).

Kamen, Martin D., *Radiant Science, Dark Politics: A Memoir of the Nuclear Age* (Berkeley, Los Angeles, London: University of California Press, 1985).

Kargon, Robert H., *The Rise of Robert Millikan: Portrait of a Life in American Science* (Ithaca and London: Cornell University Press, 1982).

Kay, Lily E., "Conceptual Models and Analytical Tools: The Biology of the Physicist Max Delbrück, 1931-1946" in *Journal of the History of Biology 18* (1985), 207–246.

Kay, Lily E., "The Secret of Life: Niels Bohr's Influence on the Biology Program of Max Delbrück" in *Rivista di storia della scienza 2* (1985), 487–510.

Kevles, Daniel J., "Towards the *Annus Mirabilis:* Nuclear Physics Before 1932" in *The Physics Teacher 10* (1972), 175–181.

Kevles, Daniel J., *The Physicists: The History of a Scientific Community in Modern America* (New York: Alfred A. Knopf, 1978).

Klein, Oskar, "Glimpses of Niels Bohr as Scientist and Thinker" in Rozental (ed.), *Niels Bohr* (see

previous section on anthologies), pp. 74–93.

Kohler, Robert E., "The Management of Science: The Experience of Warren Weaver and the Rockefeller Foundation Programme in Molecular Biology" in *Minerva 14* (1976), 279–306; republished in a slightly revised version as *idem.*, "Warren Weaver and the Rockefeller Foundation Program in Molecular Biology: A Case Study in the Management of Science" in Reingold (ed.), *New Perspectives* (see previous section on anthologies), pp. 249–293.

Kohler, Robert E., "Rudolf Schoenheimer, Isotopic Tracers, and Biochemistry in the 1930's" in *Historical Studies in the Physical Sciences 8* (1977), 257–298.

Kohler, Robert E., "A Policy for the Advancement of Science: The Rockefeller Foundation, 1924–29" in *Minerva 16* (1978), 480–515.

Kohler, Robert E., "Science, Foundations, and American Universities in the 1920s" in *Osiris 3* (1987), 135–164.

Kohler, Robert E., *Partners in Science: Foundations and Natural Scientists 1900–1945* (Chicago: University of Chicago Press, 1991).

Kopp, Carolyn, "Max Delbrück — How It Was" in *Engineering & Science* (California Institute of Technology), first installment *43* (Mar-Apr 1980), 21–26, second installment *43* (May-Jun 1980), 21–27.

Krafft, Fritz, *Im Schatten der Sensation: Leben und Wirken von Fritz Strassmann* (Weinheim, etc.: Verlag Chemie, 1981).

Kraft, Victor, *The Vienna Circle: The Origin of Neo-Positivism, A Chapter in the History of Recent Philosophy* (New York: Philosophical Library, 1953).

Kragh, Helge, "Niels Bohr's Second Atomic Theory" in *Historical Studies in the Physical Sciences 10* (1979), 123–186.

Kragh, Helge, "Anatomy of a Priority Conflict: The Case of Element 72" in *Centaurus* 23 (1980), 275–301.

Kragh, Helge, "The Genesis of Dirac's Relativistic Theory of Electrons" in *Archive for History of Exact Sciences 24* (1981), 31–67.

Krogh, August, "Visual Thinking: An Autobiographical Note" in *Organon 2* (1938), 87–94.

Kuhn, H. G., "James Franck 1882–1964" in *Biographical Memoirs of Fellows of the Royal Society 11* (1965), 53–74.

Kuhn, Thomas S., *The Structure of Scientific Revolutions* (Chicago and London: University of Chicago Press, 1962, enlarged edition 1970).〔邦訳：トーマス・クーン（中山茂訳）『科学革命の構造』（みすず書房，1971)〕

Kuhn, Thomas S., "Mathematical versus Experimental Traditions in the Development of Physical Science" in *Journal of Interdisciplinary History 7* (1976), 1–31; reprinted in *idem., The Essential Tension* (see previous section on anthologies), pp. 31–65.〔邦訳：既出〕

Larsen, Poul, "Carsten Olsen," in Holier and Møller (eds.), *The Carlsberg Laboratory* (see previous section on anthologies), pp. 130–138.

Lemberg, I. Kh., V. O. Najdenov, and V. Ya. Frenkel, "The Cyclotron of the A. F. Ioffe Physico-Technical Institute of the Academy of the Sciences of the USSR (on the fortieth anniversary of its startup)" in *Soviet Physics Uspekhi 30* (1987), 993–1006.

Lemmerich, Jost, *Max Born, James Franck, Physiker im ihrer Zeit: Der Luxus des Gewissens* (Berlin:

Staatsbibliothek Preussischer Kulturbesitz, 1982).

Levi, Hilde, "George de Hevesy, 1 August 1885 -5 July 1966" in *Nuclear Physics A98* (1967), 1-24.

Levi, Hilde, *George de Hevesy: Life and Work* (Bristol: Adam Hilger; Copenhagen: Rhodos, 1985).

Lewis, W. Bennett, "Early Detectors and Counters" in *Nuclear Instruments and Methods 162* (1979), 9-14.

Livingston, M. Stanley, *Particle Accelerators: A Brief History* (Cambridge, Massachusetts: Harvard University Press, 1969).

McCagg, William O., Jr., *Jewish Nobles and Geniuses in Modern Hungary* (Boulder: East European Quarterly, 1972).

McLeod, Roy, "Changing Perspectives in the Social History of Science" in Spiegel-Rösing and Price (eds.), *Science, Technology and Society* (see previous section on anthologies), pp. 149-195.

Mehra, Jagdish and Helmut Rechenberg, *The Historical Development of Quantum Theory*. The following books have been published in this series. *Volume 1* has been published in two parts, each under different cover, *The Quantum Theory of Planck, Einstein, Bohr and Sommerfeld: Its Foundations and the Rise of Its Difficulties 1900-1925, Part 1* and *Part 2*. Then follow: *Volume 2, The Discovery of Quantum Mechanics 1925; Volume 3, The Formulation of Matrix Mechanics and Its Modifications 1925-1926; Volume 4, Part 1, The Fundamental Equations of Quantum Mechanics 1925-1926; Volume 4, Part 2, The Reception of the New Quantum Mechanics 1925-1926; Volume 5, Erwin Schrödinger and the Rise of Wave Mechanics — Part 1, Schrödinger in Vienna and Zurich, 1887-1925, Part 2, The Creation of Wave Mechanics: Early Response and Applications, 1925-1926* (New York, Heidelberg, Berlin: Springer-Verlag, Volumes 1-4 1982, Volume 5 1987).

Mendelsohn, K., *The World of Walther Nernst: The Rise and Fall of German Science, 1864-1941* (Pittsburgh: University of Pittsburgh Press, 1973).

Meyer-Abich, Klaus Michael, *Korrespondenz, Individualität und Komplementarität: Eine Studie zur Geistesgeschichte der Quantentheorie in den Beitragen Niels Bohrs* (Wiesbaden: F. Steiner, 1965).

Møller, Christian, "Nogle Erindringer fra Livet paa Bohr's Institut i sidste Halvdel af Tyverne" in *Niels Bohr — Et Mindeskrift* (see previous section on anthologies), pp. 54-64.

Møller-Christensen, Vilhelm (ed.), *Finsen Instituttet 1896-23. oktober-1946* (Copenhagen: Det Berlingske Bogtrykkeri, 1946).

Moore, Ruth, *Niels Bohr: The Man, His Science, and the World They Changed* (New York: Alfred A. Knopf, 1966).〔邦訳：ルース・ムーア（藤岡由夫訳）『ニールス・ボーア—世界を変えた科学者』（河出書房新社，1968)〕

Moyer, Donald Franklin, "Origins of Dirac's electron, 1925-1928" in *American Journal of Physics 49* (Oct 1981), 944-949; idem., "Evaluations of Dirac's electron, 1928-1932" in *ibid.* (Nov 1981), 1055-1062; *idem.*, "Vindications of Dirac's electron, 1932-1934" in *ibid.* (Dec 1981), 1120-1125.

Nielsen, J. Rud, "Introduction" in *Niels Bohr Collected Works, Volume 3* (see previous section on publications of scientists' papers), pp. 3-45.

Olby, Robert, *The Path to the Double Helix* (London: Macmillan, 1974).〔邦訳：ロバート・オルビー（長野敬訳）『二重らせんへの道（上）—分子生物学の成立』（紀伊國屋書店，1982）ロバート・オルビー（道家達将，木原弘二，石館康平，石館三枝子，長野敬訳）『二重らせんへの道（下）—DNA構造の発見』（紀伊國屋書店，1996)〕

Pais, Abraham, *"Subtle Is the Lord ..." : The Science and Life of Albert Einstein* (New York and Oxford: Clarendon Press and Oxford University Press, 1982).〔邦訳：アブラハム・パイス（金子務，太

田忠之，西島和彦，岡村浩，中澤宣也訳）『神は老獪にして…アインシュタインの人と学問』（産業図書，1987）〕

Pais, Abraham, *Inward Bound: Of Matter and Forces in the Physical World* (Oxford and New York: Clarendon Press and Oxford University Press, 1986).

Pais, Abraham, *Niels Bohr's Times; In Physics, Philosophy and Polity* (Oxford: Clarendon, 1991).〔邦訳：アブラハム・パイス（西尾成子，今野宏之，山口雄二訳）『ニールス・ボーアの時代―物理学・哲学・国家　1，2』（みすず書房，2007，2012）〕

Paneth, Fritz, "Zum 70. Geburtstag Auer von Welsbach" in *Die Naturwissenschaften 16* (1928), 1037-1038; translated into English as "Auer von Welsbach"in Dingle and Martin (eds.), *Chemistry and Beyond* (see previous section on anthologies), pp. 73-76.

Pastor, Peter, *Hungary Between Wilson and Lenin: The Hungarian Revolution of 1918-1919 and the Big Three* (Boulder: East European Quarterly, 1976).

Pauli, Wolfgang, Wolf, "Zur älteren and neueren Geschichte des Neutrinos," in Weisskopf (ed.), *Aufsätze und Vorträge* (see previous section on publications of scientists' papers), pp. 156-180; reprinted in Kronig and Weisskopf (eds.), *Collected Scientific Papers by Wolfgang Pauli II* (see previous section on publications of scientists'papers), pp. 1313-1337.

Pedersen, Johannes, "Niels Bohr and the Royal Danish Academy of Sciences and Letters" in Rozental (ed.), *Niels Bohr* (see previous section on anthologies), pp. 266-280.〔邦訳：既出〕

Peierls, Rudolf, "Introduction" in *Niels Bohr Collected Works, Volume 9* (see previous section on publications of scientists' papers), pp. 3-83.

Petersen, Aage, "The Philosophy of Niels Bohr" in *Bulletin of the Atomic Scientists 19* (Sep 1963), 8-14.

Pihl, Mogens, "Fysik" in *Københavns Universitet bind XII, 1. del* (see previous section on anthologies), pp. 365-462.

Purcell, Edward M., "Nuclear Physics without the Neutron; Clues and Contradictions" in *International Congress 10* (see previous section on anthologies), pp. 121-133.

R [abinowitch], E [ugene], "James Franck, 1882-1964, Leo Szilard, 1898-1964" in *Bulletin of the Atomic Scientists 20* (Oct 1964), 16-20.

Rehberg, P. Brandt, "August Krogh, 15.11.1874-15.11.1974" in *Dansk medicinhistorisk Aarbog 1974*, pp. 7-28, with a summary in English on pp. 27-28.

Reingold, Nathan, "The Case of the Disappearing Laboratory" in *American Quarterly 29* (1977), 77-101.

Rhodes, Richard, *The Making of the Atomic Bomb* (New York, etc.: Simon & Schuster, Inc., 1986).

Robertson, Peter, *The Early Years: The Niels Bohr Institute 1921-1930* (Copenhagen: Akademisk Forlag, 1979).

Romer, Alfred, "The Science of Radioactivity, 1896-1913: Rays, Particles, Transmutations, Nuclei and Isotopes" in *idem.* (ed.), *Radiochemistry and the Discovery of Isotopes* (see previous section on publications of scientists'papers), pp. 3-60.

Röseberg, Ulrich, *Niels Bohr: Leben und Werk eines Atomphysikers 1885-1962* (East Berlin: Akademie-Verlag, 1985).

Rosenfeld, Léon, *Niels Bohr: An Essay Dedicated to Him on His Sixtieth Birthday 1945* (Amsterdam: North-Holland Publishing Company, 1949, 2nd edition 1961); reprinted in Cohen and Stachel (eds.), *Selected Papers of Leon Rosenfeld* (see previous section on publications of scientists' papers), pp. 313-

326.

Rosenfeld, Léon, "Niels Bohr in the Thirties: Consolidation and extension of the conception of complementarity" in Rozental (ed.), *Niels Bohr* (see previous section on anthologies), pp. 114–136.

Rosenfeld, Léon, "Niels Bohr's Contribution to Epistemology" in *Physics Today 16* (Oct 1963), 47–54; reprinted in Cohen and Stachel (eds.), *Selected Papers of Léon Rosenfeld* (see previous section on publications of scientists' papers), pp. 522–535.

Rosenfeld, Léon, "Nogle minder om Niels Bohr" in *Niels Bohr — Et Mindeskrift* (see previous section on anthologies), pp. 65–75.

Rozental, Stefan, "The Forties and the Fifties" in *idem.* (ed.), *Niels Bohr* (see previous section on anthologies), pp. 149–190.

Rozental, Stefan, *NB: Erindringer om Niels Bohr* (Copenhagen: Gyldendal, 1985).

Schröer, Heinz, *Carl Ludwig: Begründer der messenden Experimentalphysiologie 1816–1895* [Heinz Degen (ed.), *Grosse Naturforscher, Band 33*] (Stuttgart: Wissenschaftliche Verlagsgesellschaft m. b. H., 1967).

Segrè, Emilio, *Enrico Fermi: Physicist* (Chicago and London: University of Chicago Press, 1970).

Slater, John C., "The Development of Quantum Mechanics in the Period 1924–1926" in Price, Chissick, and Ravensdale (eds.), *Wave Mechanics* (see previous section on anthologies), pp. 19–25.

Slater, John C., *Solid-State and Molecular Theory: A Scientific Biography* (New York, etc.: John Wiley & Sons, 1975).

Snorrason, Egill, "Krogh, Schack August Steenberg" in *Dictionary of Scientific Biography* (see previous section on reference works), *VII* [1973], pp. 501–504.

Snorrason, Egill (L. S. Fridericia), "Lundsgaard, Einar" in *Dansk Biografisk Leksikon* [third edition] *IX* (see previous section on reference works), pp. 196–197.

Sopka, Katherine R., *Quantum Physics in America 1920–1935* (New York: Arno Press, 1980); republished as *idem., Quantum Physics in America: The years through 1935* [*The History of Modern Physics 1800–1950, Volume 10*] (New York: Tomash Publishers and American Institute of Physics, 1988).

Spärck, R., "August Krogh 15. November 1874 – 3. September 1949" in *Videnskabelige Meddelelser fra Dansk naturhistorisk Forening 3* (1949), V–XXX.

Spence, R., "George Charles de Hevesy" in *Chemistry in Britain 3* (1967), 527–532.

Strömgren, Bengt, "Niels Bohr and the Royal Danish Academy of Sciences and Letters" in de Boer, Dal, and Ulfbeck (eds.), *The Lesson of Quantum Theory* (see previous section on anthologies), pp. 3–12.

Stuewer, Roger H., "The Nuclear Electron Hypothesis" in Shea (ed.), *Otto Hahn* (see previous section on anthologies), pp. 19–67.

Stuewer, Roger H., "Nuclear Physicists in the New World: The Emigrés of the 1930s in America" in *Berichte zur Wissenschaftsgeschichte 7* (1984), 23–40.

Stuewer, Roger H., "Bringing the News of Fission to America" in *Physics Today 38* (Oct 1985), 48–56.

Stuewer, Roger H., "Niels Bohr and Nuclear Physics" in French and Kennedy (eds.), *Niels Bohr* (see previous section on anthologies), pp. 197–220.

Stuewer, Roger H., "The Naming of the Deuteron" in *American Journal of Physics 54* (1986), 206–218.

Stuewer, Roger H., "Gamow's Theory of Alpha-Decay" in Ullmann-Margalit (ed.), *The Kaleidoscope of Science* (see previous section on anthologies), pp. 147–186.

Stuewer, Roger H., "The Origins of the Liquid-Drop Model and the Interpretation of Nuclear Fission"

in *Perspectives on Science 2* (1994), 76–129.

Sturdy, Steve, "Biology as Social Theory: John Scott Haldane and Physiological Regulation" in *British Journal for the History of Science 21* (1988), 315–340.

Szabadväry, F., "George Hevesy" in *Journal of Radioanalytical Chemistry 1* (1968), 97–102.

Walker, Mark, *German National Socialism and the Quest for Nuclear Power 1939–1949* (Cambridge: Cambridge University Press, 1989).

Weart, Spencer, "The Physics Business in America, 1919–1940: A Statistical Reconnaissance" in Reingold (ed.), *New Perspectives* (see previous section on anthologies), pp. 295–358.

Weart, Spencer, "The Discovery of Fission and a Nuclear Physics Paradigm" in Shea (ed.), *Otto Hahn* (see previous section on anthologies), pp. 91–133.

Weaver, Warren, *Scene of Change: A Lifetime in American Science* (New York: Charles Scribner's Sons, 1970).

Weinberg, Steven, "The Search for Unity: Notes for a History of Quantum Field Theory" in *Daedalus 106* (1977), 17–35.

Weiner, Charles, "A New Site for the Seminar: The Refugees and American Physics in the Thirties" in Fleming and Bailyn (eds.), *The Intellectual Migration* (see previous section on anthologies), pp. 190–234.

Weiner, Charles, "1932 — Moving into the New Physics" in *Physics Today 25* (May 1972), 40–49.

Weiner, Charles, "Cyclotrons and Internationalism: Japan, Denmark and the United States, 1935–1945" in *XIVth International Congress* (see previous section on anthologies), pp. 353–365.

Weisskopf, Victor, "Niels Bohr, A Memorial Tribute" in *Physics Today* 16 (Oct 1963), 58–64.

Weisskopf, Victor, "My Life as a Physicist" in idem., *Physics in the Twentieth Century* (see previous section on anthologies), pp. 1–21.

Weisskopf, Victor, "Niels Bohr, the Quantum and the World" [1967] in *idem., Physics in the Twentieth Century* (see previous section on anthologies), pp. 52–65.

Wheeler, John Archibald, "Niels Bohr and Nuclear Physics" in *Physics Today 16* (Oct 1963), 36–45.

Wheeler, John Archibald, "Some Men and Moments in the History of Nuclear Physics: The Interplay of Colleagues and Motivations" in Stuewer (ed.), *Nuclear Physics in Retrospect* (see previous section on anthologies), pp. 217–282.

Witt-Hansen, Johs., "Leibniz, Høffding, and the 'Ekliptika Circle' " in *Danish Yearbook of Philosophy 17* (1980), 31–58.

原　注

感謝の言葉

（1） Finn Aaserud, *The Redirection of the Niels Bohr Institute in the 1930s: Response to Changing Conditions for Basic Science Enterprise*, PhD dissertation at the Johns Hopkins University 1984 (microfilms international 8510398); see also *idem.*, "Niels Bohr as Fund Raiser" in *Physics Today 38* (Oct 1985), 38-46.

まえがき

（1） 科学が時の社会に統合されていく度合がますます強められていることについては，夥しい数の書物や論文で扱われている．一ジャーナリストによるなかなか明快な概説として，David Dickson, *The New Politics of Science* (New York: Pantheon Books, 1984）を挙げる．新たな序文を付けた再版が1988年にChicago University Pressから出された．

（2） 第二次世界大戦までの米国における科学と政治を論じた卓抜な解説として次のものがある．A. Hunter Dupree, *Science in the Federal Government: A History of Policies and Activities* (Baltimore and London: Johns Hopkins University Press, 1986), originally published by Harvard in 1957. Dupreeは新版を出すに当たって，その後の経緯についても簡単に述べた文章を付け加えている（pp. vii-xviii）．第二次大戦中および戦後の米国における物理学の役割の変化を広く歴史的な観点から論じたものとして次の書がある：Daniel J. Kevles, *The Physicists: The History of a Scientific Community in Modern America* (New York: Alfred A. Knopf, 1978), pp. 287ff. このKevlesの本には詳しい"Essay on Sources" (pp. 435-464）が付いており，豊富な文献への道案内として役に立つ．

（3） 科学の諸分野それぞれの展開について簡明に概観しているのが次の書である：Thomas S. Kuhn, "Mathematical versus Experimental Traditions in the Development of Physical Science" in *Journal of Interdisciplinay History 7* (1976), 1-31; reprinted in *idem., The Essential Tension: Selected Studies in Scientific Tradition and Change* (Chicago and London: University of Chicago Press, 1977), pp. 31-65.〔邦訳：トーマス・クーン（安孫子誠也，佐野正博訳）『科学革命における本質的緊張―トーマス・クーン論文集』（みす

ず書房，1998)〕

（4） 科学内の展開と科学外の展開との相互関係を，科学の大変動の時期に限定して論じた試みとして，今や古典の地位を占めているのが次の一書である：Thomas S. Kuhn, *The Structure of Scientific Revolutions* (Chicago and London: University of Chicago Press, 1962, enlarged edition 1970)〔邦訳：トーマス・クーン（中山茂訳）『科学革命の構造』(みすず書房，1971)〕．そういう相互関係が広がる範囲について，広く歴史資料に基づく議論を展開したものとして，たとえば次書がある：Roy McLeod, "Changing Perspectives in the Social History of Science" in Ina Spiegel-Rösing and Derek de Solla Price (eds.), *Science, Technology and Society: A Cross-Disciplinary Perspective* (London and Beverley Hills: SAGE Publications, 1977), pp. 149–195.

（5） ロックフェラー財団については特に次を参照されたい：Robert E. Kohler, "A Policy for the Advancement of Science: The Rockefeller Foundation, 1924–29" in *Minerva 16* (1978), 480–515; *idem.*, "The Management of Science: The Experience of Warren Weaver and the Rockefeller Foundation Programme in Molecular Biology" in *Minerva 14* (1976), 279–306，これに少し手を加えたものが同著者によって出版されている："Warren Weaver and the Rockefeller Foundation Program in Molecular Biology: A Case Study in the Management of Science" in Nathan Reingold (ed.), *The Sciences in the American Context: New Perspectives* (Washington, D. C.: Smithsonian Institution Press, 1979), pp. 249–293. もっと広い観点から論じたものとして，同著者による次書がある："Science, Foundations, and American Universities in the 1920s" in *Osiris 3* (1987), 135–164. Kohler の単行本の完成も間近い：*Managers of Science: Foundations and the Natural Sciences 1900–1950*．この原稿の一部で特に本書に関係のあるところを読ませていただいたことについて Kohler に謝意を表する．両大戦間のアメリカの物理学について広く経済的な観点から深い洞察に満ちた論じ方をしたものが次の書である：Spencer R. Weart, "The Physics Business in America, 1919–1940: A Statistical Reconnaissance" in Reingold (ed.), *New Perspectives*, pp. 295–358.

（6） 両世界大戦間の核物理学の歴史については Roger H. Stuewer が詳しく研究を続けてきた．特に物理学者たちの回想の集録としては次を参照されたい：Roger H. Stuewer (ed.), *Nuclear Physics in Retrospect: Proceedings of a Symposium on the 1930s* (Minneapolis: University of Minnesota Press, 1979), and his own articles "The Nuclear Electron Hypothesis" in William R. Shea (ed.), *Otto Hahn and the Rise of Nuclear Physics* (Dordrecht, Boston, Lancaster: D. Reidel Publishing Company, 1983), pp. 19–67; "Gamow's Theory of Alpha-Decay" in Edna Ullmann-Margalit (ed.), *The Kaleidoscope of Science: The Israel Colloquium: Studies in History, Philosophy. and Sociology of Science, Volume 1* [Robert S. Cohen and Marx W. Wartofsky (eds.), *Boston Studies in the Philosophy of Science, Volume 941*] (Dordrecht, etc.: D. Reidel Publishing Company, 1986), pp. 147–186．これ以外の，この件に関する数多くの文献の紹介としては本書全体の注を参照されたい．

（7） Bohr には，自分自身の仕事を犠牲にしてまで，物理学における協同的取り組み

を推進しようとする傾向があったことは，1957 年の J. Robert Oppenheimer との対談のテープにはっきり顕われている．このテープは the Niels Bohr Archive, Copenhagen に保存されている．

（8） 何人かの物理学者の，Bohr とその研究所に関する回想録が次の書にまとめられている：Stefan Rozental（ed.）, *Niels Bohr: His Life and Work as Seen by His Friends and Colleagues*（Amsterdam: North-Holland Publishing Company, 1968）〔邦訳：S. ローゼンタール編（豊田利行訳）『ニールス・ボーア―その友と同僚よりみた生涯と業績』（岩波書店，1970）〕．研究所の最初の 10 年間の歴史は次書で扱われている：Peter Robertson, *The Early Years: The Niels Bohr Institute 1921–1930*（Copenhagen: Akademisk Forlag, 1979）．また次も参照されたい：Ruth Moore, *Niels Bohr: The Man, His Science. and the World They Changed*（New York: Alfred A. Knopf, 1966）〔邦訳：ルース・ムーア（藤岡由夫訳）『ニールス・ボーア―世界を変えた科学者』（河出書房新社，1968）〕; Ulrich Röseberg, *Niels Bohr: Leben and Werk eines Atomphysikers 1885–1962*（East Berlin: Akademie-Verlag, 1985）; A. P. French and P. J. Kennedy, *Niels Bohr: A Centenary Volume*（Cambridge and London: Cambridge University Press, 1985）; Niels Blædel, *Harmony and Unity: The Life of Niels Bohr*（Madison, Wisconsin: Science Tech Publishers; Berlin, etc.: Springer-Verlag, 1988）．Bohr の最も本格的な伝記として次を挙げる：Abraham Pais, *Niels Bohr's Times: In Physics, Phylosophy and Polity*（Oxford: Clarendon, 1991）〔邦訳：アブラハム・パイス（西尾成子，今野宏之，山口雄二訳）『ニールス・ボーアの時代 1・2―物理学・哲学・国家』（みすず書房，2007・2012）〕．

（9） これらの数字は 1918 年から 1959 年までの間に研究所から出た出版物を製本した諸巻に基づくものである．その保管先は次所である：the Niels Bohr Archive, Copenhagen: *Universitetets Institut for teoretisk Fysik: Afhandlinger.*

（10） *Ibid.*（同上）

序　章

（1） W. Heisenberg, *Die physikalischen Prinzipien der Quantentheorie*（Leipzig: S. Hirzel, 1930）, p. VI〔邦訳：ハイゼンベルク（玉木英彦，遠藤真二，小出昭一郎訳）『量子論の物理的基礎』（みすず書房，1954）〕．この本の英訳，*The Physical Principles of the Quantum Theory*（New York: Dover, 1930）の中の英語訳への序文（ページ番号なし）において，このドイツ語は訳さずに使われている．

（2） 研究所の雰囲気を表す言葉としてのコペンハーゲン精神については，次を参照されたい：Léon Rosenfeld, *Niels Bohr: An Essay Dedicated to Him on His Sixtieth Birthday 1945*（Amsterdam: North-Holland Publishing Company, 1949, 2nd edition 1961）; reprinted in Robert S. Cohen and John S. Stachel（eds.）, *Selected Papers of Léon Rosenfeld* ［*Boston Studies in the Philosophy of Science,* vol. 21］（Dordrecht, Boston, London: D. Reidel Publishing Company, 1979）, pp. 313–326, on p. 313; Victor Weisskopf, "Niels Bohr, the

Quantum and the World" [1967] in *idem., Physics in the Twentieth Century: Selected Essays* (Cambridge and London: Massachusetts Institute of Technology Press, 1972), pp. 52-65, on p. 55; Peter Robertson, *The Early Years: The Niels Bohr Institute 1921-1930* (Copenhagen: Akademisk Forlag, 1979), pp. 152-155.
次の一文—— John L. Heilbron, "The earliest missionaries of the Copenhagen spirit" in *Revue d'histoire des sciences et leurs applications 38* (1985), 194-230 ——において Heilbron は，コペンハーゲン精神とは，Bohr を取り巻く一団が，Bohr の量子力学解釈の上に立ってある一般的な認識論を築き上げようとする試みである，とするまた別の観方を持ち出している．私が 1980 年 10 月 7 日に Victor Weisskopf と，1980 年 10 月 9 日にまた Stefan Rozental と行なったインタビューにおいては，物理学者の自由と独立の問題が論じられている．この二つのインタビューは共にコペンハーゲンのニールス・ボーア研究所が企画したものである．Weisskopf は次の追悼文で Bohr とその研究所の思い出を記している："Niels Bohr, A Memorial Tribute" in the Bohr memorial issue of *Physics Today 16* (Oct 1963), 58-64．また彼は同趣旨のことを "Quantum and the World" にも書いている．Rozental は研究所で過ごした最初の 20 年について次書で詳述している："The Forties and the Fifties" in Stefan Rozental (ed.), *Niels Bohr: His Life and Work as Seen by His Friends and Colleagues* (Amsterdam: North-Holland Publishing Company, 1968), pp. 149-190〔邦訳：既出〕．また Rozental がもっと最近デンマーク語で書いた次の自伝も参照されたい：*NB: Erindringer om Niels Bohr* (Copenhagen: Gyldendal, 1985).

(3) Otto Robert Frisch, "The Interest Is Focussing on the Atomic Nucleus" in Rozental (ed.), *Niels Bohr* (注 2), pp. 137-148, on p. 138．研究所の型破りの雰囲気に対する同様の反応については次を参照されたい：Weisskopf, "Quantum and the World" (注 2), p. 55．引用部分は次から取った：Otto Robert Frisch, *What Little I Remember* (Cambridge, etc.: Cambridge University Press, 1979), p. 101.

(4) この時，Bohr をこういう映画に誘ったのは Gamow，Landau，Casimir である．Casimir はこの出来事を次書に載せた（ドイツ語の）詩の形で報じている：Hendrik B. G. Casimir, "Recollections from the Years 1929-1931" in Rozental (ed.), *Niels Bohr* (注 2), pp. 109-113, on p. 113．この詩の Casimir による英訳は次書に載っている：Hendrik Casimir, *Haphazard Reality: Half a Century of Science* (New York, etc.: Harper & Row, 1983), pp. 98-99．Gamow が悪漢の役を演じたことは，1980 年 12 月 18 日付けの Carl Friedrich von Weizsäcker から私宛の手紙にも記されている．ただし Weizsäcker は Bohr の理論について，次の Bohr の言を引用しながら少し違う説明をしている．"Der Gute hat nicht die ganz kurze Hemmung des schlechten Gewissens, deshalb schiesst er schneller."（良い者には悪の意識から生じる一瞬のためらいもないので，相手より早く撃てる．）もっとも我々の目的からすると，問題は出来事そのもので，ヒーローと悪漢に関する Bohr の特定の理論ではないが．

(5) Christian Møller, "Nogle Erindringer fra Livet paa Bohr's Institut i sidste Halvdel af Tyverne" in *Niels Bohr—Et Mindeskrift* [*Fysisk Tidsskrift 60* (1962)] (Copenhagen:

Selskabet for Naturlærens udbredelse, 1963), pp. 54–64, on pp. 62–63. Weizsäcker は 1980 年 12 月 18 日付け私宛の手紙（注 4）で，Bohr の困惑のまた別の理由を挙げている．すなわち Bohr はピンポン騒ぎを街から見られたくなかった，というのである．Frisch の引用部分は彼の *What Little*（注 3), p. 86 から取った．Frisch の見解に対するコメントとして Casimir, *Reality*（注 4), pp. 125–126 を参照されたい．

（6） たとえば，Bohr との最初の出会いに関する，紛れもなく同様の二つの説明がある：Møller, "Nogle Erindringer"（注 5), pp. 56–57, and Léon Rosenfeld, "Nogle minder om Niels Bohr" in *Mindeskrift*（注 5), pp. 65–75, on pp. 68–69．また以下も参照されたい：George Gamow, *My World Line: An Informal Autobiography* (New York: Viking Press, 1970), pp. 85–89; Werner Heisenberg, *Der Teil and das Ganze: Gespräche im Umkreis der Atomphysik* (Munich: R. Piper & Co. Verlag, 1969), pp. 59–65, 150–162〔邦訳：ハイゼンベルク（山崎和夫訳）『部分と全体―私の生涯の偉大な出会いと対話』（みすず書房，1974)〕, English translation, *idem., Physics and Beyond: Encounters and Conversations* [Ruth Nanda Anshen (ed.), *World Perspectives*] (London: George Allen and Unwin Ltd., 1971), pp. 38–42; P. A. M. Dirac, "Recollections of an Exciting Era" in Charles Weiner (ed.), *History of Twentieth Century Physics* [*Proceedings of the International School of Physics "Enrico Fermi," Course LVII, Varenna on Lake Como, Villa Monastero, 31st July–12th August 1972*] (New York and London: Academic Press, 1977), pp. 109–146, on p. 134.

（7） 王立デンマーク文理アカデミーの会員の多数決で選ばれたカールスベリ邸の住人は以下の通り：哲学者 Harald Høffding (1914–1931)，物理学者 Niels Bohr (1931–1962)，考古学者 Johannes Brøndsted (1962–1965)，天文学者 Bengt Strömgren (1965–1987)，中国学者 Søren Christian' Egerod (1987–1995). Kristof Glamann, *Carlsbergfondet* (Copenhagen: Rhodos, 1976), pp. 165–167, p. 165 にある引用を見られたい．Frisch の言は彼の "Interest"（注 3), p. 143 から取った．この引用はカールスベリ邸の雰囲気を如実に語るものとして以下で使われている：Ruth Moore, *Niels Bohr: The Man, His Science, and the World They Changed* (New York: Alfred A. Knopf, 1966), p. 192〔邦訳：既出〕．また Frisch が後に自著 *What Little*（注 3), p. 92 で語るところも参照されたい．Rosenfeld の引用は彼のエッセイ（注 2), p. 313 から取った．

（8） Bohr が公の場で話をする時のやり方について述べたものはいろいろある．たとえば，Bohr の親しい友人，研究仲間，かつ弟子でもあった Oskar Klein がこの件について念入りなコメントを書いている：Oskar Klein, "Glimpses of Niels Bohr as Scientist and Thinker" in Rozental (ed.), *Niels Bohr*（注 2), pp. 74–93, on p. 81. Bohr の手伝い役を列挙したところは次書から取った：Léon Rosenfeld, "Niels Bohr in the Thirties: Consolidation and extension of the conception of complementarity" in *ibid.*, pp. 114–136, on pp. 116–120; Weisskopf, "Quantum and the World"（注 2), pp. 61–62; 1980 年 10 月 7 日に私が行なった Weisskopf とのインタビュー（注 2); Rozental, "Forties and Fifties"（注 2), pp. 161–166; 1980 年 10 月 9 日に私が行なった Rozental とのインタビュー（注 2)．Weisskopf は自分の手伝い役時代のことを私との手紙の

やり取りで明らかにしてくれた；私から Weisskopf 宛，1989 年 3 月 7 日付け，Weisskopf から私宛，1989 年 3 月 17 日付け．Bohr の手伝い役としての仕事の実態については Rosenfeld の説明や，Weisskopf と Rozental の著作，またこの二人との個人的なインタビューに基づく．

（9） Bohr の哲学的な見解における言語の重要性については次を参照されたい：Aage Petersen, "The Philosophy of Niels Bohr" in *Bulletin of the Atomic Scientists 19* (1963), 8-14, pp. 10-11.

（10） 1984 年 3 月の Hilde Levi との個人的な会話，この人は 1934 年に研究所にやって来た．

（11） 私が 1980 年 10 月 7 日に行なった Weisskopf とのインタビュー（注 2）；また T. S. Kuhn と J. L. Heilbron が 1963 年 7 月 10 日に行なった Weisskopf とのインタビューの記録も参照されたい．後のインタビューは量子物理学の歴史資料収集（AHQP）の一環として行なわれたもので，その保管場所は次の所である：Niels Bohr Archive in Copenhagen, the Niels Bohr Library of the American Institute of Physics in College Park, MD，その他．やや時代遅れの観はあるが，この資料の総合案内として次がある：Thomas S. Kuhn, John L. Heilbron, Paul Forman, and Lini Allen, *Sources for the History of Quantum Physics: An Inventory and Report* (Philadelphia: The American Philosophical Society, 1967). Stefan Rozental も 1980 年 10 月 9 日に私が彼と行なったインタビューで同じことを指摘している（注 2）．

（12） T. S. Kuhn と J. H. Van Vleck が 1963 年 10 月 3 日に行なった John Clarke Slater とのインタビュー，AHQP（注 11), pp. 30-34, の pp. 33, 30 からの引用．また次も参照されたい：John C. Slater, "The Development of Quantum Mechanics in the Period 1924-1926" in William C. Price, Seymour S. Chissick, and Tom Ravensdale (eds.), *Wave Mechanics the First Fifty Years* (London: Butterworths, 1973), pp. 19-25, また同著者による少し異なる説明もある：*Solid-State and Molecular Theory: A Scientific Biography* (New York, etc.: John Wiley & Sons, 1975), pp. 11-19. Kramers については次を参照されたい：M. Dresden, *H. A. Kramers: Between Tradition and Revolution* (New York, etc.: Springer-Verlag, 1987)，この中で Bohr-Kramers-Slater 事件は pp. 163-171 に論じられている．

（13） Linus Pauling から私宛書簡，1980 年 4 月 29 日と 5 月 28 日付け．Weisskopf インタビュー 1980 年 10 月 7 日（注 2）．

（14） 両大戦間の研究所について，私はいろいろな人たちと文通を交わしたりインタビューも行なった．これについては「資料についてのノート」を見られたい．

第 1 章

（1） コペンハーゲン大学における物理学部門の発展については次を参照されたい：Mogens Pihl, "Fysik" in *Københavns Universitet 1479-1979* [14 volumes] *bind XII: Det*

matematisk-naturvidenskabelige Fakultet, I . del (Copenhagen: G. E. C. Gads Forlag, 1983), pp. 365–462. 理論物理学が一つの分野として出現し発展し始める様子については次の文献に詳述されている：Christa Jungnickel and Russell McCormmach, *Intellectucal Mastery of Nature: Theoretical Physics from Ohm to Einstein, Volume 1: The Torch of Mathematics, 1800–1870; Volume 2: The Now Mighty Theoretical Physics, 1870–1925* (Chicago and London: University of Chicago Press, 1986). Bohr から the Science Faculty at Copenhagen University 宛，1917 年 4 月 18 日付けの手紙の手書きの草稿とその手紙のカーボン・コピーが次のところに保管されている："Science Faculty," Bohr General Correspondence, Special File, film 7, section 7 (BGC-S (7, 7)), in the Niels Bohr Archive, Copenhagen. また，その手紙は次に収録されている："Instituttet for teoretisk Fysik" in *Aarbog for Københavns Universitet, Kommunitetet og Den polytekniske Læreanstalt indeholdende Meddelelser for de akademiske Aar 1915–1920 — III. Del: Universitetets videnskabelige Institutter* [*Copenhagen University Yearbook, 1915–1920, III*] (Copenhagen: Copenhagen University, 1923), pp. 316–329, on pp. 316–318. その手紙の全文が次書に英訳されている：Peter Robertson, *The Early Years: The Niels Bohr Institute 1921–1930* (Copenhagen: Akademisk Forlag, 1979), pp. 20–22, 引用部分は p. 21 にある.

(2) Niels Bohr, "Speech at the Dedication of the Institute for Theoretical Physics (3 March 1921)" in *Niels Bohr Collected Works,* Vol. 3, Léon Rosenfeld (gen. ed.): *The Correspondence Principle (1918–1923),* J. Rud Nielsen (ed.) (Amsterdam, etc.: North-Holland Publishing Company, 1976), pp. 248–293 (Danish original), 293–301 (English translation).

(3) "Instituttet" (注 1). Bohr の念入りな申請書の例として，特に，Bohr が Carlsberg Foundation 宛に出した 1919 年 10 月 31 日付けの，手書きの分光器の申請書を参照されたい．この保管先は Carlsberg Foundation Archive, Copenhagen である．引用部分は現在の理事長が書いたこの財団の歴史から取った：Kristof Glamann, *Carlsbergfondet* (Copenhagen: Rhodos, 1976), p. 21.

(4) Robertson, *Early Years* (注 1), pp. 20ff.; "Instituttet" (注 1), pp. 318–329. the Niels Bohr Archive, Copenhagen に保管されている研究所の手書きの "Budget Books" (会計簿) には，私的な財源からもたらされた収入とその使い道に関する有益な情報が含まれており，研究所の財政への便利な道案内になってくれる．カールスベリ財団からの援助の増加については次を参照されたい：*Carlsbergfondets Understøttelser 1876–1936* (Copenhagen: Bianco Luno, 1937), p. 68. B. R. Mitchell, *European Historical Statistics 1705–1975* (Second Revised Edition) (New York: Facts on File, 1981) にはデンマークの「卸売物価指数」と「消費者物価指数」のデータがそれぞれ p. 774 と p. 781 に掲げられている．引用した増加は前者の表から取ったものである．

(5) Rutherford から Bohr 宛，1918 年 11 月 17 日付け，1919 年 1 月 11 日付け，in the Bohr Scientific Correspondence, film 6, section 3 (BSC (6, 3))；このコレクションは the Niels Bohr Archive, Copenhagen, に保管されている．ここには書簡を時間順に並べたリストがあり，たいへん役に立つ．BSC のマイクロフィルム複写は the Niels Bohr Library of the American Institute of Physics in College Park, MD 他に保管さ

れている．Planck から Bohr 宛，1920 年 10 月 23 日付け，BSC (5, 5)．ベルリンにおける Einstein の地位については次を参照されたい：Abraham Pais, *"Subtle Is the Lord ...": The Science and Life of Albert Einstein* (New York and Oxford: Clarendon Press and Oxford University Press, 1982), pp. 239-240〔邦訳：アブラハム・パイス（金子務，太田忠之，西島和彦，岡村浩，中澤宣也訳）『神は老獪にして…アインシュタインの人と学問』(産業図書，1987)〕．自分が受けたいろいろな申し出に対する Bohr の反応については次の手紙の，彼の手書きの下書きを見られたい：Rutherford 宛，1918 年 12 月 15 日付け，と Planck 宛，日付記入なし（ただし 1920 年 10 月 23 日と 10 月 30 日の間），BSC (6, 3), (5, 5)．Bohr は原子構造の研究と原子から放出される輻射の研究における貢献に対してノーベル賞を受賞した：*Nobel Lectures, Including Presentation Speeches and Laureates' Biographies: Physics, 1922-1941* (Amsterdam, London, New York: Elsevier Publishing Company, 1965)〔邦訳：ノーベル財団（中村誠太郎，小沼通二編）『ノーベル賞講演物理学（3，4，5 巻）』(講談社，1978)〕; 彼のノーベル賞講演 "The Structure of the Atom" in *ibid.*, pp. 7-43 も見られたい．これは元のデンマーク語と英語訳が次に掲載されている：*Niels Bohr Collected Works,* Vol. 3 (注 2), pp. 427-465, 467-482.

(6)　Robertson, *Early Years* (注 1), pp. 76ff. Jeans から Bohr 宛，1923 年 7 月 17 日付け，BSC (12, 3), Rutherford から Bohr 宛，1923 年 7 月 19 日付け，BSC (15, 3) (注 5)；この二通の手紙の写真複写は次の所に保管されている："Royal Society Professorship 1923" in the Bohr General Correspondence (BGC) in the Niels Bohr Archive, Copenhagen. またタイプ打ちコピーが Henriques and Hjelmslev から the Carlsberg Foundation 宛，1923 年 9 月 3 日付けの手紙に同封されて Carlsberg Foundation Archive, Copenhagen に保管されている．為替レートは次から取った：*Banking and Monetary Statistics, 1914-1941* (Washington, D. C.: The Board of Governors of the Federal Reserve System, 1976), p. 681.

(7)　Jeans から Bohr 宛，1923 年 7 月 17 日付け (注 6)；Rutherford から Bohr 宛，1923 年 7 月 19 日付け，BSC (12, 3) (注 5).

(8)　手書き下書き，Bohr から Jeans 宛，1923 年 8 月 3 日付け，BSC (12, 3) (注 5)，同じく手書き下書き，Bohr から Rutherford 宛，1923 年 8 月 3 日付け，BSC (15, 3); Rutherford から Bohr 宛，1923 年 8 月 14 日付け；手書き下書き，Bohr から Jeans 宛，1923 年 8 月 22 日付け，BSC (12, 3)，同じく手書き下書き，Bohr から Rutherford 宛，1923 年 8 月 22 日付け，BSC (15, 3); Jeans から Bohr 宛，1923 年 8 月 29 日付け，BSC (12, 3), Rutherford から Bohr 宛，1923 年 8 月 30 日付け，BSC (15, 3); カーボン・コピー，Bohr から Jeans 宛，1923 年 9 月 9 日付け，BSC (12, 3). これらの手紙すべての写真複写が次に保管されている："Royal Society Professorship," BGC (注 6).

(9)　Henriques and Hjelmslev については次を参照されたい：Glamann, *Carlsbergfondet* (注 3), pp. 174, 178．引用は Henriques と Hjelmslev から the Carlsberg Foundation 宛，1923 年 9 月 3 日付けの手紙から取った (注 6)．Bohr の給料の増額は次に報じられ

ている：Carlsberg Foundation から Bohr 宛，1924 年 3 月 30 日付け，“Carlsberg Foundation” in BGC-S (1, 1) (注 1)；また次の中の記述参照 *Oversigt over Det Kongelige Danske Videnskabernes Selskabs Forhandlinger Juni 1924–Maj 1925* (Copenhagen: Andr. Fre. Høst & Søn, 1925), p. 119. 為替レートは次から取った：Banking (注 6), p. 669.

(10) 当局の不同意は次の手紙に報じられている：Konsistorium [University Governing Board] から Bohr 宛，1923 年 7 月 17 日付け，“University Board of Directors” BGC-S (8, 2) (注 1). pp. 21-24 への注に関連する Bohr から Kramers への教育の仕事の移管については次を参照されたい：“Dr. phil. H. A. Kramers Ansættelse som Lektor i teoretisk Fysik” in *Copenhagen University Yearbook* (注 1), *1923–1924* (1924), pp. 32-34. Werner の任命は次に報じられている：“Institutet for teoretisk Fysik. Oprettelse af en ny videnskabelig assistentstilling” in *ibid. 1923–1924,* pp. 126-127.

(11) R. B. Owens から Bohr 宛，2 月 6 日付け，引用はこれより；カーボン・コピー Bohr から Owens 宛，1924 年 3 月 17 日付け，BSC (14, 2) (注 5). 写真版コピーは次に保管されている：“Royal Society Professorship,” BGC (注 6).

(12) この，政府と私的財団の間の資金援助の分担の件は研究所の資金援助に関する豊富な資料から明らかである．特に次の数巻を参照されたい：the *Copenhagen University Yearbook* (注 1).

(13) Rose については次を参照されたい：George W. Gray, *Education on an International Scale: A History of the International Education Board, 1923–38* (New York: Harcourt Brace and Company, 1941), pp. vi, 4-6. この本は 1978 年に次により復刊されている：Greenwood Press Publishers in Westport, Connecticut. General Education Board については次を参照されたい：Raymond B. Fosdick (これは故 Henry F. Pringle と Katharine Douglas Pringle による未完の原稿に基づくものである), *Adventure in Giving: The Story of the General Education Board, A Foundation Established by John D. Rockefeller* (New York: Harper & Row, 1962). Rose および Rockefeller 社会貢献事業の両者についての完璧を期した説明として次がある：Robert E. Kohler, *Partners in Science: Foundations and Natural Scientists 1900–1945* (Chicago: University of Chicago Press, 1991).

(14) Gray, *Education* (注 13), pp. 7-11 (引用は p. 10 から), 16-23, 22. NRC 特別奨学金については次を参照されたい：Daniel J. Kevles, *The Physicists: The History of a Scientific Community in Modern America* (New York: Alfred A. Knopf, 1978), pp. 149-150; Nathan Reingold, “The Case of the Disappearing Laboratory” in *American Quarterly 29* (1977), 77-101, pp. 96-98. NRC と Rockefeller 財団の指導部の密接な関係については次に指摘されている：Robert H. Kargon, *The Rise of Robert Millikan: Portrait of a Life in American Science* (Ithaca and London: Cornell University Press, 1982), p. 105.

(15) Gray, *Education* (注 13), pp. 23-25. 引用は p. vii から取ったがパリ支部については p. 19 に記されている．支援の非公式な詳細については次の記録を参照されたい：“Rockefeller Foundation Agenda for Special Meeting, Apr. 11, 1933,” Rockefeller Foundation Archives, Record Group 3, Series 900, Box 22, Folder 169 (RF RG 3, 900, 22, 169), Rockefeller Archive Center (RAC), Pocantico Hills, New York.

(16)　Fosdick, *Adventure*（注 13），引用は p. vii から取った．IEB が幅広い援助に重きを置いたことについては次を参照されたい：Robert E. Kohler, “A Policy for the Advancement of Science: The Rockefeller Foundation, 1924–29” in *Minerva 16*（1978），480–515, p. 489.

(17)　Bohr は IEB への援助の申請の中で研究所の拡張について論じたが，その元の形は 1923 年 6 月 27 日付けの文書で以下にファイルされている：“Denmark 3: Institute for Theoretical Physics, 1923–1927,” International Education Board archives, Series 1, Subseries 2, Box 28, Folder 403（IEB 1, 2, 28, 403），RAC（注 15）．IEB による研究所への最初の支援の前史についても以下に記述がある：Robertson, *Early Years*（注 1），pp. 90–92．物価の状況については次を参照されたい：Mitchell, *Statistics*（注 4），pp. 774, 781.

(18)　デンマークの有力な友人たちからの助力の模様は以下の手紙から見て取ることができる：Lundsgaard から Bohr 宛，1923 年 3 月 18 日付け（この日付は正しくない，おそらく正しい日付は 1923 年 4 月 18 日である），Berlème から Bohr 宛，1923 年 5 月 8 日付け，Bohr から Lundsgaard 宛，1923 年 6 月 27 日付け，“Rockefeller Foundation,” BGC-S（5, 1）（注 1），また，ここには Bohr が Lundsgaard に提出した申請の下書きのコピーと IEB に提出した申請の最終版の下書きのコピーもあり，いずれも 1923 年 6 月 27 日付けである．Rockefeller Institute と Flexner については Fosdick, *Adventure*（注 13），pp. ix, 8, と pp. 238–239 をそれぞれ参照されたい．

(19)　Bohr は米国への旅の目的を Rose 宛，1923 年 11 月 21 日付けの手紙に記している：“Rockefeller Foundation,” BGC-S（5. 1）（注 1）. Gray, *Education*（注 13）の p. 25 と pp. 11–13 はそれぞれ，一研究所に出された最初の援助を示し，また Rose のヨーロッパへの旅の様子を記している．

(20)　研究所の拡張全般，また特に土地獲得と維持の費用については次に記述がある：“Institutet for teoretisk Fysik. Institutets Udvidelse” in *Copenhagen University Yearbook, 1923–1924*（注 10），pp. 127–131; 新設の助手職については次を参照：“Latrere og andre videnskabelige Tjenestemænd samt Censorer. Afgang og Udnævnelser m. v. Det matematisk-naturvidenskabelige Fakultet” in *ibid. 1924–1925*（1925），pp. 10–11, on p. 11，また Robertson, *Early Years*（注 1）pp. 93–95.

(21)　デンマークの物価の推移については次に記されている：Mitchell, *Statistics*（注 4），pp. 774, 781．Bohr が Carlsberg 財団に出した 1925 年 1 月 7 日付けの申請はそのカーボン・コピーと共に the Carlsberg Foundation Archive, Copenhagen の “Carlsberg Foundation,” BGC-S（1, 1）にある；財団の 1925 年 1 月 7 日付けの承諾の返事も同所にある，また研究所の Budget Books（会計簿，注 4）も参照．初めの IEB 援助資金の増額の困難については次に記されている：Bohr から Rose 宛，1923 年 11 月 29 日付けおよび Rose から Bohr 宛，1923 年 12 月 17 日付け，それぞれ IEB 1, 2, 28, 403（注 17）および “Rockefeller Foundation,” BGC-S（5, 1）（注 1）に保管．IEB からの二回目の援助については次を参照：Augustus Trowbridge から Bohr 宛，1925 年 9 月 25 日付け，Bohr から Trowbridge 宛，1925 年 11 月 6 日付け，IEB 1, 2, 28, 403

(注 17), このうち後者だけが次に保管されている："Rockefeller Foundation," BGC-S (5, 3) (注 1). Bohr の 1926 年 11 月 12 日付けの Carlsberg Foundation への二度目の働きかけは，そのカーボン・コピーと共に次に保管されている："Carlsberg Foundation," BGC-S (1, 1) (注 1)；また 1926 年 12 月 9 日付けの承諾の返事も同所にある．以上の経緯および拡張の完了については次に記されている：Robertson, *Early Years*, p. 107.

(22) Bohr が科学の国際協力に対する信念を表明した機会のうち初期のものとして Ørsted Medal を受賞した際のスピーチがある：Niels Bohr, "Grundlaget for den moderne Atomforskning" in *Fysisk Tidsskrift 23* (1925), 10–17. これは次に再録および英語訳（"The Foundations of Modern Atomic Research"）がある：*Niels Bohr Collected Works,* Vol. 5, Erik Rüdinger (gen. ed.): *The Emergence of Quantum Mechanics (Mainly 1924–1926)*, Klaus Stolzenburg (ed.) (Amsterdam, New York, Oxford, Tokyo: North-Holland Physics Publishing, 1984), pp. 125–135, 136–142, 特に p. 141. 引用は次から取った：*Rask-Ørsted Fondet: Beretning for 1919–20, 1;* この財団の活動の年次報告を集めたものが the Carlsberg Foundation Archive, Copenhagen に保管されている．この財団の支援を受けた訪問研究者については研究所の Budget Books（会計簿，注 4）を参照. Rask-Ørsted Foundation の非公式国際会議への支援に関する情報は Hilde Levi から私宛，1989 年 1 月 21 日付けの手紙で懇切に教えていただいた.

(23) 研究所を訪れた研究者の総数は次から取った："Visitors from abroad who for longer periods have worked at the Institute for Theoretical Physics, University of Copenhagen 1918–1948" (各出身国別にまとめられている). これは 1950 年頃申請に使うために作られたもので，次に保管されている：the Niels Bohr Archive, Copenhagen. このリストの写しが次に保管されている：the J. Robert Oppenheimer Papers, container 21, Library of Congress, Washington, D. C.，訪問研究者に関するさらに詳しい情報は研究所の "Guest Book" (来所帳) にあり，これは次の一環としてマイクロフィルム化されている：the Archive for the History of Quantum Physics (AHQP), film 35, section 2. The AHQP の保管先は以下の通り：the American Philosophical Society, Philadelphia, the Niels Bohr Archive, Copenhagen, the Niels Bohr Library of the American Institute of Physics in College Park, MD, その他. マイクロフィルム・コピーの中で一部読めないところは the Niels Bohr Archive にある元の Guest Book に照らし合わせてチェックが可能である．the AHQP に関する，少し時代遅れだが役に立つ情報が次に記されている：Thomas S. Kuhn, John L. Heilbron, Paul Forman, and Lini Allen, *Sources for the History of Quantum Physics: An Inventory and Report* (Philadelphia: The American Philosophical Society, 1967). Rockefeller Foundation の支援を受けた訪問研究者は次で調べることができる：*The Rockefeller Foundation: Directory of Fellowships and Scholarships 1917–1970* (New York: Rockefeller Foundation, 1972), pp. 133, 153, 117, 107. Gamow のコペンハーゲンへの滞在はこの資料に記載されていないが，これは誤りである．また，次も参照：Robertson, *Early Years* (注 1), pp. 156–159.

(24)　Gray, *Education* (注 13), pp. 25-30, 37-44.

(25)　1920 年代初期の研究所における実験的研究についての簡明な概説が次にある：Robertson, *Early Years* (注 1), pp. 41-49. 1918 年から 1959 年までの期間に研究所で行なわれた仕事についての測り知れないほど貴重な資料として，この期間に研究所から出された論文等を収集して製本した次の諸巻があり，これは the Niels Bohr Archive, Copenhagen に保管されている：*Universitetets Institut for teoretisk Fysik: Afhandlinge.* ハフニウムの発見については次に記されている：Helge Kragh, "Anatomy of a Priority Conflict: The Case of Element 72" in *Centaurus 23* (1980), 275-301. Bohr はその発見のニュースを次で明かしている：Bohr, "Structure" (注 5), p. 42.

(26)　量子論の理論的な発展について述べた名著として次がある：Max Jammer, *The Conceptual Development of Quantum Mechanics* (New York, etc.: McGraw-Hill, 1966)〔邦訳：ヤンマー（小出昭一郎訳）『量子力学史　1，2』(東京図書，1974)〕；第 2 章に付け加えた参考文献も参照されたい．研究所が果たした役割についてはいろいろなところで論じられている．たとえば次を参照されたい：Robertson, *Early Years* (注 1), これには pp. 139-148 で地固めの時期についても述べられている．

(27)　引用は同上書の p. 97 から取った．Krogh の最も完璧な伝記として次がある：P. Brandt Rehberg, "August Krogh, 15.11.1874-15.11.1974" in *Dansk medicinhistorisk Aarbog 1974,* pp. 7-28, 英語の要約が pp. 27-28 にある．また次も参照されたい：R. Spärck, "August Krogh 15. November 1874-3. September 1949" in *Videnskabelige Meddelelser fra Dansk naturhistorisk Forening 3* (1949), V-XXX. Krogh の生涯と仕事についての英語の評伝として次がある：E. Snorrason, "Krogh, Schack August Steenberg" in Charles Gillispie (gen. ed.), *Dictionary of Scientific Biography* [15 volumes] (New York: Charles Scribner's Sons, 1970-1978), *VII* [1973], pp. 501-504. Krogh の息女で生理学者の Bodil Schmidt-Nielsen は現在自分の父親と母親の伝記を書くことに取り組んでいる．母親の Marie Krogh も名高い生理学者であった．歴史的事実の点では不充分ではあるが，August Krogh, "Visual Thinking: an Autobiographical Note" in *Organon 2* (1938), 87-94 は Krogh の学問の流儀が窺えて面白い．研究機関の側から見た Krogh の仕事については次を参照されたい：C. Barker Jørgensen, "Dyrefysiologi og gymnastikteori" in *Københavns Universitet 1479-1979* [14 volumes], *bind XIII: Det matematisk-naturvidenskabelige Fakultet, 2. del* (Copenhagen: G. E. C. Gads Forlag, 1979), pp. 447-488. Krogh の Silliman Lectures は次の形で活字になっている：August Krogh, *The Anatomy and Physiology of Capillaries* (New Haven: Yale University Press, 1922). BSC (注 5) には Krogh 宛の手紙も彼から来た手紙も含まれていない．そういう手紙が 4 通だけ，いずれもいかにも儀礼的な手紙であるが the August and Marie Krogh Archive にある．それは the Royal Library of Copenhagen に保管されているが，ここには Krogh の学問関連の往復書簡の大部分が含まれている．1981 年の初夏に私が Bar Harbor, Maine で行なったインタビューで Bodil Schmidt-Nielsen は Bohr と自分の父親とは親密な間柄だったと憶えている，と語った．しかし Bohr が自分たちの家に来たことは思い出せなかった．その家は誰であろうと大いに歓待した家だった

のであるが．ここで Dr. Schmidt-Nielsen に，Maine の彼女の家で歓待していただいたこと，また the Krogh Archive を見る許可をいただいたことにお礼を申し上げたい．

(28) 元々の申請は次の手紙で行なわれた：Krogh から Vincent 宛，1923 年 4 月 16 日付け，"Denmark 4: Krogh Institute of Physiology 1923–1925," IEB 1, 2, 28, 404（注 17）．The Krogh Archive（注 27）には Krogh から Pearce 宛の 8 通の手紙の下書きと Pearce から Krogh 宛の 8 通の手紙がある．これらはいずれも 1923 年 4 月 17 日から 1925 年 1 月 19 日までの間に書かれたものである．Rockefeller 財団の医学部門の創立については次を参照されたい：Fosdick, *Adventure*（注 13), p. 105. コペンハーゲン生理学の支援をめぐる Pearce の計画については，彼から Rose 宛，1924 年 3 月 2 日付けの手紙のタイプ打ちの抜書きを参照されたい，IEB 1, 2, 28, 404．この計画の完結については次に記されている："Opførelse og Indretning af en ny Laboratoriebygning m. v. til de fysiologiske Videnskaber for Midler skænkede af 'The Rockefeller Foundation' og 'International Education Board', New York" in *Copenhagen University Yearbook*（注 1), *1927–1928* (1929), pp. 150–168.

(29) Brønsted の経歴については次に簡単な記述がある："Det fysisk-kemiske Institut" in *ibid., 1931–1932* (1932), pp. 189–199, on p. 189; もっと詳しい記述は次にある：J. A. Christiansen, "Julius Petersen, Einar Biilmann og J. N. Brønsted" in *Kemien i Danmark, III: Danske Kemikere*［En forelæsningsrække ved Folkeuniversitetet, København 1964〕(Copenhagen: Nyt Nordisk Forlag, 1968), pp. 69–94, on pp. 85–94. Brønsted の最初の問い合わせの証拠として次がある：a sheet from the Augustus Trowbridge Diary 25 Sep 1925, "Denmark 6: University of Copenhagen, Laboratory of Physical Chemistry 1925–32," IEB 1, 2, 28, 406（注 17）．Brønsted と Trowbridge の間に交わされた初期の往復書簡を私はまだ見つけられずにいるが，これがその紙片の余白に列挙されている．the Trowbridge Diary 一式の中で，1925 年 9 月 24–27 日にわたるコペンハーゲンへの訪問はダブル・スペースのタイプ書きで 13 ページを占めているが，その所在は次の通り：Record Group 12, RAC（注 15）．Brønsted は自分の要望を次の手紙で Bohr に伝えた：1927 年 1 月 14 日付け，"Rockefeller Foundation," BGC-S (5, 5)（注 1)；また次の手紙も参照されたい：Rose より Trowbridge 宛，1927 年 3 月 14 日付け，IEB 1, 2, 28, 406（注 29）．Bohr の返事は次の手紙：1927 年 2 月 4 日付け，"Rockefeller Foundation," BGC-S (5, 5).

(30) Trowbridge の任命と以前の経歴については次を参照されたい：Gray, *Education*（注 13), p. 19．さらに詳しく述べたものとして次がある：Kohler, *Managers*（注 13)．Rose がリストの要求をした手紙は次：Trowbridge 宛，1927 年 3 月 3 日付け，IEB 1, 2, 28, 406（注 29). Trowbridge の長い返事は the Trowbridge Diary（注 29）の中で 1927 年 4 月 6 日付けとなっている．

(31) 前の手紙と同じく，Trowbridge の Rose 宛の再伸の手紙の日付も 1927 年 4 月 6 日となっている：IEB 1, 2, 28, 406（注 29）．Rose が行なった Flexner とのインタビューについての情報は次から取った："(Excerpt from Record of Doctor Rose's Interviews)"［paginated 326–327］, *ibid.* the IEB の審議中最も重要視された問題につ

いては，たとえば次を参照されたい：Rose から Trowbridge 宛，1927 年 3 月 14 日付け，*ibid*, また Charles E. Mendenhall から Trowbridge 宛の手紙で，Trowbridge から Rose 宛，1927 年 4 月 6 日付けに引用されているもの．Brønsted の研究所の創立については次に述べられている："Det fysisk-kemiske Institut"（注 29), p. 197.

(32)　"Det matematiske Institut. Institutets Oprettelse" in *Copenhagen University Yearbook*（注 1), *1933–1934*（1935), pp. 221–229.

(33)　*Ibid.*, pp. 226–227. この二人の兄弟の深いつながりについては次を参照されたい：[David Jens Adler,] "Childhood and Youth" in Stefan Rozental (ed.), *Niels Bohr: His Life and Work as Seen by His Friends and Colleagues* (Amsterdam: North-Holland Publishing Company, 1968), pp. 11–37, on pp. 23–31; Richard Courant, "Fifty Years of Friendship" in *ibid.*, pp. 301–309; and Stefan Rozental, "The Forties and the Fifties" in *ibid.*, pp. 149–190, on p. 151.

(34)　Bohr から Carsberg Foundation 宛，1933 年 4 月 15 日付け，Carlsberg Foundation Archive, Copenhagen; carbon copy in "Carlsberg Foundation," BGC-S (1, 2)（注 1).

(35)　デンマークの物価の推移については次を参照：Mitchell, *Statistics*（注 4), pp. 774, 781. 1920 年代中頃以後の支援の沈滞については次を参照されたい：研究所の Budget Books（会計簿　注 4）と Robertson, *Early Years*（注 1), p. 94.

(36)　訪問研究者の数は次から取った："Visitors"（注 23)；また出版物の数は次から取った：*Afhandlinger*（注 25).

第 2 章

(1)　コペンハーゲン解釈が広く容認されたことについては次を参照されたい：Max Jammer, *The Philosophy of Quantum Mechanics: The Interpretation of Quantum Mechanics in Historical Perspective* (New York, etc.: John Wiley & Sons, 1974)〔邦訳：マックス・ヤンマー（井上健訳）『量子力学の哲学　上，下』（紀伊國屋書店，1983)〕，特に pp. 247–251.

(2)　奇跡の年に関する一般向けの文献としては次を参照されたい：Daniel J. Kevles, "Towards the *Annus Mirabilis* : Nuclear Physics Before 1932" in *The Physics Teacher 10* (1972) 175–181; Charles Weiner, "1932 — Moving into the New Physics" in *Physics Today 25* (May 1972), 40–49; Roger H. Stuewer (ed.), *Nuclear Physics in Retrospect: Proceedings of a Symposium on the 1930s* (Minneapolis: University of Minnesota Press, 1979).

(3)　Bohr のマンチェスターでの仕事については次を参照されたい：J. L. Heilbron and Thomas S. Kuhn, "The Genesis of the Bohr Atom" in *Historical Studies in the Physical Sciences 1* (1969), 211–290. Bohr の初期のベータ崩壊の説明については次を参照：Abraham Pais, *Inward Bound: Of Matter and Forces in the Physical World* (Oxford and New York: Clarendon Press and Oxford University Press, 1986), pp. 223–224.

(4)　Bohr の周期律表の量子物理学的説明については次を参照されたい：Helge Kragh,

"Niels Bohr's Second Atomic Theory" in *Historical Studies in the Physical Sciences 10* (1979), 123-186．量子力学の形成は大いに歴史家の注目を集めている；古典と言うべき解説として次がある：Max Jammer, *The Conceptual Development of Quantum Mechanics* (New York, etc.: McGraw-Hill, 1966)〔邦訳：既出〕；もっと新しいものとして次がある：John Hendry, *The Creation of Quantum Mechanics and the Bohr-Pauli Dialogue* (Dordrecht, Boston, Lancaster: D. Reidel Publishing Company, 1984)．いまだに進行中の壮大な企画として次がある：Jagdish Mehra and Helmut Rechenberg, *The Historical Development of Quantum Theory*．このシリーズのうち既刊書は以下の通り：*Volume 1* は二部に分かれ別の表紙を付けて刊行されている，*The Quantum Theory of Planck, Einstein, Bohr and Sommerfeld: Its Foundations and the Rise of Its Difficulties 1900-1925, Part 1 and Part 2.* これに続いて：*Volume 2, The Discovery of Quantum Mechanics 1925: Volume 3, The Formulation of Matrix Mechanics and Its Modifications 1925-1926; Volume 4, Part 1, The Fundamental Equations of Quantum Mechanics 1925-1926; Volume 4, Part 2. The Reception of the New Quantum Mechanics 1925-1926; Volume 5, Erwin Schrödinger and the Rise of Wave Mechanics — Part 1, Schrödinger in Vienna and Zurich, 1887-1925, Part 2, The Creation of Wave Mechanics: Early Response and Applications, 1925-1926* (New York, Heidelberg, Berlin: Springer-Verlag, Volumes 1-4 1982, Volume 5 1987)．未公刊の資料で見られるものがたくさんあるが，この仕事ではそれらがほとんど考慮されていない．

（5） たとえば次を参照：John Hendry, "The History of Complementarity: Niels Bohr and the Problem of Visualization" in *Rivista di storia della scienza 2* (1984), 392-407, ただしこれには参考文献がついていない．参考文献付きの解説としては次を参照：Hendry, *Creation*（脚注 4），pp. 111-128, 161-165．また次も参照：David C. Cassidy, *Uncertainty. The Life and Science of Werner Heisenberg* (New York: W. H. Freeman and Company, 1992)．

（6） The microfilmed Bohr Scientific Manuscripts (MSS) —— in the Niels Bohr Archive, Copenhagen, the Niels Bohr Library of the American Institute of Physics in College Park, MD, and other places —— には 193 ページに及ぶコモ講演のための準備稿が含まれている；film 11, section 4 (MSS (11, 4)) 参照．コモ講演自体は次の形で刊行されている："The Quantum Postulate and the Recent Development of Atomic Theory" in *Atti del Congresso Internazionale dei Fisici 11-20 Settembre 1927, vol. 2* (Bologna: Nicola Zanichelli, 1928), pp. 565-588, また，これは大いに手を加えて次に再刊された：*Nature* (Supplement) (14 Apr 1928), 580-590, さらにこれに少し手を加えて出版したものが次である：*idem., Atomic Theory and the Description of Nature* (Cambridge, England: Cambridge University Press, 1934), pp. 52-91〔邦訳：ニールス・ボーア（井上健訳）『原子理論と自然記述』（みすず書房，1970）〕; この選集は最近次の形で復刊された：*The Philosophical Writings of Niels Bohr. Volume 1: Atomic Theory and the Description of Nature* (Woodbridge, Connecticut: Ox Bow Press, 1987)．このシリーズの続きの諸巻も同年に同出版社から次のように刊行された：*The Philosophical Writings of Niels Bohr. Volume 2: Essays 1933-1957 on Atomic Physics and Human Knowledge*；*Volume 3: Essays 1958-*

1962 on Atomic Physics and Human Knowledge〔邦訳：同上〕. Como Lectureの最初の2版が次の中に再録されている：*Niels Bohr Collected Works,* Vol. 6, Erik Rudinger (gen. ed.): *Foundations of Quantum Physics I (1926–1932)*, Jørgen Kalckar (ed.) (Amsterdam, New York, Oxford, Tokyo: North-Holland, 1985), pp. 113–136, 148–590.

（7） 引用は次より：Bohr, “Quantum Postulate” (*Nature* version) (注6), p. 590.

（8） *Ibid.* Bohrは数篇の著作で相補性論の補足説明を行なった．これについては注6に述べた彼の哲学的著作集の最近の再刊を参照されたい．Bohrの哲学的見解についての簡明な解説として次がある：Aage Petersen, “The Philosophy of Niels Bohr” in *Bulletin of the Atomic Scientists 19* (Sep 1963), 8–14. さらに充実した，またもっと新しい解説としては次を挙げる：Henry J. Folse, *The Philosophy of Niels Bohr: The Framework of Complementarity* (Amsterdam, Oxford, New York, Tokyo: North-Holland, 1985). 相補性論を物理学を越えて拡張しようとするBohrの意欲に言及したものとして次がある：Loren R. Graham, *Between Science and Values* (New York: Columbia University Press, 1981), pp. 46–62. ここではBohrは「領土拡張主義者（expansionist）」と位置づけられている．

（9） David C. Cassidy, “Cosmic Ray Showers, High Energy Physics, and Quantum Field Theories: Programmatic Interactions in *the 1930s*” in *Historical Studies in the Physical Sciences 12* (1981), 1–39.

（10） P. A. M. Dirac, “The Quantum Theory of the Electron” in *Proceedings of the Royal Society of London A117* (1 Feb 1928), 610–624. Dirac方程式の起源と初期の展開については次に述べられている：Helge Kragh, “The Genesis of Dirac’s Relativistic Theory of Electrons” in *Archive for History of Exact Sciences 24* (1981), 31–67; また Donal Franklin Moyer, “Origins of Dirac’s electron, 1925–1928” in *American Journal of Physics 49* (Oct 1981), 944–949; *idem.*, “Evaluations of Dirac’s electron, 1928–1932” in *ibid.* (Nov 1981), 1055–1062; *idem.*, “Vindications of Dirac’s Electron, 1932–1934” in *ibid.* (Dec 1981), 1120–1125. また次も参照されたい：Pais, *Inward Bound* (注3), pp. 286–292.

（11） その新解釈は次の文献で提出された：P. A. M. Dirac, “A Theory of Electrons and Protons” in *Proceedings of the Royal Society of London A126* (1 Jan 1930), 360–365; 論文の受理の日付は1929年12月6日である．この件に関するDirac自身の回想は次に見られる：*idem.*, “Recollections of an Exciting Era” in Charles Weiner (ed.), *History of Twentieth Century Physics* [*Proceedings of the International School of Physics “Enrico Fermi, “Course LVII, Varenna on Lake Como, Villa Monastero, 31st July – 12th August 1972*] (New York and London. Academic Press, 1977), pp. 109–146, on pp. 141–145. Diracは空孔理論の特別明快な説明をBohr宛，1929年11月26日付けの手紙で述べている．この手紙はthe Bohr Scientific Correspondenceに含まれており，いろいろな原資料と共にthe Niels Bohr Archive in Copenhagenに収められている．BSCのマイクロフィルム・コピーも次所に置かれている：the Niels Bohr Library of the American Institute of Physics in College Park, MD, and other places. Diracの手紙のマイクロフィルムが収められているのは次所である：film 9, section 4 (BSC (9, 4)). 引用は次の講演の要

約から取った：P. A. M. Dirac's lecture, "The Proton," given Monday 8 Sep 1930, as reproduced in *British Association for the Advancement of Science, Report of the Ninety-Eighth Meeting: Bristol –1930, September 3–10* (London: Office for the British Association, 1931), p. 303. 次を参照：Pais, *Inward Bound*（注 3）, pp. 346–351.

(12)　P. A. M. Dirac, "The Quantum Theory of Emission and Absorption of Radiation" in *Proceedings of the Royal Society of London A114*（1 Mar 1917）, 243–265, reprinted in Julian Schwinger (ed.), *Selected Papers on Quantum Electrodynamics*（New York: Dover, 1958）, pp. 1–23; この論文は次の文献で論じられている：Joan Bromberg, "Dirac's Quantum Electrodynamics and the Wave-Particle Equivalence" in Weiner (ed.), *History*（注 11）, pp. 147–157. W. Heisenberg and W. Pauli, "Zur Quantendynamik der Wellenfelder" in *Zeitschrift für Physik 56*（8 Jul 1929）, 1–61; *idem.*, "Zur Quantentheorie der Wellenfelder. II" in *ibid.* 59（2 Jan 1930）, 168–190. Dirac および Heisenberg と Pauli の仕事の歴史的な背景については次を参照：Steven Weinberg, "The Search for Unity: Notes for a History of Quantum Field Theory" in *Daedalus 106*（1977）, 17–35, pp. 22–23, またさらに専門的な解説が次の文献にある：Pais, *Inward Bound*（注 3）, pp. 334–346.

(13)　Heisenberg は自分の悲観ぶりを次の手紙に記している：Bohr 宛，1928 年 7 月 23 日付け，BSC（11, 2）（注 11）．Heisenberg のこの後の仕事については次を参照：Joan Bromberg, "The Impact of the Neutron: Bohr and Heisenberg" in *Historical Studies in the Physical Sciences 3*（1971）, 307–341, pp. 323–329. Bohr は Pauli の落ち込みようを次の手紙で報せている：Heisenberg 宛，1931 年 2 月 18 日付け，BSC（20, 2）．非公式国際会議の起源については次を参照：Peter Robertson, *The Early Years: The Niels Bohr Institute 1921–1930*（Copenhagen: Akademisk Forlag, 1979）, pp. 136–137.

(14)　Bohr の「やる気満々の断念（"enthusiastic resignation"）」については次を参照：John L. Heilbron, "The earliest missionaries of the Copenhagen spirit" in *Revue d'histoire des sciences et leurs applications 38*（1985）, 194–230, p. 224.

(15)　二つの独立な発見の論文は次の通り：Ronald W. Gurney and Edward U. Condon, "Wave Mechanics and Radioactive Disintegration" in *Nature 122*（22 Sep 1928）, 439, この論文の日付は 7 月 30 日；および G. Gamow, "Zur Quantentheorie des Atomkernes" in *Zeitschrift für Physik 52*（17 Dec 1928）, 204–212, 論文受理の日付は 1928 年 8 月 2 日．Gamow が続けて行なった同じ論題についての仕事は次の諸論文である：G. Gamow and F. G. Houtermans, "Zur Quantenmechanik des radioaktiven Kerns" in *Zeitschrift für Physik 52*（17 Dec 1928）, 496–509, この論文はゲッチンゲンから出されており，受理の日付は 1928 年 10 月 29 日；G. Gamow, "Zur Quantentheorie der Atomzertrümmerung" in *ibid.*, 510–515, この論文はコペンハーゲンから出されており，受理の日付は 1928 年 11 月 10 日；*idem.*, "The Quantum Theory of Nuclear Disintegration" in *Nature 122*（24 Nov 1928）, 805–806, 論文受理の日付は 1928 年 9 月 29 日；*idem.*, "Bemerkung zur Quantentheorie des Radioaktiven Zerfalls" in *Zeitschrift für Physik 53*（25 Feb 1929）, 601–604, 論文受理の日付は 1929 年 1 月 5 日．次を参照：Roger H. Stuewer, "Gamow's Theory of Alpha-Decay" in Edna Ullmann-Margalit

(ed.), *The Kaleidoscope of Science — The Israel Colloquium: Studies in History, Philosophy, and Sociology of Science, Volume 1* [Robert S. Cohen and Marx W. Wartofsky (eds.), *Boston Studies in the Philosophy of Science, Volume 94*] (Dordrecht, Boston, Lancaster, Tokyo: D. Reidel Publishing Company, 1986), pp. 147-186, これは p. 179 で Gamow の液滴モデルの導入に言及している．Stuewer の次の論文ではこの問題をさらに詳しく論じている："The Origin of the Liquid-Drop Model and the Interpretation of Nuclear Fisson" in *Perspectives on Science 2* (1994), 76-129.

(16)　核内に電子を取り込む必要があるという考えはそれほど広く受け入れられていたわけではない．このことについては次を参照：Bromberg, "Impact" (注 13), p. 308. これは今言った点についての見解をめぐって次の文献を批判している：Edward M. Purcell, "Nuclear Physics without the Neutron; Clues and Contradictions" in *Dixième Congrès international d'histoire des sciences, 1962* [vol. I] (Paris: Hermann, 1964), pp. 121-133, on p. 128. しかし我々の目的にとってはこの細かい区別はあまり重要ではない．

(17)　一般的な解説として次がある：Carsten Jensen, *Controversy and Consensus: Nuclear Beta Decay 1911-1934*, Finn Aaserud, Helge Kragh, Erik Rüdinger and Roger H. Steuwer (eds.) (Basel: Birkhäuser, 2000). また次も参照：Roger H. Stuewer, "The Nuclear Electron Hypothesis" in William R. Shea (ed.), *Otto Hahn and the Rise of Nuclear Physics* (Dordrecht, Boston, Lancaster: D. Reidel Publishing Company, 1983), pp. 19-67, on pp. 19-32; Pais, *Inward Bound* (注 3), p. 307; Purcell, "Nuclear Physics" (注 16), p. 128; Wolfgang Pauli, "Zur älteren und neueren Geschichte des Neutrinos," in *idem., Aufsätze und Vorträge über Physik und Erkenntnistheorie*〔邦訳：W. パウリ（藤田純一訳）『物理と認識』（講談社, 1975）〕, Victor F. Weisskopf (ed.) (Braunschweig: Friedr. Vieweg & Sohn, 1961), pp. 156-180, on pp. 156-158, reprinted in R. Kronig and V. F. Weisskopf (eds.), *Collected Scientific Papers by Wolfgang Pauli in Two Volumes, Vol. 2* (New York, London, Sydney: Interscience, 1964), pp. 1313-1337, on pp. 1313-1315.

(18)　Rudolf Peierls, "Introduction" in, *Niels Bohr Collected Works*, Vol. 9, Erik Rüdinger (gen. ed.): *Nuclear Physics (1929-1952)*, Rudolf Peierls (ed.), (Amsterdam, etc.: North-Holland Physics Publishing, 1985), pp. 3-83, on pp. 4-5.

(19)　Pauli, "Zur älteren und neueren Geschichte" (注 17), pp. 156-157. Pais, *Inward Bound* (注 3), pp. 298-303 には，原子核への電子の組み込みに関連してますます増えてきた問題点が列挙されている．

(20)　G. Gamow, *Constitution of Atomic Nuclei and Radioactivity* (Oxford: Clarendon Press, 1931)，引用部分は p. 2 にあり；*idem., Der Bau des Atomkerns und die Radioaktivität* (Leipzig: S. Hirzel, 1932). Pais, *Inward Bound* (注 3), p. 297, には Gamow の本は理論物理学者による原子核関連の書物の第 1 号だと述べられている．頭蓋骨と X 字型の骨の話については以下を参照されたい：1968 年 4 月 25 日の Charles Weiner による Gamow とのインタビュー，これは the Niels Bohr Library of the American Institute of Physics in New York City に置かれている，また Hendrik Casimir, *Haphazard Reality:*

Half a Century of Science (New York, etc.: Harper & Row, 1983), pp. 117-118.

(21) Heisenberg and Pauli, "Zur Quantendynamik" (注 12), p. 3. Heisenberg より Bohr 宛, 2月26日付けと3月10日付け, Bohr より Heisenberg 宛, 3月18日付け, Heisenberg より Bohr 宛, 9月18日付け, いずれも1930年, 引用は最後の手紙より, BSC (20, 2) (注 11). 次も参照：Bromberg, "Impact" (注 13), p. 323.

(22) この時期の量子物理学のさらに全般的な状況については次を参照：Cassidy, "Showers" (注 9); Peter Galison, "The Discovery of the Muon and the Failed Revolution in Quantum Electrodynamics" in *Centaurus 26* (1983), 262-316, これをさらに発展させたものが次である："Chapter 3: Particles and Theories" in *idem., How Experiments End* (Chicago and London: University of Chicago Press, 1987), pp. 75-133.

(23) エネルギー非保存の提案を最初に公にしたのは次の文献である：Niels Bohr, H. A. Kramers, and J. C. Slater, "The Quantum Theory of Radiation" in *Philosophical Magazine 47* (1924), 758-802; これは次に再録：*Niels Bohr Collected Works,* Vol. 5, Erik Riidinger (gen. ed.): *The Emergence of Quantum Mechanics (Mainly 1924-1926),* Klaus Stolzenburg (ed.) (Amsterdam, New York, Oxford, Tokyo: North-Holland, 1984), pp. 99-118. 次を参照：John Hendry, "Bohr-Kramers-Slater: A Virtual Theory of Virtual Oscillators and Its Role in the History of Quantum Mechanics" in *Centaurus 25* (1981), 189-221. この他に Bohr のエネルギー非保存の先駆をなすものについては次を参照：Pais, *Inward Bound* (注 3), pp. 310-311. *Nature* 用に書かれた原稿は Niels Bohr, "β-ray spectra and energy conservation," これはタイプ打ちの原稿で次所にある：MSS (12, 1) (注6). これは次に再録されている：*Niels Bohr Collected Works,* Vol. 9 (注 18), pp. 85-89. また次を参照：Peierls, "Introduction" (注 18), pp. 5-6.

(24) Bohr より Pauli 宛, 1929年7月1日付け, Pauli より Bohr 宛, 1929年7月17日付け, 引用はこれより；BSC (14, 3) (注 11). この二つの手紙は共に次に再録されている：A. Hermann, K. v. Meyenn, and V. F. Weisskopf (eds.), *Wolfgang Pauli, Scientific Correspondence with Bohr, Einstein, Heisenberg, a. o., Volume I: 1919-1929* (New York, Heidelberg, Berlin: Springer-Verlag, 1979), pp. 507-509, 512-514.

(25) Dirac より Bohr 宛, 1929年11月26日付け, Bohr より Dirac 宛, 1929年12月5日付け；BSC (9, 4) (注 11). この二つの手紙は共に全文が次に再録されている：Moyer, "Evaluations" (注 10), pp. 1057-1058.

(26) Bohr が Cambridge University と Chemical Society of London で行なった講演のタイプ打ちの写しが次に保管されている：MSS (12, 2) (注 6)；また次を参照：*Niels Bohr Collected Works,* Vol. 6 (注 6), p. 317. 後のほうの講演は後に公刊されている：Niels Bohr, "Chemistry and the Quantum Theory of Atomic Constitution" in *Journal of the Chemical Society* (1932), 349-384；また次に再録：*Niels Bohr Collected Works,* Vol. 6, pp. 371-408.

(27) Bohr の Rome conference での講演は次の形で公刊されている：Niels Bohr, "Atomic Stability and Conservation Laws" in *Atti del Convegno di Fisica Nucleare Ottobre 1931* (Rome: Reale Accademia d'Italia, 1932), pp. 119-130; そしてこれは次に収録されてい

る：*Niels Bohr Collected Works,* Vol. 9（注 18）, pp. 99-114.

（28）Heilbron, “Earliest missionaries”（注 14）, p. 204.

（29）Eddington のパンフレットからの引用は次から取った：W. Bennett Lewis, “Early Detectors and Counters” in *Nuclear Instruments and Methods 162*（1979）, 9-14, p. 12; この文献を提供していただいたことに対して the Rochester Institute of Technology, New York の科学史家 Tom Cornell にお礼を申し上げたい．以後，奇跡の年という用語が使われる成り行きについては注 2 に引用した文献を見ていただきたい．

（30）中性子がもたらす衝撃が遅れて現れたことを論じた歴史的研究として次を参照されたい：Bromberg, “Impact”（注 13）また Stuewer, “Nuclear Electron Hypothesis”（注 17）.

（31）Rutherford の元の推測は次にある：Ernest Rutherford, “Nuclear Constitution of Atoms — Bakerian Lecture” in *Proceedings of the Royal Society of London A97*（1920）, 374-400, pp. 396-397; これは次に収録されている：*The Collected Papers of Lord Rutherford: Volume Three, Cambridge*（London: George Allen and Unwin Ltd., 1965）, pp. 14-40, の p. 34．それに続く彼の弟子たちの仕事については次を参照されたい：Purcell, “Nuclear Physics”（注 16）, p. 124; また Lawrence Badash, “Nuclear Physics in Rutherford’s laboratory before the discovery of the neutron” in *American Journal of Physics 51*（1983）, 884-889．中性子の実験的な確立を目指す初期の論文には次がある：J. L. Glasson, “Attempts to Detect the Presence of Neutrons in a Discharge Tube” in *Philosophical Magazine 42*（Oct 1921）, 596-600, 論文の日付は 1921 年 7 月；また J. Keith Roberts, “The Relation Between the Evolution of Heat and the Supply of Energy during the Passage of an Electric Discharge Through Hydrogen” in *Proceedings of the Royal Society of London A102*（2 Oct 1922）, 72-88, 論文受理の日付は 1922 年 6 月 21 日．最終的な実験的発見を報じたのは次の文献である：James Chadwick, “Possible Existence of a Neutron” in *Nature 129*（27 Feb 1932）, 312，論文の日付は 1932 年 2 月 17 日．Chadwick が中性子の起源について述べたのは次の文献である：“Some Personal Notes on the Search for the Neutron” in *Dixième Congrès*（注 16）, pp. 159-162, の p. 162, これは次に再録されている：John Hendry (ed.), *Cambridge Physics in the Thirties*（Bristol: Adam Hilger, Ltd., 1984）, pp. 42-45, の p. 45. ベルリンでの観測を報じたのは次の文献である：W. Bothe and H. Becker, “Künstliche Erregung von Kern-γ-Strahlen” in *Zeitschrift für Physik 66*（3 Dec 1930）, 289-306. パリでの仕事を公刊したのは次の文献である：Irène Curie and Frédéric Joliot, “Emission de protons de grande vitesse par les substances hydrogéneé sous l’influence des rayons très pénétrants” in *Comptes rendus des séances de l’academie des sciences 194*（18 Jan 1932）, 273-275; *idem.*, “Effet d’absorption de rayons de très haute fréquence par projection de noyaux légers” in *ibid. 194*（22 Feb 1932）, 708-711．後の二つの論文は次に再録されている：Frédéric and Irène Joliot-Curie, *Œuvres Scientifiques Complètes*（Paris: Presses Universitaires de France, 1961）, pp. 359-360, 361-363.

（32）Chadwick が Bohr に自分の発見を報せたのは 1932 年 2 月 24 日付けの手紙で，

BSC (18, 1) (注 11) である．引用は次の書簡から取った：Fowler より Bohr 宛，1932 年 3 月 1 日付け，BSC (19, 2). Bohr より Heisenberg 宛，1932 年 3 月 21 日付け，BSC (20, 2); Bohr より Chadwick 宛，1932 年 3 月 25 日付け，BSC (18, 1).

(33)　Chadwick は次の手紙で Copenhagen conference に行けないと思うと知らせた：Bohr 宛，1932 年 3 月 30 日付け，BSC (18, 1) (注 11)．Bohr の講演（引用もここから取った）は "Properties of the Neutron" という題で，そのタイプ打ちの原稿は MSS (13, 2) (注 6) に保管されている．

(34)　引用は次の手紙から取った：Heisenberg より Bohr 宛，1932 年 6 月 20 日付け，BSC (20, 2) (注 11)．例の三部作を成すのは次の諸論文である：Werner Heisenberg, "Über den Bau der Atomkerne. I" in *Zeitschrift für Physik 77* (19 Jul 1932), 1–11; *idem.*, "Über den Bau der Atomkerne. II" in *ibid.* (21 Sep 1932), 156–164; *idem.*, "Über den Bau der Atomkerne. III" in *ibid.* 80 (16 Feb 1933), 587–596, Heisenberg のベータ崩壊に関するコメントはこの中の pp. 595–596 にある．Heisenberg の三部作の仕事の簡単な紹介として次を参照されたい：Laurie M. Brown, "Yukawa's Prediction of the Meson" in *Centaurus 25* (1981), 71–132, pp. 86–91. Laurie M. Brown and Donald F. Moyer, "Lady or Tiger ? — The Meitner-Hupfeld Effect and Heisenberg's Neutron Theory" in *American Journal of Physics 52* (Feb 1984), 130–136, pp. 133–134, において著者らは Heisenberg の手紙の日付を誤って 1930 年 9 月 18 日付けとし，またそれを使って，Heisenberg がどうして 1932 年の諸論文において中性子は複合体だとする立場を取り続けたのかについて誤った論じ方をしている．

(35)　ここで言及した議論は次に述べられている：*British Association for the Advancement of Science: Report of the Annual Meeting 1932 (102 Year), York, August 31 – September 7* (London: Office of the British Association, 1932), pp. 306–308; 引用は p. 308 より．

(36)　引用した二つの手紙は Goudsmit より Bohr 宛，1932 年 11 月 4 日付けと Bohr より Goudsmit 宛，1932 年 12 月 28 日付けで，次所にある：the file "Amerikarejsen 1933" in the Bohr General Correspondence (BGC) in the Niels Bohr Archive, Copenhagen．中性子のもたらす衝撃に的を絞り，中性子の発見から 3 ヶ月以内の Bohr と Heisenberg それぞれの示した反応を述べた重要な研究において，Joan Bromberg は次のような結論を下しているが，私の解釈もこれと同様である，すなわち核内電子の信念が長く続いたために，中性子を基本粒子と見る今日の見解が確立されるには時間がかかった，というのである；Joan Bromberg, "Impact" (注 13). 中性子の発見以後も依然として核内電子の問題が残っていた経緯を概観したのが次の文献である：Stuewer, "Nuclear Electron Hypothesis" (注 17), pp. 46–56; また Pais, *Inward Bound* (注 3), pp. 316–319 の年表も参照されたい．

(37)　Rutherford より Bohr 宛，1932 年 4 月 21 日付け，BSC (25, 2) (注 11), 引用はこれより．結果は次の文献として出版された：J. D. Cockcroft and E. T. S. Walton, "Disintegration of Lithium by Swift Protons" in *Nature 129* (30 Apr 1932), 649, 論文の日付は 1932 年 4 月 16 日．

(38)　Bohr より Rutherford 宛，1932 年 5 月 2 日付け，BSC (25, 2) (注 11).

（39） *Ibid.*

（40） 次の文献は優れた解説である：Michelangelo De Maria and Arturo Russo, “The Discovery of the Positron” in *Rivista di storia della scienza 2* (1985), 237–286. 粒子創生の初期のアイデアの歴史については次を参照：Joan Bromberg, “The Concept of Particle Creation Before and After Quantum Mechanics” in *Historical Studies in the Physical Sciences 7* (1975), 161–191.

（41） 最初の報告は次の文献でなされた：Carl D. Anderson, “The Apparent Existence of Easily Deflectable Positives” in *Science 76* (9 Sep 1932), 238–239, またもっと詳しい報告は次の文献である：*idem.*, “The Positive Electron” in *Physical Reveiw 43* (15 Mar 1933), 491–494. 後から振り返っての回顧談は次の文献である：C. D. Anderson, “Early Work on the Positron and Muon” in *American Journal of Physics 29* (1961), 825–830. パリにおける観測の報告は次の文献である：Irène and Frédéric Joliot-Curie, *La projection de noyaux atomiques par un rayonnement très pénétrant: l'existence du neutron* [*Actualités scientifiques et industrielles, XXXII* : Louise de Broglie (gen. ed.), *Exposés de physique théorique*] (Paris: Hermann et Cie., 1932), 22 pp., on p. 21; これは次に再録：Joliot-Curie, *Œuvres* (注 31), pp. 422–437, on p. 437.

（42） その結果は次の文献として公刊された：P. M. S. Blackett and G. P. S. Occhialini, “Some Photographs of the Tracks of Penetrating Radiation” in *Proceedings of the Royal Society of London A139* (3 Mar 1933), 699–726, p. 716. これに対する支持を表明したのは次の文献である：P. A. M. Dirac, “Quantised Singularities in the Electromagnetic Field” in *ibid. A133* (1 Sep 1931), 60–72, p. 61. また次を参照：Pais, *Inward Bound* (注 3), pp. 351–352.

（43） 1931 年 1 月の Klein のストックホルムへの就職については次を参照：Bohr より University Governing Board 宛，1930 年 12 月 8 日付け，in the Bohr General Correspondence, Special File, film 8, section 5, retained in the Niels Bohr Archive, Copenhagen. Klein が自分の熱中ぶりを示したのは次の手紙である：Bohr 宛，1933 年 4 月 4 日付け，BSC (22, 1) (注 11). 引用は次の手紙から：Bohr より Klein 宛，1933 年 4 月 7 日付け，*ibid.*

（44） The Caltech symposium については 4 月 20 日付けの印刷文書に紹介があり，これには次のような手書きのサインが付いている：“Mit herzlichem Gruss von R. Ladenburg” in “Amerikarejsen 1933,” BGC (注 36). R. M. Langer, “Positive and Negative Electrons Apparently Produced in Pairs” — Wire Report, Science Service, Washington, D. C., 18 May 1933” in *ibid.* もう一つの引用は次の手紙から：Bohr より Heisenberg 宛，1933 年 5 月 19 日付け，BSC (20, 2) (注 11). BSC に保管されているこの手紙はどうも元のものらしい. したがってこれは実際には送られなかったのであろう.

（45） 引用は次の手紙から：Bohr より Heisenberg 宛，1933 年 8 月 17 日付け，BSC (20, 2) (注 11). これ以前に Bohr が実験的な証拠を前にして見解を翻した件については次を参照：Hendry, “Bohr-Kramers-Slater” (注 23), p. 203. 実験的な証拠が積

み重なっていく実例は以下の通り：J. Chadwick, P. M. S. Blackett, and G. Occhialini, "New Evidence for the Positive Electron" in *Nature 131*（1 Apr 1933), 473, 論文の日付は 1933 年 3 月 27 日；L. Meitner and K. Philipp, "Die bei Neutronenanregung auftretenen Elektronbahnen" in *Die Naturwissenschaften 21*（14 Apr 1933), 286–287, 論文の日付は 1933 年 3 月 25 日；Irène Curie and Frédéric Joliot, "Contribution à l'étude des électrons positifs" in *Comptes rendus des séances de l'Académie des sciences 196*（10 Apr 1933), 1105–1107, reprinted in Joliot-Curie, *Œuvres*（注 31), pp. 440–441; Carl D. Anderson, "Free Positive Electrons Resulting from the Impact Upon Atomic Nuclei of the Photons from ThC" in *Science 77*（5 May 1933), 432; Carl D. Anderson and Seth H. Neddermeyer, "Positrons from Gamma-Rays" in *Physical Review 43*（15 June 1933), 1034; L. Meitner and K. Philipp, "Die Anregung positiver Elektronen durch γ-Strahlen von ThC" " in *Die Naturwissenschaften 21*（16 Jun 1933), 468; Irène Curie and Frédéric Joliot, "Sur l'origine des électrons positifs" in *Comptes rendus des séances de l'Académie des sciences 196*（22 May 1933), 1581–1583, reprinted in Joliot-Curie, *Œuvres*, pp. 442–443; James Chadwick, "The Neutron" in *Proceedings of the Royal Society of London A142*（1 Oct 1933), 1–25, pp. 24–25. 陽電子を引き出す実験的研究については次の文献にまとめられている：J. Chadwick, P. M. S. Blackett, and G. P. S. Occhialini, "Some Experiments on the Production of Positive Electrons" in *ibid. A144*（1 Mar 1934), 235–249.

(46) 定例国際会議の延期についてはたとえば次の手紙を参照：Betty Schultz [Bohr's secretary] より Egil Hylleraas 宛, 1933 年 3 月 7 日付け, BSC (21, 2) (注 11). 引用は次の手紙から：Bohr より Ellis 宛, 1933 年 8 月 30 日付け, BSC (19, 1).

(47) Solvay Conference での講演は次に印刷されている：Niels Bohr, "Sur la méthode de correspondence dans la théorie de l'électron" in *Structure et propriétés des noyaux atomiques: rapports et discussions du septième counseil de physique, tenu à Bruxelles du 22 au 29 octobre 1933 sous les auspices de l'institut international de physique Solvay* (Paris: Gauthier- Villars, 1934), pp. 216–228, このうち原子核について述べたところは pp. 226–228. この部分の英訳は次にある：*Niels Bohr Collected Works*, Vol. 9 (注 18), pp. 129–132.

(48) Bohr の物理学会での講演は次に収録："Om de positive Elektroner," in MSS (13, 4) (注 6). 引用は次の手紙から：Bohr より Klein 宛, 1933 年 12 月 10 日付け, BSC (22, 1) (注 11).

(49) Bohr に発破をかけていたのは次の論文である：L. Landau and R. Peierls, "Erweiterung des Unbestimmtheitsprinzips für die relativistische Quantentheorie" in *Zeitschrift für Physik 69* (23 Apr 1931), 56–69, 論文の受理の日付は 1931 年 3 月 3 日；Bohr のコメントが間もなく出るという予告は p. 57 にある. Landau のコペンハーゲンへの滞在は 1930 年 4 月 8 日から 5 月 3 日, 1930 年 9 月 20 日から 11 月 22 日, 1931 年 2 月 25 日から 3 月 19 日；Peierls の滞在は 1930 年 4 月 8 日から 24 日, 1931 年 2 月 24 日から 28 日；the Archive for the History of Quantum Physics の中の film 35, section 2 (AHQP (35, 2)) に当たる研究所の "Guest Book" は次所に保管されている：the American Philosophical Society, Philadelphia, the Niels Bohr Archive,

Copenhagen, the Niels Bohr Library of the American Institute of Physics in College Park, MD, and other places. 日付の一部はマイクロフィルムで読めないが the Niels Bohr Archive にある Guest Book の元本と照合できる．AHQP についての少々古びた情報が次に含まれている：Thomas S. Kuhn, John L. Heilbron, Paul Forman, and Lini Allen, *Sources for the History of Quantum Physics: An Inventory and Report* (Philadelphia: The American Philosophical Society, 1967). Bohr の批判はついに次の形で公刊された：N. Bohr and L. Rosenfeld, "Zur Frage des Messbarkeit der elektromagnetischen Feldgrössen" in *Det Kongelige Danske Videnskabernes Selskab. Mathematisk-fysiske Meddelelser 12* (8, 1933), 65 pp. また次も参照：Léon Rosenfeld, "Niels Bohr in the Thirties: Consolidation and extension of the conception of complementarity" in Stefan Rozental (ed.), *Niels Bohr: His Life and Work as Seen by Friends and Colleagues* (Amsterdam: North-Holland Publishing Company, 1968), pp. 114–136, on pp. 125–127.

(50)　Landau and Peierls, "Erweiterung" (注 49)，引用箇所は p. 56 にあり，二人の結論の応用については p. 69 に述べられている．

(51)　引用は次から：*ibid.*, p. 63. 対応原理の歴史については次を参照：J. Rud Nielsen, "Introduction" in *Niels Bohr Collected Works,* Vol. 3, Léon Rosenfeld (gen. ed.): *The Correspondence Principle (1918–1923),* J. Rud Nielsen (ed.) (Amsterdam, New York, London: North-Holland Publishing Company, 1976), pp. 3–45，また Klaus Michael Meyer-Abich, *Korrespondenz, Individualität and Komplementarität: Eine Studie zur Geistesgeschichte der Quantentheorie in den Beitragen Niels Bohrs* (Wiesbaden: F. Steiner, 1965). Bohr より Pauli 宛，1933 年 1 月 25 日付け，BSC (24, 2) (注 11)；この手紙は次に再録されている：Karl von Meyenn, Armin Hermann, and Victor F. Weisskopf (eds.), *Wolfgang Pauli, Scientific Correspondence with Bohr, Einstein, Heisenberg a. o., Volume II: 1930–1939* (Berlin, etc.: Springer-Verlag, 1985), pp. 152–156.

(52)　引用は次の手紙から：Bohr より Heisenberg 宛，1932 年 10 月 28 日付け，BSC (20, 2) (注 11)；以下の諸書簡にもこの仕事に関する同様の見解が述べられている：Bohr より Dirac 宛，1932 年 11 月 14 日付け，BSC (18, 4), Bohr より Jordan 宛，1932 年 12 月 27 日付け，BSC (21, 3), Bohr より Goudsmit 宛，1932 年 12 月 28 日付け（注 36), Bohr より Pauli 宛，1933 年 1 月 25 日付け（注 51). Bohr が 1934 年に至るまでずっとこの論文にかかり切りだったことについては特に以下の手紙を参照：Bohr より Heisenberg 宛，1932 年 10 月 28 日付け，Heisenberg より Bohr 宛，1932 年 11 月 5 日付け，BSC (20, 2), Bohr より Dirac 宛，1932 年 11 月 14 日付け，BSC (18, 4), Bohr より Heisenberg 宛，1933 年 3 月 13 日付け，1933 年 5 月 19 日付け，BSC (20, 2)，Klein より Bohr 宛，1933 年 6 月 20 日付け，BSC (22, 1), Bohr より Heisenberg 宛，1933 年 8 月 17 日付け，BSC (20, 2)，Klein より Bohr 宛，1933 年 12 月 12 日付け，BSC (22, 1).

(53)　引用は次の手紙から：Bohr より Pauli 宛，1934 年 3 月 15 日付け，BSC (24, 2) (注 11)；この手紙は次に再録：Meyenn *et al.* (eds.), *Pauli, Volume II* (注 51), pp. 307–311．Bohr は自分の「小論」の仕事を以下の諸書簡で報告している：Langmuir 宛，

1934年1月17日付け，BSC (23, 1)，Breit宛，1934年1月18日付け，BSC (17, 4)，仁科宛，1934年1月26日付け，BSC (24, 1)，Fermi宛，1934年1月31日付け，BSC (19, 2)，Fowler宛，1934年2月14日付け，BSC (19, 2)．BohrよりPauli' 宛の *"Hjerteudgydelse"* の日付は1934年2月15日，BSC (24, 2)；次に再録：Meyenn *et al.* (eds.), *Pauli, Volume II*, pp. 285–289．他の人たちに送られたこの手紙のコピーに関する情報は次の手紙にある：BohrよりBloch宛，1934年2月17日付け，BSC (17, 3)；この手紙は次に再録：*Niels Bohr Collected Works,* Vol. 9 (注18), pp. 540–541.

(54)　E. Fermi, "Tentativo di una teorie dell'emissione dei raggi 'beta' " in *La Ricerca Scientifica 2* (31 Dec 1933), 491–495; *idem.*, "Tentativo di una teorie dei raggi β" in *Nuovo Cimento 11* (1934), 1–19; *idem.*, "Versuch einer Theorie der β-Strahlen. I" in *Zeitschrift für Physik 88* (19 Mar 1934), 161–177，後の論文受理の日付は1934年1月16日．後の二論文は事実上同じ内容であるが，共に次に収録されている：Enrico Fermi, *Collected Papers, Volume 1: Italy 1921–1938* (Chicago: University of Chicago Press, 1961), pp. 559–574, 575–590．ドイツ語の論文の英訳は次にある：Charles Strachan, *The Theory of Beta Decay* (Oxford, etc.: Pergamon Press, 1961), pp. 107–128．Fermiの理論の歴史的な位置づけについては次を参照：Brown, "Yukawa's Prediction" (注34), pp. 91–95.

(55)　Pauliのアイデアの全体的な発展の成り行きについてはPauli自身のニュートリノの歴史の解説を参照："Zur älteren und neueren Geschichte" (注17)〔邦訳：既出〕，ここには1930年12月4日付けのPauliの手紙もpp. 159–160に再録されている．また次も参照：Laurie M. Brown, "The Idea of the Neutrino" in *Physics Today 31* (Sep 1978), 23–28，ここでは例の手紙がp. 27に英訳されている．また，その手紙は次にも再録されている：Meyen *et al., Pauli, Volume II* (注51), pp. 39–41.

(56)　Pauli, "Zur älteren und neueren Geschichte" (注17), p. 161; Brown, "Idea" (注55), p. 25，ここにGoudsmitの講演中，問題の箇所が再録されている．この講演の元々の公刊は次の文献："Present Difficulties in the Theory of Hyperfine Structure" in *Atti del Convegno* (注27), pp. 33–49，このうちPauliのニュートロンへの言及はp. 41.

(57)　Pauli, "Zur älteren und neueren Geschichte" (注17), pp. 161–163，ここにはPauliのソルヴェイ会議に寄せた短い報告も元のフランス語でpp. 162–163に再録されている．それは次に英訳されている：Brown, "Idea" (注55), p. 28，また，より不完全ではあるが次にもある：Pais, *Inward Bound* (注3), p. 315．Solvay CongressでのPauliとBohrによるニュートリノに関する陳述の元々の公刊は次の文献：*Structure et propriétés* (注47)，それぞれpp. 324–325と327–328; BohrはBeckの仕事についてpp. 287–288で述べている．Bohrが言及したベータ崩壊の理論は次の文献：Guido Beck and Kurt Sitte, "Theorie des β-Zerfalls" in *Zeitschrift für Physik 86* (1933), 105–119.

(58)　Fermi, "Tentativo di una teorie dell'emissione" (注54)．BlochよりBohr宛，1934年2月10日付けBSC (17, 3) (注11), BohrよりBloch宛，1934年2月17日付け (注53)．Bohrがベータ崩壊における非保存の断念を公にしたのは次の文献である：Niels Bohr, "Conservation Laws in Quantum Theory" in *Nature 138* (4 Jul 1936), 25–26, p. 26，これは次に再録：*Niels Bohr Collected Works,* Vol. 5 (注23), pp. 215–216．Roger

Stuewer, "Nuclear Electron Hypothesis"（注 17）, p. 55，では，1934 年 10 月ロンドンで行なわれた核物理学国際会議が，物理学者たちにとって核内電子が役に立つ仮説であることを止めた転回点を画すものだと論じている．

（59）完璧とは言えないが，1918 年から 1959 年までに研究所から出された出版物の抜き刷りを集めて製本した *Universitetets Institut for teoretisk Fysik: Afhandlinger,* が the Niels Bohr Archive, Copenhagen に保管されているが，これは研究所の成果を評価する上で掛けがえのない資料である．各巻にはその巻所収の（二，三所収外も含む）アルファベット順の著者名目録が付いている．

（60）*Ibid.*

（61）*Ibid.* 1933 年に出た核磁気モーメントに関する 4 篇の論文は以下のとおり：Hans Kopfermann, "Über die Kernmomente der beiden Rubidiumisotope" in *Die Naturwissenschaften 21*（13 Jan 1933）, 23; *idem.*, "Hyperfeinstruktur und Kernmomente des Rubidiums" in *Zeitschrift für Physik 83*（28 Jun 1933）, 417-430; Hans Kopfermann and N. Wieth-Knudsen, "Die Kernmomente des Kryptons" in *Die Naturwissenschaften 21*（21 Jul 1933）, 547-548; *idem.*, "Hyperfeinstruktur and Kernmomente des Kryptons" in *Zeitschrift für Physik 85*（14 Sep 1933）, 353-359. Kopfermann の第一論文は誤って *Afhandlinger*（注 59）の 1932 年の巻に入っている．一方第三論文についてはこれにまったく言及が見られない．研究所におけるその他の仕事については *Afhandlinger* 参照．研究所の Guest Book（注 49）によると Gamow の滞在は 1934 年 2 月 12 日から 6 月 9 日までである．

（62）*Afhandlinger*（注 59）．

（63）タイプ打ち原稿 in MSS（12, 5）（注 6）．

（64）Ebbe Rasmussen が Bohr の旧居に移ったことは，the Niels Bohr Archive の Erik Rüdinger より私宛，1988 年 2 月 29 日付けの手紙で確認した．

（65）自伝的解説は次の文献として公刊されている：Niels Bohr, "Physical Science and the Problem of Life" in *idem., Atomic Physics and Human Knowledge*（New York: John Wiley & Sons, Inc., 1958）, pp. 94-101；この選集は近年次の形で再版が出ている：*The Philosophical Writings of Niels Bohr, Volume 2*（注 6）．Bohr のこの著作は 9 年前に Danish Medical Society で行なった講演に基づくものである．デンマーク語の講演のタイプ打ち原稿が MSS（18, 2）（注 6）に保管されているが，これは Bohr の生物学への関心の起源としてはいささか不充分の感がある．デンマークの 4 学会合同の会合の私的な報告が次の文献にある：Harald Høffding, *Erindringer*（Copenhagen: Gyldendalske Boghandel, Nordisk Forlag, 1928）, pp. 171-174.

（66）生物学会の規約と会員資格，また Høffding の講演が次の文献に載っている：*Biologisk Selskabs Forhandlinger i Vinter-Halvaaret 1897-98*（Copenhagen: Biologisk Selskab, 1898）, pp. III-IV, V-VI, 19-26; この文献の教示をいただいたことにつき Biological Institute of the Carlsberg Foundation の Knud Max Møller に感謝する．

（67）Niels と Harald Bohr の討論への参加については次の文献に詳述されている：[David Jens Adler], "Childhood and Youth" in Stefan Rozental (ed.), *Niels Bohr*（注 49）,

p. 13.

(68) Høffding の Bohr への影響の程度に関する論争については以下を参照：David Favrholdt, “Niels Bohr and Danish Philosophy” in *Danish Yearbook of Philosophy 13* (1976), 206–220; Jan Faye, “The Influence of Harald Høffding's Philosophy on Niels Bohr's Interpretation of Quantum Mechanics” in *ibid. 16* (1979), 37–72; David Favrholdt, “On Høffding and Bohr: A Reply to Jan Faye” in *ibid.*, 73 77; and, most recently, Jan Faye, “The Bohr-Høffding Relationship Reconsidered” in *Studies in History and Philosophy of Science 19* (1988), 321–346. 学生時代の Bohr をめぐる哲学的環境についての議論は以下を参照：Johs. Witt-Hansen, “Leibniz, Høffding, and the ‘Ekliptika Circle’ “ in *Danish Yearbook of Philosophy 17* (1980), 31–58, また David Favrholdt, “The Cultural Background of the Young Niels Bohr” in *Rivista di storia della scienza 2* (1985), 445–461. Bohr は友人 Høffding の追悼文を書いている：Niels Bohr, “Mindeord over Harald Høffding” in *Oversigt over Det Kongelige Danske Videnskabernes Selskabs Forhandlinger 1931–1932,* pp. 131–136；次に再録：*Niels Bohr Collected Works,* Vol. 10, Finn Auserud (gen. ed.): *Complementarity Beyond Physics (1928–1962)*, David Favrholdt (ed.) (Amsterdam: Elsevier, 1999), pp. 313–318 (Danish original), 319–322 (English translation). Høffding は以下のような数ヶ国語の論文を書いて自分の “心身一体性” というアイデアを導入した：Harald Høffding, *Psykologi i Omrids paa Grundlag of Erfaring* (Copenhagen: Gyldendal, 1882, etc.); *idem., Psychologle in Umrissen auf Grundlage der Erfahrung* (Leipzig: O. P. Reisland, 1887, etc.); *idem., Outlines of Psychology* (London: Macmillan, 1891, etc.). *Outlines* ではこの概念は p. 64 で導入されており，また並行性概念を受け入れない立場は *Psykologi* の 1898 版の p. 75, note 1 で説明されている．これは Høffding の一体性仮説を説明するために付け加えられた．Rubin の論文 “Psykologi” は次に掲載：*Salmonsens Konversationsleksikon* [second edition], vol. 19 (Copenhagen: J. H. Schultz, 1925), pp. 681–683. 私は以下の件で Odense University の David Favrholdt に感謝したい．それは 1989 年 1 月 6 日付け，1989 年 3 月 10 日付け，1989 年 4 月 10 日付けの手紙で心身並行性と Høffding の一体性仮説との違いを明確にしてくれたこと，また Rubin がこの二つの術語を合体させた文献を教えてくれたことである．

(69) 引用は次の文献より：Høffding, *Outlines* (注 68), pp. 54, 67. Høffding は道徳的な立場からも強く決定論を支持する論を張った：Harald Høffding, *Ethik: Eine Darstellung der ethischen Prinzipien und deren Anwendung auf besondere Lebensverhältnisse* (Leipzig: O. P. Reisland, 1901)，特に第 5 章，“Die Freiheit des Willens,” pp. 96–114.

(70) Bohr は自身の著作 “Physical Science” (注 65), p. 96 で父親を引用した．その件りの元は次の文献である：Christian Bohr, *Om den pathologiske Lungeudvidning (Lungeemphysem): Festskrift udgivet af Kjøbenhavns Universitet i Anledning of Universitetets Aarsfest November 1910* (Copenhagen: J. H. Schultz, 1910), pp. 3–48, on p. 5. 引用部分は次から：Harald Høffding, “Mindetale over Christian Bohr” in *Tilskueren 1911*, pp. 209–212, on p. 209.

(71)「近代生理学の創立者」という語は次の文献より取った：Heinz Schröer, *Carl Ludwig: Begründer der messenden Experimentalphysiologie 1816–1895* [Heinz Degen (ed.), *Grosse Naturforscher, Band 33*] (Stuttgart: Wissenschaftliche Verlagsgesellschaft m. b. H., 1967). コペンハーゲンにおける Ludwig の Christian Bohr の仕事への影響については次を参照：L. S. Fridericia, "Bohr, Christian Harald Lauritz Peter Emil" in *Dansk biografisk Leksikon III* (Copenhagen: J. H. Schultz, 1934), pp. 371–374. Ludwig と Pflüger の論争については次を参照：J. S. Haldane, *Respiration* (Oxford: Oxford University Press; New Haven: Yale University Press, 1922), "Chapter I. Historical Introduction," pp. 1–14；ただし次も参照されたい：Charles A. Culotta, "Tissue Oxidation and Theoretical Physiology: Bernard, Ludwig, and Pflüger" in *Bulletin of the History Medicine 44* (1970), 109–140, この p. 133 では次のように論じられている，すなわち Ludwig は終始一貫して反拡散論の立場を取っていたわけではない，また Pflüger は自分の名を挙げるために論争を起こした，というのである．Bohr は次の文献で自分の主張を発表した：Christian Bohr, "Blutgase und respiratorischer Gaswechsel" in W. Nagel (ed.), *Handbuch der Physiologie des Menschen. Erster Band: Physiologie der Atmung, des Kreislaufs and des Stoffwechsels* (Braunschweig: Friedr. Vieweg, 1909), pp. 54–222; 引用は p. 155 から．

(72) August Krogh, "On the Mechanism of the Gas-Exchange in the Lungs" in *Skandinavisches Archiv für Physiologie 23* (1910), 248–278, この論文の受理の日付は 1909 年 12 月 5 日．Krogh が Bohr の説をはっきり斥けたところは p. 249，引用は p. 278 より．引用した Krogh の結論は "Summary," の 7 つの文章のうち最後のもので，この論文中ここだけが太字のイタリックとなっている．この論文は Krogh が呼吸作用について書いた 7 篇の連作論文――うち 2 篇は妻の Marie と共著――の最後のもので，*Skandinavisches Archiv* の 1910 年の巻に入っている．Christian Bohr の改宗の宣言は次の文献にある：V. Henriques, "Chr. Bohrs videnskabelige Gerning" in *Oversigt over Det Kongelige Danske Videnskabernes Selskabs Forhandlinger 1911,* pp. 395–405, の p. 404.

(73) 引用は次の文献より：J. S. Haldane, "Acclimatization to High Altitudes" in *Physiological Review 7* (Jul 1927), 363–384, p. 372，ここで Haldane は Christian Bohr と自分との関係についても述べている．呼吸のメカニズムについての見解をめぐる Haldane の孤立を特別際立たせる例として次を参照：Joseph Barcroft, *The Respiratory Function of the Blood* (Cambridge, England: Cambridge University Press, 1928), pp. 52–62.

(74) 呼吸生理学に関する Haldane の一般的な陳述で，物理学と生物学の違いを例証するものとして次を参照：J. S. Haldane, *The Philosophy of a Biologist* (Oxford: Clarendon Press, 1935), pp. 150ff., and *idem., The Sciences and Philosophy: Gifford Lectures, University of Glasgow 1927 and 1928* (London: Hodder and Stoughton, Limited, 1928)．Haldane が自分の哲学の土台をなす分泌理論について最も入念に述べたのが次の講演集である：John Scott Haldane, *Organism and Environment as Illustrated by the Physiology of Breathing* (Oxford: Oxford University Press; New Haven: Yale University Press, 1917)，Haldane は 1922 年にこれを教科書 *Respiration*（注 71）に仕上げた．生物学史家 Garland E. Allen

は Haldane の「初期の仕事は著しく哲学的な方向づけを欠く」と言っているが，これについては彼の次の著作を参照："J. S. Haldane: The Development of the Idea of Control Mechanisms in Respiration" in *Journal of the History of Medicine and Allied Sciences 22* (1967), 392–412, p. 410．とは言っても Haldane は初期に兄弟と共著の次の論文で旺盛な哲学的関心を示している── R. B. Haldane and J. S. Haldane, "The Relation of Philosophy to Science" in Andrew Seth and R. B. Haldane (eds.), *Essays in Philosophical Criticism* (London: Longmans, Green and Co., 1883), pp. 41–66．Haldane の生物学関係の仕事を広く哲学的また政治的な観点から扱ったのが次の文献である：Steve Sturdy, "Biology as Social Theory: John Scott Haldane and Physiological Regulation" in *British Journal for the History of Science 21* (1988), 315–340.

(75)　Haldane は自分の「学説」を生体論だと次所で認めている：*Organism and Environment* (注 74), p. 3, note 1; 20 年後になると彼は生体論者を次所で批判することになる：*Philosophy* (注 74), p. 45.

(76)　そのレビューは次の文献である：Joseph Needham, "Recent Developments in the Philosophy of Biology" in *The Quarterly Review of Biology 3* (Mar 1928), 77–91.

(77)　Haldane が物理学は生物学に帰着するであろうという自分の期待をはっきり述べたのは次の文献である：J. S. Haldane, *The New Physiology* (London: Griffin, 1919), p. 19．引用は次より：Haldane, *Sciences and Philosophy* (注 74), p. 238.

(78)　Ralph S. Lillie, "Physical Indeterminism and Vital Action" in *Science 66* (12 Aug 1927), 139–144. Needham の賛意を述べた部分は次より："Recent Developments" (注 76), p. 84.

(79)　Bohr が生物学関連の陳述を公刊した初めは次の文献である：Niels Bohr, "Wirkungsquantum und Naturbeschreibung" in *Die Naturwissenschaften 17* (1929), 483–486, この英訳は次に所収："The Quantum of Action and the Description of Nature" in *idem., Atomic Theory* (注 6), pp. 92–101.

(80)　Bohr が生物学に手を出した理由をはじめて説明したのは次の文献である：Niels Bohr, "Indledende Oversigt" in *idem., Atomteori og Naturbeskrivelse: Festskrift udgivet of Københavns Universitet i Anledning of Universitetets Aarsfest November 1929* (Copenhagen: Bianco Lunos Bogtrykkeri, 1929), pp. 5–19; 英訳の引用部分は次より：*idem.*, "Introductory Survey (1929)" in *idem., Atomic Theory* (注 6), pp. 1–24, on p. 15．両者共に次に再録されている：*Niels Bohr Collected Works,* Vol. 6 (注 6), pp. 259–273, 279–302. 自分の相補性の信条を世に広めたいという Bohr の望みについて報告した珍しい文献として次を参照：Léon Rosenfeld, "Niels Bohr's Contribution to Epistemology" in *Physics Today 16* (Oct 1963), 47–54, p. 5，これは次に再録：Robert S. Cohen and John J. Stachel (eds.), *Selected Papers of Léon Rosenfeld* [Robert S. Cohen and Marx W. Wartowsky (eds.), *Boston Studies in the Philosophy of Science, Volume XXI*] (Dordrecht, Boston, London: D. Reidel Publishing Company, 1979), pp. 522–535, on p. 535.

(81)　Bohr, "Wirkungsquantum" (注 79).

(82)　引用は次より：Bohr, "The Quantum of Action" (注 79), pp. 100, 101.

(83)　Niels Bohr, "The Atomic Theory and the Fundamental Principles underlying the Description of Nature" in *idem., Atomic Theory*（注 6）, pp. 102–119, の p. 117．この講演の元々の公刊は次の形：*idem.*, "Atomteorien og Grundprincipperne for Naturbeskrivelsen" in *Fysisk Tidsskrift 27*（1929）, 103–114.

(84)　Bohr, "Atomic Theory"（注 83）, pp. 117–119，引用は次より：pp. 118–119.

(85)　引用は次より：Bohr, "Survey"（注 80）, pp. 20–21.

(86)　引用は次の手紙より：Bohr より Heisenberg 宛，1930 年 1 月 10 日付け，BSC（20, 2）（注 11）, Bohr の Edinburgh 講演のタイプ打ち原稿が次にある：MSS（12, 3）（注 6）.

(87)　Jordan の略伝が次の文献にある：Kuhn *et al., Sources*（注 49）, p. 51. Jordan への Bohr の影響は次の文献に特にはっきり現れている：J. Franck and P. Jordan, *Anregung von Quantensprüngen durch Stösse*（Berlin: Julius Springer, 1926），また M. Born and Pascual Jordan, *Elementare Quantenmechanik*（Berlin: Julius Springer, 1930），このうち後者は Bohr に捧げられている；この 2 冊はそれぞれ次の第Ⅲ巻と第Ⅳ巻となる：Max Born and J. Franck (eds.), *Struktur der Materie in Einzeldarstellungen.* Jordan の会話障害の矯正への Bohr の援助については次を参照：James Franck より Bohr 宛，1926 年 7 月 9 日付け，Bohr より Franck 宛，1926 年 7 月 21 日付け，Franck より Bohr 宛，1926 年 7 月 29 日付け，BSC（10, 4）（注 11）; Jordan より Bohr 宛，1926 年 7 月 29 日付け，BSC（12, 3）．IEB への感謝状は次の手紙：Bohr より Tisdale 宛，1927 年 2 月 25 日付け，BSC（12, 3）[under Jordan]．Jordan の科学上の仕事と Bohr のそれへの関心については次を参照：Jammer, *Conceptual Development*（注 4）, pp. 207–211, 295, 305–307, 362, 365〔邦訳：既出〕，また Bohr より Jordan 宛，1928 年 5 月 14 日付け，BSC（12, 3）.

(88)　P. Jordan, "Philosophical Foundations of Quantum Theory" in *Nature 119*（16 Apr 1927）, 566–569, 引用は p. 566 より；J. Robert Oppenheimer がこの講演を英訳した．Jordan より Einstein 宛，1928 年 12 月 11 日付け，Einstein Papers, Tel Aviv, Israel, and Princeton, New Jersey; The Hebrew University of Jerusalem, Israel の許可の下．この手紙に私の注意を向けてくれたことに対して Paolo Bernardini at the University of Urbino, Italy に謝意を表する．

(89)　この二人の物理学者が生物学についての論文を書く意向は次の手紙に述べられている：Jordan より Bohr 宛，1931 年 5 月 20 日付け，BSC（21, 3）（注 11）, Jordan はこれに原稿も同封している．この原稿 "Statistik, Kausalität und Willensfreiheit," は the Niels Bohr Archive, Copenhagen の "Fremmede Manuskripter"（"External Manuscripts"）の中に置かれている．

(90)　Jordan より Bohr 宛，1931 年 5 月 20 日付け（注 89）, Bohr より Jordan 宛，1931 年 6 月 5 日付け，BSC（21, 3）（注 11）.

(91)　*Ibid.*

(92)　Bohr と Haldane の見解には似たところがあったが，この二人の間に交わされた手紙は次のところに残されていない：BSC（注 11）, BGC（注 36）, Bohr Private

Correspondence (BPC) (これも the Niels Bohr Archive にある).

(93)　Jordan より Bohr 宛, 1931 年 6 月 22 日付け, BSC (21, 3) (注 11).

(94)　*Ibid.*

(95)　Bohr より Jordan 宛, 1931 年 6 月 23 日付け, BSC (21, 3) (注 11).

(96)　Pascual Jordan, "Die Quantenmechanik und die Grundprobleme der Biologie und Psychologie" in *Die Naturwissenschaften 20* (4 Nov 1932), 814-821. 最終節には "Das Wesen des Organischen" という題がついている. Jordan の理論を生気論と位置づけたのは次の文献である：Heilbron, "Earlest missionaries" (注 14), p. 214.

(97)　Jordan はナチス党に加わったことを次の手紙で説明している：Jordan より Bohr 宛, 1945 年 5 月, BSC (21, 3) (注 11). Jordan の「失言」を報じた手紙は次の 2 通：Max Born より James Franck 宛, 1934 年 4 月 14 日付けと Franck より Born 宛, 1934 年 4 月 18 日付け, これは次の中にある：the James Franck Papers, Joseph Regenstein Library, University of Chicago and in Nachlass Born, 229 Bl. 8 (カーボン・コピー), Handschriftenabteilung, Staatsbibliothek, Preussische Kulturbesitz, West Berlin. Jordan より Bohr 宛の申し立てには日付がないが, おそらく 1934 年 6 月に書かれたものであろう, BSC (21, 3). それへの返事は Bohr より Jordan 宛, 1934 年 6 月 30 日付け, *ibid.* Jordan が書いた問題の文章はまだ見つけられずにいる. 私が 1984 年 10 月 25 日に行なったインタビューで Victor Weisskopf は次のような回想を語った, すなわち Jordan が書いたナチス体制に共鳴する新聞記事は物理学者たちの間でかなりの物議を醸したという. しかし, それに続く私との手紙のやり取りで (私より Weisskopf 宛, 1989 年 3 月 7 日付け, Weisskopf より私宛, 1989 年 3 月 17 日付け), Weisskopf は自分がこの記事に目を留めたのは 1936 年の 6 月になってからだと認めた；したがってそれはもっと後で出た別のものらしい. 1935 年に出た小冊子は次：Pascual Jordan, *Physikalisches Denken in der neuen Zeit* (Hamburg: Hanseatische Verlagsgesellschaft, 1935)；このうち特に第 4 章と最後の章 "Der Wert der Wissenschaft," pp. 41-59 を参照されたい. この小冊子の私蔵本を貸していただいた件で Paul Forman にお礼を申し上げる. Jordan が相補性を超心理学にまで拡張して適用したことに対する Bohr の批判は次の手紙に記されている：Bohr より Otto Meyerhof 宛, 1936 年 9 月 5 日付け, BSC (22, 3). Bohr-Jordan 関係が悪化したことは次の文献で確かめられている：Dieter Hoffmann, "Zur Teilnahme deutscher Physiker an den Kopenhagener Physikerkonferenzen nach 1933 sowie am 2. Kongress für Einheit der Wissenschaft, Kopenhagen 1936" in NTM — *Schriftenreihe für Geschichte der Naturwissenschaften, Technik und Medizin 25* (1988), 49-55, の p. 54.

(98)　Jordan より Bohr 宛, 1945 年 5 月 (注 97) の手紙は別として,「失言」に対する Bohr のコメントへの Jordan の反応以後の Bohr と Jordan の間の手紙のやり取りは次の通り：Jordan より Bohr 宛, 1935 年 11 月 21 日付け (誕生祝い), Bohr より Jordan 宛, 1935 年 11 月 27 日付け (礼状), Jordan より Bohr 宛, 1936 年 8 月 16 日付け (超心理学記事の説明), 1945 年 10 月 24 日付け, all BSC (21, 3) (注 11).

(99)　Bohr は Jordan 宛, 1931 年 6 月 23 日付けの手紙 (注 95) で近く公刊予定のドイ

ツ語版の背景について説明している．これはJordanの原稿に関連する交信のうち最後の手紙である．新たに付け加える部分はこうなる予定と言う：Niels Bohr, “Addendum” in *idem., Atomtheorie und Naturbeschreibung* (Berlin: Julius Springer, 1931), pp. 14–15．これはその後次のような形で英訳が出た：*idem.*, “Addendum (1931)” in *idem.*, “Survey” (注 80), pp. 21–24．ドイツ語版と英語版の冊子には同じ内容が載せられている．

(100) 引用部分は *ibid.*, pp. 22–24 から取った．この文章は元のドイツ語版（注 99）でもイタリックになっている．Bohr の Helsingør lecture のタイプ打ち原稿が MSS (12, 5)（注 6）にある．1931 年 6 月 23 日付けの手紙（注 95）で Bohr は Jordan に “Addendum” を書いたことを告げたが，ここで Jordan の影響については一言も触れていない．Bohr の生物学をめぐる考えの解明については，私は J. L. Heilbron の次の主張，すなわち Bohr の相補性と生物学についての見解は 1929 年から 1932 年まで変わらなかったという主張に賛成しかねる；Heilbron, “Earliest missionaries” (注 14), p. 212.

(101) *Deuxième Congrès International de la Lumière: Biologie, Biophysique, Thérapeutique — Copenhague 15–18 Août 1932* (Copenhagen: Engelsen & Schrøder, 日付なし).

(102) 引用は次の手紙より：Hansen より Bohr 宛，1932 年 7 月 17 日付け，BSC (20, 1)（注 11）．Kissmeyer の言う “philosophers’ congress” とはおそらく Copenhagen “Society for Philosophy and Psychology” の 1929 年末の会合であろう．ここで Bohr は次の講演を行なった：(英訳で) “Remarks about the Relation of the More Recent Physics to the Causality Principle.” 次を参照：Bohr より Kramers 宛，1929 年 12 月 7 日付け，BSC (13, 2)，また *Niels Bohr Collected Works,* Vol. 6 (注 6), p. 196, and pp. 428–430，ここに Kramers からの手紙が元のデンマーク語と英訳の両方で収録されている．

(103) Hansen の依頼に対する Bohr の返答（1932 年 7 月 22 日付け）は BSC (20, 1)（注 11）の中にある．Bohr の原稿は MSS（注 6）の中にある．Bohr の講演の出版を時間の順に挙げれば次のようになる：Niels Bohr, “Light and Life” in *Nature 131* (25 Mar 1933), 421–423 and (1 Apr 1933), 457–459; *idem.*, “Licht und Leben” in *Die Naturwissenschaften 21* (31 Mar 1933); *idem.*, “Lys og Liv” in *Naturens Verden 17* (1933), 49–59; *idem.*, “Light and Life” in *Congrès* (注 101), pp. XXXVII–XLVI; *idem.*, “Light and Life” in *idem., Atomic Physics* (注 6), pp. 3–12．デンマーク語版を「原版」として挙げる手紙は Bohr より Klein 宛，1933 年 1 月 19 日付け，BSC (22, 1).

(104) 引用は “Light and Life” 講演の最終改訂版，*Atomic Physics* (注 103), p. 9 から取った．

(105) Pascual Jordan, “Quantenphysikalische Bemerkungen zur Biologie und Psychologie” in *Erkenntnis 4* (1934), 215–252 —— Mach と Reichenbach についての言及は pp. 217–218, 精神分析についての言及は pp. 247–248．統一科学派については次を参照：Victor Kraft, *The Vienna Circle: The Origin of Neo Positivism, A Chapter in the History of Recent Philosophy* (New York: Philosophical Library, 1953)，また Herbert Feigl, “The Wiener Kreis in America” in Donald Fleming and Bernard Bailyn (eds.), *The Intellectual Migration: Europe and America, 1930–1960* [*Perspectives in American History Volume 2, 1968*]

(Cambridge, Massachusetts: Harvard University Press, 1969), pp. 630–673.

(106) この国際会議録では Edgar Zilsel, "P. Jordans Versuch, den Vitalismus quantenmechanisch zu retten" in *Erkenntnis 5* (1935), 56–64,（引用は p. 61 より）に続いて次の緒論が掲載されている：Hans Reichenbach, "Metaphysik bei Jordan?"; Otto Neurath, "Jordan, Quantentheorie und Willensfreiheit"; Moritz Schlick, "Ergänzende Bemerkungen über P. Jordans Versuch einer quantentheoretischen Deutung der Lebenserscheinungen"; Philipp Frank, "Jordan und der radikale Positivismus" in *ibid.*, pp. 178–179, 179–181, 181–183, 184. これに対する反論は次：Pascual Jordan, "Ergänzende Bemerkungen über Biologie und Quantenmechanik" in *ibid.*, pp. 348–352. また次も参照：Heilbron, "Earliest Missionaries"（注 14), pp. 217–218. Zilsel については次を参照：Feigl, 'Wiener Kreis"（注 105), pp. 641–642.

(107) Jordan は増幅器理論の宣伝を続けて次の論文を出した："Die Verstärkertheorie der Organismen in ihrem gegenwärtigen Stand" in *Die Naturwissenschaften 26* (19 Aug 1938), 537–545. 本文に挙げた他の二つの仕事は次：*idem., Die Physik und das Geheimnis des organischen Lebens* [Wilhelm Westphal (ed.), *Die Wissenschaft: Einzeldarstellungen aus der Naturwissenschaft und der Technik, Bd. 95*] (Braunschweig: Friedr. Vieweg, 1945), と *idem., Verdrängung und Komplementarität* (Hamburg-Bergedorff: Stromverlag, 1947).

(108) 引用は次より：Bohr, "Light and Life" (*Atomic Physics* version)（注 103), p. 11. Bohr より Meyerhof 宛, 1936 年 9 月 5 日付け（注 97). Bohr が "Light and Life" address の中で挙げたと思われる Eddington の出版物として唯一の候補となるのが次：Sir Arthur Eddington, "The Decline of Determinism — Presidential Address to the Mathematical Association, 1932" in *The Mathematical Gazette 16* (May 1932), 65–80, ここで Eddington は pp. 79–80 において "Mind and Indeterminism" について少し言及しているが，これは Bohr に対する攻撃と言うには当たらない.

(109) Delbrück は自分のキャリアに対する "Light and Life" address の重要性について次の文献の中で述べている：Carolyn Kopp, "Max Delbrück — How It Was" in *Engineering & Science* (California Institute of Technology), 第一分冊 *43* (Mar-Apr 1980), 21–26, 第二分冊 *43* (May-Jun 1980), 21–27, 第一分冊の p. 26 参照. Delbrück の "intellectual impetus"（知的推進力）については次を参照：Lily E. Kay, "Conceptual Models and Analytical Tools: The Biology of the Physicist Max Delbrück, 1931–1946" in *Journal of the History of Biology 18* (1985), 207–246, p. 215. また次も参照：*idem.*, "The Secret of Life: Niels Bohr's Influence on the Biology Program of Max Delbrück" in *Rivista di storia della scienza 2* (1985), 487–510.

(110) Delbrück より Bohr 宛，1934 年 11 月 30 日付け，BSC (18, 3)（注 11).

(111) その要約は Delbrück の手紙と一緒にフィルム化されている，*ibid.* 賛意を表明した Bohr の返事は，Bohr より Delbrück 宛，1934 年 12 月 8 日付け，*ibid.*

(112) 引用は次より：Delbrück より Bohr 宛，1932 年 6 月 28 日付け，BSC (18, 3)（注 11).

(113) 引用は次より：Delbrück より Bohr 宛，1935 年 4 月 5 日付け，BSC (18, 3)（注

11). The *Dreimännerarbeit*（三者論文）は次：N. W. Timoféeff-Ressovsky, K. G. Zimmer, and M. Delbrück, “Über die Natur der Genmutation und der Genstruktur” in *Nachrichten von der Gesellschaft der Wissenschaften zu Göttingen: Mathematisch physikalische Klasse, Fachgruppe VI: Biologie 1*（1935）, 189–245; この論文の読み手は A. Kuhn，4 月 12 日，刊行は 6 月 29 日，1935 年．*Dreimännerarbeit* の背景についての概説として次を参照：Robert Olby, *The Path to the Double Helix*（London: Macmillan, 1974）, pp. 232–233〔邦訳：ロバート・オルビー（長野敬訳）『二重らせんへの道（上）―分子生物学の成立』（紀伊國屋書店，1982），ロバート・オルビー（道家達将，木原弘一，石館康平，石館三恵子，長野敬訳）『二重らせんへの道（下）― DNA 構造の発見』（紀伊國屋書店，1996）〕.

(114)　Jordan の小冊子に対する不満をもらした Frank の手紙（Bohr 宛，1936 年 1 月 9 日付け）は出典の明示なしに次に引用されている：Heilbron, “Earliest Missionaries”（注 14）, p. 221; これは BSC（19, 3）（注 11）の中にある．Bohr の講演の最初の刊行は次：Niels Bohr, “Kausalität und Komplementarität” in *Erkenntnis 6*（27 Apr 1937）, 293–303; この英訳は次：*idem*, “Causality and Complementarity” in *Philosophy of Science 4*（Jul 1937）, 289–298, 引用は pp. 289 と 295 より，精神主義の否認は p. 297〔邦訳：ニールス・ボーア（山本義隆編訳）『因果性と相補性―ニールス・ボーア論文集　1』（岩波書店，1999）〕.

(115)　Frank の講演は次：Philipp Frank, “Philosophische Deutungen und Missdeutungen der Quantentheorie” in *Erkenntnis 7*（27 Apr 1937）, 303–317, 引用は pp. 314–315 より．討論についての言及は次にある：the Warren Weaver Diary 1936 年 6 月 24–26 日, filed in Record Group 12, Rockefeller Archive Center, Pocantico Hills, New York.

(116)　唯一の例外は次：J. Gray, “The Mechanical Way of Life” in *Nature 132*（28 Oct 1933）, 661–664, ここでは Bohr の “Light and Life” address に簡単に触れている．同じ時期に *Science*, これは上記の英国とドイツの雑誌に匹敵するアメリカの雑誌であるが，ここにも Bohr の生物学に関する見解への言及はほとんどもしくはまったく見られない．さらに *The Quarterly Review of Biology*, これは 1926 年発刊の総合誌で Needham のレビュー（注 76）を載せた雑誌であるが，これにも Bohr の見解への言及は見られない．1934 年に新たにアメリカの雑誌 *The Philosophy of Science* が発刊された．これはドイツの *Erkenntnis* と同じく科学哲学を新しい学問分野として盛り立てる意図の下に発刊された．初年中に生物学の哲学に向けた記事が数篇載せられたが，そのうち次の文献だけが Bohr に簡単に触れているに過ぎない：Ralph S. Lillie, “The Problem of Vital Organization” in *Philosophy of Science 1*（1934）, 296–312, p. 306. その後，この雑誌は生物学の哲学に一層注意を払わなくなった．また，この雑誌が Copenhagen Unity of Science conference（注 114）における Bohr の講演を英文で掲載したが，それすら Bohr の見解をめぐる議論を引き起こすことはなかった．

(117)　Otto Meyerhof, “Betrachtungen über die naturphilosophischen Grund lagen der Physiologie” in *Abhandlungen der Friesschen Schule 6*（1933）, 33–65, この要約は次：*idem.*, “Betrachtungen” in *Die Naturwissenschaften 22*（18 May 1934）, 311–314．3 年後に Bohr

は自分と Meyerhof との相違点の解決を図ったが，これは不成功に終わった．次を参照：Bohr より Meyerhof 宛，1936 年 9 月 5 日付け（注 97）と Meyerhof より Bohr 宛，1936 年 9 月 14 日付け，BSC（23, 3）（注 11）. Joseph Needham, *Order and Life* (Oxford: Oxford University Press; New Haven: Yale University Press, 1936), quotations on pp. 32, 15. The quotations on p. 32 は次より：Bohr, "Light and Life"（*Nature* version）(注 103), p. 458.

(118) 引用は次の手紙より：Muller より Mohr 宛，1933 年 4 月 13 日付け，Institutt for medisinsk genetikk, University of Oslo; Nils Roll-Hansen がこの手紙に対する私の注意を喚起してくれたことに謝意を表する．この手紙の複写が次に保存されている：the Hermann Muller Papers at the Lilly Library of Indiana University.

(119) コペンハーゲン精神の「帝国主義」的側面については次を参照：Heilbron, "Earliest missionaries" (注 14), pp. 196, 213.

(120) Bohr の知的環境が彼のアイデアに与えた影響については次を参照：the section "4. 2. The Philosophical Background of Nonclassical Interpretations" in Jammer, *Conceptual Development*（注 4), pp. 166–180; Gerald Holton, "The Roots of Complementarity" in *idem., Thematic Origins of Scientific Thought: Kepler to Einstein* (Cambridge, Massachusetts: Harvard University Press, 1973), pp. 115–161; the chapter, "Niels Bohr: The *Ekliptika* Circle and the Kierkegaardian Spirit" in Lewis S. Feuer, *Einstein and the Generations of Science* (New York: Basic Books, 1974), pp. 109–157; and the articles by Favrholdt, Faye, and Witt-Hansen（注 68 で挙げた）. the BSC（注 11）と the BGC（注 36）には Bohr が 1929 年以前に生物学に何らかの関心を示した証拠はほとんどない．The BPC（注 92）にもやはりその類の証拠はほとんどない．

(121) Bohr より Jordan 宛，1931 年 6 月 5 日付け（注 90); Bohr, "Atomic Stability" (注 27).

(122) 引用は次より：Charles Weiner による Christian Møller へのインタビュー，1971 年 8 月 25 日と 10 月 21 日，テープ起こし原本の p. 73; このインタビューは次に保存されている：the Niels Bohr Library of the American Institute of Physics in New York City.

第 3 章

(1) Alan D. Beyerchen, *Scientists under Hitler: Politics and the Physics Community in the Third Reich* (New Haven and London: Yale University Press, 1977), pp. 2–14.

(2) *Ibid.*, pp. 15–50.

(3) Charles Weiner, "A New Site for the Seminar: The Refugees and American Physics in the Thirties" in Donald Fleming and Bernard Bailyn (eds.), *The Intellectual Migration: Europe and America, 1930–1960* [*Perspectives in American History Volume 2, 1968*] (Cambridge, Massachusetts: Harvard University Press, 1969), pp. 190–234, on pp. 204,

213; 新聞紙面が p. 234 にファクシミリの形で再現されている．亡命知識人に関するもっと最近の論説を集め，米国以外の国々への移住も考慮しているのが次の文献である：Jarrell C. Jackman and Carla M. Borden (eds.), *The Muses Flee Hitler: Cultural Transfer and Adaptation 1930–1945* (Washington, D. C.: Smithsonian Institution Press, 1983)．また次も参照：Roger H. Stuewer, "Nuclear Physicists in the New World: The Emigrés of the 1930s in America" in *Berichte zur Wissenschaftsgeschichte 7* (1984), 23–40, と Richard Rhodes, *The Making of the Atomic Bomb* (New York, etc.: Simon & Schuster, Inc., 1986), pp. 184–197.

（4） Beyerchen, *Scientists under Hitler* (注 1), p. 14，引用はここから．Weiner, "New Site" (注 3), pp. 192ff., に「移動セミナー」という言葉が登場する．

（5） PTR の歴史については次を参照：David Cahan, "Werner Siemens and the origins of the Physikalisch-Technische Reichsanstalt, 1872–1887" in *Historical Studies in the Physical Sciences 12* (1982), 253–285，また *idem., An Institute for an Empire: The Physikalisch-Technische Reichsanstalt 1871–1918* (Cambridge, New York, Melbourne, Sydney：Cambridge University Press, 1989)．Rasmussen のベルリンへの滞在の手配については次の手紙を参照：Bohr より Paschen 宛，1932 年 6 月 28 日付け，Paschen より Bohr 宛，1932 年 7 月 1 日付け，Bohr より Tisdale 宛，1932 年 8 月 31 日付け，Tisdale より Bohr 宛，1932 年 10 月 28 日付け，Bohr より Rasmussen 宛，1933 年 1 月 5 日付け．Paschen と Rasmussen の手紙のやり取りは次に保存されている：the Bohr Scientific Correspondence, microfilm 24, respectively sections 2 and 4 (BSC (24, 2), BSC (24, 4))．Tisdale との交信は "Rockefeller Foundation" というファイルの下に次に保存されている：the Bohr General Correspondence, Special File, microfilm 5, section 6 (BGC-S (5, 6)). the BGC は the Niels Bohr Archive, Copenhagen にしかない．マイクロフィルム化された BSC は次にもある：the Niels Bohr Library of the American Institute of Physics in College Park, MD, and several other places.

（6） Rasmussen より Bohr 宛，1933 年 2 月 23 日付け，BSC (24, 4) (注 5).

（7） Rasmussen より Bohr 宛，1933 年 4 月 6 日付け，BSC (24, 4) (注 5).

（8） *Ibid.* The Kaiser Wilhelm Society とその研究所については次の文献に述べられている：Paul Forman, *The Environment and Practice of Atomic Physics in Weimar Germany: A Study in the History of Science,* PhD dissertation at the University of California at Berkeley, 1967 (microfilms international 6810322), pp. 257–261．*Notgemeinschaft* (学術救済委員会) に関するコメントは次より：*idem.*, "The Financial Support and Political Alignment of Physicists in Weimar Germany" in *Minerva 12* (1974), 39–66, p. 39．Wolfson に関する情報について次の両氏に感謝する：H. B. G. Casimir and Etti Alagem, director of the Central Archives at the Hebrew University of Jerusalem.

（9） Rasmussen より Bohr 宛，1933 年 4 月 6 日付け（注 7)．Einstein Laboratory については次を参照：Ronald W. Clark, *Einstein: The Life and Times* (New York: World Publishing Company, 1971), pp. 390–392.

（10） Rasmussen より Bohr 宛，1933 年 7 月 31 日付け，BSC (24, 4) (注 5).

(11) Bohrの訪問関連のファイル，“Amerikarejsen 1933”が次に保存されている：the Bohr General Correspondence (BGC), Niels Bohr Archive, Copenhagen. Bohrはこの訪問について次の手紙に書いている：仁科芳雄宛，1934年1月26日付け，BSC (24, 1) (注5).

(12) 会合の申し入れは次の手紙でなされている：BohrよりWeaver宛，1933年4月13日付け，“713D University of Copenhagen. Biophysics. 1933-34,” Rockefeller Foundation archives, Record Group 1.1, Series 713, Box 4, Folder 46 (RF RG 1.1, 713, 4, 46), Rockefeller Archive Center (RAC), Pocantico Hills, New York. Masonは次の手紙でBohrとの会合を設定した：Bohr宛，1933年4月26日付け，*ibid.* この会合の報告は次の日記からの抜粋：the Max Mason Diary 1933年5月1日，*ibid.*

(13) Bohrは自分の楽観的な見通しを次の2通の手紙に記している：Heisenberg宛，1933年5月19日付け，BSC (20, 2) (注5), とMiller宛，1933年5月24日付け，BSC (26, 4) [filed under Williams], 引用はこれより；Tisdale宛の手紙についてはこの両方の手紙で言及されている．Tellerについては次を参照：DonnanよりBohr宛，1933年11月10日付け，BSC (18, 4) またthe Lauder Jones Diary 1933年10月20日；the Rockefeller Foundation officersの日記は次にファイルされている：RF RG 12, RAC (注12). Frischについては次を参照：BohrよりBlackett宛，1933年9月2日付け，BSC (17, 3).

(14) Kopfermannのコペンハーゲンへの滞在の背景については次を参照：BohrよりHaber宛，1932年1月16日付け [under Kopfermann], KopfermannよりBohr宛，1932年8月24日付け，BSC (22, 2) (注5). 引用は次より：KopfermannよりBohr宛，1933年5月23日付け，BSC (22, 2). Haberの辞職の決心についてはたとえば次を参照：J. L. Heilbron, *The Dilemmas of an Upright Man: Max Planck as Spokesman for German Science* (Berkeley, etc.: University of California Press, 1986), p. 161.

(15) ナチス・ドイツについての歴史的な判断は次のような見方をする方向に傾いている，すなわち，少なくともHitler支配の初めの数ヶ月の間は，ドイツの大衆一般とは言えないにしても，ナチス党組織は最も過激な分子を形成していたと言える．たとえば次を参照：Martin Broszat, *The Hitler State: The Foundation and Development of the Internal Structure of the Third Reich* (London and New York: Longman, 1981), 特にChapter 6, “Party and State in the Early Stages of the Third Reich,” pp. 193-240.

(16) もっともLaueは間もなくその楽観的な姿勢を変えることになる，次を参照：Beyerchen, *Scientists under Hitler* (注1), pp. 64-65.

(17) KopfermannよりBohr宛，1933年5月23日付け (注14). Beyerchen, *Scientists under Hitler* (注1), p. 288の脚注46には，おそらくKopfermannはJordanを念頭に置いていたであろうという観測が記されている．Beyerchenの注が言うとおり，戦争の直後にJordanはBohr他宛の釈明調の手紙で，自分とナチスとの関わりについて同様の説明をしている；JordanよりBohr宛，1945年5月，BSC (21, 3) (注5).

(18) HeisenbergよりBohr宛，1933年6月30日付け，BSC (20, 2) (注5).

(19) その委員会設立の公式声明はthe Danish Committee for the Support of Refugee

Intellectual Workers（デンマーク亡命知的職業人支援委員会）を代行して出された次の手紙で発表された：Aage Friis より Carlsberg 財団理事会宛，1933 年 10 月 26 日付け，これには委員会の目的を記し，49 人のメンバー全員のリストを付けて印刷された “Opfordring”（“Appeal”）が同封されている；その両方が the Archive of the Carlsberg Breweries, Copenhagen にある．Friis については次を参照：Erik Stiig Jørgensen, “Friis, Aage” in *Dansk Biografisk Leksikon*［third edition］*IV*（Copenhagen: Gyldendal, 1980）, pp. 649–653. Aage Friis’s extensive papers in Rigsarkivet, Copenhagen を見る許可をいただいたことで，委員会の議長の子息，Henning Friis に謝意を表する．ただしここには委員会の仕事に関する情報はあまりなかった．委員会に関連する情報は大部分，私が 1983 年 1 月 18 日にコペンハーゲンで Gerhard Breitscheid に対して行なったインタビューで得られた．この人は 1935 年に委員会の幹事になった人である．

（20） *Ibid.* 亡命者に対するデンマークの取り組みの成果と問題点について広い観点から論じたものとして次がある：Aage Friis, “De tyske politiske Emigranter i Danmark 1933–46” in *Politiken* 8 and 10 May 1946, pp. 9–10, 8–9.

（21） ドイツによる占領の際に資料が破棄されたことについては次にその報告がある：Stefan Rozental, “The Forties and the Fifties” in *idem.*（ed.）, *Niels Bohr: His Life and Work as Seen by His Friends and Colleagues*（Amsterdam: North-Holland Publishing Company, 1968）, pp. 149–190, on p. 155．また次も参照：1972 年 3 月 25 日に Charles Weiner が Bohr の秘書 Betty Schultz に対して行なったインタビュー，テープ起こし原本の pp. 57–59, 次に保管：the Niels Bohr Library of the American Institute of Physics, New York City. 委員会の書類の破棄については私が 1983 年 1 月 18 日に Breitscheid に対して行なったインタビュー（注 19）を参照．the Bohr Scientific Correspondence（BSC）については注 5 を参照．

（22） Beck の置かれた状況に関する全般的な情報としては Reinhold Fürth と Philipp Frank の署名入りの次宛の申請書を参照：“das holländische Hilfskommite für deutsche Gelehrte zu Handen von Herrn Prof. Dr. Fryda, Amsterdam” 1933 年 10 月 20 日付け．この申請の写しが次の手紙に同封されている：Fürth より Bohr 宛，1933 年 10 月 21 日付け，BSC（19, 3）［under Frank］（注 5）．

（23） Heisenberg の頼みは次の手紙に言及がある：Fürth より Bohr 宛，1933 年 10 月 5 日付け，BSC（19, 3）［under Frank］（注 5），またここには Beck の状況についての情報も含まれている．Frank は自分の所見を次の手紙に記した：Bohr 宛，1933 年 10 月 5 日付け，*ibid.* 外国の財源を探すことに対する同意は次の手紙に表明されている：Bohr より Frank と Fürth 宛，1933 年 10 月 18 日付け，*ibid.*

（24） Frank と Fürth の申請，およびそれに伴う Bohr 宛の手紙（1933 年 10 月 21 日付け）については注 22 に言及されている．Bohr はデンマーク側とスウェーデン側の関心を引くことに成功した報せと，また Beck が Prague に行く決心を早々とした報せを次の手紙に記している：Frank と Fürth 宛，1933 年 11 月 25 日付け，BSC（19, 3）［under Frank］（注 5）．スウェーデン側の最終的な決定は次の手紙に記されてい

る：Klein より Bohr 宛，1933 年 12 月 12 日付け，BSC (22, 1)．the Amsterdam committee の前向きの決定については次を参照：Fürth より Bohr 宛，1933 年 12 月 23 日付け，BSC (22, 1) [under Frank] また Kramers より Bohr 宛，1934 年 1 月 9 日付け，BSC (22, 3)．Beck のコペンハーゲン滞在は 1933 年 7 月 31 日から 9 月 23 日までと 10 月 14 日から 11 月 21 日まで；研究所の "Guest Book," Archive for the History of Quantum Physics, microfilm 35, section 2 ⌊AHQP (35, 2)⌋．マイクロフィルム化された AHQP は次に保管されている：the American Philosophical Society, Philadelphia, the Niels Bohr Library of the American Institute of Physics, College Park, MD, the Niels Bohr Archive, Copenhagen, 他．これについての解説として（あまり今日的とは言えないが）次を参照：Thomas S. Kuhn, John L. Heilbron, Paul Forman and Lini Allen, *Sources for the History of Quantum Physics: An Inventory and Report* (Philadelphia: American Philosophical Society, 1967).

(25) Gordon の小伝が *ibid.*, p. 42 に載っている．Klein は Bohr の助力を次の手紙で頼んでいる：1933 年 12 月 12 日付け，BSC (22, 1) (注 5)，またこの手紙で自分の申請に対するロックフェラー財団の煮え切らない対応とスウェーデン委員会の条件付の約束についても述べている．Bohr は Klein に支援が出る見込みという報せを次の手紙で伝えた：1934 年 2 月 18 日付け，BSC (22, 1)．これに対して Klein はスウェーデン側の前向きの対応について次の手紙で応じた：1934 年 3 月 6 日付け，BSC (22, 1). Klein-Gordon 方程式についてはたとえば次を参照：Helge Kragh, "The Genesis of Dirac's Relativistic Theory of Electrons" in *Archive for History of Exact Sciences 24* (1981), 31–67, pp. 34–36.

(26) 関連の伝記的な詳細については次を参照：Otto Robert Frisch, *What Little I Remember* (Cambridge, etc.: Cambridge University Press, 1979), pp. 1–56．Stern の免除と，免職となった自分のところのスタッフのための仕事探しについては次を参照：Beyerchen, *Scientists under Hitler* (注 1), p. 49．Stern は間もなくハンブルク大学を辞めて米国に移住した．彼はドイツの第一級の物理学者でありながら，新しい環境に自分の立派なキャリアを移植できなかった少数派の一人である，*ibid.*, pp. 49–50 参照．

(27) Blackett が Bohr に頼みを入れたのは次の手紙：1933 年 8 月 13 日付け，BSC (17, 3) (注 5)．Rockefeller 財団の否定的な返答については次の手紙を参照：Bohr より Miller 宛，1933 年 8 月 23 日付け，Miller より Bohr 宛，1933 年 8 月 29 日付け，"Rockefeller Foundation," BGC-S (5, 7) (注 5)，また Bohr より Blackett 宛，1933 年 9 月 2 日付け（注 13)．Blackett は援助協議会への申請がうまく通ったという報せを次の手紙に記している：Bohr 宛，1933 年 9 月 16 日付け，BSC (17, 3); また次も参照：Frisch, *What Little* (注 26), pp. 52–53, またこれには p. 56 に Frisch のイギリスへの到着も記されている．Bohr が Frisch の支援のために 1934 年 9 月 28 日，Rask-Ørsted 財団に出した最初の申請は次に保存："Rask-Ørsted Foundation," BGC-S (4, 3)．*Privatdozent* についての標準的な解説として次がある：Alexander Busch, *Die Geschichte des Privatdozenten: Eine soziologische Studie zur Grossbetrieblichen Entwicklung der*

deutschen Universitäten (Stuttgart: Ferdinand Enke Verlag, 1959). この地位についての特別明快な英語の紹介として次がある：Forman, *Environment and Practice* (注 8), pp. 70-79.

(28) Beck の研究所滞在は 1932 年 4 月 5 日から 6 月 18 日までと 1933 年 7 月 31 日から 9 月 23 日まで；研究所の Guest Book (注 24) 参照.

(29) 引用は次の断りの手紙より：Rask-Ørsted Foundation より Intellectual Workers Committee 宛, 1933 年 12 月 20 日付け, "Rask-Ørsted Foundation," BGC-S (4, 3) (注 5).

(30) Rabinowitch のドイツにおける状況については次を参照：Beyerchen, *Scientists under Hitler* (注 1), p. 28. Bohr は 1933 年 2 月 27 日に申請を出し, 1933 年 5 月 31 日に承認を受けた；この両方の書類が次にある："Rask-Ørsted Foundation," BGC-S (4, 3) (注 5). Rabinowitch のその後のキャリアについては次を参照："300 Notable Émigrés" in Fleming and Bailyn (eds.), *Intellectual Migration* (注 3), pp. 675-718, on p. 706.

(31) 関連の伝記的詳細については次を参照：Victor Weisskopf, "My Life as a Physicist" in *idem., Physics in the Twentieth Century: Selected Essays* (Cambridge, Massachusetts and London, England: Massachusetts Institute of Technology Press, 1972), pp. 1-21, on pp. 2-9, またこれには p. 13 に, Weisskopf はコペンハーゲンへの二度目の滞在に当たり, the Danish Committee for the Support of Refugee Intellectual Workers（デンマーク亡命知的職業人救済委員会）から支援を受けた旨が記されている. Weisskopf のコペンハーゲンへの最初の滞在の日付は研究所の Guest Book (注 24) より, またこれには Weisskopf の渡米前の最後の滞在が 1936 年 4 月 1 日から 1937 年 9 月 18 日までと記されている. Bohr は Weisskopf がコペンハーゲンを去ることについて次の手紙で意見を述べている：Bohr より Tisdale 宛, 1933 年 1 月 14 日付け, "Rockefeller Foundation," BGC-S (5, 7) (注 5).

(32) 関連の伝記的詳細については次を参照：Stanley A. Blumberg and Gwinn Owens, *Energy and Conflict: The Life and Times of Edward Teller* (New York: G. P. Putnam's Sons, 1976), pp. 43-63; またつぎも参照：Beyerchen, *Scientists under Hitler* (注 1), pp. 29-30. Donnan の Rockefeller 財団への申請が首尾よく通った件については次を参照：Donnan より Bohr 宛, 1933 年 11 月 10 日付け, および the Lauder Jones Diary 1933 年 10 月 20 日, いずれも注 13 に言及あり.

(33) 関連の伝記的詳細については次を参照：Thomas S. Kuhn による Bloch へのインタビュー, 1964 年 5 月 14 日, AHQP (注 24)；また次も参照：Bloch より私宛, 1980 年 5 月 21 日付け. Bloch がコペンハーゲンを離れてから 1933 新年までに, 彼と Bohr との間に交わされた 14 通もの手紙が残されている；BSC (17, 3) (注 5).

(34) Bloch の Bohr 宛の手紙の日付は 1933 年 4 月 6 日である, BSC (17, 3) (注 5). Rasmussen より Bohr 宛, 1933 年 4 月 6 日付け, と Heisenberg より Bohr 宛, 1933 年 6 月 30 日付けの手紙についてはそれぞれ注 7 と 18 に言及がある.

(35) Miller より Bohr 宛, 1933 年 8 月 29 日付け, "Rockefeller Foundation," BGC-S (5,

7)（注 5）．

（36）　Bloch より Bohr 宛，1934 年 2 月 10 日付け，BSC（17, 3）（注 5）．

（37）　Levi より私宛の私信，1987 年 12 月 7 日付け；私の Levi とのインタビュー，於 the Niels Bohr Institute, Copenhagen, 1980 年 10 月 28 日．また次も参照：Charles Weiner による Hilde Levi とのインタビュー，1971 年 10 月 28 日，テープ起こし原本の pp. 16–18; このインタビューは次に保管されている：the Niels Bohr Library of the American Institute of Physics in New York City. the International Federation of University Women（国際女性大学人連盟）についての情報は次より得た：*The World of Learning 1988*（Thirty-Eighth Edition）（London: Europa Publications Limited, 1987）, p. 22.

（38）　注 37 に挙げた文献参照；研究所の Guest Book（注 24）．

（39）　引用も取り上げた情報も次から得たもの："The problem of the refugee scholars," p. 2, typewritten, undated, but from circa 1940, in "717 German Exiles, Special Research Aid: Apr. 1933–1940," RF RG 1.1, 717, 1, 6（注 12）．もう一つのタイプ打ち原稿でいくつか手書きの訂正があるもの："Special Research Aid Fund for Deposed Scholars, 1933–1939," これはほぼ同時期のもので同じファイルにあるが，ここにはもっと詳しい情報があり，米国で救われた 121 人の学者のアルファベット順のリストも含まれている．また次も参照：[Raymond Fosdick,] "President's Review" in *The Rockefeller Foundation: Annual Report 1936*（New York: Rockefeller Foundation, undated）, pp. 3–60, on pp. 57–59. この援助が臨時のものであると念を押しているのが次の文献である：Max Mason, "Foreword" in *The Rockefeller Foundation: Annual Report 1933*（New York: Rockefeller Foundation, undated）, pp. xvii–xix, on p. xix.

（40）　雇う側の機関が自身の決定を行なう権限についてはたとえば次を参照：*Report of the Emergency Committee in Aid of Displaced German Scholars, January 1, 1934,* p. 7, "717 German Exiles," RF RG 1.1, 717, 1, 1（注 12）および "Problem"（注 39）, p. 3.

（41）　最初の引用は次より："Problem"（注 39）, p. 3. the Emergency Committee（緊急委員会）の名称変更は次に述べられている：Weiner, "New Site"（注 3）, p. 213. the Emergency Committee との共同関係と最後の引用は次より：Report（注 40）, p. 11.

（42）　この会談については次に述べられている：the Warren Weaver Diary 1 Jul 1933, RF RG 12（注 13）．

（43）　Weaver の 2 回のヨーロッパ旅行については次に詳しく述べられている：*ibid.*; 二度目の旅行は 1933 年 5 月 3 日から 6 月 13 日にわたって行なわれた．

（44）　Hevesy が決心をした時点については次の手紙より結論を出した：Rutherford より Hevesy 宛，1933 年 5 月 12 日付け，Hevesy Scientific Correspondence（HSC），これは次に保存：the Niels Bohr Archive, Copenhagen. 私は次の点でこの Archive の Hilde Levi 女史に謝意を表する，女史はこの豊富な資料の検索のためにコレクションの手筈を整えてくれた，これには各手紙から重要事項を抜粋したファイル・カードも含まれる．Jones の春の訪問については次にその報告がある：the Lauder Jones Diary 5 Apr 1933, RF RG 12（注 13）．その他の引用は次より：the Warren Weaver

Diary 13 Jun 1933, *ibid.*

(45)　Bohr がアメリカからの帰途にイギリスに寄るということは次の手紙に記されている：Bohr より Heisenberg 宛，1933 年 8 月 17 日付け，BSC (20, 2) (注 5)．Bohr と Jones のケンブリッジでの会談に関する情報を含む次の手紙では，果たして Bohr がこの時 Special Research Aid Fund (特別研究支援資金) の支援を受けて研究所に来るべき特定の亡命者の名前を提案したのかどうかはっきりしない：Bohr より Jones 宛，1933 年 10 月 11 日付け，“Rockefeller Foundation,” BGC-S (5, 7) (注 5)．

(46)　Bohr と Brønsted より Jones 宛，1933 年 10 月 11 日付け，RF RG 1.1, 713, 4, 46 (注 12)．この手紙で，Bohr と Brønsted は Intellectual Workers Committee (知的職業人委員会) を「私立のデンマーク委員会」としている；その適切な位置づけについては次を参照：Harald Bohr より Aage Friis 宛，1933 年 12 月 19 日付け，Aage Friis Papers (脚注 19)．

(47)　引用は次より：Bohr と Brønsted より Jones 宛，1933 年 10 月 11 日付け (注 46)．

(48)　Bohr より Jones 宛，1933 年 10 月 11 日付け (注 45)．Bohr の Rask-Ørsted Foundation への申請の日付は 1933 年 10 月 16 日，“Rask-Ørsted Foundation,” BGC-S (4, 3) (注 5)．

(49)　Solvay Congress に絡めての Bohr の Jones との会談については次に記されている：the Lauder Jones Diary 30 Oct 1933 (注 13)．ナチス・ドイツにおける Meitner の問題については次を参照：Beyerchen, *Scientists under Hitler* (注 1), p. 47．正式の申請は 1933 年 11 月 18 日，Bohr より Jones 宛に提出された：“713D, University of Copenhagen: Meitner (Physics) 1933–1934,” RF RG 1.1, 713, 5, 57 (注 12)．財団は申請の承認を次の公式通知で報せた：Jones より Bohr 宛，また Jones より Copenhagen University 学長宛，日付はどちらも 1933 年 11 月 23 日，*ibid.* Bohr は当地に来ないと言う Meitner の決定について次の手紙で説明した：Jones 宛，1934 年 1 月 15 日付け，これは 1934 年 1 月 4 日付けの Jones からの手紙に促されて書いたものである，*ibid.* この後 Meitner 支援の動きは撤回された；次を参照 [President] Nørlund より Jones 宛，1934 年 2 月 10 日付け，Jones より Nørlund 宛，1934 年 3 月 2 日付け，*ibid.*

(50)　パリ支部の動きは次に記録が保存されている：RF RG 1.1, 713, 4, 46 (注 12); ニューヨークからの是認の報せは次の電報：Weaver より Rockefeller Foundation, Paris 宛，1934 年 1 月 11 日付け，“713D, University of Copenhagen: Franck (Physics) 1933–1935,” RF RG 1.1, 713, 5, 55．Hevesy, Franck, および装置への資金援助の報せは次の手紙：Jones より Brønsted 宛，1934 年 1 月 18 日付け，RF RG 1.1, 713, 4, 46, また次の 2 通：Jones より Bohr 宛，1934 年 1 月 18 日付け，“Rockefeller Foundation,” BGC-S (5, 8) (注 5)．この資金援助は Special Research Aid Fund (特別研究支援資金) と Research Aid Grant (研究支援交付) の一環としてなされたことについてはそれぞれ次に報告がある：*The Rockefeller Foundation: Annual Report 1933* (New York: Rockefeller Foundation, no date), pp. 223, 369, および *ibid.* 1934, pp. 151–152, 305．デンマークの財源からの支援については次を参照：Nørlund より Bohr

と Brønsted 宛, 1933 年 12 月 20 日付け, "Rask-Ørsted Foundation," BGC-S (4, 3) (注 5).

(51) 引用は the action documents (事業記録) (注 50) より. ゲッチンゲンでの Franck への資金援助についての情報の出所は次:"717D, University of Göttingen Physics (Franck, J., equipment) 1931-1932," RF RG 1.1, 717, 13, 122 (注 12);特に次を参照:Tisdale より Jones 宛, 1931 年 5 月 1 日付け, 1931 年 10 月の承認の勧め, および Tisdale より Franck 宛, 1931 年 10 月 22 日付け, その支援承認の報せ. この情報に私を案内してくれたことで, the Ohio State University の歴史家, Alan D. Beyerchen に謝意を表する. 数学研究所の建設と新装置との関わりについては次を参照:Bohr より Jones 宛, 1933 年 10 月 11 日付け (注 45); Bohr は研究所の「拡張」に取り組んでいることにはっきり言及した手紙を書いている. たとえば, Bohr より仁科宛, 1934 年 1 月 26 日付け (注 11).

(52) 伝記的な情報は次より得た:H. G. Kuhn, "James Franck 1882-1964" in *Biographical Memoirs of Fellows of the Royal Society II* (1965), 53-74, pp. 53-56. Franck に関する伝記的な資料は乏しい. 上記 Kuhn による文献には Franck の仕事の文献一覧があるが (pp. 67-74), これに加えて次も参照:E [ugene] R [abinowitch], "James Franck, 1882-1964, Leo Szilard, 1898-1964" in *Bulletin of the Atomic Scientists 20* (Oct 1964), 16-20. また次も参照:Thomas S. Kuhn *et al.*, six sessions of interviews with Franck, 9-14 Jul 1962, AHQP (注 24), この session II, p. 12 では初め Franck と Hertz が Bohr の仕事に気づいていなかったことが論じられており, session IV, p. 22 では二人が Berlin ではじめて会った時のことが論じられている; the AHQP の中のこれおよび他のインタビューはマイクロフィルム化されていない.

(53) 二人の間に交わされた現存の最初の手紙は Bohr より Franck 宛, 1920 年 10 月 18 日付け, BSC (2, 4) (注 5). 新聞報道については次を参照:Peter Robertson, *The Early Years: The Niels Bohr Institute 1921-1930* (Copenhagen: Akademisk Forlag, 1979), p. 39. Copenhagen physicists との関係については Franck interview (注 52), session IV, p. 11 に述べられている.

(54) Born と Franck の学問上の付き合いの進展については次を参照:Kuhn, "Franck" (注 52), p. 58. Franck のベルリンの後継者については, たとえば次を参照:Forman, *Environment and Practice* (注 8), p. 258. Born の引用は次より:Max Born, *My Life: Recollections of a Nobel Laureate* (London: Taylor & Francis Ltd., 1978), p. 211. 最後の引用は次より:the Franck interview (注 52), session II, p. 9; ただし次も参照, ここでは Franck は Bohr が無謬ではないことを認めている:*ibid.* session IV, pp. 11-12. Franck は Born の反応を知って驚きを表した:*ibid.* session IV, p. 14.

(55) Beyerchen, *Scientists under Hitler* (注 1), p. 18.

(56) 量子力学の発展についての解説の標準をなすものが次である:Max Jammer, *The Conceptual Development of Quantum Mechanics* (New York: McGraw-Hill, 1966) 〔邦訳:既出〕. Bohr と Heisenberg の最初の出会いについては次を参照:Robertson, *Early Years* (注 53), pp. 60-63. Heisenberg を研究所に獲得する上での Franck の役割につ

いては次を参照：Bohr より Franck 宛，1925 年 11 月 18 日付け，Franck より Bohr 宛，1925 年 11 月 20 日付け，Bohr より Franck 宛，1925 年 11 月 26 日付け，1925 年 12 月 22 日付け．BSC (10, 4) (注 5).

(57)　Bohr と Franck の間の往復書簡は次に保存されている：BSC (注 5)；次のところには，この時期の Bohr，Franck 間の手紙で付け加えるべきものはない：the James Franck Papers, Joseph Regenstein Library, University of Chicago．引用は次より：the Franck interview (注 52), session II, p. 4.

(58)　*Ibid.*, session IV, p. 10; Kuhn, "Franck" (注 52), p. 59.

(59)　Franck と Hertz は「電子の原子への衝突を支配する法則の発見により」ノーベル賞を受賞した；*Nobel Lectures, Including Presentation Speeches and Laureates' Biographies: Physics, 1922-1941* (Amsterdam, London, New York: Elsevier Publishing Company, 1965), p. 93．ノーベル賞講演は次：James Franck, "Transformation of Kinetic Energy of Free Electrons into Excitation Energy of Atoms by Impacts," Gustav Hertz, "The Results of Electron Impacts in the Light of Bohr's Theory of the Atom," in *ibid.*, pp. 98-111, 112-129．引用は次より：the Franck interview (注 52), session V, p. 13.

(60)　フランクにとってのベルリンの口については次を参照：the Lauder Jones Diary 30 Mar 1931 (注 13), また Beyerchen, *Scientists under Hitler* (注 1), pp. 18-19．Rubens が Nernst の後継となったことについては次を参照：K. Mendelsohn, *The World of Walther Nernst: The Rise and Fall of German Science, 1864-1941* (Pittsburgh: University of Pittsburgh Press, 1973), p. 138.

(61)　Haber の後を継ぐ可能性については次を参照：Beyerchen, *Scientists under Hitler* (注 1), p. 37, および Jost Lemmerich (ed.), *Max Born, James Franck, Physiker im ihrer Zeit: Der Luxus des Gewissens* (Berlin: Staatsbibliothek Preussischer Kulturbesitz, 1982), p. 116. the Baltimore offer の受諾については次を参照：Beyerchen, *Scientists under Hitler*. p. 37, および Daniel Willard より Edmund E. Day 宛，1933 年 8 月 22 日付け，RF RG 1.1, 713, 5, 55 (注 50).

(62)　Franck のゲッチンゲンでの Harald Bohr と Lauder Jones との会談については次を参照：Franck より Niels Bohr 宛，1933 年 8 月 9 日付け，Box 10, Folder 5, Franck Papers (注 57)，ここには Franck の歓喜と不安も表れている．Franck は次の手紙で Bohr にドイツで私的な会談をもちたいと言った：1933 年 8 月 26 日付け，BSC (19, 2) (注 5)，これに Bohr は前向きの答えをした：1933 年 9 月 2 日付け，*ibid.* Beyerchen, *Scientists under Hitler* (注 1), p. 37，によればその会談は実際に行なわれたらしい．

(63)　Bohr より Franck 宛，1933 年 10 月 23 日付け，Box 10, Folder 5, Franck Papers (注 57).

(64)　MIT と Harvard からの申し入れについては次を参照：K. T. Compton より Stephen Duggan 宛，1933 年 6 月 14 日付け，RF RG 1.1, 713, 5, 55 (注 50); Stanford については次を参照：R. L. Wilbur より Mason 宛，7 月 10 日付け［1933 年］，電報，Weaver より Wilbur, Wilbur より Weaver，1933 年 7 月 28 日付け，*ibid.*; Princeton に

ついては次を参照：Joseph S. Ames より Weaver 宛，1933 年 9 月 28 日付け，*ibid.* Franck の Hopkins での職が続く可能性については Bohr との会談の際話題に上った：Lauder Jones Diary 30 Oct 1933, RF RG 12（注 13）.

（65） Harald Bohr との会談については次の手紙にその記録がある：Niels Bohr より Lauder Jones 宛，1933 年 11 月 18 日付け，RF RG 1.1, 713, 5, 55（注 50）．Franck がコペンハーゲンに滞在したいという希望ははっきりしていないと言ったことは次より：the H. M. Miller Diary, excerpt in *ibid.* Jones は Franck がコペンハーゲンに行く意向を固めたことを New York office に電報で報せた，1933 年 11 月 20 日付け，*ibid.* Weaver は次の手紙で Franck の Baltimore stay の支援を断った：Ames 宛，1933 年 11 月 28 日付け，*ibid.* Ames は Franck の選択についての自分の確信を次の手紙で表明した：Weaver 宛，1933 年 12 月 1 日付け，*ibid.* Franck の出発の日付は次から取った：Beyerchen, *Scientists under Hitler*（注 1）, p. 37.

（66） Wilbur Tisdale Diary 8 Apr 1934, RF RG 12（注 13）.

（67） Kuhn, "Franck"（注 52）, p. 72; Franck の刊行物については，Kuhn による追悼記事にある文献一覧を参照.

（68） 次を参照：William O. McCagg, Jr., *Jewish Nobles and Geniuses in Modern Hungary*（Boulder: East European Quarterly, 1972），特に pp. 158–160 では Hevesy が論じられている.

（69） Hevesy と Bohr はそれぞれ 1885 年の 8 月 1 日と 10 月 7 日に生まれた．Hevesy に関する伝記的情報は次から得た：John D. Cockcroft, "George de Hevesy 1885–1966" in *Biographical Memoirs of Fellows of the Royal Society 13*（1967）, 125–166, pp. 125–127. Hevesy に関する伝記的資料としては次を参照：G. Hevesy, "A Scientific Career" in *Perspectives in Biology and Medicine 1*（1958）, 345–365, reprinted in *idem., Adventures in Radioisotope Research: Collected Papers*［2 巻，ページは通しで打たれており，第 2 巻の始まりは p. 517］（New York, etc.: Pergamon Press, 1972）, pp. 11–30; R. Spence, "George Charles de Hevesy" in *Chemistry in Britain 3*（1967）, 527–532; Hilde Levi, "George de Hevesy, 1 August 1885 – 5 July 1966" in *Nuclear Physics A98*（1967）, 1–24; F. Szabadváry, "George Hevesy" in *Journal of Radioanalytical Chemistry 1*（1968）, 97–102. Hilde Levi, *George de Hevesy: Life and Work*（Bristol: Adam Hilger; Copenhagen: Rhodos, 1985）．これは人間 Hevesy を最も深い洞察をもって扱っている．Levi の二著作には Hevesy の仕事の文献目録が含まれており，これは Cockcroft の記事に含まれるものより少し幅広い目録である．Bohr の初期の公刊物については次を参照：*Niels Bohr Collected Works*, Vol. 1, Léon Rosenfeld（gen. ed.）: *Early Work (1905–1911)*, J. Rud Nielsen（ed.）and Vol. 2, Léon Rosenfeld（gen. ed.）: *Work on Atomic Physics (1912–1917)*, Ulrich Hoyer（ed.）（Amsterdam, etc.: North-Holland Publishing Company, 1972 and 1981）.

（70） Hevesy のヨーロッパの旅は彼の手紙で跡づけられる：Hevesy より Johannes Stark 宛，1912 年 2 月 2 日付け，Nachlass Stark, Handschriftenabteilung, Staatsbibliothek, Preussischer Kulturbesitz, West Berlin; Hevesy より Rutherford 宛，1912 年 2 月 14 日付け，Rutherford Correspondence Collection, Cambridge University Library,

Cambridge, England; この二通の写しは次に保管されている：HSC（注 44）；最初の手紙はマンチェスターから出され，二通目はオーストリアのグラーツから出されている．The Bunsen lecture は同協会の雑誌に次のように掲載されている：G. Hevesy, "Radioaktive Methoden in der Elektrochemie" in *Zeitschrift für Elektrochemie 18*（1912），546–549, また，同じ標題で少し変更したものが次に掲載：*Physikalische Zeitschrift 13*（1912），715–719.

（71） Bohr と Hevesy の討論への参加については特に次を参照：Hevesy より Rutherford 宛，1913 年 10 月 14 日付け，Rutherford Collection（注 70）また HSC（注 44）；この手紙についてはまた後で論じる．放射性物質の化学的同一性の問題を解決する最も重要な諸論文が次に英語で復刊されている：Alfred Romer (ed.), *Radiochemistry and the Discovery of Isotopes*［*Classics of Science, Volume VI*］(New York: Dover, 1970)，これには編者による明快な序論が付いている——"The Science of Radioactivity, 1896–1913: Rays, Particles, Transmutations, Nuclei and Isotopes," pp. 3–60.

（72） 引用は次より：Bohr より Oseen 宛，1913 年 2 月 5 日付け，BSC (5, 4)（注 5）；この手紙は次に再録されている：*Bohr Collected Works,* Vol. 2（注 69), pp. 551–552. Bohr は次の論文を挙げている：G. Hevesy, "Die Valenz der Radioelemente" in *Physikalische Zeitschrift 14*（1913), 49–62. Bohr の挙げた成果の解説として定評のあるのが次の文献である：John L. Heilbron and Thomas S. Kuhn, "The Genesis of the Bohr Atom" in *Historical Studies in the Physical Sciences 1*（1969），211–290, pp. 266–283. Bohr のノーベル賞受賞の理由は次の通り，"for his services in the investigation of the structure of atoms and of the radiation emanating from them"（原子構造の研究ならびに原子から出る輻射に関する研究の功績により）; *Nobel Lectures, Including Presentation Speeches and Laureates' Biographies: Physics, 1922–1941* (Amsterdam, etc.: Elsevier Publishing Company, 1965), p. 1; 彼の Nobel Prize Lecture は次の通り，"The structure of the atom" in *ibid.*, pp. 7–43.

（73） Hevesy の Manchester での失敗については次を参照：Hevesy, "Scientific Career," p. 14, Levi, *Hevesy,* pp. 23–27; Levi, "Hevesy," p. 2, Cockcroft, "Hevesy," p. 130, Spence, "Hevesy," p. 527, Szabadvary, "Hevesy," p. 98（すべて注 69 にあり）；また次の手紙も参照：Hevesy より Rutherford 宛，1912 年 2 月 14 日付け（注 70）．Hevesy は本文に引用した次の手紙で Paneth との共同研究に乗り出した：Hevesy より Paneth 宛，1913 年 1 月 3 日付け，Nachlass Paneth, Archly & Bibliothek der Geschichte der Max Planck Gesellschaft, Berlin, この写しは次にある：HSC（注 44）．Paneth については次を参照：Herbert Dingle and G. R. Martin, "Introduction" in *idem.* (eds.), *Chemistry and Beyond: A Selection from the Writings of the Late Professor F. A. Paneth* (New York, London, Sydney: Interscience Publishers, 1964), pp ix–xxi, またここには Paneth 関連の他の伝記的出版物の文献一覧もある．

（74） Soddy が自分の主張を行なったのは次の文献である：Frederick Soddy, *The Chemistry of the Radio Elements*［Alexander Findlay (ed.), *Monographs in Physical Chemistry*］(London: Longmans, Green & Co., 1911), pp. 58–59. Hevesy は Meyer の提案を次の

手紙に記している：Hevesy より Rutherford 宛，1912 年 12 月 1 日付け，HSC（注 44）.

(75)　トレーサー法の導入は Hevesy と Paneth による 4 つの講演の第 2 番目に当たる．これらは次の形となって印刷された："Mitteilungen aus dem Institut für Radiumforschung" nos. 42-45, and published by the Austrian Academy in two separate ways: "Über Radioelemente als Indikatoren in der analytischen Chemie" in *Sitzungsberichte der Akademie der Wissenschaften* [Vienna], *mathematisch-naturwissenschaftliche Klasse, Abteilung IIa, 122* (1913), 1001-1007, and in *Monatshefte für Chemie und verwandte Teile anderer Wissenschaften: Gesammelte Abhandlungen aus den Sitzungsberichten der kaiserlichen Akademie der Wissenschcften 34* (1913), 1401-1407．この論文は少し改訂された次の形で刊行された：G. Hevesy and F. Paneth, "Die Löslichkeit des Bleisulfids und Bleichromats" in *Zeitschrift für anorganischer Chemie 82* (1913), 323-328．後の版の英訳が次の形で再版されている：Hevesy, *Adventures*（注 69), pp. 31-35, and in G. Hevesy, *Selected Papers of George Hevesy* (London, etc.: Pergamon Press, 1967), pp. 1-5. Hevesy のノーベル賞受賞理由は次の通り："for his work on the use of isotopes as tracers in the study of chemical processes"; これについては次を参照：*Nobel Lectures, Including Presentation Speeches and Laureates' Biographies: Chemistry. 1942-1962* (Amsterdam, etc.: Elsevier Publishing Company, 1964), p. 1. Hevesy's Nobel Prize lecture, "Some Applications of Isotopic Indicators," は pp. 9-41, またこれは次に再録：Hevesy, *Adventures*. pp. 929-969.

(76)　G. Hevesy, "Radio-Elements as Indicators in Chemistry and Physics" in *Report of the Eighty-Third Meeting of the British Association for the Advancement of Science, Birmingham: 1913, September 10-17* (London: John Murray, 1914), pp. 448-449.

(77)　Hevesy より Rutherford 宛，1913 年 10 月 14 日付け（注 71)．the BAAS *Report*（注 76）の p. 403 に Thomson の発表の標題 "X_3 and the Evolution of Helium" だけが載っている．

(78)　この自己宣伝は次の中で行なわれている：G. Hevesy, "Bericht über die Verhandlungen der British Association in Birmingham" in *Zeitschrift für Elektrochemie 20* (1914), 88-93, p. 92. Hevesy の仕事に対する戦争の影響については次を参照：Cockcroft, "Hevesy"（注 69), pp. 132-133．放射性トレーサー法の新たな応用の刊行は次：G. Hevesy and E. Rona, "Die Lösungsgeschwindigkeit molekülarer Schichten" in *Zeitschrift für physikalische Chemie 89* (1915), 294-305，これは次に再録，Hevesy, *Adventures*（注 69), pp. 89-96; G. Gróh and G. Hevesy, "Die Selbstdiffusionsgeschwindigkeit des geschmolzenen Bleis" in *Annalen der Physik 63* (1920), 85-92; *idem.*, "Die Selbstdiffusion in festem Blei" in *ibid.* 65 (1921), 216-222，次に再録，*Adventures,* pp. 110-113, またこの要約が次の 1920 年 4 月の Bunsen Gesellschaft における講演にある：G. Hevesy, "Die Selbstdiffusion in geschmolzenem Blei" in *Zeitschrift für Elektrochemie 26* (1920), 363-364; G. Hevesy and L. Zechmeister, "Über den intermolekularen Platzwechsel gleichartiger Atome" in *Berichte der Deutschen Chemischen Gesellschaft* [Berlin] *53* (1920), 410-415，次に再録：*Adventures*, pp, 103-108 と Hevesy, *Selected Papers*（注 75), pp.

24-29; G. Hevesy and L. Zechmeister, "Über den Verlauf des Umwandlungsvorgangs isomerer lonen" in *Zeitschrift für Elektrochemie 26* (1920), 151-153. ブダペストにおける Hevesy の状況については次を参照：Cockcroft, "Hevesy" (注 69), p. 133, また, 第一次世界大戦中の Hevesy の体験のより詳しい解説が次にある：Levi, *Hevesy* (注 69), pp. 34-46.

(79) ハンガリーの状況については次を参照：Peter Pastor, *Hungary Between Wilson and Lenin: The Hungarian Revolution of 1918-1919 and the Big Three* (Boulder: East European Quarterly, 1976), pp. 144, 151. その他の情報は戦後 Bohr と Hevesy の間に交わされた最初期の書簡から得た：Hevesy より Bohr 宛, 1919 年 3 月 2 日付け, Bohr より Hevesy 宛, 1919 年 3 月 14 日付け, Hevesy より Bohr 宛, 1919 年 4 月 19 日付け, Bohr より Hevesy 宛, 1919 年 8 月 9 日付け, Bohr より Hevesy 宛, 1919 年 9 月 1 日付け, BSC (3, 3) (注 5). Bohr は次の手紙で特別奨学金の手配の件を報せた：Hevesy 宛, 1920 年 4 月 10 日付け, *ibid.* Bohr が度重ねて特別奨学金を更新した件は次に報じられている：Robertson, *Early Years* (注 53), p. 49.

(80) Hevesy のトレーサー法の適用可能範囲が限られていたことのこの時代の証拠については次を参照：Fritz Paneth and Walther Bothe, "Radioelemente als Indikatoren" in *Handbuch der Arbeitsmethoden in der anorganischen Chemie, Zweiter Band, Zweite Hälfte* (Berlin and Leipzig: Walter de Gruyter & Co., 1925), pp. 1027-1047, on pp. 1027-1028. Hevesy 到着の時期については次を参照：Bohr より Hevesy 宛, 1920 年 6 月 1 日付け, BSC (3, 3) (注 5). 分離の仕事の論文は次：J. N. Brønsted and George Hevesy, "The separation of the isotopes of mercury" in *Nature 106* (30 Sep 1920). 144 (引用はこれより), また *idem.*, "The separation of the isotopes of chlorine" in *ibid. 107* (14 Jul 1921), 619. この仕事については次に記述あり：Cockcroft, "Hevesy," pp. 134-135, Szabadváry, "Hevesy," pp. 99-100, Spence, "Hevesy," p. 528, Hevesy, "Scientific Career," p. 19 (いずれも注 69), G. Hevesy, "Gamle Dage" in *Niels Bohr: Et Mindeskrift* [*Fysisk Tidsskrift 60* (1962)] (Copenhagen: Fysisk Tidsskrift, 1963), pp. 26-30, on pp. 27-29. Hevesy と Brønsted の成果を報じた論文は次の the Niels Bohr Archive に保存されている, この研究所から出た出版物の合本に一篇も含まれていない：*Universitetets Institut for teoretisk Fysik: Afhandlinger* [1918-1959].

(81) Bohr の理論に対する X 線分光学の関係, また Coster と Hevesy の共同研究とその成果については次に述べられている：Helge Kragh, "Niels Bohr's Second Atomic Theory" in *Historical Studies in the Physical Sciences 10* (1979), 123-186, pp. 167ff., 184-186.

(82) Bohr の初の共著論文は次：Niels Bohr and Dirk Coster, "Röntgenspektren and periodisches System der Elemente" in *Zeitschrift für Physik 12* (1923), 342-374, この論文の日付は 1922 年 10 月 22 日. 次に英訳も付けて再録：*Niels Bohr Collected Works,* Vol. 4: *The Periodic System (1920-1923)*, J. Rud Nielsen (ed.), (Amsterdam, New York, Oxford: North-Holland Publishing Company, 1977), pp. 485-518, 519-548.

(83) ハフニウムの発見は次で扱われている：Helge Kragh, "Anatomy of a Priority

Conflict: The Case of Element 72" in *Centaurus 23*（1980）, 275-301. その発見のニュースは次で明かされた：Niels Bohr, "The Structure of the Atom" in *Nobel Lectures, Physics: 1922-1941*（注 72）, pp. 7-43, on p. 42; この講演は元のデンマーク語と英訳が次に収録されている：*Niels Bohr Collected Works,* Vol. 4（注 82）, pp. 427-465, 467-482. *Afhandlinger*（注 80）中に Hevesy が著者としてリストされている 35 篇の論文のうち，20 篇がハフニウムに直接関連している．Levi, *Hevesy* と Cockcroft, "Hevesy"（共に注 69）の文献一覧にはさらに 13 篇のハフニウム関係の論文が挙げられており，その数は Hevesy の別の題目の仕事のほうに加えられている．

（84） Hevesy がはじめて自分の動機について述べた時には，Bohr の理論に対する関心を強調した：［G. Hevesy,］"Aufzeichnungen über die Entdeckung des Hafnium. Geschrieben in Tapio-Sap im Juli 1923," p. 2; これはタイプ打ちの原稿で Niels Bohr Archive, Copenhagen に保存されている．X 線分光学に手を出す動機として原子核壊変の可能性を挙げているのは Cockcroft, "Hevesy"（注 69）, p. 136 であるが，実はこれは Hevesy 自身が述べたことである；次を参照，Cockcroft より Leon Rosenfeld 宛，1967 年 5 月 5 日付け，HSC（注 44）．この動機は自分の前の論文を補足したいという Hevesy の望みに結びついている：G. Hevesy, "An Attempt to Influence the Rate of Radioactive Disintegration by Use of Penetrating Radiation" in *Nature 110*（12 Aug 1922）, 216, 論文の日付は 1922 年 7 月 11 日．動機の一つとして鉱物分析への関心を挙げているのは次：Hevesy, "Career"（注 80）, p. 21. 次の Hevesy の講演の内容がこの関心の裏づけとなる："Jordens Alder"（"The Age of the Earth"）to the Danish Geological Association on 13 Nov 1922. この講演の報告が次にある：*Meddelelser fra Dansk Geologisk Forening 6*（2, 1923）, 13-19. この後の Hevesy の X 線の仕事の拡大ぶりが次に詳述されている：Cockcroft, "Hevesy," pp. 140-141.

（85） George Hevesy, "The Absorption and Translocation of Lead by Plants: A Contribution to the Application of the Method of Radioactive Indicators in the Investigation of the Change of Substance in Plants" in *The Biochemical Journal 17*（1923）, 439-445. この論文の要約が次に掲載：*Nature 112*（1923）, 772.

（86） J. A. Christiansen, G. Hevesy, and S. Lomholt, "Recherches, par une méthode radiochimique, sur la circulation du bismuth dans l'organisme" in *Comptes rendus des séances de l'Académie des sciences*［Paris］*179*（7 Apr 1924）, 1324-1326; *idem.,* "Recherches, par une méthode radiochimique, sur la circulation du plomb dans l'organisme" in *ibid.* 179（28 Jul 1924）, 291-292. これらの論文の英訳は次に収録：Hevesy, *Adventures*（注 69）, pp. 143-145, 146-147; and in *idem., Selected Papers*（注 75）, pp. 53-55, 57-58.

（87） Hevesy は自分の出した結果を次のレビューにまとめている：George Hevesy, "Über die Anwendung von radioaktiven Indikatoren in der Biologie" in *Biochemische Zeitschrift 173*（1926）, 175-180. Hevesy の書簡は HSC（注 44）に保管されている．たしかに Hevesy は生物学関連の仕事を研究所の文脈の外で行なったのではあるが，1950 年代に作成された当地の出版物の集録には一篇を除いて，1920 年代の Hevesy のその種の出版物のすべてが収録されている．その一篇とは次―― Christiansen, Hevesy,

and Lomholt, "Recherches sur la circulation du bismuth" (注 86); *Afhandlinger* (注 80) 参照.

(88) Hevesy のフライブルクへの移動については次を参照：Levi, *Hevesy* (注 69), pp. 59-62, また Cockcroft, "Hevesy" (注 69), pp. 140-141. 出版論文は次：G. Hevesy, "The Use of X-Rays for the Discovery of New Elements" in *Chemical Reviews 3* (1927), 321-329. Johannesburg 講演は次に収録：G. Hevesy, "Quantitative Chemical Analysis by X-Rays and Its Application" in *Nature 124* (1929), 841-843. コーネルでの連続講義は次の形で刊行：G. Hevesy, *Chemical Analysis by X-Rays and Its Applications [The George Fisher Baker Non-Resident Lectureship in Chemistry at Cornell University, volume 10]* (New York: McGraw-Hill, 1932).

(89) サマリウムの論文は次：G. Hevesy and M. Pahl, "Radioactivity of Samarium" in *Nature 130* (1932), 846-847. コペンハーゲンの Hevesy に Auer が希土類を提供した件は次に報じられている：Cockcroft, "Hevesy," p. 141, Spence, "Hevesy," p. 529, また Levi, *Hevesy,* p. 57 (いずれも脚注 69). Auer との関係は希土類入手も含めて Hevesy のコペンハーゲン時代より前に遡る. 次を参照：G. Hevesy, "Freiherr Auer von Welsbach" in *Akademische Mitteilungen aus Freiburg 4* (1929), 17-18; Fritz Paneth, "Zum 70. Geburtstag Auer von Welsbach" in *Die Naturwissenschaften 16* (1928), 1037-1038, 英訳は次, "Auer von Welsbach" in Dingle and Martin (eds.), *Chemistry and Beyond* (注 73), pp. 73-76.

(90) 放射性トレーサー法の非生物学的応用の論文は次：G. Hevesy and W. Seith, "Der radioaktive Rückstoss im Dienste von Diffusionsmessungen" in *Zeitschrift für Physik 56* (1929), 790-801, with an editors' "Berichtigung" in *ibid., 57* (1929), 869; G. Hevesy and R. Hobbie, "Lead Content of Rocks" in *Nature 128* (1931), 1038-1039. "Berichtigung" を除く英訳は次に収録：Hevesy, *Adventures* (注 69), pp. 127-137, 43-44, and in *idem., Selected Papers* (注 75), pp. 37-47, 6-7. 生物学的応用の文献は次：G. Hevesy and O. H. Wagner, "Die Verteilung des Thoriums im tierischen Organismus" in *Archiv für experimentelle Pathologie, und Pharmakologie 149* (1930), 336-342.

(91) 重水素の発見についてはたとえば次を参照：F. G. Brickwedde, "Harold Urey and the Discovery of Deuterium" in *Physics Today 35* (Sep 1982), 34-39. また Daniel J. Kevles, *The Physicists: The History of a Scientific Community in Modern America* (New York: Alfred A. Knopf, 1978), pp. 225-226. また次も参照：Roger H. Stuewer, "The naming of the deuteron" in *American Journal of Physics 54* (1986), 206-218, p. 206. Urey からの助力は次に詳述：Hevesy, "Career" (注 80), p. 25, 第一の引用はこれより. 第二の引用は次の手紙より：Hevesy より Rutherford 宛, 1934 年 4 月 1 日付け, Rutherford Collection (注 70)；写しは HSC (注 44) にあり. Hevesy の Bohr との往復書簡 in BSC (20, 3) (注 5) 参照.

(92) Bohr と Brønsted は Hevesy の仕事場所に関する自分たちの希望を次の手紙で報せた：Jones 宛, 1933 年 10 月 11 日付け (注 46). Hevesy が先手を打って Jacobsen と仕事がしたいと述べたのは次の手紙：Bohr 宛, 1933 年 11 月 6 日付け, BSC (20,

3) (注 5). これに続く彼から Bohr 宛の手紙で特定の研究計画に触れていないものの日付は 1933 年 12 月 27 日と 31 日付け, *ibid.* Hevesy はインドに行くという自分の心積もりを次の手紙で打ち明けた：Franck 宛, 1934 年 7 月 20 日付け, Franck Papers (注 57), Box 4, Folder 2; copy in HSC (注 44). Hevesy は Franck に二通目の手紙で, 自分の心積もりのインド行きのことを Bohr に告げなくてよかった, と言っている：Franck 宛, 1934 年 8 月 18 日付け, *ibid.* 最後の二つの引用は次の手紙より：Hevesy より Bohr 宛, 1934 年 8 月 11 日付け, BSC (20, 3).

(93) Hevesy の結婚については次を参照：Levi, *Hevesy* (注 69), p. 59.

(94) Bohr より Rutherford 宛, 1934 年 2 月 1 日付け, BSC (25, 2). Bohr より Bloch 宛, 1934 年 2 月 17 日付け, BSC (17, 3) (注 5)；この手紙は次に収録：Erik Rüdinger (gen. ed.), *Niels Bohr Collected Works,* Vol. 9: Rudolf Peierls (ed.), *Nuclear Physics (1929–1952)* (Amsterdam, etc.: North-Holland Physics Publishing 1986), pp. 540–541.

(95) 「新種の放射能」を報じた論文は次：Irène Curie and Frédéric Joliot, "Un nouveau type de radioactivité" in *Comptes rendus des séances de l'Academie des sciences 19* (15 Jan 1934), 254–256; また次も参照：*idem.*, "Artificial Production of a New Kind of Radioelement" in *Nature 133* (10 Feb 1934), 201–202. この二篇は次に収録：Frédéric and Iréne Joliot-Curie, *Œuvres Scientifiques Complètes* (Paris: Presses Universitaires de France, 1961), pp. 515–516, 520–521.

(96) Bohr より Curie 宛, 1934 年 3 月 10 日付け, BSC (18, 2) (注 5).

(97) 引用は次より：*Nobel Lectures, Including Presentation Speeches and Laureates' Biographies: Chemistry, 1922–1941* (Amsterdam, etc.: Elsevier Publishing Company, 1966). 二人の Nobel Prize lectures は 1935 年 12 月 12 日に行なわれた：Irène Joliot-Curie, "Artificial Production of Radioactive Elements" and Frédéric Joliot, "Chemical evidence of the transmutation of elements"; 次に収録, *ibid.,* pp. 366–368, 369–373. 元のフランス語版は次で読める：Joliot-Curie, *Œuvres* (注 95), pp. 516–548, 549–552.

(98) 次の二つは Fermi の研究プログラムの解説として相補い合うものである：Gerald Holton, "Striking Gold in Science: Fermi's Group and the Recapture of Italy's Place in Physics" in *Minerva 12* (1974), 158–198 (reprinted as "Fermi's Group and the Recapture of Italy's Place in Physics" in *idem., The Scientific Imagination: Case Studies* (Cambridge, England: Cambridge University Press, 1978), pp. 155–198, そして Emilio Segrè, *Enrico Fermi: Physicist* (Chicago and London: University of Chicago Press, 1970), pp. 64–93〔邦訳：エミリオ・セグレ（久保亮五, 久保千鶴子訳）『エンリコ・フェルミ伝—原子の火を点した人』（みすず書房, 1976)〕. もっと前の Rutherford の憶測は次に載っている：Ernest Rutherford, "Nuclear Constitution of Atoms — Bakerian Lecture" in *Proceedings of the Royal Society A97* (1920), pp. 374–400, 396–397; reprinted in *The Collected Papers of Lord Rutherford: Volume Three, Cambridge* (London: George Allen and Unwin Ltd, 1965), pp. 14–40, on p. 34. ローマ・グループのシリーズ論文の第一は次：Enrico Fermi, "Radioattività indotta da bombardemento di neutroni" in *Ricerca Scientifrca 5* (15 Mar 1934), 283, 論文の日付は 3 月 25 日；英訳されて次に収録,

Enrico Fermi, *Collected Papers, volume 1: Italy 1921–1938* (Chicago: University of Chicago Press, 1961), pp. 645–646, 674–675.

(99) Franckの迷いについては次を参照：FranckよりMax Born宛，1934年5月18日付け，Nachlass Born 229 B i . 8, Staatsbibliothek, Berlin (注70); copy in Franck Papers (注57), Box 1, Folder 7. FranckとLeviの共同研究については私が1981年9月16日，the Niels Bohr Institute, Copenhagenで行なったHilde Leviへのインタビューを参照.

(100) BohrがFranckの仕事について報せたのは次の手紙：Heisenberg宛，1934年4月20日付け．BSC (20, 2) (注5)．放射線源の提供元となったRadium Stationについては次を参照：Levi, *Hevesy* (注69), p. 87. FranckはFrischに到着の確認の手紙を出した：1934年4月26日付け，Document F41[1], Otto Robert Frisch Papers, Trinity College, Cambridge University, England. FrischよりFranckへの返事は次：1934年5月1日付け，Franck Papers (注57), Box 1, Folder 7. FranckよりBohr宛の報せは1934年7月19日付け，BSC (19, 2) (注5).

(101) Metropolitan-Vickersが行なったRutherfordの研究所への据え付けについては次を参照：T. E. Allibone, "Metropolitan-Vickers Electrical Company and the Cavendish Laboratory" in John Hendry (ed.), *Cambridge Physics in the Thirties* (Bristol: Adam Hilger Ltd, 1984), pp. 150–173, on pp. 161ff. Hevesyがロンドンに行く途中Franckに報せた手紙は次：Franck宛，1934年4月30日付け，Franck Papers (注57), Box 4, Folder 2. Bohrのソ連への旅の予定については次を参照：BohrよりAbraham Joffe宛，1934年3月10日付け，JoffeよりBohr宛，1934年3月23日付け，BohrよりJoffe宛，1934年3月26日付けと1934年4月13日付け，BSC (21, 3) (注5).

(102) 引用は次の手紙より：BohrよりBjerge宛，1934年6月21日付け，BSC (17, 2) (注5)．Bjergeのケンブリッジ滞在については次を参照：BjergeよりBohr宛，1933年11月20日付け，*ibid.*, BohrよりRutherford宛，1933年12月19日付け，BSC (25, 2).

(103) 出版した論文は次：J. Ambrosen, "Über den aktiven Phosphor und das Energiespektrum seiner 'β-Strahlen'" in *Zeitschrift für Physik 91* (1934), 43–48; 論文受理の日付は1934年7月19日――謝辞はp. 48にある．これに関連するRomeの仕事についてはAmbrosenは次を挙げている：E. Fermi, "Possible Production of Elements of Atomic Number Higher than 92" in *Nature 133* (16 Jun 1934), 898–899, p. 898. 同じ実験データを出してはいるが，上記1934年5月10日付けのローマ・グループの論文では同じポイントをはっきり指摘していない；E. Amaldi, O. D'Agostino, E. Fermi, F. Rasetti, E. Segrè, "Radioattivita 'beta' provocata da bombardementa di neutroni. — III" in *Ricerca Scientifica 5* (30 Apr 1934), 452–453. これらローマから出た論文は次に収録，また後者は英訳もされている：Fermi, *Collected Papers* (注98), pp. 748–750 (on p. 749), 649–650, 677–678. Franckは自分の責任でAmbrosenの論文を投稿したことをBohrに次の手紙で報せた：Bohr宛，1934年7月19日付け (注100).

(104) Bohrは次の手紙でFermiの考えに賛成しない旨を告げた：Rutherford宛，1934

年6月30日付け，これに対するRutherfordの返事は1934年7月9日付け；両者は共に次にある，BSC (25, 2)（注5）．前者は次にも収録：*Niels Bohr Collected Works,* Vol. 9（注94), pp. 651-652. Bohr宛，1934年9月14日付けの手紙，BSC (19, 4)で，GamowはBohrの意見を受け取ったことを報せた．Romeの実験家たちの仕事については，Cambridgeとの共同研究も含めて次に記されている：Segrè, *Fermi*（注98), pp. 77-78. Bohrの見解については次を参照：R. Peierls, "Introduction" in *Niels Bohr Collected Works,* Vol. 9（注94), pp. 3-83, on pp. 14-15.

(105) T. Russell Wilkins, "A Visit to the Institute of Theoretical Physics — Copenhagen, June, 1934"; three-page typed report in the Rush Rhees Papers, Department of Rare Books and Special Collections, The University of Rochester Library. この資料の存在はTom Cornellにご指摘いただいた.

(106) the Bohr Scientific Correspondenceのうちで，この事件をはじめて取り上げているのは次の手紙：Schultz [Bohrの秘書] よりTrumpy宛，1934年7月13日付け，BSC (26, 1)（注5）．この件を語ったものはいくつかある；たとえば次を参照，Niels Blædel, *Harmoni og Enhed: Niels Bohr — En Biografi* (Copenhagen: Rhodos, 1985), pp. 184-186, この英語版は，*idem., Harmony and Unity: The Life of Niels Bohr* (Madison, Wisconsin: Science Tech Publishers; Berlin, etc.: Springer Verlag, 1988), pp. 152-155; Ulrich Röseberg, *Niels Bohr: Leben und Werk eines Atomphysikers 1885-1962* (Berlin: Akademie-Verlag, 1985), p. 208. 現存するBohr自筆の手紙で事件後最初のものは次：BohrよりHeisenberg宛，1934年9月8日付け，BSC (20, 2). Bohrのthe London conferenceに行かないという決定については次を参照：BohrよりIrène Joliot-Curie宛，1934年9月22日付け，BSC (21, 3)．the London conferenceのproceedingsは次：*International Conference on Physics London 1934: A Joint Conference Organized by the International Union of Pure and Applied Physics and the Physical Society. Papers and Discussions. In two volumes. Vol. 1. Nuclear Physics* (London: The Physical Society, 1935)．Volume 2は"The Solid State of Matter"に当てられている．この国際会議の重要性については次を参照：Roger H. Stuewer, "The Nuclear Electron Hypothesis" in William R. Shea (ed.), *Otto Hahn and the Rise of Nuclear Physics* (Dordrecht, Boston, Lancaster: D. Reidel Publishing Company, 1983), pp. 19-67, on p. 51.

(107) FermiよりHevesy宛，1934年10月15日付け，BSC (19, 2)（注5）[under Fermi]；誤ってBohr宛としてファイルとマイクロフィルム化が行なわれている．Fermiが照射した希土類の一覧はローマにおける誘導放射能プロジェクトの報告でFermiのHevesy宛の手紙の前に出たものに基づく：Fermi, "Radioattività"（注98), *idem.,* "Radioattività provocata da bombardemento di neutroni" in *Ricerca Scientifica 5* (31 Mar 1934), 330-331, Amaldi *et al.*, "Radioattività — III"（注103), *idem.*, "Radioattività provocata da bombardemento di neutroni. — IV" in *Ricerca Scientifica 5* (15 Jun 1934), 652-653; *idem.*, "Radioattività provocata da bombardemento di neutroni. — V" in *ibid.* (15-31 Jul 1934), 21-22, これらは次に再録：Fermi, *Collected Papers, volume 1*（注98), pp. 645-646, 647-648, 649-650, 651-652, 653-654, 英訳は次，pp. 674- 675, 676,

677-678, 679-680, 681-682. 論文の日付は次, 25 Mar, undated, 10 May, 23 Jun, 12 Jul 1934. これらの論文と並行してローマ・グループは36種の元素に関する詳細かつ肯定的な結果を出版している.

(108) Hevesy より Fermi 宛, 1934年10月26日付け, BSC [under Fermi] (19, 2) (注5).

(109) 関連の出版物は次：G. Hevesy, "Artificial Radioactivity of Scandium" in *Det Kongelige Danske Videnskabernes Selskab: Mathematisk-fysiske Meddelelser 13* (3, 1935), 17 pp. [dated Jan 1935]; G. Hevesy and H. Levi, "Raciopotassium and Other Artificial Radio-elements" in *Nature 135* (13 Apr 1935), 580; *idem.*, "Artificial Radioactivity of Dysprosium and Other Rare Earth Elements" in *Nature 136* (20 Jul 1935), 103; *idem.*, "The Action of Neutrons on the Rare Earth Elements" in *Det Kongelige Danske Videnskabernes Selskab: Mathematisk-fysiske Meddelelser 14* (4, 1936), 33 pp. Bohr の説得については次を参照：Levi, *Hevesy* (注69), p. 77, また特に次も参照：Weiner's Levi interview 28 Oct 1971 (注37), pp. 21-22.

(110) Franck は自分の苛立ちを次の手紙で述べた：Born 宛, 1934年10月29日付け, Nachlass Born (注99) 229 Bl. 9-12; copy in Franck Papers (注57), Box 1, Folder 7. Franck が挙げている論文はおそらく次：J. Franck and H. Levi, "Beitrag zur Untersuchung der Fluoreszenz in Flüssigkeiten" in *Zeitschrift für physikalische Chemie 27* (1935), 409-420 and Erich Schneider, "Der Prozess der Auslöschung der Fluoreszenz von Flüssigkeiten durch Halogenionen" in *ibid.* 28 (1935), 311-322, 論文の受理の日付はそれぞれ1934年10月5日と1935年2月14日；後のほうの論文については形の上では著者に加わっていないが実は Franck はその仕事に深く関わっていた. Frisch は the Copenhagen effort に関する自分の見解を次の手紙で表明した：Segrè 宛, 1934年10月29日付け, Document B759, Frisch Papers (注100).

(111) Bohr より Fowler 宛, 1934年12月12日付け, BSC (19, 2) (注5).

(112) Franck より Born 宛, 1935年1月8日付け, Nachlass Born (注99) 229 Bl. 13 (carbon copy); copy in Franck Papers (注57) Box 1, Folder 7. "slow neutrons" 効果の発見については次を参照：Segrè, *Fermi* (注98), pp. 79-83, ここではまた Bohr と Fermi の間の不一致がこれらの実験が行なわれる過程で解決を見たことも記されている. この結果をはじめて活字にしたレターは翻訳されて Segrè の本の pp. 81-82 に掲載されているが, 元の出版は次：E. Fermi, E. Amaldi, B. Pontecorvo, F. Rasetti, E. Segrè, "Azione di sostanze idrogenate sulle radioattivitá provocata da neutroni. I" in *Ricerca Scientifica 5* (2, 1934), 282-283; 論文の日付は1934年10月22日. これは元のイタリア語と英訳が次に再録：Fermi, *Collected Papers, volume 1* (注98), pp. 757-758, 761-762.

(113) Franck より Born 宛, 1935年1月8日 (注112).

(114) Franck interview (注52), session IV, p. 12.

(115) この逸話は1971年8月25日と10月21日に Charles Weiner が Christian Møller に行なったインタビューの中で出てきたものである, テープ起こし原本の pp. 86-

87；このインタビューは次に保存：Niels Bohr Library of the American Institute of Physics in New York City．また次も参照：Levi, *Hevesy*（注 69）, p. 81．Franck と Hevesyの研究スタイルをとびきり鋭くかつ率直に比較したものとして次を挙げる：Weiner's Levi interview 28 Oct 1971（注 37）, pp. 28–29.

(116)　引用は次より：Franck interview（注 52）, session IV, p. 11. Hevesy は自分のはじめてのゲッチンゲン訪問について次の手紙で述べている：Bohr 宛，1932 年 8 月 21 日付け，BSC（20, 3）（注 5）．もう一つ，Franck と Hevesy のコペンハーゲン体験に対する相異なる反応の解説として次を参照：Levi, *Hevesy*（注 69）, p. 82.

(117)　私が 1981 年 6 月 5 日，Massachusetts Institute of Technology において行なった Victor Weisskopf へのインタビュー.

(118)　Weiner's Møller interview 1971 年 8 月 25 日と 10 月 21 日（注 115）, p. 72.

第 4 章

(1)　Robert E. Kohler, "A Policy for the Advancement of Science: The Rockefeller Foundation, 1924–29" in *Minerva 16*（1978）, 480–515．また次も参照：Raymond B. Fosdick, *The Story of the Rockefeller Foundation*（New York: Harper and Brothers, 1952）, pp. 135–137.

(2)　Kohler, "Policy"（注 1）, pp. 502–510; Abraham Flexner, *Funds and Foundations: Their Policies Past and Present*（New York: Harper & Brothers Publications, 1952）, p. 83; Fosdick, *Story*（注 1）, p. 154; George W. Gray, *Education on an International Scale: A History of The International Education Board 1923–1938*（New York: Harcourt Brace and Company, 1941）, p. 3.

(3)　Robert E. Kohler, "The Management of Science: The Experience of Warren Weaver and the Rockefeller Foundation Programme in Molecular Biology" in *Minerva 14*（1976）, 279–306, pp. 283–284．この論述を少し改訂したものが次：*idem.*, "Warren Weaver and the Rockefeller Foundation Program in Molecular Biology: A Case Study in the Management of Science" in Nathan Reingold（ed.）, *The Sciences in the American Context: New Perspectives*（Washington, D. C.: Smithsonian Institution Press, 1979）, pp. 249–293.

(4)　Warren Weaver, *Scene of Change: A Lifetime in American Science*（New York: Charles Scribner's Sons, 1970）, pp. 28–32; Fosdick, *Story*（注 1）, p. 156.

(5)　Kohler, "Management"（注 3）, pp. 284–286.

(6)　Mason の要請は次に掲載："A Brief Summary of the Conferences of Trustees and Officers at Princeton" in "900, Programs and Policy: General," Rockefeller Foundation archive, Record Group 3, Series 900, Box 22, Folder 166（RF RG 3, 900, 22, 166）in the Rockefeller Archive Center（RAC）, Pocantico Hills, New York．Spoehr についての情報は次より：Kohler, "Management"（注 3）, p. 286.

(7)　資金援助に関する情報は次から取った："Agenda for Special Meeting April 11,

1933" in RF RG 3, 900, 22, 168 (注 6).

(8) Hevesy の申請書の写しは次に保存："717D, University of Freiburg: Physical Chemistry," RF RG 1.1, 717, 13, 119 (注 6).

(9) Hevesy の New York 到着の時点については彼の次の手紙より：Spoehr 宛，1930 年 9 月 8 日付け，RF RG 1.1, 717, 13, 119 (注 8). 引用は次の手紙より：Jones より Hevesy 宛，1930 年 9 月 3 日付け，*ibid.* Hevesy の Cornell 大学での講演の公刊は次：George Hevesy, *Chemical Analysis by X-Rays and Its Applications* [*The George Fisher Baker Non-Resident Lectureship in Chemistry at Cornell University,* volume 10] (New York: McGraw-Hill, 1932).

(10) Spoehr が会合の設定をしたのは次の手紙：Hevesy 宛，1930 年 9 月 24 日付け，RF RG 1.1, 171, 13, 119 (注 8). Hevesy への支援の承認については 1930 年 12 月 10 日付けの Rockefeller 財団役員から理事会宛の推薦状と Norma S. Thompson to Hevesy s. d., *ibid.* 参照.

(11) Weaver, *Scene of Change* (注 4), pp. 2, 28–55. 二人の共著の文献紹介は次：Max Mason and Warren Weaver, *The Electromagnetic Field* (Chicago: University of Chicago Press, 1929).

(12) アメリカへの量子力学の導入については次を参照：Stanley Coben, "The Scientific Establishment and the Transmission of Quantum Mechanics to the United States, 1919–32" in *American Historical Review 76* (1971), 442–466; また Katherine R. Sopka, *Quantum Physics in America 1920–1935* (New York: Arno Press, 1980), 再刊は *idem., Quantum Physics in America: The years through 1935* [*The History of Modern Physics 1800–1950, Volume 10*] (New York: Tomash Publishers and American Institute of Physics, 1988). 出版の日付は違っていても後者の本は前者と同一であり，したがって 1970 年代中期以後の文献は挙げていない. Mason と Weaver が量子力学を受け入れなかったことについては次に記述がある：Weaver, *Scene of Change* (注 4), pp. 56–57, またこれは Weaver の任命の経緯も pp. 58–63 で扱っている.

(13) *Ibid.*, pp. 65–66, 引用は p. 65 より. Jones に関する付加情報は次より：J. McKeen Cattell and Jaques Cattell (eds.), *American Men of Science: A Biographical Directory* [sixth edition] (New York: Science Press, 1938).

(14) 引用は次より：the Lauder Jones Diary 19 and 20 Jul 1932; Rockefeller Foundation officers の日記は次にファイルされている：RF RG 12, RAC (注 6). Bohr が前もって自分の不在を報せていたことは次の手紙よりわかる：Jones より Bohr 宛，1932 年 6 月 30 日付け，"Rockefeller Foundation," Bohr General Correspondence, Special File, film 1, section 6 (BGC-S (1, 6)), Niels Bohr Archive, Copenhagen.

(15) 引用も含む関連の手紙は次：Bohr より Weaver 宛，1933 年 4 月 13 日付け，"713D, University of Copenhagen: Biophysics 1933–34," RF RG 1.1, 713, 4, 46 (注 6).

(16) Kohler, "Warren Weaver" (注 3), p. 259.

(17) Weaver の報告は次にある：*The Rockefeller Foundation: Annual Report 1932* (New York: Rockefeller Foundation, undated), pp. 235–256, 引用は on p. 236. この支出の規模は

Weaver の報告にある研究所関係の情報を pp. 324-327 にある全ロックフェラー財団の支出リストと対照してみればわかる.

(18)　引用は次より：“Staff Conference, Tuesday, March 14, 1933” in RF RG 3, 900, 21, 160 (注6). Rose の社会科学に対する見解の解説として次を参照：Fosdick, *Story* (注1), p. 141.

(19)　この報告が前に挙げた “Agenda” である（注7).

(20)　引用は *ibid.*, p. 62 より．“Proposed Future Program”（未来の計画の提言）という言葉の出所は 1933 年文書には帰せられず，もっと後の次に明示されている：“Report of the Committee of Appraisal and Plan,” p. 25, in RF RG 3, 900, 22, 170 (注6).

(21)　*Ibid.*, pp. 62-63.

(22)　*Ibid.*, pp. 63-65.

(23)　Weaver の報告は次のように呼ばれている：“Natural Sciences — Proposed Program,” “Agenda” (注 7), pp. 76-87, 引用は on pp. 76-77.

(24)　“colonization”（植民）については次を参照：Pnina Abir-Am, “The Discourse of Physical Power and Biological Knowledge in the 1930s: A Reappraisal of the Rockefeller Foundation's Policy' in Molecular Biology” in *Social Studies of Science 12* (1982), 341-382, p. 368. 未刊の書，Robert E. Kohler, *Managers of Science: Foundations and the Natural Sciences 1900-1950* では Weaver と Mason を本物の異分野提携主義者として扱っている.

(25)　引用は次より：Weaver, “Natural Sciences” (注23), p. 77. Abir-Am, “Discourse” (注24) の p. 349 では “biological institute”（生物学研究所）を the Rockefeller Institute（ロックフェラー研究所）と同じものとしている.

(26)　*The Rockefeller Foundation: Annual Report 1933* (New York: Rockefeller Foundation,). Mason の “Foreword”（序文）は pp. xvii-xix にあり，このうち引用は p. xvii に，また Special Research Aid for European Scholars（ヨーロッパ学者特別研究支援資金）は p. xix で公告されている．Weaver の書いた節は pp. 193-230 にあり，このうち引用は p. 200 より.

(27)　*Ibid.;* 有用な “Summary of Appropriations for 1933” と “Payments on Former Appropriations” がそれぞれ pp. 226 と 227-229 にある.

(28)　引用は次より：the Warren Weaver Diary 10 Jul 1933, RF RG 12 (注 14).

(29)　Weaver は Fosdick との会談に備えてメモを用意した：“Modern Biology” in “915, Programs and Policy: Natural Science and Agriculture,” RF RG 3, 915, 4, 38 (注 6). Fosdick の委員会の任命については次を参照：Kohler, “Management” (注 3), p. 292.

(30)　Weaver は Osterhout の手紙を自著 “Modern Biology” (注 29) に引用している.

(31)　Fricke については次を参照：O. A. Allen, “Hugo Fricke and the Development of Radiation Chemistry: A Perspective View” in *Radiation Research 17* (1962), 255-261. Bohr の 1919 年 6 月 9 日付けの Fricke を推薦する手紙と，1919 年 6 月 5 日付けの彼の手紙で，Fricke は研究所に戻るだろうという期待を表明したものが次にある：the Bohr Scientific Correspondence, microfilm 2, section 4 (BSC (2, 4)); the BSC は次

に保存，the Niels Bohr Archive, Copenhagen, またマイクロフィルム・コピーは次に保存，the Niels Bohr Library of the American Institute of Physics in College Park, MD, and other places.

(32)　初めの引用は次より：Weaver より Fosdick 宛，1934 年 3 月 22 日付け，RF RG 3, 915, 4, 38 (注 29)，これは Weaver のメモ “Modern Biology” (注 29) に添付された手紙である．Hill の手紙からの二つの引用はこのメモから取った．

(33)　*ibid.* に引用されている Krogh の言葉．

(34)　引用は次の手紙より：Weaver より Fosdick 宛，1934 年 3 月 22 日付け (注 32)．

(35)　引用は *ibid.* より．

(36)　Weaver のメモ “Modern Biology” (注 29) に引用されている公刊の記事は次：R. G. Hoskins, *The Tides of Life: The Endocrine Glands in Bodily Adjustment* (New York: W. W. Norton & Company, Inc., 1933), pp. 347–348; H. I. Brock, “Conant States His Creed for Harvard — To Inspire the Undergraduate with an Enthusiasm for Creative Scholarship Is the President's Ambition” in *The New York Times Magazine* 18 Mar 1934, pp. 2, 22, on p. 22; H. G. Wells, Julian Huxley, and G. P. Wells, *The Science of Life* (London, etc.: Cassell and Company, Limited, 1931), pp. 879, 880, 879; Frederick Gowland Hopkins, “Some Chemical Aspects of Life [Presidential Address Delivered at Leicester on September 6, 1933]” in *Nature* (Supplement) *132* (9 Sep 1933), 381–394, pp. 382, 391.

(37)　引用は次より：Weaver より Fosdick 宛，1934 年 3 月 22 日付け (注 32)．

(38)　Tisdale と O'Brien に関する情報は次より：Jaques Cattell (ed.), *American Men of Science: A Biographical Directory* [seventh edition] (New York: Science Press, 1944)．

(39)　Tisdale and O'Brien Diary 8 to 11 Apr 1934, RF RG 12 (注 14)．

(40)　*Ibid.*

(41)　引用は *ibid.* より．Morgan との米国での会合は次の手紙に記されている：Bohr より Heisenberg 宛，1933 年 11 月 22 日付け，BSC (20, 2) (注 31)．Morgan については次を参照：Garland E. Allen, *Thomas Hunt Morgan: The Man and His Science* (Princeton: Princeton University Press, 1978)．

(42)　初めの引用は次より：Tisdale より Bohr 宛，1934 年 4 月 28 日付け，“Rockefeller Foundation,” BGC-5 (5, 8) (注 14)．Morgan は実際コペンハーゲンに Bohr を訪ねた；次を参照，Warren Weaver Diary 20 Jun 1934, RF RG 12 (注 14)．二つ目の引用は次より：Tisdale より Weaver 宛，1934 年 4 月 30 日付け，RF RG 1.1, 713, 4, 46 (注 15)．

(43)　Tisdale が自分の意見を述べた手紙は Weaver 宛，1934 年 4 月 30 日付け (注 42)．もう一つの引用は次より：Weaver より Tisdale 宛，1934 年 6 月 5 日付け，RF RG 1.1, 713, 4, 46 (注 15)．

(44)　引用は次より：Bohr より Tisdale 宛，1934 年 4 月 26 日付け，“Rockefeller Foundation,” BGC-S (5, 8) (注 14)．

(45)　Tisdale and O'Brien Diary 8 Apr 1934, RF RG 12 (注 14)．

(46)　*Ibid.*

(47)　初めの引用は次より：the Tisdale and O'Brien Diary 10 Apr 1934, RF RG 12（注14）．1933年4月のフライブルク訪問の折に—— Lauder W. Jones Diary 5 Apr, *ibid.* —— Hevesyは支援金をゆっくり使っているのはお金を残しておくためだと説明した．Weaverは1933年6月，彼とJonesのヨーロッパ旅行の最後の逗留地点としてフライブルクを訪問した際Hevesyの支援金の使い方に賛意を表明した—— Weaver Diary 13 Jun 1933, *ibid*．二つ目の引用は次より：Jones Diary 14 Oct 1933, *ibid.*．Hevesyは自分に対するこの待遇に次の手紙で不平を述べている：Bohr宛，1933年10月15日付け，BSC（20, 3）（注31）．

(48)　Tisdale and O'Brien Diary 10 Apr 1934, RF RG 12（注14）．

(49)　TisdaleとO'Brienの日記の記述は*ibid.*にある．Tisdaleの別の観測は1934年4月28日付けの二つ別々のメモに書かれており，どちらも次の中にある：RF RG 1.1, 713, 4, 46（注15）．

(50)　Kohler, "Management"（注3）, pp. 289, 292.

(51)　Fosdickが出した小委員会の評価は*ibid.*, p. 294に記されている．"experimental biology"（実験生物学）という用語はこの委員会の"Report"（注20），p. 57ではじめて使われた．

(52)　Kohler, "Management"（注3）, pp. 270, 293.

(53)　"Report"（注20）, p. 58, 引用はここより，またp. 61.

(54)　*The Rockefeller Foundation: Annual Report 1934*（New York: Rockefeller Foundation, undated）．Masonは序言，pp. xi–xivの中のp. xiiで取り組みの継続的縮小を論じている．Weaverの節，"The Natural Sciences," pp. 121–165では的を絞ることの必要性と奨学金制度の変更がpp. 125–126で論じられている．"Summary of Appropriations Made in 1934"と"1934 Payments"がそれぞれpp. 158–161と161–164にある．Paulingのプロジェクトは次に取り上げられている：Abir-Am, "Discourse"（注24）, pp. 357–361.

(55)　注54にある*Rockefeller Foundation: Annual Report 1934*へのreference参照．

(56)　Kohler, "Management"（注3）, pp. 292, 297–298.

(57)　*The Rockefeller Foundation: Annual Report 1935*（New York: Rockefeller Foundation, undated）．Weaverのレポート，"The Natural Sciences" pp. 119–187中には，pp. 181–183に"Summary of Appropriations Made in 1935"があり，pp. 183–186に"1935 Payments"がある．

(58)　引用は"Report"（注20）, p. 24より．Weaverとそのプログラムを先駆的とする評価は次に見られる：Kohler, "Management"（注3）, pp. 303–306. the 1935 *Annual Report*（注57）に載っている一プロジェクト，University of LeedsのWilliam T. Astburyのそれは次にも記述がある：Abir-Am, "Discourse"（注24）, pp. 353–357, またこれにはpp. 361–367にCambridge UniversityのJoseph Needham他による1935年の研究提案に関する記述もあるが，これはまったく受け容れられなかった．この没になった研究提案の詳細は*Annual Reports*には記載がない．

(59)　*Annual Report* 1935（注57）; Bohrの研究所のプロジェクトの支援についてはpp.

129-130 に記述がある．

(60)　Wilbur Tisdale Diary 29 Oct 1934, RF RG 12（注 14）．The Radium Station については次を参照：C. A. Clemmensen, *Radiumfondet, Oprettet til Minde om Kong Frederik VIII, 1912-1929: Et Afsnit af Kampen mod Kræften i Danmark*（Copenhagen: Radiumfondet, 1931）．

(61)　初めの引用は次より：August Krogh, “The Use of Deuterium in Biological Work” in *Enzymologia 5*（1938）, 185-189, p. 185．Hevesy の所見は次の自伝的な記事より：G. Hevesy, “A Scientific Career” in *Perspectives in Biology and Medicine 1*（1958）, 345-365, 次に再録，*idem., Adventures in Radioisotope Research: Collected Papers*［二巻物であるがページ番号は通しで打たれており，第 2 巻は p. 517 から始まる］, pp. 11-30, on p. 25. Krogh の二番目の挨拶は Harvard Tercentenary Conference of Art and Sciences でのもので，これは次の形で公刊されている：August Krogh, “The Use of Isotopes as Indicators in Biological Research” in *Science 85*（19 Feb 1937）, 187-191, p. 191．ちなみに Krogh の講演の中のその件は，ロックフェラー財団役員が 1937 年，理事会に対して Bohr の研究所のサイクロトロンのための追加支援を推薦する時に使われた；1937 年 3 月 19 日付けの決議，in RF RG 1.1, 713, 4, 46（注 15）参照．

(62)　Tisdale Diary 29 Oct 1934, RF RG 12（注 14）．

(63)　引用は *ibid.* より．前にストックホルムで行なわれた Hevesy との面談のことは Tisdale Diary 30 Oct 1934, RF RG 12（注 14）に記されている．為替相場は次から取った：*Banking and Monetary Statistics*（Washington, D. C.: Board of Governors of the Federal Reserve System, November 1943）, p. 681.

(64)　引用は次より：Tisdale Diary 30 Oct 1934, RF RG 12（注 14）．Tisdale は Bohr に承認が得られたことを次の手紙で報せた；1934 年 12 月 17 日付け，“Rockefeller Foundation,” BGC-S（5, 8）（注 14）．

(65)　引用は次より：Tisdale より Weaver 宛，1934 年 11 月 16 日付け，RF RG 1.1, 713, 4, 46（注 15）．これら粒子加速装置の術語と歴史についてはたとえば次を参照：M. Stanley Livingston, *Particle Accelerators: A Brief History*（Cambridge, Massachusetts: Harvard University Press, 1969）, pp. 1-21.

(66)　初めの引用は次の手紙より：Tisdale より Weaver 宛，1934 年 11 月 16 日付け（注 65），また Weaver のコメントは彼の次の手紙より：Tisdale 宛，1935 年 1 月 21 日付け；excerpt in “713D, University of Copenhagen: Biophysics 1935-1937,” RF RG 1.1, 713, 4, 47（注 6）．

(67)　Miller についての生物学関連の情報は次から取った：Cattell (ed.), *American Men of Science*［seventh edition］（注 38）．Miller の予期については彼の次の手紙参照：Bohr 宛，1935 年 1 月 19 日付け，“Rockefeller Foundation,” BGC-S（6, 1）（注 14）．Bohr と Hevesy の計画の設明とそれからの引用は次から取った：H. M. Miller Diary 25 Jan 1935, RF RG 12（注 14）．

(68)　引用は *ibid.* より．問題の年月（1932-1945）の間の Bohr と Delbruck の間の交信は BSC（18, 3）（注 31）に保存されている．Delbrück と Weisskopf が実験生物学計

画に加わっていなかったことは次の二つにより確かめられた：Delbrück より私宛の手紙，1980 年 5 月 13 日付け，および私が Weisskopf に行なったインタビュー，Massachusetts Institute of Technology にて，1981 年 6 月 5 日．

(69)　H. M. Miller Diary 25 Jan 1935, RF RG 12 (注 14).

(70)　Miller は彼の日記の中で Carlsberg Foundation から "general research needs" のために毎年 5,000 ドルの支援を受けることを挙げているが，実はそうではなく，この時 Bohr は予想される高電圧の支援を考えていたのだ，と私は主張したい．第 1 章で見たとおり，"general research needs" の支援は 1934 年までに受けていたので，Bohr が Miller のインタビューの時点でそれを "unexpected" と言うとは考えられない．したがって Bohr が言及した支援に関する Miller の判断は誤解によるものだと私は考える．このパラグラフの引用は次より：Bohr より Tisdale 宛，1934 年 11 月 24 日付け，"Rockefeller Foundation," BGC-S (5, 8) (注 14)．一週間後の Bohr の言は彼の次の手紙より：Tisdale 宛，1934 年 11 月 30 日付け，*ibid.*

(71)　Bohr の申請の下書き，1935 年 1 月 26 日付けも，最終申請，1935 年 1 月 28 日付けも共に次にある："Carlsberg Foundation," BGC-S (1, 3) (注 14)．提出された申請（これは Bohr のところに残されたコピーと同じ）は次で見ることができる：Carlsberg Foundation Archive, Copenhagen.

(72)　The Carlsberg Foundation の重役会のリストは次にある：Kristof Glamann, *Carlsbergfondet* (Copenhagen: Rhodos, 1976), p. 199．Bohr の Bjerrum と Pedersen との付き合いについてはたとえば次を参照：Niels Blædel, *Harmoni og Enhed: Niels Bohr, En biografi* (Copenhagen: Rhodos, 1985), pp. 176-178, 237．英語での出版は次：*idem., Harmony and Unity: The Life of Niels Bohr* (Madison, Wisconsin: Science Tech Publishers; Berlin, etc.: Springer-Verlag, 1988), pp. 145-148; figure caption 中にある Bohr と Pedersen についてのコメントは Blædel の本の英訳には載っていない．Bohr と Royal Danish Academy との間柄については次を参照：Johannes Pedersen, "Niels Bohr and the Royal Danish Academy of Sciences and Letters" in Stefan Rozental (ed.), *Niels Bohr: His Life and Work as Seen by Friends and Colleagues* (Amsterdam: North-Holland Publishing Company, 1968), pp. 266-280〔邦訳：既出〕, また Bengt Strömgren, "Niels Bohr and the Royal Danish Academy of Sciences and Letters" in Jorrit de Boer, Erik Dal, and Ole Ulfbeck (eds.), *The Lesson of Quantum Theory: Niels Bohr Centenary Symposium October 3-7, 1985* (Amsterdam: North-Holland Physics Publishing, 1986), pp. 3-12.

(73)　Carlsberg 財団は申請の条件付承認を次の手紙で報せた：Bohr 宛，1935 年 2 月 7 日付け，"Carlsberg Foundation," BGC-S (1, 3) (注 14).

(74)　Bohr より Tisdale 宛，1935 年 2 月 22 日付け．Rockefeller 財団が作ったこの手紙の写しが次に保存されている：RF RG 1.1, 713, 4, 47 (注 66); Bohr のカーボン・コピーは次にある："Rockefeller Foundation," BGC-S (6, 1) (注 14)．上記の二つの手紙は前者に二，三言語の訂正が見られる他は同じである．

(75)　Bohr の申請は *ibid.* にあり，引用もここから．申請の締め切りについては次を参照：Tisdale より Bohr 宛，1935 年 2 月 6 日付け，Bohr より Miller 宛，1935 年 2 月

11日付け，BohrよりTisdale宛，1935年2月14日付け，"Rockefeller Foundation," BGC-S (6, 1)（注14）．研究所におけるHevesyの生物学研究の伝統を持ち出したBohrの議論が受け容れられたことは，それから生じたRockefeller財団の1935年4月17日の決議から窺える．その決議は研究所に実験生物学計画からの支援を供するというものである，RF RG 1.1, 713, 4, 46（注15）．

（76）BohrよりTisdale宛，1935年2月22日付け（注74）．

（77）*Ibid.*

（78）Bohrの休暇の継続については次のBohrの手紙を参照：Heisenberg宛，1935年1月28日付けと1935年3月9日付けBSC (20, 2)（注31）．Hevesyが直接申請書を提出するという手筈については次を参照：BohrよりTisdale宛，1935年2月14日付け，TisdaleよりBohr宛，1935年2月28日付け，"Rockefeller Foundation," BGC-S (6, 1)（注14），また申請書そのもの，BohrよりTisdale宛，1935年2月22日付け（注74）．引用は次より：TisdaleよりWeaver宛，1935年2月27日付け，RF RG 1.1, 713, 4, 47（注66）．

（79）*Ibid.*

（80）Hevesyの，他の研究所の候補についての説明は*ibid.*にあり．Chievitzが原子物理学を生物学に使うという自分のアイデアを記した手紙は次：Bohr宛，1924年4月20日付け，Bohr General Correspondence, deposited in the Niels Bohr Archive, Copenhagen. Bohrはこの友人の追悼文を書いている，"Ole Chievitz" in *Ord och Bild* 55 (1947), 49–53；これは次に再録：*Niels Bohr Collected Works*, Vol. 12: Finn Aaserud (gen. ed.): *Popularization and People (1911–1962),* Finn Aaserud (ed.), (Amsterdam: Elsevier, 2007), pp. 451–455 (Danish original), 456–460 (English Translation). Finsen Instituteについては次の大部の文献を参照：Vilhelm Møller-Christensen (ed.), *Finsen lnstituttet 1896–23. Oktober–1946* (Copenhagen: Det Berlingske Bogtrykkeri, 1946)；この文献をご指摘いただいた件でKnud Max Möllerに謝意を表する．

（81）TisdaleよりWeaver宛，1935年2月27日付け（注78）．

（82）BohrよりTisdale宛，1935年2月22日付け（注74）．

（83）Tisdaleが内緒のご意見伺いをした手紙はBohr宛，1935年2月6日付け，そしてBohrが支援に賛成の意向を表明した返事は1935年2月14日付け，"Rockefeller Foundation," BGC-S (6, 1)（注14）．Hevesyがもたらした情報の報告は次：TisdaleよりWeaver宛，1935年2月27日付け（注78）．引用は次より：TisdaleよりHevesy宛，1935年3月7日付け，"Rockefeller Foundation," BGC-S (6, 1)（注14），ここにHevesyの電報の引用とKroghの手紙への言及がある．

（84）TisdaleはKroghの支援に前向きの姿勢で次の手紙を書いた：Weaver宛，1935年3月6日付け，RF RG 1.1, 713, 4, 47（注66）．

（85）引用は次より：TisdaleよりHevesy宛，1935年3月7日付け（注83）．Tisdaleは1935年2月27日付けのWeaver宛の手紙（注78）の表題に"Krogh — v. Hevesy — Bohr proposal"という言葉を使っている．

（86）別の事柄についてのBohrとthe Rockefeller Foundationとの交信については次を

参照：Bohr より Tisdale 宛，1935 年 3 月 8 日付け，Bohr より Miller 宛，1935 年 3 月 8 日付け，Tisdale より Bohr 宛，1935 年 3 月 11 日付け，Miller より Bohr 宛，1935 年 3 月 11 日付け，“Rockefeller Foundation,” BGC-S (6, 1)（注 14）．Hevesy の Tisdale への対応の内容は次に記されている：Krogh より Tisdale 宛，1935 年 3 月 12 日付け，RF RG 1.1, 713, 4, 47（注 66）．Rehberg が教えることの許可については次も参照：“Opiettelse of et Lektorat i Zoofysiologi ved Universitetet for Amanu ensis, Dr. phil. P. B. Rehberg” in *Aarbog for Københavns Universitet, Kommunitetet og Den Polytekniske Læreanstalt, Danmarks Tekniske Højskole, indeholdende Meddelelser for det akademiske Aar 1935–1936* [*Copenhagen University Yearbook 1935–36*] (Copenhagen: A/S J. H. Schultz Bogtrykkeri, 1939), pp. 35–36．引用は次より：Tisdale より Hevesy 宛，1935 年 3 月 11 日付け，“Rockefeller Foundation,” BGC-S (6, 1)．

(87) Hevesy より Tisdale 宛，1935 年 3 月 13 日付け，*ibid.*

(88) Chievitz statement 12 Mar 1935, *ibid.*

(89) Krogh より Tisdale 宛，1935 年 3 月 12 日付け（注 86）．

(90) *Ibid.*

(91) Tisdale より Hevesy 宛，1935 年 3 月 16 日付け，“Rockefeller Foundation,” BGC-S (6, 1)（注 14）．

(92) Tisdale より Bohr 宛，1935 年 4 月 18 日付け，Norma S. Thompson [Tisdale の秘書] より President Østrup 宛，1935 年 4 月 25 日付け，Weaver より Østrup 宛，1935 年 4 月 25 日付け，*ibid.* また次も参照：the Rockefeller Foundation's *Annual Report 1935*（注 57），pp. 129–130．為替相場は次から取った：Banking（注 63），p. 669．Carlsberg 財団からの支援については第 1 章を参照．

(93) Tisdale Diary 24 May 1935, RF RG 12（注 14）．

第 5 章

(1) ここに挙げた第一の援助の報せは次の手紙：Nordic Insulin Foundation より Bohr 宛，1935 年 3 月 22 日付け，“Nordic Insulin Foundation,” Bohr General Correspondence, Special File, film 3, section 4 (BGC-S (3, 4))，これは the Niels Bohr Archive, Copenhagen に保存されている．Bohr が第二の援助の申請をした手紙は 1938 年 11 月 10 日付けで，これに対する有望な返答は 1939 年 7 月 7 日付け，*ibid.* Nordic Insulin Foundation やその他デンマークの諸機関に関する全般的な情報については Biological Institute of the Carlsberg Foundation の Knud Max Møller の博識に負うところ大である．引用は次より：the Warren Weaver Diary, 14 Feb 1937; the Rockefeller Foundation officers の日記は次にファイルされている：the Rockefeller Foundation archive, Record Group 12 (RF RG 12), Rockfeller Archive Center (RAC), Pocantico Hills, New York.

(2) 引用は次より：the Warren Weaver Diary 14 Feb 1937, RF RG 12（注 1）．Thrige

Foundation のここに関連する内部記録の photocopy を親切に私に提供して下さったのは Erik Rüdinger at the Niels Bohr Archive, Copenhagen である．この記録は Thrige Foundation からこの Archive に提供された．私は Thrige Foundation からの支援に関係した交信は一つも目にしていない．ここおよびこの後のドルの価格は次を基に計算した：*Banking and Monetary Statistics* (Washington, D. C.: Board of Governors of the Federal Reserve System, November 1943), p. 669.

（3） 初めの引用は寄贈を報じる公式書簡のコピーより，書簡は 1935 年 10 月 7 日付けで，次のファイルに保管されている："Radiumgaven," Bohr General Correspondence (BGC), the Niels Bohr Archive, Copenhagen; またこのファイルにはこの寄贈によって購入したものについての詳しい情報も含まれている．寄贈の正確な額の計算には次を参照：Albert V. Jørgensen より Bohr 宛，1936 年 9 月 2 日付け，*ibid.* 寄贈が行なわれる前の寄贈に関連する交信は見当たらない．Hevesy が Rutherford に向かって述べた所見は 1935 年 10 月 8 日付けの手紙にある，Rutherford Correspondence Collection, Cambridge University Library, またその写しが次にある，Hevesy Scientific Correspondence (HSC), Niels Bohr Archive, Copenhagen．引用した Rutherford の返事は HSC にあり，日付は 1935 年 10 月 14 日付け．

（4） Bohr の 1936 年 9 月 30 日付けの Carlsberg Foundation への申請と 1936 年 11 月 25 日付けの有望な返事は次にある："Carlsberg Foundation," BGC-S (1, 3)（注 1)．Bohr の 1936 年 9 月 30 日付けの Zeuthen Fund への申請（引用はこれより）のカーボン・コピーおよび 1934 年 11 月 14 日付けの返事は次にある："Zeuthen Memorial Fund," BGC-S (6, 8)．これに続く Zeuthen Fund からの支援については次の同 Fund の承認状参照，1939 年 11 月 29 日付け，*ibid.*．同 Fund の創立に関する情報については Knud Max Møller のご教示を得た．

（5） Robert E. Kohler, "The Management of Science: The Experience of Warren Weaver and the Rockefeller Foundation Programme in Molecular Biology" in *Minerva 14* (1976), 279-306, pp. 296-301．初めの引用は次より：the Warren Weaver Diary 14 Feb 1937, RF RG 12（注 1)．後の二つの引用は次より：Weaver より Wilbur Tisdale 宛，1937 年 2 月 23 日付け，"713D, University of Copenhagen: Biophysics 1935-1937," Rockefeller Foundation archives, Record Group 1.1, Series 713, Box 4, Folder 47 (RF RG 1.1, 713, 4, 47), RAC（注 1)．the Rockefeller Foundation が 1936 年と 1937 年に充当した額は次により知ることができる：*The Rockefeller Foundation: Annual Report 1936* (New York: Rockefeller Foundation, undated), and ditto 1937, pp. 348-349 and 392-393, respectively.

（6） 1937 年 3 月 19 日付けの Bohr への支援承認の決議は次にある："713D, University of Copenhagen: Biophysics 1933-1934," RF RG 1.1, 713, 4, 46（注 5)．Copenhagen cyclotron は Minnesota Van de Graaff および Paris cyclotron と共に "Apparatus for Tagging the Atoms" という名目の下に供されている，*Rockefeller Foundation: Annual Report 1937*（注 5), pp. 194-198, 引用は p. 194 より．Franck への支援は次に記載あり：*Rockefeller Foundation: Annual Report 1936*（注 5), pp. 209-211, 引用

は p. 210 より．

（7） 引用は次より：Bohr より Weaver 宛，1937 年 4 月 4 日付け，RF RG 1.1, 713, 4, 47（注 5）．Lawrence の Berkeley Radiation Laboratory については次を参照：J. L. Heilbron, Robert W. Seidel, and Bruce R. Wheaton, *Lawrence and His Laboratory: Nuclear Science at Berkeley 1931–1961*（Berkeley: Office of the History of Science and Technology, University of California, 1981），またはるかに詳しい文献として，John L. Heilbron and Robert W. Seidel, *Lawrence and His Laboratory: A History of the Lawrence Berkeley Laboratory*, Vol. 1（Berkeley: University of California Press, 1989）．

（8） Cancer Society の前史とその創立については次を参照："Indledning"［Introduction］of its annual report, *Landsforeningen til Kræftens Bekæmpelse: Aarsberetning 1929*, pp. 5–6; Bohr のここことの関係については次を参照："Niels Bohr 7/10 1885–18/11 1962" in *ibid.* 1962, pp. 11–12.

（9） 研究所と Cancer Society との協同関係については次を参照：Cancer Society より Bohr 宛，1938 年 10 月 5 日付け，Bohr より Cancer Society 宛，1938 年 10 月 7 日付け（初めの引用はこれより），Cancer Society より Bohr 宛，1939 年 6 月 22 日付け，"National Committee for the Eradication of Cancer," BGC-S（3, 3）（注 1）．Bohr が Van de Graaff 起電機の据付を薦めたのは協会宛，1940 年 5 月 18 日付けの手紙，*ibid.*; Bohr の助言を容れないという最終結論は次の手紙から窺える：Bohr より協会宛，1942 年 5 月 4 日付け，*ibid.* 引用も取った 1941 年 2 月 26 日付けの手紙（*ibid.*）で，Bohr は自分が出した 1940 年 9 月 30 日付けの Carlsberg Foundation への申請の件を報せた．この申請書は次にある："Carlsberg Foundation," BGC-S（3, 3）．Radium Station における高電圧装置の据付の失敗の件は Knud Max Møller が親切に私に教えてくれたのであるが，彼はその情報を Morten Christensen に頼んで教えてもらった．この人は Finsen Institute's Department for Radiation Physics の物理学者で，かつてその新装置の据付に関わっている．

（10） Bohr が 1935 年 5 月にデンマーク政府に出した運営費の申請は次に再録されている："Institutet for teoretisk Fysik," *Aarbog for Københavns Universitet, Kommunitetet og Den polytekniske Læreanstalt, Danmarks tekniske Højskole indeholdende Meddelelser for det aka demiske Aar 1937–38*［*Copenhagen University Yearbook 1937–38*（1944）］（Copenhagen: J. H. Schultz A/S, 1944), pp. 204–207．新たな常勤助手職の件は次に記されている：*Copenhagen University Yearbook 1935–36*（1939), p. 17．この *Yearbook* の他の巻のうち，Bohr のデンマーク政府への申請と政府のそれへの応答に関連する部分も参照．

（11） Bohr より Carlsberg Foundation 宛，1938 年 9 月 30 日付け，"Carlsberg Foundation," BGC-S（1, 3）（注 1）．これおよびその他の Bohr の申請の結末は研究所の手書きの "Budget Books" に見ることができる．それは次に保存されている：the Niels Bohr Archive, Copenhagen.

（12） Bohr が Rockefeller Foundation からの実験生物学への支援を補うために政府に毎年の交付の増額を申請した手紙は，University Governing Board 宛，1935 年 5 月 7 日付け；その承認については次を参照：University Governing Board より Bohr 宛，

1935年6月13日付け，“University Board of Directors/University,” BGC-S (8, 7)（注1）．私の計算では，Rask-Ørsted Foundationから出た外国人留学生への支援は，毎年15,000デンマーク・クローネの定額分（これは研究所のBudget Books（注11）から取った平均値）に適宜変動する追加分が供されている．B. R. Mitchell, *European Historical Statistics 1705–1975* (Second Revised Edition)（New York: Facts on File, 1981）にはデンマークの“Wholesale Indices”（卸売物価指数）と“Cost of Living Indices”（消費者物価指数）がそれぞれpp. 774と781に記載されている．

(13)　G. Hevesy and E. Hofer, “The Elimination of Water from the Human Body” in *Nature 134* (8 Dec 1934), 879; G. Hevesy, E. Hofer, and A. Krogh, “The Permeability of the Skin of Frogs to Water as Determined by D_2O and H_2O” in *Skandinavische Archiv für Physiologie 72* (1935), 199–214, 論文受理の日付は1934年7月19日．SchönheimerのRockefeller Foundationとの関係については次を参照：“200D, Columbia University: Biological Chemistry 1935–1951,” RF RG 1.1, 200, 130, 1604–1608 and 1.1, 200, 131, 1609–1611（注5）．Schönheimerの仕事の歴史的な解説として次がある：Robert E. Kohler, “Rudolf Schoenheimer, Isotopic Tracers, and Biochemistry in the 1930's” in *Historical Studies in the Physical Sciences 8* (1977), 257–298.

(14)　Charles WeinerのHilde Leviへのインタビュー，1971年10月28日，テープ起こし原本のp. 22; このインタビューは次に保存されている：Niels Bohr Library of the American Institute of Physics, New York City.

(15)　*Ibid.* また私がLeviに対して行なった次のインタビューも参照：Niels Bohr Institute, Copenhagenにて，1980年10月28日と1981年9月10日；Hilde Levi, *George de Hevesy: Life and Work* (Bristol: Adam Hilger, Copenhagen: Rhodos, 1985), pp. 77–79. LeviのHevesy伝にもpp. 135–147に彼の出版物リストがある．

(16)　引用は次より：O. Chievitz and G. Hevesy, “Radioactive Indicators in the Study of Phosphorus Metabolism in Rats” in *Nature 136* (9 Nov 1935), 754–755; 論文の日付は1935年9月13日．編者のコメントは次：“Points from Foregoing Letters” in *ibid.*, p. 761．この結果を詳述した論文は次：O. Chievitz and G. Hevesy, “Studies on the Metabolism of Phosphorus in Animals” in *Det Kongelige Danske Videnskabernes Selskab. Biologiske Meddelelser 13* (9, 1937), 22 pp．Chievitzについての言及は次から取った：John D. Cockcroft, “George de Hevesy 1885–1966” in *Biographical Memoirs of Fellows of the Royal Society 13* (1967), 125–166, p. 146; 実はこの追悼文は生前Hevesy自身が書いたものである――CockcroftよりLéon Rosenfeld宛，1967年5月5日付け，HSC（注3）を参照．

(17)　G. Hevesy, K. Linderstrøm-Lang and C. Olsen, “Atomic Dynamics of Plant Growth” in *Nature 137* (11 Jan 1936), 66–67; 論文の日付は1935年12月9日．Carlsberg Laboratoryについての一般情報は次を参照：H. Holter and K. Max Møller (eds.), *The Carlsberg Laboratory 1876–1976* (Copenhagen: Rhodos, 1976), またこれには次の二人についての伝記的な記事も含まれている：Linderstrøm-LangとOlsen: H. Holter, “K. U. Linderstrøm-Lang,” pp. 88–117, Poul Larsen, “Carsten Olsen,” pp. 130–138.

Linderstrøm-Langの初めに取ったHevesyの仕事に対する否定的な姿勢については次を参照：Cockcroft, "Hevesy," (注16), pp. 145-146.

(18) G. Hevesy, "Isotopernes Anvendelse som Indikatorer i Kemi og Biologi" in *Naturens Verden 20* (1936), 289-301; *idem.*, "Isotopernes Anvendelse i den kemiske Analyse" in *ibid.*, pp. 357-366; *idem.*, "Isotopernes Anvendelse til Undersøgelse of Stofskiftet i levende Organismer" in *ibid.*, pp. 401-414.

(19) この国際会議の計画立案については次を参照：the Wilbur Tisdale Diary 24-26 Jun 1936, RF RG 12 (注1), およびBohrよりTisdale宛, 1936年9月17日付け, RF RG 1.1, 713, 4, 47 (注5), またLily E. Kay, "Conceptual Models and Analytical Tools: The Biology of Physicist Max Delbrück, 1931-1946" in *Journal of the History of Biology 18* (1985), 207-246, p. 223. HevesyとKroghの最初の会議への欠席については次を参照：BohrよりH. M. Miller宛, 1936年10月2日付け, コピーがRF RG 1.1, 713, 4, 47にある. 1936年9月10日にHarvard Universityで行なわれたKroghの講義は次に収録："The Use of Isotopes as Indicators in Biological Research" in *Science 85* (19 Feb 1937), 187-191. 最初の会議の記録は次にある：M. Delbrück and N. W. Timoféeff-Ressovsky, "Summary of discussions on mutations (held by: Muller, Timoféeff-Ressovsky, Bohr, Delbrück and others) at Copenhagen 28-29/IX 1936," このコピーを故Max Delbrückより親切にご提供いただいた. Diracのコメントは次に記されている：H. M. Miller Diary 18-19 Nov 1936, RF RG 12 (注1).

(20) the Rockefeller Foundationによる二つの国際会議への支援に至る経緯は以下のとおり. BohrよりTisdale宛, 1936年9月17日付け：ここではじめてHevesyのトレーサー法をめぐる第二の会議が話題に上った; Miller (Tisdaleは不在中) よりBohr宛, 1936年9月21日付け：ここでさらに詳しい情報が求められた; BohrよりMiller宛, 1936年9月23日付け：ここで二つの会議が提案された; MillerよりBohr宛, 1936年9月25日付け：ここで申請が承認された. 引用は次より：BohrよりTisdale宛, 1936年9月17日付け, RF RG 1.1, 713, 4, 47 (注5). 参会者リストも含む会議の記録は次に保存："713D, University of Copenhagen: Biophysics 1938-1939," RF RG 1.1, 713, 4, 48 (注5). Meyerhofの事情については次を参照：Laura Fermi, *Illustrious Immigrants: The Intellectual Migration from Europe 1930-41* (Chicago and London: University of Chicago Press, 1968), p. 313.

(21) LeviのHevesy伝参照 (注15).

(22) G. Hevesy and E. Lundsgaard, "Lecithinaemia following the Administration of Fat" in *Nature 140* (14 Aug 1937), 275-276. Lundsgaardについては次を参照：Egill Snorrason (L. S. Fridericia), "Lundsgaard, Einar" in *Dansk Biografisk Leksikon* [third edition] *IX* (Copenhagen: Gyldendal, 1981), pp. 196-197. G. Hevesy, J. Hoist, and A. Krogh, "Investigations on the Exchange of Phosphorus in Teeth Using Radioactive Phosphorus as Indicator" in *Det Kongelige Danske Videnskabernes Selskab. Biologiske Meddelelser 13* (13, 1937), 34 pp., 印刷完了は1937年11月23日. the Danish State Farmの仕事の報告は次：G. C. Hevesy, H. B. Levi, and O. H. Rebbe, "The Origin of

the Phosphorus Compounds in the Embryo of the Chicken" in *The Biochemical Journal 32* (12, 1938), 2147–2155, 論文受理の日付は 1938 年 8 月 31 日．諸病院との協力を得て行なった研究はいろいろな場に引用されている．次を参照：Chievitz and Hevesy, "Studies"（注 16), pp. 7–10; G. Hevesy, "Radioactive Phosphorous as Indicator in Biology" [lecture given in October 1938] in *Nuovo Cimento 15* (May 1938), 279–312, pp. 293–295; *idem.*, "The Application of Isotopic Indicators in Biological Research" in *Enzymologia 5* (10 Oct 1938), 138–157, pp. 142–144; and [*idem.*] "Brief summary of the physicobiological researches which have been carried out in the last three years at Copenhagen with the support of the Rockefeller Foundation" [Sep 1938], RF RG 1.1, 713, 4, 48 (注 20).

(23)　G. Hevesy, T. Baranowski, A. J. Guthke, P. Ostern, and J. K. Parnas, "Untersuchungen über die Phosphorübertragungen in der Glykolyse and Glykogenolyse" in *Acta Biologiae Experimentalis 12* (4, 1938), 34–39, この論文は J. K. Parnas が 1937 年 12 月 1 日，Polish Physiological Society に提出したもの．G. C. Hevesy and Ida Smedley-MacLean, "The Synthesis of Phospholipin in Rats Fed on the Fat-Deficient Diet" in *The Biochemical Journal 34* (1940), 903–905, 論文受理の日付は 1940 年 3 月 9 日．The information on the Lister Institute に関する情報は次から取った：*The World of Learning 1988* (thirty-eighth edition) (London: Europa Publications Limited, 1987), p. 1350.

(24)　[Hevesy,] "Brief Summary" (注 22)．Hevesy の熱意のこもった取り組みにより，他の人や機関の興味を呼び起こした件については，特に次の中の活発な討論を参照：Weiner の Levi へのインタビュー，1971 年 10 月 28 日（注 14), pp. 54–56.

(25)　私が 1980 年 10 月 28 日，Niels Bohr Institute において Hilde Levi に行なったインタビュー．研究所から出された出版物については次の関連する巻を参照：*Universitetets Institut for teoretisk Fysik, Afhandlinger*, これは Niels Bohr Archive に保管されており，1918 年から 1959 年までに当所で行なわれた研究から生じた出版物を含んでいる．Levi の初の生物学の共著論文は次：Hevesy, Levi, and Rebbe, "Origin" (注 22)．Hevesy が絶えず生物学の問題に関心をもち続けたことや，Levi の Krogh の研究所への移動については次を参照：Levi, *Hevesy* (注 15), pp. 76ff, 103–105．動物生理学研究所の August Krogh Institute への移行，およびコペンハーゲンの動物生理学全般についての歴史については次を参照：C. Barker Jørgensen, "Dyrefysiologi og gymnastikteori" in Københavns Universitet 1479–1979 [14 volumes], *bind XIII: Det matematisk-naturvidenskabelige Fakultet, 2. del* (Copenhagen: G. E. C. Gads Forlag, 1979), pp. 447–488, on p. 477.

(26)　研究所への留学生の記録は研究所の "Guest Book," に保存されており，これは次のようにマイクロフィルム化されている：the Archive for the History of Quantum Physics, film 35, section 2 (AHQP (35, 2)); the AHQP は次所に保存されている：the American Philosophical Society, Philadelphia; the Niels Bohr Archive, Copenhagen; the Niels Bohr Library of the American Institute of Physics in College Park , MD,; その他．the AHQP については次を参照：Thomas S. Kuhn, John L. Heilbron, Paul Forman,

and Lini Allen, *Sources for the History of Quantum Physics: An Inventory and Report* (Philadelphia: The American Philosophical Society, 1967). Guest Book の原本（その中の日付の一部はマイクロフィルムでは読めない）は Niels Bohr Archive, Copenhagen に保存されている. On the sources of support for Rebbe, Levi, Aten への支援の財源については次を参照：Bohr より Secretary of the University of Copenhagen 宛, 1936年11月13日付け（これは Levi 関係のみ）および 1937年9月27日付け [1936年7月1日から1937年6月30日までの Rockefeller Foundation の例年支援の支出明細], RF RG 1.1, 713, 4, 47 (注 5). 研究所の Budget Books (注 11) には, Hahn の場合についての情報もある.

(27) the Rockefeller Foundation に実験生物学の研究として報告された論文の資料として役立つものに次がある："Papers on the Application of Isotopic Indicators, Copenhagen 1935 to 1940," "7130, University of Copenhagen: Biophysics 1940," RF RG 1.1, 713, 4, 49 (注 5). 研究所から出た出版物のほとんどは *Afhandlinger* (注 25) でも当たることができる. Hevesy のプログラムの発展については次の中で総合的な観点から論じられている：私が Hilde Levi に対して 1981年9月10日に行なったインタビュー（注 15）；また次も参照：Levi, *Hevesy* (注 15), pp. 76-101. Hevesy の外来共同研究者の滞在日程は研究所の Guest Book (注 26) を見れば確定できる.

(28) Armstrong の仕事については次を参照：G. Hevesy and W. D. Armstrong, "Exchange of Radiophosphate by Dental Enamel" in *Proceedings of the American Society of Biological Chemists, Thirty-Fourth Annual Meeting, New Orleans, Louisiana, March 13-16, 1940* [出版用に受理, 1940年1月25日], 次の付録として出版：*Journal for Biological Chemistry 133* (1940), xliv.. Arnold は自分のコペンハーゲンでの仕事について私宛, 1980年8月24日付けの手紙で知らせてくれた. Kamen と Ruben の成果については次を参照：Martin D. Kamen, *Radiant Science, Dark Politics: A Memoir of the Nuclear Age* (Berkeley, Los Angeles, London: University of California Press, 1985), pp. 122-160.

(29) Krogh の研究所から出た論文に関する情報は "Papers" (注 27) から取った.

(30) 引用は次より：[Hevesy] "Brief Summary" (注 22), これはまた Copenhagen University における実験生物学プロジェクトについての記述としても有用である. Lawrence とその研究所と Hevesy との関係については Lawrence より Hevesy 宛, 1938年1月5日付けから始まる大部の Hevesy-Lawrence correspondence from 1938 to 1940, HSC (注 3) を参照. Copenhagen cyclotron の使用については次を参照：J. C. Jacobsen, "Om Cyklotronen" in *Fysisk Tidsskrift 39* (1941), 33-50, pp. 49-50. コペンハーゲンから出た論文で, カリウムを放射性トレーサーとして用いた最初の論文は次：L. Hahn, G. Hevesy, and O. Rebbe, "Permeability of Corpuscles and Muscle Cells to Potassium Ions" in *Nature 143* (17 Jun 1939), 1021-1022, 論文の日付は 1939年5月9日.

(31) この新興分野に関連する同時期のレビューには次がある：David M. Greenberg, "Mineral Metabolism, Calcium, Magnesium, and Phosphorus" in *Annual Review of Biochemistry 8* (1939), 269-300; John R. Loofbourow, "Borderland Problems in Biology

and Physics" in *Reviews of Modern Physics 12* (Oct 1940), 267-358. Arnold は私宛, 1980 年 8 月 24 日付けの手紙（注 28）に回想を書いてくれた. Hevesy ついての引用は次から取った：Urey より Weaver 宛, 1939 年 5 月 9 日付け, RF RG 1.1, 713, 4, 48（注 20）. Hevesy のレビューは次：同人著 "Application of Radioactive Indicators in Biology" in *Annual Review of Biochemistry 9* (1940), 641-662, これには 1939 年 11 月 1 日以前に出版された論文がレビューされている.

(32)　実験生物学計画より給料が出ていた科学者名は次に報告がある：Bohr より Secretary of the University of Copenhagen 宛, 1936 年 11 月 13 日付け, 1937 年 9 月 27 日付け, 1938 年 6 月 30 日付け, 1939 年 9 月付け, RF RG 1.1, 713, 4, 48（注 20）. 汚染問題については私の Hilde Levi へのインタビュー, 1981 年 9 月 10 日（注 15）の中で論じられている.

(33)　The Niels Bohr Scientific Correspondence（BSC）は the Niels Bohr Arcives, Copenhagen に保存されており, そのマイクロフィルム・コピーは the Niels Bohr Library of the American Institute of Physics in College Park, MD, その他に保存されている. フィルムの資料自体は交信者のアルファベット順に配列されているが, the Bohr Archive には手紙の日付順のリストも備わっていて便利である. Rosenfeld と一緒に論文の続編を書こうという計画は次の手紙に報じられている：Bohr より Heisenberg 宛, 1935 年 3 月 16 日付け, BSC, *ibid.*, film 20, section 2, (BSC (20, 2)).

(34)　引用は次の手紙より：Bohr より Heisenberg 宛, 1935 年 5 月 9 日付け［未発送], *ibid.* 量子力学批判の論文は次：A. Einstein, B. Podolsky, and N. Rosen, "Can Quantum-Mechanical Description of Physical Reality Be Considered Complete?" in *Physical Review 47* (15 May 1935), 777-780. これに対する反論は次：Niels Bohr, "Can Quantum-Mechanical Description of Physical Reality Be Considered Complete?" in *Physical Review 48* (15 Oct 1935), 697-702. Bohr and Rosenfeld の続編はついに次の形で出た："Field and Charge Measurements in Quantum Electrodynamics" in *Physical Review 78* (15 Jun 1950), 794-798; 論文受理の日付は 1949 年 10 月 19 日.

(35)　研究所から出た出版物のリストは *Afhandlinger*（注 25）にある. Gamow については次を参照：George Gamow, *My World Line: An Informal Autobiography* (New York: Viking Press, 1970). Gamow の滞在期間は研究所の Guest Book（注 26）より推定.

(36)　*Afhandlinger*（注 25).

(37)　研究所の Guest Book（注 26). Otto Robert Frisch, *What Little I Remember* (Cambridge, etc.: Cambridge University Press, 1979), pp. 81-119; Levi インタビュー, 1981 年 9 月 10 日（注 15). Frisch への支援の出所については次を参照：研究所の Budget Books（注 11）および Bohr より Secretary of the University of Copenhagen 宛, 1936 年 11 月 13 日付け, 1937 年 9 月 27 日付け, 1938 年 6 月 30 日付け, 1939 年 9 月付け（すべて注 32). Frisch はその後の経歴について次で語っている：*What Little*, pp. 120ff.

(38)　*Afhandlinger*（注 25). 滞在研究者の数は次から取った："Visitors from abroad who for longer periods have worked at the Institute for Theoretical Physics, University of

Copenhagen 1918-1948 (arranged according to their native countries)," これは 1950 年頃に申請用に作られたもので，the Niels Bohr Archive, Copenhagen に保存されている．このリストのコピーが次にある：J. Robert Oppenheimer Papers, container 21, Library of Congress, Washington, D. C.．滞在研究者に関するもっと詳しい情報は研究所の Guest Book（注 26）にある．

(39) Niels Bohr, "Neutron Capture and Nuclear Constitution" in *Nature 137* (29 Feb 1936), 344-348; 次に再録：*Niels Bohr Collected Works,* Vol. 9, Erik Rüdinger (gen. ed.):, *Nuclear Physics (1929-1952),* Rudolf Peierls (ed.) (Amsterdam, etc.: North-Holland Physics Publishing, 1986), pp. 152-156.

(40) R. Peierls, "Introduction" in *Niels Bohr Collected Works,* Vol. 9 (注 39), pp. 2-83, on pp. 15-16.

(41) Bohr のエネルギー非保存のアイデアの放棄については簡単に *ibid.* の pp. 13-14 に述べられており，次のレターそのもの，Niels Bohr, "Conservation Laws in Quantum Theory" は pp. 215-216 に再録されている．元々それは次の形で刊行されたものである：*Nature 138* (4 Jul 1936), 25-26; 論文の日付は 1936 年 6 月 6 日．Shankland の物言いの論文は次：Robert S. Shankland, "An Apparent Failure of the Photon Theory of Scattering" in *Physical Review 49* (1 Jan 1936), 8-13. Dirac の転向の論文は次：P. A. M. Dirac, "Does Conservation of Energy Hold in Atomic Processes?" in *Nature 137* (22 Feb 1936), 298-299.

(42) Bohr より Heisenberg 宛，1936 年 2 月 8 日付け（次に再録：*Niels Bohr Collected Works,* Vol. 9 (注 39), pp. 579-581)，またその返事，1936 年 2 月 12 日付け，BSC (20, 2) (注 33); Bohr より Klein 宛，1936 年 2 月 8 日付け，またその返事，1936 年 3 月 2 日付け，BSC (22, 1); Bohr より Delbrück 宛，1936 年 2 月 11 日付けまたその返事，1936 年 2 月 18 日付け，BSC (18, 3); Bohr より Houston 宛，1936 年 2 月 25 日付け，またその返事，1936 年 3 月 18 日付け，BSC (21, 1); Bohr より Gamow 宛，1936 年 2 月 26 日付け（次に再録：*Niels Bohr Collected Works,* Vol. 9, pp. 572-573)，またその返事，1936 年 3 月 25 日付け，BSC (19, 4)．Dirac の手紙，BSC (18, 4) の日付は 1936 年 6 月 9 日で，BSC には含まれていないある手紙の返事として書かれたもの．共同研究の連名論文は次：N. Bohr and F. Kalckar, "On the Transmutation of Atomic Nuclei by Impact of Material Particles" in *Det Kongelige danske Videnskarbernes Selskab. Mathematisk-fysiske Meddelelser 14* (10, 1937), 40pp.; 1937 年 11 月 27 日印刷完了．この論文は次に再録：*Niels Bohr Collected Works:* Vol. 9（注 39), pp. 225-264. Bohr と Kalckar が密な共同研究をした様子はこの論文および関連論文の数篇の原稿を見るとよくわかる；次を参照：Peierls, "Introduction" (注 40), pp. 30-32.

(43) この出来事は次に詳述されている：Peierls, "Introduction" (注 40), pp. 22-24; 関連の手紙は次：Bohr より Delbrück 宛，1936 年 3 月 18 日付け，Delbrück より Bohr 宛，1936 年 3 月 29 日付け，Rosenfeld より Delbrück 宛，1936 年 3 月 22 [?] 日付け，Delbrück より Rosenfeld 宛，1936 年 3 月 25 日付け，いずれも BSC (18, 3)

（注 33），またいずれも次に再録：*Niels Bohr Collected Works,* Vol. 9（注 39），pp. 544–547.

(44)　Delbrück より Bohr 宛，1935 年 11 月 6 日付け，Bohr より Delbrück 宛，1935 年 11 月 22 日付け，BSC (18, 3).

(45)　Bohr は 1935 年開催予定の国際会議の延期について次の手紙で触れている：Klein 宛，1935 年 8 月 9 日付け，BSC (22, 1)（注 33）．結局 1936 年に開かれたこの国際会議に関する Bohr のプランについては次の彼の手紙を参照：Delbrück 宛，1935 年 8 月 10 日付け，BSC (18, 3)，Heisenberg 宛，1935 年 8 月 10 日付け，BSC (20, 2)，Kramers 宛，1936 年 3 月 14 日付け，BSC (22, 3).

(46)　各国際会議へのビジターの数は研究所の Guest Book（注 26）により推定できる.

(47)　Bohr のモデルの権威についての解説が次にある：Hans A. Bethe, "The Happy Thirties" in Roger H. Stuewer (ed.), *Nuclear Physics in Retrospect: Proceedings of a Symposium on the 1930s* (Minneapolis: University of Minnesota Press, 1979), pp. 11–26, on pp. 23–24; 1981 年 4 月 1 日，私が Niels Bohr Institute で行なったインタビューで Bethe はこの解説を再論した．Bohr と彼の核モデルに対する同様の反応については次を参照：Peierls, "Introduction"（注 40），pp. 76–77.

(48)　*Nordiska (19. skandinaviska) naturforskarmötet i Helsingfors den 11–15 augusti 1936* (Helsinki, 1936)．これらのプロシーディングズには語られた話の要約が載っている：Niels Arley, "Om spredningen af neutroner med termiske hastingheder ved bundne protoner," pp. 248–249; Torkild Bjerge, "Induceret Radioaktivitet med kort Halveringstid," pp. 251–253; Fritz Kalckar, "Teoretiske Undersøgelser over Forløbet af Atomkerneprocesser," p. 263; Christian Møller, "Om Positronudsendelsen fra β-radioaktive Stoffer," pp. 266–267; Ebbe Rasmussen, "Hyperfinstruktur og Kernespin," pp. 269–270.

(49)　Peierls, "Introduction"（注 40），pp. 39–42．アメリカでの Bohr の講演の一例として次がある："Transmutations of Atomic Nuclei" in *Science 87* (1937), 161–165; これは次に再録：*Niels Bohr Collected Works,* Vol. 9（注 39），pp. 207–211.

(50)　*Afhandlinger*（注 25）.

(51)　Niels Bohr, "The Rutherford Memorial Lecture 1958: Reminiscences of the Founder of Nuclear Science and of Some Developments Based on His Work" in *Proceedings of the Physical Society 78* (1961), 1083–1115; 次に再録：J. B. Birks (ed.), *Rutherford at Manchester* (London: Heywood & Company Ltd., 1962), pp. 114–167, また Niels Bohr, *Niels Bohr: Essays 1958–1962 on Atomic Physics and Human Knowledge* (New York and London: Interscience, 1963), pp. 30–73; この選集は次に再録：*The Philosophical Writings of Niels Bohr, Volume 3: Essays 1958–1962 on Atomic Physics and Human Knowledge* (Woodbridge, Connecticut: Ox Bow Press, 1987)．Bohr の論文は次に再録：*Niels Bohr Collected Works*, Vol. 10, Finn Aaserud (gen. ed.): *Complementarity Beyond Physics (1928–1962)*, David Favrholdt (ed.) (Amsterdam: Elsevier, 1999), pp. 383–420．Kalckar の死亡は 1938 年 1 月 6 日；たとえば次を参照：Bohr より Oppenheimer 宛，1938 年 1

月 7 日付け，BSC (24, 1) (注 33).

(52)　Bohr の光核効果に関する最初の小論文は次：Niels Bohr, "Nuclear Photoeffects" in *Nature 141* (1938), 326; これは次に再録：*Niels Bohr Collected Works:* Vol. 9 (注 39), pp. 297-298. この論文をめぐってたくさんの交信がある：Bohr より Mott 宛，1938 年 1 月 31 日付け，その返事は 1938 年 2 月 10 日付け，BSC (23, 4) (注 33); Bohr より Oppenheimer 宛，1938 年 1 月 31 日付け，BSC (24, 1); Bohr より Bloch 宛，1938 年 2 月 1 日付け，その返事は 1938 年 2 月 15 日付け，BSC (17, 3); Bohr より Heisenberg 宛，1938 年 2 月 1 日付け，その返事は 1938 年 2 月 9 日付け，BSC (20, 2); Bohr より Peierls 宛，1938 年 2 月 1 日付け，その返事は 1938 年 2 月 8 日付け，BSC (24, 2); Bohr より Perrin 宛，1938 年 2 月 1 日付け，BSC (24, 2); Bohr より Bothe 宛，1938 年 2 月 2 日付け，その返事は 1938 年 2 月 10 日付け，Bohr より Bothe 宛，1938 年 2 月 14 日付け，BSC (17, 4); Bohr より Klein 宛，1938 年 2 月 2 日付け —— Klein の返事はなかったらしい，Bohr より Klein 宛，1938 年 2 月 9 日付け —— BSC (22, 1) を参照；Bohr より Kramers 宛，1938 年 2 月 8 日付け，BSC (22, 3); Gamow より Bohr 宛，1938 年 2 月 11 日付け —— Bohr が Gamow に助言を求めた手紙はなくなったらしい —— BSC (19, 4); Pauli より Bohr 宛，1938 年 2 月 11 日付け，BSC (24, 2) (次に再録：Karl von Meyenn, Armin Hermann, and Victor F. Weisskopf (eds.), *Wolfgang Pauli, Scientific Correspondence with Bohr, Einstein, Heisenberg o. a., Volume II: 1930-1939* (Berlin, etc.: Springer-Verlag, 1985), pp. 550-551 —— この手紙は Bohr の Bloch 宛の手紙（この手紙を Bloch が Pauli に見せた）がきっかけになって書かれた；Weizsäcker より Bohr 宛，1938 年 2 月 21 日付け，BSC (26, 2). この話題をめぐって Bohr が二度目に出した小論文は次：Niels Bohr, "Resonance in Nuclear Photo-Effects" in *Nature 141* (1938), 1096; これは次に再録：*Niels Bohr Collected Works:* Vol. 9 (注 39), pp. 331-332. 光核効果に関する Bohr の仕事の解説は次：Peierls, "Introduction" (注 40), pp. 43-52, これには pp. 42 と 49ff. に Bohr の未公刊の原稿にも言及がある．この効果の元々の提言と発見については次を参照：Roger H. Stuewer, "The Nuclear Electron Hypothesis" in William R. Shea (ed.), *Otto Hahn and the Rise of Nuclear Physics* (Dordrecht, Boston, Lancaster: D. Reidel Publishing Company, 1983), pp. 19-67, on pp. 54-55.

(53)　Hippel は自伝を出版している：Arthur R. von Hippel, *Life in Times of Turbulent Transitions* (Anchorage, Alaska: Stone Age Press, 1988)，この pp. 94-102 には彼のコペンハーゲンでの経験が詳述されている；Hippel は p. 101 で the Dresden firm は自分のアイデアだったと述べ，また pp. 103-104 では Franck との旅の思い出を語っている．Hippel およびその後の人と the German firm との高電圧装置の購入をめぐる交信については次の分厚いファイルを参照："Koch & Sterzel" in BGC-S (注 1); このファイルはまだマイクロフィルム化されていない．Hippel の Franck の娘との結婚については次を参照：Thomas S. Kuhn *et al.*, six sessions of interview with James Franck 9-14 Jul 1962, Session III, 11 Jul 1962, p. 12, AHQP (注 26). Hippel のアメリカへの移住，および Ebbe Rasmussen の役割については次を参照：Hippel より Koch

& Sterzel宛，1936年6月27日，8月14日付け（"Koch & Sterzel" file 中にあり）．この装置の開発と初の使用については次を参照：T. Bjerge, K. J. Brostrøm, J. Koch, and T. Lauritsen, "A High Tension Apparatus for Nuclear Research" in *Det Kongelige Danske Videnskabernes Selskab. Mathematisk-fysiske Meddelelser 18* (1, 1940), 37 pp., p. 4．米国人物理学者たちの研究所での体験については次を参照：Shannon Davies, *American Physicists Abroad: Copenhagen. 1920-1940,* PhD dissertation at the University of Texas at Austin, 1985 (microfilms international 8609491)．

(54)　Bohr より Weaver 宛，1937年4月4日付け，RF RG 1.1, 713, 4, 47 (注5) の中の抄録のコピー．Lawrence の反論と彼の Laslett に対する評価は the Warren Weaver Diary の1937年5月5日と9日にそれぞれ記録あり，RF RG 12 (注1)．Tisdale より Joliot 宛，1937年5月24日付け，RF RG 1.1, 713, 4, 47 には，Joliot は助手を Bohr のところと掛け持ちにする必要はないと記されている．

(55)　Laslett のコペンハーゲンでの体験談は Laslett より私宛，1980年4月29日付けと7月15日付けの手紙に記されている．彼の到着は研究所の Guest Book (注26) に記されている．サイクロトロンを稼動させる際に起こったいろいろな問題については次を参照：John L. Heilbron, "The First European Cyclotrons" in *Rivista di storia della scienza 3* (1986), 1-44, p. 25．Laslett の出発の事情については次に記されている：the Wilbur Tisdale Diary 29 Oct to 3 Nov 1938, RF RG 12 (注1)．Laslett はコペンハーゲンサイクロトロンによる中性子発生について次の手紙で報告している：Floyd Lyle 宛，1938年12月3日付け，RF RG 1.1, 713, 4, 48 (注20)．引用は次より：Bohr より Tisdale 宛，1938年11月19日付け，*ibid.* 1981年5月12日に私と話した際，Niels Bohr Institute の物理学者 N. O. Lassen はコペンハーゲンサイクロトロンの発足の正確な日付をサイクロトロン建造の "Special Protocol" に基づいて教えてくれた．米国外で初めに稼動したサイクロトロンについては次を参照：Charles Weiner, "Cyclotrons and Internationalism: Japan, Denmark and the United States, 1935-1945" in *XIVth International Congress of the History of Science* [Tokyo and Kyoto 19-27 Aug 1974]: *Proceedings No. 2* (Tokyo: Science Council of Japan, 1975), pp. 353-365; Heilbron, "European Cyclotrons," pp. 27, 28; I. Kh. Lemberg, V. O. Najdenov, and V. Ya. Frenkel, "The Cyclotron of the A. F. Ioffe Physico-Technical Institute of the Academy of the Sciences of the USSR (on the fortieth anniversary of its startup)" in *Soviet Physics Uspekhi 30* (1987), 993-1006, p. 994; Frenkel より私宛，1989年4月18日付けの手紙．研究所への Van de Graaff 起電機の据付については次を参照：Barry Richman and Charles Weiner's oral history interview with Thomas Lauritsen conducted 16 Feb 1967, pp. 14-17, deposited in the Niels Bohr Library of the American Institute of physics, New York City.

(56)　Fermi の1934年の研究から1938年の核分裂の発見に至る経緯については次に論じられている：Spencer Weart, "The Discovery of Fission and a Nuclear Physics Paradigm" in Shea (ed.), *Otto Hahn* (注52), pp. 91-133．既知のいかなる元素よりも重い元素を生成したという Fermi の1934年6月報告は彼の論文，"Possible

Production of Elements of Atomic Number Higher Than 92" in *Nature 133* (16 Jun 1934), 898-899; これは次に再録：Enrico Fermi, *Collected Papers, Volume 1: Italy 1921-1938* (Chicago: University of Chicago Press, 1961), pp. 748-750. そのノーベル賞講演は　次：Enrico Fermi, "Artificial Radioactivity Produced by Neutron Bombardment" in *Nobel Lectures Including Presentation Speeches and Laureates' Biographies: Physics 1922-1941* (Amsterdam, London, New York: Elsevier Publishing Company, 1965.), pp. 414-421, この内新元素の報告は pp. 416-417 にある；これは *Collected Papers*, pp. 1037-1043 に再録．Hahn の反証とそれに対する反応については次を参照：Frisch, *What Little* (注 37), p. 114, また Weart, "Discovery," p. 110.

(57)　Meitner のドイツからの脱出の事情は次に詳述されている：Alan D. Beyerchen, *Scientists under Hitler: Politics and the Physics Community in the Third Reich* (New Haven and London: Yale University Press, 1977), pp. 46-47. 彼女のスウェーデンへの招待については Frisch, *What Little* (注 37), pp. 113-114 に報告あり．1938 年 12 月 21 日付けの Hahn の手紙の問題の箇所は次に引用されている：Fritz Krafft, *Im Schatten der Sensation: Leben and Wirken von Fritz Strassmann* (Weinheim, etc.: Verlag Chemie, 1981), pp. 105, 265. Hahn の発見を報じた論文は次：O. Hahn and F. Strassmann, "Über den Nachweis und das Verhalten der bei der Bestrahlung des Urans mittels Neutronen entstehenden Erdalkalimetalle" in *Die Naturwissenschaften 27* (6 Jan 1939), 11-15; 論文受理の日付は 1938 年 12 月 22 日.

(58)　Meitner と Frisch の議論およびその結論については，Frisch, *What Little* (注 37), pp. 114-116 に述べられている．引用は次より：Roger H. Stuewer, "Niels Bohr and Nuclear Physics" in A. P. French and P. J. Kennedy (eds.), *Niels Bohr: A Centenary Volume* (Cambridge, Massachusetts and London, England: Harvard University Press, 1985), pp. 197-220, on p. 211.

(59)　液滴モデルの起源と Bohr の考え方の変化については次を参照：Stuewer, "Bohr and Nuclear Physics" (注 58), pp. 199, 209-210, 212, ここで p. 209 に Bohr の引用がある．Stuewer の論文，"The Origin of the Liquid-Drop Model and the Interpretation of Nuclear Fission," *Perspectives on Science 2* (1994), 76-129 にはこの件がさらに詳しく述べられている.

(60)　Roger H. Stuewer, "Bringing the News of Fission to America" in *Physics Today 38* (Oct 1985), 48-56, pp. 50-52, また Peierls, "Introduction" (注 40), pp. 52-55, これには次の二つの文献の訂正が含まれている：Frisch, *What Little* (注 37), pp. 116-117, および Frisch, "The Interest Is Focussing on the Atomic Nucleus" in Stefan Rozental (ed.), *Niels Bohr: His life and Work as Seen by His Friends and Colleagues* (Amsterdam: North-Holland Publishing Company, 1968), pp. 137-148, on pp. 145-147.

(61)　この出来事についてはいろいろなところに報告がある．関連する昔の資料からの引用をまじえた最近の解説として次がある：Peierls, "Introduction" (注 40), pp. 55-64. Frisch より Bohr 宛，1939 年 3 月 15/18 日付け，BSC (19, 3) (注 33) は次に再録されている：*Niels Bohr Collected Works:* Vol. 9 (注 39), p. 565. 提案された解釈

の論文は次：Lise Meitner and O. R. Frisch, "Disintegration of Uranium by Neutrons: A New Type of Nuclear Reaction" in *Nature 143*（11 Feb 1939）, 239–240; 論文の日付は1939年1月16日．実験的な確証の論文は次：O. R. Frisch, "Physical Evidence for the Division of Heavy Nuclei under Neutron Bombardment" in *Nature 143*（18 Feb 1939）, 276; 論文の日付は1939年1月17日．引用は1971年10月28日に行なわれたWeinerのLeviへのインタビュー（注14）, p. 73より．

（62）Arnoldより私宛，1980年8月24日付け（注28）；次の少し違う説明も参照：Frisch, *What Little*（注37）, p. 117.

（63）Niels Bohr and John Archibald Wheeler, "The Mechanism of Nuclear Fission" in *Physical Review 56*（1 Sep 1939）, 426–450，論文受理の日付は1939年6月28日；次に再録：*Niels Bohr Collected Works:* Vol. 9（注39）, pp. 365–450．WheelerはBohrとの共同の仕事について，やや広い観点から論じている：John Archibald Wheeler, "Some Men and Moments in the History of Nuclear Physics: The Interplay of Colleagues and Motivations" in Stuewer (ed.), *Retrospect*（注47）, pp. 217–282，ここでWheelerはコペンハーゲンでBohrと共同した経験についてはpp. 238–241に，プリンストンでの共同についてはpp. 272–282で語っている．補足説明として次を参照：*idem.*, "Niels Bohr and Nuclear Physics" in *Physics Today 16*（Oct 1963）, 36–45．また私が1988年5月4日にプリンストンで行なったWheelerへのインタビューも参照．これは次に保存：the Niels Bohr Library of the American Institute of Physics in New York City.

（64）核分裂の最初の実証の際に用いられた方法については次を参照：Frisch, "Physical Evidence"（注61）, p. 276．その次の論文には高電圧装置の使用の報告がある：Lise Meitner and O. R. Frisch, "Products of the Fission of the Uranium Nucleus" in *Nature 143*（18 Mar 1939）, 471–472, 論文の日付は1939年3月6日．初期の核分裂研究への高電圧装置の使用については次に論じられている：Bjerge *et al.*, "High Tension Apparatus"（注53）, pp. 4–5.

（65）研究所から出た出版物のリストが*Afhandlinger*（注25）にある．このうち特にBohrが共著者に加わっている実験の論文は次：N. Bohr, J. K. Bøggild, K. J. Brostrøm, and T. Lauritsen, "Velocity-Range Relation for Fission Fragments" in *Physical Review 58*（1 Nov 1940）, 839–840, 論文受理の日付は1940年9月3日；これは次に再録：*Niels Bohr Collected Works,* Vol. 8, Erik Rüdinger (gen. ed.): *The Penetration of Charged Particles through Matter (1912–1954)*, Jens Thorsen（ed.）（Amsterdam, etc.: North-Holland Physics Publishing, 1987）, pp. 325–326．核分裂の問題へのサイクロトロンの使用を報告した最初の論文は次：I. J. Jacobsen and N. O. Lassen, "Deuteron Induced Fission in Uranium and Thorium" in *Physical Review 58*（15 Nov 1940）, 867–868; 論文受理の日付は1939年6月28日．次を参照：J. C. Jacobsen, "Construction of a Cyclotron" in *Det Kongelige Danske Videnskabernes Selskab. Mathematisk-fysiske Meddelelser 19*（2, 1941）, 32 pp.

（66）出版物の数は*Afhandlinger*（注25）から取り，訪問研究者の数は"Visitors"（注38）から取った．Lauritsenの帰国についてはLauritsen interview（注55）の中のpp.

19–20 で語られている．Bohr の脱出についてはたとえば次を参照：Stefan Rozental, "The Forties and the Fifties" in *idem.* (ed.), *Niels Bohr*（注 60), pp. 149–190, on pp. 166–168，また研究所の占領については pp. 171–172 に述べられている．戦中のドイツの科学については次を参照：Mark Walker, *German National Socialism and the Quest for Nuclear Power 1939–1949*（Cambridge: Cambridge University Press, 1989).

(67)　Bohr の帰還と研究所のその後の発展については次に簡単に述べられている：Rozental, "Forties and Fifties"（注 66), pp. 173ff. 戦後，研究所で行なわれた研究に関する基本情報は *Afhandlinger*（注 25）にある年次文献目録から得られる．中断したプロジェクトの継続については次を参照：Peierls, "Introduction"（注 40), pp. 50–52.

(68)　Niels Bohr Institute で 1980 年 10 月 28 日と 1981 年 5 月 12 日に私と話をした折に，Hilde Levi と N. O. Lassen は実験生物学に携わった物理学者の経験談を語ってくれた．また前のほうの話し合いで，Levi は同位体をめぐって安全保障上の懸念が存在したことも指摘した．この問題は広い観点から次で扱われている：Richard G. Hewlett and Francis Duncan, *Atomic Shield, 1947/1952: A History of the United States Atomic Energy Commission, Volume 2*（University Park and London: Pennsylvania State University Press, 1969), pp. 81–83, 97–98, 109–110. Hevesy のストックホルムへの移動と，その後のコペンハーゲンにおける実験生物学の進展については次を参照：Levi, *Hevesy*（注 15), pp. 103–107．最初の 5 年以後の，Rockefeller Foundation の Copenhagen 実験生物学に対する支援についてはたとえば次の memorandum 参照：G. R. P［omerat］より C. I. B［arnard］宛，1948 年 11 月 10 日付け，General Correspon dence, Record Group 2, RAC（注 1).

終　章

(1)　Bohr のアイデアの起源を辿ることの困難さについては次に述べられている：Peierls, "Introduction" in, *Niels Bohr Collected Works,* Vol. 9, Erik Rüdinger (gen. ed.): *Nuclear Physics (1929–1952),* Rudolf Peierls (ed.), (Amsterdam, etc.: North-Holland Physics Publishing, 1986), pp. 2–83, on pp. 16–21．しかし Peierls は，研究所における研究の方向転換を図る Bohr の全面的な取り組みという観点は持ち込んでいない．これはこの問題を歴史の立場から扱った他の人たちも同様である．

(2)　引用は次より：Charles Weiner's interview with Hilde Levi 28 Oct 1971, p. 66 of original transcript; このインタビューは次に保存されている：the Center for History of Physics, the American institute of Physics, New York.

(3)　非公式国際会議のアメリカへの伝播については，たとえば次に詳述されている：Thomas David Cornell, *Merle A. Tuve and His Program of Nuclear Studies at the Department of Terrestrial Magnetism: The Early Career of a Modern American Physicist,* PhD dissertation at the Johns Hopkins University 1986 (microfilms international 8609316), pp. 445–446.